U0171750

华章图书

一本打开的书，
一扇开启的门，
通向科学殿堂的阶梯，
托起一流人才的基石。

云计算与虚拟化技术丛书

Cloud Native Application Management
Principles and Practices

云原生应用管理
原理与实践

陈显鹭 阚俊宝 匡大虎 卢稼奇 著

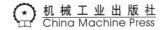

机械工业出版社
China Machine Press

图书在版编目（CIP）数据

云原生应用管理：原理与实践 / 陈显鹭等著 . —北京：机械工业出版社，2020.7
（云计算与虚拟化技术丛书）

ISBN 978-7-111-65949-5

I. 云…　II. 陈…　III. 云计算　IV. TP393.027

中国版本图书馆 CIP 数据核字（2020）第 112172 号

云原生应用管理：原理与实践

出版发行：机械工业出版社（北京市西城区百万庄大街 22 号　邮政编码：100037）

责任编辑：韩　蕊　　　　　　　　　　　　　责任校对：殷　虹

印　　刷：北京瑞德印刷有限公司　　　　　　版　　次：2020 年 7 月第 1 版第 1 次印刷

开　　本：186mm×240mm　1/16　　　　　　印　　张：28.75

书　　号：ISBN 978-7-111-65949-5　　　　　　定　　价：119.00 元

客服电话：（010）88361066　88379833　68326294　　　投稿热线：（010）88379604

华章网站：www.hzbook.com　　　　　　　　　　读者信箱：hzit@hzbook.com

为什么要写这本书

云原生可谓当下最火热的项目开发技术之一，各种传统应用都在向云原生应用的方向靠拢。但是到底什么是云原生应用，云原生应用的开发标准是什么，至今还没有一个统一的规范与定义。这就造成了云原生社区百家争鸣的局面，各大厂商争先发布自己的云原生应用定义。

我是 2014 年开始接触容器技术的，最早从 Docker 镜像入门，当时的使用体验是，Docker 镜像能够很好地隔离环境差异，做到一次构建、到处运行，为应用的打包与发布操作带来极大便利。

随着微服务理念的发展，应用开始变得越来越庞大，功能也越来越复杂，这时 Docker Compose 编排模板便应运而生了。通过它，技术人员可以方便地编辑模板以实现应用的打包与发布。后来随着 Kubernetes 的诞生与发展，声明式定义又开始风靡技术圈，大家逐渐倾向于使用面向终态的架构设计。现在的 Kubernetes 基本奠定了容器编排领域的标准。

可是随之而来的问题就是，Kubernetes 原生的部署方式比较凌乱，部署资源散落在各处，没办法统一归拢管理，这给应用的发布与部署带来了前所未有的困难。第一个尝试解决这个问题的管理工具就是 Helm———一个构建在 Kubernetes 上的包管理工具，它通过将 Kubernetes 应用的部署模板统一压缩成包并标明版本号的方式进行管理，是首个能够进行版本管理的云原生应用管理器。

随着 Kubernetes 应用的增多，很多复杂的有状态应用也开始部署在集群中，这给 Helm 运行带来了很大的困难。Helm 初期只是用于管理一些简单的无状态应用部署，对于复杂的有状态应用则有些力不从心。鉴于此，又诞生了 Operator，Operator 赋予应用管理者巨大的权限，可以让管理者自己编写运维脚本，以便管理者能够更好地发布与管理应用。

在应用管理器层出不穷的时候，应用定义这一领域也没有停下发展的脚步。微软推出的 CNAB 和阿里巴巴集团推出的 Open Application Model（OAM），都旨在定义云原生应用的标准。这些理念超越了 Kubernetes 的界限，更加抽象和广泛地定义了未来云原生应用的标准与风格。

因此我们想写一本书，介绍目前市面上各大社区与厂商推出的云原生管理工具与理念，让大家对云原生应用目前的状态有一个清晰的认识，从而根据自己的需求来挑选适合自己的云原生应用管理工具。

本书的内容

本书内容从逻辑上主要分为以下四部分。

第一部分 Helm（第 1 ～ 4 章）

主要介绍 Helm 的历史与发展过程。我们将从 Chart 开始讲解，经过抽丝剥茧，帮助读者厘清 Chart 的各种写法。同时提供了目前主流社区生产使用的 Chart 供读者学习。后面将以安装 Chart 为例，从源码角度介绍 Helm 的整个安装过程，让读者能够更加深入地理解 Helm 这个包管理工具的原理及其使用方法。

第二部分 Kustomize（第 5 ～ 8 章）

主要介绍 Kustomize 诞生的原因。我们将从 Kustomize 的概念入手，详细了解 Kustomize 的各个功能，同时结合 Kustomize 的各个插件来理解其覆盖的领域与功能。最后从源码角度入手，详细讲解 Kustomize 各个命令的执行过程。

第三部分 CNAB 和 Porter（第 9 ～ 12 章）

主要介绍 CNAB 的概念、CNAB 推出的背景与意义。这部分内容从概念入手，详细介绍管理工具 Porter 是如何实践 CNAB 概念的。最后从源码角度对 Porter 进行分析。

第四部分 Operator（第 13 ～ 16 章）

主要介绍 Operator 的概念和工作原理，以及 Operator Framework 目前涵盖的组件。我们将以一个具体示例为模板，详细介绍 Operator 在有状态应用管理中的作用，最后从源码角度分析各个功能的实现原理。

适用读者

❑ 希望深入理解 Kubernetes 上的应用管理的读者

❑ 已经使用过 Helm 等应用管理工具，希望探查更多细节的读者

❑ 希望了解如何使用 Go 语言编写应用管理工具的程序员

❑ 云原生爱好者

如何阅读

本书内容是实战与源码分析相结合，因此仅仅靠阅读是无法体会所有要点的。本书所有分析的源码均是开源项目[一]，希望读者能够根据内容，寻找到对应的源码，边看源码边解析。最好能够根据自己的理解，在本机运行一下，以便了解整个代码的运行流程。

关于勘误

由于写作时间和水平有限，本书难免存在一些纰漏和错误。如果读者发现了问题，请及时与我们联系，我们也会在后面的版本中加以改正，联系邮箱：xianlubird@gmail.com。非常希望与大家共同学习云原生技术。

致谢

最后，向在本书编写过程中给予巨大帮助的人们表示诚挚的感谢。感谢妻子的支持，编写此书期间，恰逢妻子怀孕，感谢她的理解和包容，很多时候忽略了她。希望此书也能作为给未来的新生命的贺礼。

感谢阿里云容器服务团队在本书编写期间给予的理解与包容。

最后，感谢杨福川编辑，在他的帮助与支持下，本书由一个想法变成了实体展现给各位读者；感谢张锡鹏编辑的辛苦付出，帮助我们多次改稿，修复各种低级错误，极大地提升了本书的文字质量。

陈显鹭

2020 年 4 月

一　源码链接：https://github.com/helm/helm、https://github.com/coreos/prometheus-operator、https://github.com/cnabio/duffle

Contents 目　　录

第 1 章 *Chapter 1*

什么是 Helm

很多使用 Kubernetes 的人都听过 Helm，由于 Kubernetes 部署资源与模板比较分散，导致部署一个应用需要的模板特别多，因此诞生了基于 Kubernetes 的应用管理工具 Helm。

1.1 Helm 的发展历程

2015 年 10 月 15 日，Helm 诞生了。2016 年，Helm 加入 Kubernetes 社区。Helm 1（第 1 版 Helm）是由一家名为 Deis 的创业公司开发的，这家公司在 2017 年被微软收购。Deis 当时还开发了一个名为 Fleet 的容器托管平台，即现在我们熟悉的 SaaS 平台的前身，经历或了解过容器编排框架之争的读者可能听说过 Fleet，它是第一个容器调度编排框架。

2015 年年中，Deis 的研发方向由 Fleet 转向 Kubernetes，虽然当时 Docker Swarm 调度系统的发展如日中天，但后来事实证明，Deis 这一步押宝可谓十分精准。

选择 Kubernetes 后，Deis 做的第一件事就是重写应用安装工具。Deis 有一个命令行工具 deisctl，通过它可以将应用提交到 Fleet 平台。所以 Deis 决定重写 deisctl，以便向 Kubernetes 平台提交应用模板。

受 Homebrew、apt、yum 等包管理器的启发，Deis 研发 Helm 1 的初衷是方便用户将应用打包和安装到 Kubernetes 集群。后来，在 2015 年的 KubeCon 会议上，Deis 发布了 Helm 1。

不过 Helm 1 的功能并不完善，在实际应用中有相当大的局限性：它需要提前编写许多 Kubernetes 编排模板，然后使用类似脚本语言的方式进行渲染，最后把它们提交到 Kubernetes 集群中。比如想要提交一个简单的模板，就需要执行如下操作：

```
#helm:generate sed -i -e s|ubuntu-debootstrap|fluffy-bunny|my/pod.yaml
```

这个过程看起来和直接使用 sed 命令操作剪切文本差不多，非常麻烦，和现在使用 Helm 的方式完全不一样。

由于许多历史原因，早期版本的 Helm 需要一套硬编码的编排文件列表，而且只能实现有限的几项功能。Helm 1 使用起来非常烦琐，不过它作为首款编排模板工作引擎的尝试还是非常成功的，至少它让 Deis 意识到，这种应用包管理器能够很好地解决用户正面临的应用编排管理问题。

就这样，Deis 从过去的错误中吸取教训，开始设计 Helm 2。

2015 年年末，Google 的一个团队联系到 Helm 的研发团队，表示他们也在研发一款类似功能的工具，并且 Google 内部已经有了一套应用安装工具。于是，Deis 与 Google 便一起商讨各自工具功能的异同点。

2016 年 1 月，两个团队达成一致意见，将两家的项目合并，创建了名为 Helm 2 的新项目。

Helm 2 的研发目标是在产品具有较强易用性的基础上，增加如下特性：

❑ 定制化 Chart 模板；
❑ 构建集群内的管理方式；
❑ 构建可以存储 Chart 的仓库；
❑ 构建稳定可签名的包格式；
❑ 实现强版本控制以及向后兼容性。

为了实现这些目标，他们为 Helm 2 增加了一个新的组件——Tiller。Tiller 是一个集群内部署的 Pod，它负责安装和管理 Chart。不过，这个组件在后面的版本中也埋下了巨大的隐患，后文会详细介绍。

自 2016 年 Helm 2 发布以后，Kubernetes 也发布了很多主要特性。例如，RBAC（Role-Based Access Control，基于角色的访问控制）代替了 ABAC（Attribute-based Access Control，支持属性访问控制）；许多新的资源类型加入了集群；CRD（Custom Resource Definition，用户自定义资源）替换了 TPR（Third Party Resource，第三方资源定义），一组最佳实践逐渐浮出水面。

添加了许多新特性的 Helm 2 上市后，便很好地满足了用户的新需求。但是用户对安全性的要求越来越高，同时用户的操作熟练度与专业性也越来越强，Helm 2 渐渐无法满足用户日益增长的需求，于是 2019 年，Helm 3 面世了。

1.2　Helm 的适用场景

如果你需要向 Kubernetes 集群部署服务，并且你的应用使用了超过一种 Kubernetes 资源（比如使用 Deployment 部署后端与前端应用，使用 Service 或 Ingress 来对外暴露服务，甚至为了负载均衡，需要使用内部 Service 来做容灾），那么在这些场景下，你就需要使用 Helm。Helm 可以将所有的资源打包成一个 Chart 包，从而实现项目的一键安装与回滚。目前在 Helm 社区有非常多已经制作好的 Chart，基本涵盖了主流的应用，读者可以在 GitHub 上查看。

随着学习的深入，我们也可以自己制作一个 Chart 推送到社区，这样就可以同全世界的开发者分享，并通过友好交流，持续改进和完善自己的应用。当然，为了加快访问速度与提升体验，阿里云也提供了国内镜像站，读者可以通过其网站（https://developer.aliyun.com/hub）查看。

1.3　Helm 的社区和生态

在 2019 年年底我编写本书时，Helm 2 还是最常用的版本，几月后，2020 年 1 月，Helm 社区发布了 Helm 3 预览版。由于 Helm 是一个开源项目，我们可以很容易地在 GitHub（https://github.com/helm/helm）上查看到源码。

Helm 是一个使用 Go 语言编写的项目，在 Kubernetes 生态中，都是 Go 语言的天下。所以不熟悉 Go 语言的读者可以先进行入门学习。

Helm 目前已经完全贡献给了 CNCF（云原生计算基金会），属于基金会项目。在 Helm 这个组织下有很多子项目，下面进行简要介绍。

1. Chart

Chart 是 Helm 社区中已经打包好的应用安装包，分为 stable 与 incubator 两个目录。stable 是已经可以稳定运行的项目，incubator 则是项目开发的孵化器。我们可以在这里找到很多当下流行的项目，不需要了解太多原理就能直接安装上手使用，极大地简化了 Kubernetes 的应用安装流程。

2. Chartmuseum

Chartmuseum 这个名字很文艺，它也是为了存放 Chart 而开发的。因为 Helm 没有提供官方的中央仓库，因此各个云服务提供商包括企业自己都可以根据这个项目搭建 Chart 托管仓库。Chartmuseum 提供了最基本的基于安全认证的 Chart 托管，配合 Helm 命令行可以很方便地进行上传、下载与安装操作。

3. Monocular

Monocular 是一个前端项目，它可以便捷地展示 Chart 仓库的内容，方便用户预览和使用。

1.4 Helm 的架构设计与工作原理

本书主要基于 Helm 2 进行演示和讲解。Helm 是一个典型的 Client-Server 架构，Client 负责下载或解析 Chart 安装包，然后将渲染好的 yaml 文件发送给集群内的 Tiller，也就是 Server 端，由 Server 端负责将渲染好的 yaml 文件安装到集群中。同时 Server 端要负责创建对应的 Release Secret 等资源来记录 Release 信息。一些复杂的 Hooks 操作也都是由 Server 端来完成的。我们通过图 1-1 来说明 Helm 的工作原理。

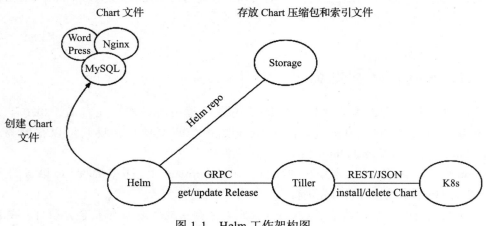

图 1-1　Helm 工作架构图

1.4.1 Helm Client

Helm Client 的大部分工作是和 Chart 打交道。当用户需要从零开始构建自己的 Chart 时，Helm Client 可以帮助用户简单地创建一个脚手架模板，方便用户从这个初始模板开始修改，逐步将该模板变成自己的应用 Chart。这种方式能极大降低用户自己构建 Chart 的复杂度。实现这个功能的命令是 helm create，下面我们以 helm create foo 为例进行讲解。运行该命令后，Helm Client 会为我们创建一个如下结构的文件夹。

```
foo/
  |
  |- .helmignore   # Contains patterns to ignore when packaging Helm charts.
  |
  |- Chart.yaml    # Information about your Chart
  |
  |- values.yaml   # The default values for your templates
  |
  |- charts/       # Charts that this Chart depends on
  |
  |- templates/    # The template files
```

这样一个基本的 Chart 雏形就生成了，后文会详细介绍每个文件的使用方法与含义。

对于已经打包好的 Chart 文件夹，Helm Client 也提供了 helm package 命令，以帮助用户将已经编辑完毕的 Chart 文件夹打包成 .tgz 压缩包。

Helm 社区以及云厂商提供了很多已经打包好的 Chart 应用，Helm Client 可以直接通过 helm install 命令把远程的 Chart 安装包下载到本地。

对于 Chart 存储，在 1.3 节我们提到了一个叫作 Chartmuseum 的项目，它能提供 Chart 存储和索引功能，推送以及查询远程存储的 Chart 的任务交给 Helm Client 来做。使用 helm repo add 命令可以很方便地将远程 repo 添加到本地，这样通过 helm search 命令就能搜索对应 repo 包含的 Chart，寻找到对应的 Chart 名称后直接开始安装。当然，Helm Client 还提供了很方便的插件功能，在安装了一些插件后，通过 helm push 命令还能更加便利地将打包好的 Chart 压缩包直接推送到远程仓库中。

Helm Client 的另外一个重要功能就是渲染。Helm Client 会根据用户在 value.yaml 文件中描述的 key-value 进行一一对应，将 key 值渲染到 yaml 文件中，形成一个 Kubernetes 能够识别的全量 yaml，并提交给 Server 端。由于 Helm Server 端是部署在 Kubernetes 集群内的，所以 Client 与 Server 之间会通过 Kubernetes apiServer 建立一个 tunnel 达到通信的目的，同时它们之间用 gRPC 协议来传输数据。

1.4.2　Tiller

Tiller 作为 Helm Server 端的实现，初始化时就以 Pod 的形式部署在 Kubernetes 集群内部。Tiller 通过集群内的 service account 与 Kubernetes apiServer 通信。Tiller 需要的权限很高，能够管理所有 namespace 的资源，因此在多租户环境下，Tiller 的存在会让权限管理变得异常复杂。

Tiller 会接受从 Helm Client 发来的数据，这就是经过渲染后的一个全量 yaml。Tiller 会直接将该 yaml 文件投递给 Kubernetes apiServer，同时根据传递来的一些原始数据，在 Kubernetes 集群中创建一个 configmap 资源来记录创建的 Release 信息。在将 yaml 文件提交给 Kubernetes apiServer 后，用户的应用就能够在集群中正常地创建和运行了。

Tiller 还会接收客户端遍历当前所有已经安装的应用，以及回滚某个应用的请求，因此 Tiller 会在 configmap 中记录每一个版本的详细信息，并以版本号作为标识。这样每一个版本都有全量的信息留存，用户可以很方便地遍历到当前所有的版本号，而且能够跨版本回滚或更新。

Tiller 还提供了很多 Hooks 功能，在用户安装某些资源前后都能触发一些动作，通过这样的功能让安装过程更加自主可控，后文会详细解析这个 Hooks 功能的实现原理与使用方式。

1.5　本章小结

本章从 Helm 的发展历史讲起，回顾了若干年前 Helm 最初版本的开发历程，帮助读者了解 Helm 项目诞生的初衷以及版本进化的轨迹。任何一个项目的发展都不是一蹴而就的，Helm 也是经历了各种波折与大版本的变更才走到今天。直到现在，Helm 还在经历着第 2 版至第 3 版的巨大变革。

Helm 社区非常活跃，围绕着 Helm 这个工具诞生了类似云原生应用市场般的 Chart 仓库，以及托管该仓库的项目和展示项目。我们可以看到，围绕 Helm 的生态已经趋于完善。

接着我们一起从上层视角概览了 Helm 的架构，本章分别介绍了 Helm Client 与 Helm Server 的框架性结构与基本工作流程，这些内容的具体细节我们会在 4.1 节展开。同时，由于目前主流的 Helm 版本还是 Helm 2，因此本书的架构讲解主要还是围绕 Helm 2 展开的。

第 2 章 *Chapter 2*

Chart

本章将详细介绍 Helm 的各种功能，在使用 Helm 之前，我们首先需要了解 Chart，也就是应用的打包格式和文件结构，只有了解 Chart 的结构，我们才能更好地对 Helm 的功能进行剖析。

第 1 章简单介绍了 Chart 的结构，本章会更加详细地介绍 Chart 的细节。

Chart 是一个包含了多种 Kubernetes 资源文件的集合体，一个单独的 Chart 就可以用来安装一些应用了，比如安装一个单独的 memcached pod；或是稍微复杂一些的，比如一个涵盖前后端和缓存的 Web 应用（Wordpress）。

创建一个 Chart 其实就是创建一个特定格式的文件夹，内容编写完毕后，将它打包成带有版本号的压缩文件。这个压缩文件就可以供 Helm 安装相应的应用了。

2.1　Chart 文件结构

Chart 的文件夹名称就是即将打包的安装包名称，当然这里面是不含版本信息的。下面我们以 Helm 社区里最受欢迎的 Wordpress 为例来学习 Chart 文件结构，并针对每个文件以及文件夹进行详细介绍。

```
wordpress/
  Chart.yaml          # A YAML file containing information about the Chart
  LICENSE             # OPTIONAL:A plain text file containing the license for
the Chart
  README.md           # OPTIONAL:A human-readable README file
  requirements.yaml   # OPTIONAL:A YAML file listing dependencies for the Chart
```

```
    values.yaml          # The default configuration values for this Chart
    charts/              # A directory containing any Charts upon which this Chart
depends.
    templates/           # A directory of templates that, when combined with values,
                         # will generate valid Kubernetes manifest files.
    templates/NOTES.txt  # OPTIONAL: A plain text file containing short usage notes
```

2.1.1　Chart.yaml

Chart.yaml 文件是每个 Chart 必须包含的，Chart 文件主要有如下属性。

❑ apiVersion：指定 Chart 的 apiVersion，目前默认都是 v1（必选项）。

❑ name：Chart 的名字（必选项）。

❑ version：一个符合 SemVer 规范的版本号。这里的版本号就是 Chart 自己的版本号，比如第一个版本可以设置为 0.0.1，以后每次有变更都可以加 1，通过这样的方式来保证每个版本的可追述性和版本一致性（必选项）。

❑ kubeVersion：设置 Chart 需要对应的 Kubernetes 版本号，可以是一个表达式，比如指定版本 ≥ 1.15.0（可选项）。

❑ description：描述 Chart 的功能，一般是介绍该 Chart 的功能和使用方式（可选项）。

❑ keywords：关键词，这个属性主要用来表明该 Chart 属于什么类型，方便根据关键字搜索时找到该 Chart，一般会写 Chart 所属的大类（可选项）。

❑ home：如果该项目有自己的介绍页或网站，则可以把链接放到这个位置（可选项）。

❑ sources：如果该 Chart 的源代码开源，可以把开源代码地址放到这个位置。同样，如果该 Chart 使用了其他的开源项目，也可以将其列在这里（可选项）。

❑ maintainers：在这里写入维护者的名称和邮箱，主要目的是便于日后联系该 Chart 的维护者。在 Helm 中，还会通过这个字段来指定对应的 GitHub 账号的 review 权限（可选项）。

❑ engine：指定模板的渲染引擎，目前只能默认 gotpl（可选项）。

❑ icon：给 Chart 设置一个图标，这样在 UI 上展示时就会显示出对应的图标（可选项）。

❑ appVersion：区别于 Chart version，appVersion 版本号主要用来指定 Chart 内应用的版本号（可选项）。

❑ deprecated：指明该 Chart 是否已经废弃（可选项）。

❑ TillerVersion：指定 TillerVersion 版本号，这个和前面的指定 kubeVersion 规范相同（可选项）。

如果你熟悉 Helm 1 版本的 Chart.yaml，你会发现以前的 dependencies 字段已经被移除了，这是因为目前所有的依赖 Chart 都被放入 Charts/ 目录。

1. Chart Version

每个 Chart 都有一个版本号,这个版本号必须符合 semver 规范,并最终添加到压缩包名字中。举个例子,nginxChart 指定版本号 version:1.2.3,那么这个安装包被打包后的文件名为 nginx-1.2.3.tgz。我们也可以指定一些比较复杂的版本号,比如带上 git 提交版本号 version:1.2.3-alpha.1+ef365,但是不允许使用不符合 semver 规范的名字。

version 字段在很多地方都会用到,包括 Helm Client 和 Tiller。helm package 是将 Chart 文件夹打包成压缩包的命令,这个命令会读取 version 字段,然后加上文件夹名字形成最终的压缩包名称。如果 Chart.yaml 里面缺少 version 这个字段,在打包的时候就会直接报错。

2. appVersion

前面介绍过,appVersion 和 version 字段是没有关系的。appVersion 字段用来指定应用的版本号。比如 Worpdress 的版本号是 4.0,那么 appVersion 就可以指定为 4.0,但是 ChartVersion 第一个版本提交时,版本号可以是 0.0.1,这个版本号不影响最终的打包名称和结果。

3. Deprecating Chart

我们一般在 Chart 仓库中存放 Chart 文件,为了保证版本的稳定性,有时候需要用 deprecated 字段声明一些版本已经废弃。如果一个 Chart 的 latest 版本被声明为废弃,那么这整个 Chart 的所有版本都会被认为是废弃的。这个 Chart 的名字稍后就能被其他新的 Chart 利用。一般社区废弃一个 Chart 的流程如下:

- ❑ 更新 Chart.yaml 表明该 Chart 已经废弃,并且增加一个 version 版本号;
- ❑ 发布新版本的 Chart 到仓库中,现在默认是 GitHub;
- ❑ 从 GitHub 中把老的 Chart 删除。

2.1.2　Chart license, README notes

在 Helm 中,Chart 也提供了描述安装和配置过程的文件。license 是一个文本文件,这里可以包含 Chart 的 license 信息。如果在 template 文件中有一些安装或者其他逻辑,或者不想让别人编辑此文件,可以添加一个 license 文件到 Chart 文件夹中。

README 是用来介绍 Chart 使用方法和功能的文件。这个文件必须是 Markdown 格式的,一般包含以下信息:

- ❑ 描述 Chart 提供的应用或者服务;
- ❑ 一些 Chart 需要的前置依赖;
- ❑ values.yaml 中一些需要解释的可选配置信息;
- ❑ 任何其他安装或者编辑 Chart 相关的信息。

Chart 也能在 templates/Notes.txt 提供一个简短的介绍,该文件的信息会在用户执行 helm install 后直接在终端打印出来。同样在执行 helm status 的时候也会显示文件的信息。

由于该文件在 templates 文件夹中，因此文件一般用于显示使用声明，表明下一步如何继续使用该 Chart 提供的服务，或者其他 Chart 提供的安装组件信息。例如，notes 文件可以指导用户如何连接数据库，或者去哪里查看部署好的 UI。由于文件内容只是被显示在 stdout 中，因此建议在 notes 里放一些简单的信息，复杂的信息最好放到 README 中。

2.1.3　Chart Dependences

在 Helm 中，一个 Chart 能够依赖多个 Chart。这些依赖能够动态地写入 requirements. yaml 或者直接放到 charts/ 文件夹中手动管理。

虽然手动管理依赖灵活性更强，但是这里还是推荐使用 requirements.yaml 文件来管理依赖，这样可以提高文件的可溯源性。

requirements.yaml 文件能够列出当前 Chart 依赖的其他 Chart，下面我们举一个典型的例子。

```
dependencies:
  - name: apache
    version: 1.2.3
    repository: http://example.com/charts
  - name: mysql
    version: 3.2.1
    repository: http://another.example.com/Charts
```

❏ name：指定需要的 Chart 名字。

❏ version：依赖 Chart 的版本。

❏ repository：托管该 Chart 的 URL 连接。注意，必须使用 helm repo add 把这个 repo 添加到本地环境。

一旦建立好这个文件，就可以运行 helm dependency update 了，该命令会分析这个依赖文件并且下载指定的 Chart 到用户的 charts/ 文件夹中。

```
$ helm dep up foochart
Hang tight while we grab the latest from your Chart repositories...
...Successfully got an update from the "local" Chart repository
...Successfully got an update from the "stable" Chart repository
...Successfully got an update from the "example" Chart repository
...Successfully got an update from the "another" Chart repository
Update Complete.
Saving 2 Charts
Downloading apache from repo http://example.com/Charts
Downloading mysql from repo http://another.example.com/Charts
```

当使用 helm dependency update 命令解析依赖文件时，会下载压缩文件到 charts/ 文件夹。因此对于上面的例子，在 charts/ 文件夹下会看到如下文件。

```
charts/
```

```
apache-1.2.3.tgz
mysql-3.2.1.tgz
```

使用 requirements.yaml 管理依赖是一种非常好的办法，因为仅使用一条命令就可以更新依赖，而且其他合作的人员也能很容易地从文件中读取到依赖的信息。

1. alias

除了上面介绍的属性，每个依赖项都能包含一个 alias 字段。正如这个字段表达的意思一样，一旦设置了这个字段，就可以在 Chart 中使用这个设置的名称来引用 Chart。

```
# parentChart/requirements.yaml
dependencies:
  - name: subchart
    repository: http://localhost:10191
    version: 0.1.0
    alias: new-subchart-1
  - name: subchart
    repository: http://localhost:10191
    version: 0.1.0
    alias: new-subchart-2
  - name: subchart
    repository: http://localhost:10191
    version: 0.1.0
```

通过上面这个例子，我们得到了 3 个依赖名称：subchart、new-subchart-1 和 new-subchart-2。

使用手动管理 Chart 也能实现这个目的，可以把同样的 Chart 使用不同的名字复制到 charts/ 文件夹中。

2. tag 和 condition

所有在 requirements.yaml 声明的 Chart 都会默认被加载，但是依赖项添加了 tag 和 condition 属性后，Helm 就会计算一下条件，如果条件不满足，就不会加载对应的依赖项。

tags 字段在 yaml 中是一个列表。在父 values 中，如果有 tag 指定的字段，就会根据 tag 字段所设置的布尔值决定是否加载。

condition 字段使用一个或者多个 yaml 段落来表示，它们之间使用逗号分隔。如果有重名的字段，那么只有第一个字段会被计算，其他的不识别的字段不会影响结果。

```
# parentChart/requirements.yaml
dependencies:
  - name: subChart1
    repository: http://localhost:10191
    version: 0.1.0
    condition: subChart1.enabled,global.subChart1.enabled
    tags:
      - front-end
      - subChart1
```

```
    - name: subChart2
      repository: http://localhost:10191
      version: 0.1.0
      condition: subChart2.enabled,global.subChart2.enabled
      tags:
        - back-end
        - subChart2
# parentChart/values.yaml

subChart1:
  enabled: true
tags:
  front-end: false
  back-end: true
```

在上面的例子中，所有带有 front-end 标签的文件都会被禁止加载。但是 subChart1.
enabled 的值是 true，因此 condition 会覆盖 front-endtag，subChart1 最终还是会被加载。
subChart2 含有 back-end 标签且值为 true，subChart2 也会被加载。注意，虽然 subChart2 也
有 condition 字段，但是字段内的标签并没有对应的值，所以忽略不计。

tags 和 condition 的区别如下所示：

❑ condition（如果对应的标签有值）总是会覆盖 tags；

❑ 只有第一个 condition 会被计算，后面的标签都会被忽略；

❑ tags 的计算规则是，如果其中任何一个 tag 是 true，那么就会加载这个 Chart。

3. 通过 requirements.yaml 导入子 Chart value

在一些情况下，有可能需要将子 Chart 内的 value 传递到父 Chart 中，作为一个通用的
参数，这时候我们就需要 exports 这个关键字的功能了。

被 exports 声明的值能够在父 Chart 使用，在 yaml 文件中以列表的形式出现。列表
中的每一个键值都需要从子 Chart 中查找到。下面我们通过一个例子来说明 exports 的
用法。

```
# parent's requirements.yaml file
    ...
    import-values:
      - data

# child's values.yaml file
...
exports:
  data:
    myint: 99
```

我们在文件中指定了键值 data，那么 Helm 就会从子 Chart 的 exports 域开始查找，最
终使用对应的键值。

```
# parent's values file
```

```
...
myint: 99
```

4. 通过 Charts/ 目录手动管理依赖

如果我们需要对依赖进行更多的细粒度控制，可以手动复制依赖的 Chart 到 charts/ 文件夹内。依赖的 Chart 既可以是已经打包好的压缩文件（foo-1.2.3.tgz），也可以是一个未打包的文件夹。但是它们的名字不能以 "_" 或者 "." 开头，这些符号开头的文件都会被 Helm 忽略。

例如，如果 Wordpress Chart 依赖 Apache Chart，那么 Apache Chart 就会以如下形式放到 Wordpress 中。

```
wordpress:
  Chart.yaml
  requirements.yaml
  # ...
  Charts/
    apache/
      Chart.yaml
      # ...
    mysql/
      Chart.yaml
      # ...
```

5. 依赖 Chart 最终操作顺序

上文我们介绍了如何管理 Chart 依赖，那么这些依赖是如何影响 Helm 的安装和升级的呢？

我们假设有一个 Chart A，其中包含如下文件：

❑ namespace：A-Namespace；

❑ statefulset：A-StatefulSet；

❑ service：A-Service。

Chart A 依赖 Chart B，Chart B 包含如下文件：

❑ namespace：B-Namespace；

❑ replicaset：B-ReplicaSet；

❑ service：B-Service。

当使用 helm install 命令安装 Chart A 的时候，Chart 会按照如下顺序进行安装：

❑ A-Namespace；

❑ B-Namespace；

❑ A-StatefulSet；

❑ B-ReplicaSet；

❑ A-Service；

❑ B-Service。

这是因为当使用 helm install 安装 Chart 的时候，所有的 Kubernetes 资源包括它的依赖会有如下特征：

❑ 聚合成一个 Chart；

❑ 根据类型和名称进行排序；

❑ 以依赖的顺序创建。

所以一个 Chart 就能把自己和依赖的 Chart 的所有资源都安装到 Kubernetes 集群中，关于 Helm 默认的类型安装顺序我们会在后面的章节中介绍。

2.1.4 template 和 values

Helm Chart template 是以 Go Template 模板语言写成的，所有的 template 文件都存放在 templates/ 目录下。当 Helm 渲染 Chart 的时候，它会将该文件夹下面的每个文件使用 Go 引擎运行一遍。

template 的 values 分别从两个方面获取：

❑ Chart 开发者会提供一个叫作 values.yaml 的文件，这个文件包含的所有默认值都可被 template 获取；

❑ Chart 使用者可能也会提供一个含有参数的文件，这个参数文件可以在 helm install 时使用，这里的参数会覆盖 template 的默认值。

1. template 文件

template 文件遵循 Go Template 模板语言规范，简例如下。

```
apiVersion: v1
kind: ReplicationController
metadata:
  name: deis-database
  namespace: deis
  labels:
    app.Kubernetes.io/managed-by: deis
spec:
  replicas: 1
  selector:
    app.Kubernetes.io/name: deis-database
  template:
    metadata:
      labels:
        app.Kubernetes.io/name: deis-database
    spec:
      serviceAccount: deis-database
      containers:
        - name: deis-database
          image: {{.Values.imageRegistry}}/postgres:{{.Values.dockerTag}}
          imagePullPolicy: {{.Values.pullPolicy}}
```

```
      ports:
        - containerPort: 5432
      env:
        - name: DATABASE_STORAGE
          value: {{default "minio" .Values.storage}}
```

上例就是一个简单的 ReplicationController 资源文件，它使用了 4 个 template value。

❏ imageRegistry：Docker 镜像仓库地址。

❏ dockerTag：镜像 tag。

❏ pullPolicy：Kubernetes 拉取镜像策略。

❏ storage：存储后端，默认使用 minio。

这些参数都存放在 value.yaml 中，默认值一般由开发者定义，用户在使用时也可以自定义一些参数。

2. 预定义参数

value 通过 values.yaml 或 helm install--set 进行指定。但在 template 中有一些 Helm 预先定义的参数可以直接使用。

如下参数都是 Helm 预先定义的，每个 template 都可以使用，而且不能被覆盖，这些 value 都是大小写敏感的。

❏ Release.Name：安装后的 Release 的名字。

❏ Release.Time：Chart Release 最后的更新时间。

❏ Release.NameSpace：安装后的 Release 命名空间。

❏ Release.Service：管理 Release 的服务名称，目前默认是 Tiller。

❏ Release.IsUpgrade：当执行动作为 Upgrade 或 Rollback 时，值为 true。

❏ Release.IsInstall：当执行 Install 动作时，值为 true。

❏ Release.Revision：版本号码，从 1 开始，每次执行 helm upgrade 加 1。

❏ Chart：Chart.yaml 的文本内容，Chart 版本号可以从 Chart.Version 获取，管理者信息可以从 Chart.Maintainers 获取。

❏ Files ：一个 Map 对象，含有当前 Chart 部分文件，这个对象不会提供 template 文件夹的内容，但是可以提供当前 Chart 目录下的其他文件。用户可以通过使用 index .Files "file.name"、.Files.Get name、.Files.GetString name 或 .Files.GetBytes 指令获取文件的内容。

❏ Capabilities ：一个 Map 对象，可通过 .Capabilities.KubeVersion 指令查询此对象含有的 Kubernetes 集群的信息；可通过 .Capabilities.TillerVersion 指令查询 Tiller 版本号；可通过 .Capabilities.APIVersions.Has "batch/v1" 指令查询是否支持某个 APIGroup。

3. values 文件

values.yaml 提供了文件必需的一些默认参数，一般的文件默认参数如下：

```
imageRegistry: "quay.io/deis"
dockerTag: "latest"
pullPolicy: "Always"
storage: "s3"
```

values 文件默认是 yaml 格式，Helm 命令行提供一种可以让使用者覆盖默认参数的方式：

```
helm install --values=myvals.yaml wordpress
```

当使用如上方式传递参数的时候，就会覆盖默认的参数。例如我们有一个 myvals.yaml 文件，含有参数：storage：" gcs"，当使用如上方式提交后，新的 values.yaml 会变为：

```
imageRegistry: "quay.io/deis"
dockerTag: "latest"
pullPolicy: "Always"
storage: "gcs"
```

注意：

❏ 在 Chart 中默认值的文件必须叫 values.yaml，但是通过命令行提交的文件可以取任意名字。

❏ 如果使用 helm install --set 命令传递参数，它们最终会被转换成 yaml 并传递到后端。

在 template 中，用户可以使用如下方式很方便地获取 values.yaml 中定义的参数。

```
apiVersion: v1
kind: ReplicationController
metadata:
  name: deis-database
  namespace: deis
  labels:
    app.Kubernetes.io/managed-by: deis
spec:
  replicas: 1
  selector:
    app.Kubernetes.io/name: deis-database
  template:
    metadata:
      labels:
        app.Kubernetes.io/name: deis-database
    spec:
      serviceAccount: deis-database
      containers:
        - name: deis-database
          image: {{.Values.imageRegistry}}/postgres:{{.Values.dockerTag}}
          imagePullPolicy: {{.Values.pullPolicy}}
          ports:
            - containerPort: 5432
          env:
```

```
      - name: DATABASE_STORAGE
        value: {{default "minio" .Values.storage}}
```

4. values 与依赖 Chart 的关系

values 文件能够为最高层级的 Chart 声明变量参数，也能为被包含在 Charts/ 目录下的 Chart 声明参数。例如，Wordpress Chart 有 mysql 和 apache 两个依赖项，values 文件能够同时为它们赋值。

```
title: "My WordPress Site" # Sent to the WordPress template

mysql:
  max_connections: 100 # Sent to mysql
  password: "secret"

apache:
  port: 8080 # Passed to Apache
```

最高层级的 Chart 能够获取它所有依赖项的 value 值。因此 Wordpress 能够通过 .Values.mysql.password 命令获取 mysql 的密码。但是低层级的 Chart 不能获取高层级 Chart 的 value 值，因此 mysql 就无法获取 title，同样它也获取不到 apache.port。

values 是具有命名空间的。因此对于 Wordpress 来说，它能够通过 .Values.mysql.password 命令获取 mysql 的密码，但是 mysql 就不用这样，mysql 可以直接通过 .Values.password 命令获取 Wordpress 的密码。

5. 全局变量

Helm 提供了一种特殊的全局变量，举例如下。

```
title: "My WordPress Site" # Sent to the WordPress template

global:
  app: MyWordPress

mysql:
  max_connections: 100 # Sent to mysql
  password: "secret"

apache:
  port: 8080 # Passed to Apache
```

上例代码中添加了一个 global 字段，所有的 Chart 都能通过 .Values.global.app 命令获取该值。比如 mysql 能够通过 .Values.global.app 命令获取 global 的值，这种方式非常适合需要在多个 Chart 之间共享元数据信息的场景。

如果一个子 Chart 声明了一个 global 变量，那么这个全局变量就会向下传递，且不会向上传递。因此子 Chart 永远不会影响父 Chart 的参数定义。当然，如果父 Chart 和子 Chart

同时定义了同名全局变量，父 Chart 的全局变量也会覆盖子 Chart 的变量。

2.2 Helm 功能初体验

本节将带大家初步体验 Helm 的功能和用法，感性地体会一下 Helm 是什么、能做什么，对于本节涉及的一些功能和操作大家可以先简单了解下，在后面的章节中还会详细介绍各个功能的具体用法以及实现原理。

2.2.1 前置条件

在学习 Helm 的使用方法之前，我们需要准备如下环境。

❑ 一个可以使用的 Kubernetes 集群。

❑ 确定要采用的安全策略。由于这里只是体验，我们选择默认的最高权限部署即可。在真正的生产环境中，会针对安全隔离做很多其他的选择。

❑ 判断是以集群级还是命名空间级的方式安装 Tiller。Tiller 的权限很高，所以可以根据不同的命名空间给 Tiller 指定不同的 serviceaccount，本节的示例暂时选取集群级别安装 Tiller。

Helm 通过读取 Kubernetes 配置文件决定在哪个集群安装 Tiller，通常配置文件存放在 $HOME/.kube/config。这个使用方式与 kubectl 一致，我们可以通过运行以下命令来查看当前的集群名称：

```
$ kubectl config current-context
my-cluster
```

2.2.2 Helm 的三大基本概念

安装 Helm 之前有一个存储包，叫作 Chart，安装完毕后的实例是 Release，存放 Chart 的仓库叫作 Repository，下面进行详细介绍。

❑ Chart：Chart 是一个 Helm 安装包，它包含一个应用需要的所有 Kubernetes 资源，Chart 对于 Kubernetes 而言就像 apt 之于 ubuntu。

❑ Release：一个 Chart 被安装后运行的实例就是一个 Release。在 Kubernetes 集群中，一个 Chart 能够被安装多次，每次安装都会创建一个 Release。就像有一个 mysql Chart，如果你希望运行两个 mysql 实例，那么就可以安装两次 mysql Chart。

❑ Repository：Repository 是 Helm 存放 Chart 的地方，缩写为 Repo，可以是远程也可以是本地的一个服务。

理解了上面的概念后，我们可以为 Helm 下一个定义：Helm 就是安装 Chart 的工具，每次 Chart 安装后都会创建一个新的 Release。这样就可以从 Repo 中搜索对应的 Chart。

2.2.3 安装 Helm

官方推荐从 https://github.com/helm/helm/releases 下载 Helm，根据对应的操作系统下载

相应的二进制文件即可，这里的二进制文件就是 Helm Client。Helm 默认的 Tiller 安装镜像是从 gcr.io 下载的，我们可以使用阿里云提供的镜像来安装。

```
helm init -i registry.cn-hangzhou.aliyuncs.com/acs/Tiller:v2.14.1
kubectl create serviceaccount --namespace kube-system Tiller
kubectl create clusterrolebinding Tiller-cluster-rule --clusterrole=cluster-admin --serviceaccount=kube-system:Tiller
kubectl patch deploy --namespace kube-system Tiller-deploy -p '{"spec":{"template":{"spec":{"serviceAccount":"Tiller"}}}}'
```

这段代码完成了以下几个步骤：
❑ 指定需要安装的 Tiller 镜像版本。
❑ 创建 serviceaccount 供 Tiller 使用，这里为了明确权限分配，创建一个自己的 sa，读者也可以使用默认的 sa。
❑ 修改 Tiller deploy 默认的 serviceaccount。

2.2.4　安装第一个 Chart

我们使用 helm install 命令就可以直接安装 Chart，既可以安装本地文件的 Chart，也可以安装远程的 Chart，这里我们采用默认方式安装 Helm 社区提供的 Chart。由于 Helm 社区提供的 Chart 安装地址不方便访问，所以使用阿里云提供的 apphub 代替，具体安装情况如下。

```
[root@iZ8vb0qditk1qw27yu4k5nZ ~]# helm repo add apphub https://apphub.aliyuncs.com/
"apphub" has been added to your repositories
[root@iZ8vb0qditk1qw27yu4k5nZ ~]# helm search apphub | grep mysql
apphub/mysql                           5.0.6           8.0.16
        Chart to create a Highly available mysql cluster
apphub/mysqldump                       2.4.2           2.4.1
        A Helm Chart to help backup mysql databases using mysqldump
apphub/mysqlha                         0.5.1           5.7.13
        mysql cluster with a single master and zero or more slave...
apphub/prometheus-mysql-exporter       0.3.4           v0.11.0
        A Helm Chart for prometheus mysql exporter with cloudsqlp...
[root@iZ8vb0qditk1qw27yu4k5nZ ~]# helm install apphub/mysql
NAME:   yummy-catfish
LAST DEPLOYED: Mon Aug  5 19:23:46 2019
NAMESPACE: default
STATUS: DEPLOYED

RESOURCES:
==> v1/ConfigMap
NAME                         DATA   AGE
yummy-catfish-mysql-master   1      0s
yummy-catfish-mysql-slave    1      0s

==> v1/Pod(related)
NAME                          READY   STATUS    RESTARTS   AGE
yummy-catfish-mysql-master-0  0/1     Pending   0          0s
```

```
yummy-catfish-mysql-slave-0   0/1    Pending  0          0s

==> v1/Secret
NAME                  TYPE    DATA  AGE
yummy-catfish-mysql   Opaque  2     0s

==> v1/Service
NAME                        TYPE       CLUSTER-IP    EXTERNAL-IP  PORT(S)    AGE
yummy-catfish-mysql         ClusterIP  172.26.5.135  <none>       3306/TCP   0s
yummy-catfish-mysql-slave   ClusterIP  172.26.8.17   <none>       3306/TCP   0s

==> v1beta1/StatefulSet
NAME                         READY  AGE
yummy-catfish-mysql-master   0/1    0s
yummy-catfish-mysql-slave    0/1    0s


NOTES:

Please be patient while the Chart is being deployed

Tip:

  Watch the deployment status using the command: kubectl get pods -w
--namespace default

Services:

  echo Master: yummy-catfish-mysql.default.svc.cluster.local:3306
  echo Slave:  yummy-catfish-mysql-slave.default.svc.cluster.local:3306

Administrator credentials:

  echo Username: root
  echo Password : $(kubectl get secret --namespace default yummy-catfish-mysql
-o jsonpath="{.data.mysql-root-password}" | base64 --decode)

To connect to your database:

  1. Run a pod that you can use as a client:

      kubectl run yummy-catfish-mysql-client --rm --tty -i --restart='Never' --image
docker.io/bitnami/mysql:8.0.16-debian-9-r33 --namespace default --command -- bash

  2. To connect to master service (read/write):

      mysql -h yummy-catfish-mysql.default.svc.cluster.local -uroot -p my_database

  3. To connect to slave service (read-only):

      mysql -h yummy-catfish-mysql-slave.default.svc.cluster.local -uroot -p my_
```

```
database
```

```
    To upgrade this helm Chart:
```

```
    1. Obtain the password as described on the 'Administrator credentials'
section and set the 'root.password' parameter as shown below:
```

```
        ROOT_PASSWORD=$(kubectl get secret --namespace default yummy-catfish-mysql
-o jsonpath="{.data.mysql-root-password}" | base64 --decode)
        helm upgrade yummy-catfish bitnami/mysql --set root.password=$ROOT_PASSWORD
```

　　如上例所示，apphub/mysql 已经被安装到集群中，这个安装实例的专有名称为 Release。这个 Release 的名称是 yummy-catfish，我们也可以在安装的时候通过 helm install --name 来指定 Release 名称。

　　安装命令发送后，下面的文本资料就是介绍后续如何使用这个 Chart，我们可以在任何时候通过 helm status 命令来获取这段文字。

2.2.5　查看当前安装实例

　　我们可以通过如下命令查看当前集群已经安装了哪些实例。

```
[root@iZ8vb0qditk1qw27yu4k5nZ ~]# helm ls
NAME            REVISION    UPDATED                 STATUS      CHART
        APP VERSION    NAMESPACE
yummy-catfish 1             Mon Aug  5 19:23:46 2019    DEPLOYED    mysql-5.0.6
8.0.16      default
```

　　helm list 命令会列出当前安装的所有实例，同时显示一部分关于这些实例的信息。使用 helm status yummy-catfish 命令可以查看这些实例的详细信息。

2.2.6　删除安装的实例

　　删除实例有两种形式，下面进行演示。

```
[root@iZ8vb0qditk1qw27yu4k5nZ ~]# helm delete yummy-catfish
release "yummy-catfish" deleted
```

　　helm delete 删除实例后，实例并不会消失，我们可以通过 helm ls -a 命令查看。

```
[root@iZ8vb0qditk1qw27yu4k5nZ ~]# helm ls -a
NAME            REVISION    UPDATED                 STATUS      CHART
        APP VERSION    NAMESPACE
yummy-catfish 1             Mon Aug  5 19:23:46 2019    DELETED     mysql-5.0.6
8.0.16      default
```

　　由上可以看到，实例当前的状态是 DELETED，如果希望完全移除这个实例，可以使用下面的命令。

```
[root@iZ8vb0qditk1qw27yu4k5nZ ~]# helm delete yummy-catfish --purge
release "yummy-catfish" deleted
```

```
[root@iZ8vb0qditk1qw27yu4k5nZ ~]# helm ls -a
[root@iZ8vb0qditk1qw27yu4k5nZ ~]#
```

2.2.7　Helm 后端存储

默认情况下，Tiller 使用 ConfigMaps 来存储每个实例的安装信息，安装实例的每个版本都在 kube-system 命令空间下有对应的 configmap。

```
[root@iZ8vb0qditk1qw27yu4k5nZ ~]# helm ls
 NAME            REVISION        UPDATED                         STATUS          CHART
APP VERSION     NAMESPACE
 riotous-gorilla 1               Mon Aug  5 19:42:58 2019        DEPLOYED        mysql-5.0.6
8.0.16          default
 [root@iZ8vb0qditk1qw27yu4k5nZ ~]# kubectl get cm  -n kube-system | grep
riotous-gorilla
 riotous-gorilla.v1                              1       32s
 [root@iZ8vb0qditk1qw27yu4k5nZ ~]# kubectl get cm riotous-gorilla.v1 -n kube-
system -o yaml
 apiVersion: v1
 data:
    release: H4sIAAAAAAAC/+y9TWwcSbIYjN158+1+NQa8TzYW9uLBzm3OmqSGVU1KM8Js+2
kxHEkzQ48ocUlqhIFWYGVXZXfnqqqylJnVVI+o04Nh332xD88/J1988MGG4aN99cm+LYwHvKNhGDBg
+7aAYeRfVdZf/7BbEjXbXOyI7M6MjIyMiIyMjIxw/irFhJOMuUNCcRTBa// +A+cffvDjH3T+7APnKE
KQIdBHIIUco4SD8xGOEOAjBIIRpBxgBvoIJ0MQojQiExQ6zilOe44DwGPIg5Fsqr6LRX/GIc8YyJjo
I8GQOIZJ2APPsj4KeASGiIOUhAy458B1ExgjlsJAABnALOKOc4LoGAeIyUFQMCLgEDKOaA9UZuLGE/
Y88nRHj40DL4gy0dSLSACj3
```

上例只截取了一部分 configmap 信息，configmap 后面的 "." 对应的就是版本号，这里因为只有一个版本，所以版本号就是 v1。

从 Helm 2.7.0 开始，Helm 就提供了将实例信息存放到 secret 中的功能，这样就给实例信息提供了额外的安全保护。注意这个功能必须在安装 Tiller 的时候开启。

```
helm init --override 'spec.template.spec.containers[0].command'='{/Tiller,
--storage=secret}'
```

在编写本书时，Helm 还不能提供从 configmap 到 secret 迁移的功能，用户必须从一开始就使用 secret 或 configmap，随着这个功能的发展，在 Helm 后续版本应该会提供官方推荐的迁移策略。

Helm 2.14.0 发布后，Helm 社区开发了一个基于 SQL 的存储功能，用于持久化存储数量较多的实例。该功能目前只支持将所有的实例信息存储到 postgres 中。

在 Kubernetes 中，configmap 和 secret 默认只能支持存储 1MB 大小的信息，所以如果 Chart 安装信息大于 1MB，这个基于 SQL 的存储功能就非常有用。同样，如果开启这个功能，则必须在安装 Tiller 时启用。

```
helm init \
  --override \
    'spec.template.spec.containers[0].args'='{--storage=sql,--sql-dialect=postgres,
```

```
--sql-connection-string=postgresql://Tiller-postgres:5432/helm?user=helm&password=
changeme}'
```

目前 Helm 社区没有提供从 configmap 到 SQL 的转移策略。

2.3　helm install

前面我们简单介绍了 Helm 最基础的命令与使用，本节我们详细介绍 helm install 命令以及对应的安装 Chart 功能。

上文提到 helm install apphub/mysql 的安装命令时，我们没有指定任何参数，也就是说这个 Chart 的安装使用的是默认的参数，那如果我们需要修改一些安装的参数，该如何操作呢？下面详细介绍该命令的使用方式。

```
[root@iZ8vb0qditk1qw27yu4k5nZ ~]# helm inspect values apphub/mysql
## Global Docker image parameters
## Please, note that this will override the image parameters, including
dependencies, configured to use the global value
## Current available global Docker image parameters: imageRegistry and
imagePullSecrets
##
# global:
#   imageRegistry: myRegistryName
#   imagePullSecrets:
#     - myRegistryKeySecretName

## Bitnami mysql image
## ref: https://hub.docker.com/r/bitnami/mysql/tags/
##
image:
  registry: docker.io
  repository: bitnami/mysql
  tag: 8.0.16-debian-9-r33
  ## Specify a imagePullPolicy
  ## Defaults to 'Always' if image tag is 'latest', else set to 'IfNotPresent'
  ## ref: http://Kubernetes.io/docs/user-guide/images/#pre-pulling-images
  ##
  pullPolicy: IfNotPresent
  ## Optionally specify an array of imagePullSecrets.
  ## Secrets must be manually created in the namespace.
  ## ref: https://Kubernetes.io/docs/tasks/configure-pod-container/pull-image-
private-registry/
  ##
  # pullSecrets:
  #   - myRegistryKeySecretName

service:
  ## Kubernetes service type
```

```
    type: ClusterIP
    port: 3306

    ......
```

使用 helm inspect values 命令可以将对应 Chart 的 values.yaml 参数打印出来，这样就能看到所有能够设置的参数，也能覆盖这些参数，下面我们以 mysql 为例看一下如何覆盖默认的参数。

```
$ cat config.yaml
mariadbUser: user0
mariadbDatabase: user0db
EOF
$ helm install -f config.yaml apphub/mysql
```

如上命令创建了一个 mysql，数据库用户为 user0，数据库名称为 user0db。在安装 Chart 时有两种方式设置指定的参数。

  ❑ -f：指定一个本地的 yaml 文件，设置需要覆盖的参数，这样会把默认值全部替换成用户设置的参数。

  ❑ --set：通过 key-value 的命令行方式设置需要覆盖的参数。

如果这两种方式都使用，--set 参数具有更高的优先级。设置完参数后，我们可以通过 helm get value <release-name> 来查看参数设置是否正确。如果想恢复默认值，可以通过 helm upgrade <release>--reset-values 实现。

--set 命令后面可以接一个或多个 key-value 参数，最简单的例子就是 --set name=value。当需要设置多个参数的时候，就可以通过 --set a=b,c=d 命令，这等同于：

```
a: b
c: d
```

对于更加复杂一些的表达式，比如有层级的参数，可以通过 --set outer.inner=value 命令进行覆盖，这等同于：

```
outer:
  inner: value
    覆盖列表的参数可以使用 --set name={a,b,c} 命令，等同于：
name:
  - a
  - b
  - c
```

针对一些特殊字符、字符串，可使用 --set name="value1\,value2" 命令覆盖，等同于：

```
name: "value1,value2"
```

这个功能常用于设置 nodeSelector 标签，--set nodeSelector."Kubernetes\.io/role"=master 等同于：

```
nodeSelector:
  Kubernetes.io/role: master
```

更加复杂的参数还需要设置 userValue.yaml 来进行修改。

2.4　Helm 更新与回滚

当一个 Chart 被安装到 Kubernetes 集群后，如果想更改 Release 的配置或者升级某些镜像，就需要使用 helm upgrade 命令了。

2.4.1　helm upgrade

helm upgrade 命令可以获取当前的 Release 信息，然后根据用户提供的配置更新当前的 Release。由于 Kubernetes 的资源会非常多且复杂，因此 Helm 会采取最小侵略更新，也就是只更新版本变化的参数，其他的参数继续保持不变。

```
[root@iZ8vb0qditk1qw27yu4k5nZ ~]# helm upgrade -f newConfig.yaml kissable-deer
apphub/mysql
Release "kissable-deer" has been upgraded.
LAST DEPLOYED: Tue Aug  6 19:32:59 2019
NAMESPACE: default
STATUS: DEPLOYED
```

上例中 kissable-deer 已经被更新，我们在新的配置文件内设置了一个新的数据库名称。

```
[root@iZ8vb0qditk1qw27yu4k5nZ ~]# helm get values kissable-deer
mariadbUser:newUser
```

通过 helm get 命令可以很方便地查看当前版本更新的参数名称以及对应的值。

2.4.2　helm history

当我们更新了这个 Release 后，可以通过 helm ls 查看当前 Release 的状态。

```
[root@iZ8vb0qditk1qw27yu4k5nZ ~]# helm ls
NAME            REVISION  UPDATED                    STATUS     CHART        APP
VERSION  NAMESPACE
kissable-deer 2           Tue Aug  6 19:34:44 2019   DEPLOYED   mysql-5.0.6
8.0.16        default
```

可以看到新增了 REVISION 字段。每更新一次，这个版本号就会加 1，即使是回滚，版本号也会加 1。这个版本号表明的就是当前 Release 的版本，我们可以通过 helm history 命令查看当前 Release 的历史版本。

```
[root@iZ8vb0qditk1qw27yu4k5nZ ~]# helm history kissable-deer
REVISION  UPDATED                    STATUS     CHART        DESCRIPTION
```

```
1               Tue Aug  6 19:32:37 2019  SUPERSEDED  mysql-5.0.6  Install complete
2               Tue Aug  6 19:32:59 2019  SUPERSEDED  mysql-5.0.6  Upgrade complete
```

2.4.3　helm rollback

如果更新一个 Release 后出现了错误，则可以通过以下命令很快地回滚到某个指定的版本。

```
[root@iZ8vb0qditk1qw27yu4k5nZ ~]# helm rollback kissable-deer 1
Rollback was a success.
```

helm rollback 命令格式为：helm rollback [RELEASE][REVISION]，回滚到指定版本后可以继续查看当前的参数。

```
[root@iZ8vb0qditk1qw27yu4k5nZ ~]# helm ls
NAME           REVISION  UPDATED                     STATUS      CHART        APP
VERSION  NAMESPACE
kissable-deer  3         Tue Aug  6 19:40:35 2019  DEPLOYED  mysql-5.0.6
8.0.16         default

[root@iZ8vb0qditk1qw27yu4k5nZ ~]# helm history kissable-deer
REVISION  UPDATED                     STATUS      CHART        DESCRIPTION
1         Tue Aug  6 19:32:37 2019  SUPERSEDED  mysql-5.0.6  Install complete
2         Tue Aug  6 19:32:59 2019  SUPERSEDED  mysql-5.0.6  Upgrade complete
3         Tue Aug  6 19:34:44 2019  DEPLOYED    mysql-5.0.6  Rollback to 1
```

可以看到，即使是回滚，Release 版本号依然会加 1。

2.4.4　一些有用的更新参数

在更新或回滚 Release 时，我们可以自定义一些参数，这些参数在某些情况下会非常有用。

❑ --timeout：等待 Kubernetes apiServer 返回的超时时间，默认是 5min。

❑ wait：等待所有的 Pod 状态变为 Ready、PVC 都已经挂载、Deployment 到达最小的 Pod 数量、Service 被分配了 IP 地址。它会一直等待，直到到达上面的超时时间结束。如果已经到达超时时间还没有 Ready，这个 Release 的状态就会被置为 FAILED。

❑ --no-hooks：略过所有的 Hook。

❑ --recreate-pods：只在更新和回滚时有用，这个命令会导致当前所有 Pod 重建。

2.5　helm repo

到现在为止，我们已经从远程目录安装了 Chart，本节我们详细介绍一下 helm repo 命令。

在默认社区版本安装的时候，Helm 会自动添加如下 repo list。

```
$ helm repo list
NAME                    URL
stable                  https://kubernetes-charts.storage.googleapis.com
local                   http://localhost:8879/charts
incubator               https://kubernetes-charts-incubator.storage.googleapis.com/
```

由于网络原因，我们通过阿里云国内镜像站查看 UI 页面⊖。下面演示如何添加一个外部的 repo。

```
[root@iZ8vb0qditk1qw27yu4k5nZ ~]# helm repo add apphub https://apphub.
aliyuncs.com/
[root@iZ8vb0qditk1qw27yu4k5nZ ~]# helm repo list
NAME                    URL
apphub                  https://apphub.aliyuncs.com/
```

可以看到，通过 helm repo add 命令就可以添加一个已有的 repo，可以是一个公网的服务，也可以是一个用户自检的内部 Chart repo。

下面来看一下目前 helm repo 命令行的全量功能列表。

```
[root@iZ8vb0qditk1qw27yu4k5nZ ~]# helm repo

This command consists of multiple subcommands to interact with Chart repositories.

It can be used to add, remove, list, and index Chart repositories.
Example usage:
    $ helm repo add [NAME][REPO_URL]

Usage:
  helm repo [command]

Available Commands:
  add          add a Chart repository
  index        generate an index file given a directory containing packaged Charts
  list         list Chart repositories
  remove       remove a Chart repository
  update       update information of available Charts locally from Chart repositories
```

helm repo index 可以解析用户提供的一个 index.yaml，每个 helm repo 都维护一个 index.yaml 索引。helm search 就是通过这个索引来查找和显示文件列表的。

helm repo remove 可以将已经添加的某个 repo 移除。

helm repo update 可以更新某个 repo，一般在使用 Chart 时，可以先更新一下，这样可以获取服务端最新的数据。

⊖　https://developer.aliyun.com/hub

2.6 创建自己的 Chart

前面介绍了 Chart 的各种功能和写法，这里我们尝试创建一个自己的 Chart。操作方法非常简单，仅需创建一个 nginx deployment。

```
[root@iZ8vb0qditk1qw27yu4k5nZ ~]# helm create myChart
Creating myChart
[root@iZ8vb0qditk1qw27yu4k5nZ myChart]# ll
total 16
drwxr-xr-x 2 root root 4096 Aug  6 22:28 Charts
-rw-r--r-- 1 root root  103 Aug  6 22:28 Chart.yaml
drwxr-xr-x 3 root root 4096 Aug  6 22:28 templates
-rw-r--r-- 1 root root 1099 Aug  6 22:28 values.yaml
```

使用 helm create 命令就能创建一个 Chart 实例，可以看到基本的 values Chart.yaml 文件都已经具备了。

```
apiVersion: v1
appVersion: "1.0"
description: A Helm Chart for Kubernetes
name: myChart
version: 0.1.0
```

默认的 Chart.yaml 已经具备，那么我们便不再改动了。把 template 文件夹清空，添加一个自己的 deployment.yaml。

```
piVersion: apps/v1
kind: Deployment
metadata:
  name: nginx-deployment
  labels:
    app: nginx
spec:
  replicas: {{ .Values.replicaCount }}
  selector:
    matchLabels:
      app: nginx
  template:
    metadata:
      labels:
        app: nginx
    spec:
      containers:
      - name: nginx
        image: {{ .Values.image.repository }}:{{ .Values.image.tag }}
        ports:
        - containerPort: 80
```

上例是一个很简单的 nginx deployment，下面我们修改 value.yaml。

```
# Default values for myChart.
# This is a YAML-formatted file.
# Declare variables to be passed into your templates.

replicaCount: 1

image:
  repository: nginx
  tag: stable
```

下面安装我们的 Chart。

```
[root@iZ8vb0qditk1qw27yu4k5nZ ~]# helm install myChart/
NAME:    funky-armadillo
LAST DEPLOYED: Tue Aug  6 22:40:00 2019
NAMESPACE: default
STATUS: DEPLOYED

RESOURCES:
==> v1/Deployment
NAME                READY   UP-TO-DATE   AVAILABLE   AGE
nginx-deployment    0/1     0            0           0s


==> v1/Pod(related)
NAME                                READY   STATUS    RESTARTS   AGE
nginx-deployment-59c847455d-gqkst   0/1     Pending   0          0s



root@iZ8vb0qditk1qw27yu4k5nZ ~]# kubectl get deploy nginx-deployment -o yaml |
grep image
        - image: nginx:stable
          imagePullPolicy: IfNotPresent
[root@iZ8vb0qditk1qw27yu4k5nZ ~]# kubectl get deploy nginx-deployment -o yaml
| grep repli
    replicas: 1
    replicas: 1
```

至此，我们成功创建了一个最简单的 Chart。

2.7　Helm Hooks

Helm 提供一种钩子机制，允许用户在 Release 生命周期的某些节点上执行一些特定的动作。例如，用户可以在以下场景使用钩子机制。

❑ 在安装其他 Chart 前，加载一个 configmap 或 secret。

❑ 在安装一个新的 Chart 前运行一个 Job 来备份数据库，然后升级完成后再运行第二个 Job 去恢复数据。

❑ 在删除一个 Release 前运行一个 Job，将流量转移到其他服务。

Hooks 编写模式和普通模板无异，但是它们有特殊的标签可以让 Helm 执行一些特别的动作，本节将会介绍 Hooks 的一些基本用法。

一个简单的 Hooks 在模板中的编写规则如下：

```
apiVersion: ...
kind: ....
metadata:
  annotations:
    "helm.sh/hook": "pre-install"
# ...
```

2.7.1　Helm 支持的 Hooks 种类

Helm 可以通过多种 Hooks 实现功能拓展，下面逐一进行介绍。

❑ pre-install：在模板渲染之后、所有的 Kubernetes 资源创建之前执行。

❑ post-install：在 Kubernetes 资源提交之后执行。

❑ pre-delete：在发起删除请求之前执行。

❑ post-delete：在 Kubernetes 资源删除之后执行。

❑ pre-upgrade：在模板渲染完毕之后、更新 Kubernetes 资源请求发起之前执行。

❑ post-upgrade：在所有的资源更新完毕之后执行。

❑ pre-rollback：在模板渲染完毕之后，回滚请求发起之前执行。

❑ post-rollback：在回滚请求发起之后执行。

❑ crd-install：在其他检查之间提交 CRD 定义资源。只在模板内含有使用 CRD 的资源并且集群未定义 CRD 时使用。

❑ test-success：在执行 helm test 命令且期望 Pod 运行时返回成功（code = 0）。

❑ test-failure：在执行 helm test 命令且期望 Pod 运行时返回失败（code != 0）。

2.7.2　Hooks 与 Release 生命周期的关系

Hooks 允许开发者在 Release 的一些生命周期中执行特定的动作，比如 helm install，默认情况下，这个 Release 的生命周期如下。

❑ 用户运行 helm install foo 命令。

❑ Chart 被发送到 Tiller。

❑ yaml 模板编写规范校验过后，Tiller 渲染 foo 模板。

❑ Tiller 将渲染后的资源提交到 Kubernetes 集群中。

❑ Tiller 返回执行结果和 Release 名称给客户端。

❑ 退出客户端。

Helm 给 install 命令定制了两种 Hooks：pre-install 和 post-install。如果 foo 这个 Chart

实现了这两个 Hooks，则它的生命周期如下所示。

- ❑ 用户运行 helm install foo 命令。
- ❑ Chart 被发送到 Tiller。
- ❑ 一些校验过后，Tiller 渲染 foo 模板。
- ❑ Tiller 准备执行 pre-install hooks（同时加载 Hooks 资源到 Kubernetes 集群中）。
- ❑ Tiller 根据权重对 Hooks（默认权重为 0）排序，若权重相同，则根据名称排序。
- ❑ Tiller 加载 Hooks 需要的资源。
- ❑ Tiller 等待 Hooks 返回 Ready。
- ❑ Tiller 提交剩余的资源到 Kubernetes 集群中。
- ❑ Tiller 运行 post-install hooks。
- ❑ Tiller 等待 Hooks 返回 Ready。
- ❑ Tiller 返回执行结果和 Release 名称给客户端。
- ❑ 退出客户端。

Tiller 等待 Hooks 返回 Ready 是什么意思呢？针对不同的 Hooks 类型有不同的检查方式，如果这个资源是一个 Job 类型，Tiller 就会一直等待 Job 成功运行到 completion 状态。如果这个 Job 运行失败了，那么 Release 也会失败。这是一个同步作业，当 Job 正在运行时，Helm 会一直阻塞等待。

对于其他类型的资源，只要 Kubernetes 集群标志该资源已经加载完毕，Tiller 就认为它是 Ready 的。当在 Hooks 中声明了很多资源的时候，它们会按串行的顺序执行，如果它们之间设置了权限，那么它们会按权限高低排序后再按序执行。如果资源对按序执行有强依赖性，则非常建议通过权重的形式来标明，不要依赖名称排序。

Hooks 创建的资源并不归 Release 管理。一旦 Tiller 检测到 Hooks 达到了 Ready 状态，后面就不会再管理这个资源了。这意味着用户一旦在 Hooks 中创建了资源，就不能依赖 helm delete 删除对应的资源。如果想删除这些资源，用户就需要编写一个 pre-delete,post-delete hook 命令来删除。

2.7.3　简单的 Hooks 示例

Hooks 在编写方式上与资源文件相同。因为它们是模板文件，用户可以使用所有的模板功能，包括 .Values、.Release、.Template。

如下例所示，这个文件存放在 templates/post-install-job.yaml。

```
apiVersion: batch/v1
kind: Job
metadata:
  name: "{{.Release.Name}}"
  labels:
    app.Kubernetes.io/managed-by: {{.Release.Service | quote }}
```

```
      app.Kubernetes.io/instance: {{.Release.Name | quote }}
      app.Kubernetes.io/version: {{ .chart.AppVersion }}
      helm.sh/chart: "{{.chart.Name}}-{{.chart.Version}}"
    annotations:
      # This is what defines this resource as a hook. Without this line, the
      # job is considered part of the release.
      "helm.sh/hook": post-install
      "helm.sh/hook-weight": "-5"
      "helm.sh/hook-delete-policy": hook-succeeded
spec:
  template:
    metadata:
      name: "{{.Release.Name}}"
      labels:
        app.Kubernetes.io/managed-by: {{.Release.Service | quote }}
        app.Kubernetes.io/instance: {{.Release.Name | quote }}
        helm.sh/chart: "{{.chart.Name}}-{{.chart.Version}}"
    spec:
      restartPolicy: Never
      containers:
      - name: post-install-job
        image: "alpine:3.3"
        command: ["/bin/sleep","{{default "10" .Values.sleepyTime}}"]
```

本例的资源与普通的资源最主要的区别在于，它声明了它是一个 post-install hook。

```
annotations:
  "helm.sh/hook":post-install
```

当然，一个资源可以被定义成多个 Hooks，比如：

```
annotations:
  "helm.sh/hook": post-install,post-upgrade
```

父 Chart 没有办法关闭子 Chart 声明的 Hooks，当子 Chart 声明 Hooks 时，Hooks 也会被执行。

我们可以为 Hooks 定义权重，这有助于构建确定性的执行顺序。权重使用以下注释定义。

```
annotations:
  "helm.sh/hook-weight": "5"
```

hook 权重可以是正数或负数，但必须表示为字符串。当 Tiller 启动特定类型的 Hooks 执行周期时，它会对这些 Hooks 进行升序排列。

我们还可以定义何时删除相应 Hooks 资源的策略，例如使用以下注释定义 Hooks 删除策略：

```
annotations:
  "helm.sh/hook-delete-policy": hook-succeeded
```

用户可以选择一个或多个已定义的注释值。

❑ "hook-succeeded"：指定 Tiller 应在 Hooks 成功执行后删除对应资源。

- ❑ "hook-failed"：指定如果 Hooks 在执行期间失败，Tiller 将删除对应的资源。
- ❑ "before-hook-creation"：指定 Tiller 在启动新 Hooks 之前删除对应的资源。

默认情况下，Tiller 将等待 60s，以便在超时之前删除对应的资源。用户可以使用 helm.sh/hook-delete-timeout 注释更改该行为，该值是 Tiller 应该等待 Hooks 完全删除的秒数，值为 0 表示 Tiller 不会等待。

2.7.4　使用 crd-install 来定义一个 CRD

自定义资源（CRD）是 Kubernetes 中的一种特殊类型，它提供了定义其他类型的方法。有时，Chart 需要定义一种类型并使用，可以通过 crd-install hook 来完成。

crd-install hook 在安装期间很早就执行完毕，然后验证其余资源。用户可以使用该 Hooks 对 CRD 进行创建，以便在引用该 CRD 的任何实例前安装它们。通过这种方式，在后面的资源需要使用该 CRD 的时候，CRD 的定义就已经安装完毕了。

以下是使用 Hooks 定义 CRD 和 CRD 实例的示例。

如下所示为 CRD 定义：

```
apiVersion: apiextensions.k8s.io/v1beta1
kind: CustomResourceDefinition
metadata:
  name: crontabs.stable.example.com
  annotations:
    "helm.sh/hook": crd-install
spec:
  group: stable.example.com
  version: v1
  scope: Namespaced
  names:
    plural: crontabs
    singular: crontab
    kind: CronTab
    shortNames:
    - ct
```

如下所示为 CRD 实例：

```
apiVersion: stable.example.com/v1
kind: CronTab
metadata:
  name: {{ .Release.Name }}-inst
```

这样通过先安装 CRD 的定义再安装对应资源的方式，就可以正确安装 Chart 了。

2.7.5　自动删除先前版本的 Hooks

更新使用了 Hooks 的 Helm 时，Hooks 资源可能已经存在于集群中。此时 Helm 在安装

资源时会报 "… already exists" 表示安装错误。

Hooks 资源可能已经存在的一个常见原因是，在曾经的安装 / 升级中使用它之后没有及时删除。在某些情况下，我们还是希望 Release 安装之后保留 Hooks，因为这样有助于调试和诊断问题，针对这种情况，可以使用 hook-delete-policy 来解决。注解 "helm.sh/hook-delete-policy": "before-hook-creation" 能够保证在新的 Hooks 安装前，删除上一个版本已经存在的 Hooks。

2.8　Helm 插件

Helm 插件是从 2.1.0 版本开始引进的功能，所谓的插件就是可以通过 Helm 命令行使用，但又不是 Helm 客户端原生的功能。目前大部分插件都可以在 https://helm.sh/docs/community/related/ 中找到，本节将详细介绍 Helm 插件的概念和使用方式。

1. 概览

Helm 插件是可以和 Helm 命令行无缝衔接的增强工具。它提供了一种扩展 Helm 核心功能的方法，并且不需要修改 Helm 原生的代码。Helm 插件有如下 3 个特点：

❑ 在 Helm 命令行中添加和删除 Helm 插件，不会影响 Helm 核心工具；

❑ 可以用任何编程语言进行编写；

❑ 很容易与 Helm 整合，并且可以出现在 Helm Help 命令行中。

所有的 Helm 插件都存放在 $(helm home)/plugins 目录下。Helm 插件机制是受 Git 插件启发诞生的，这样对于 Helm Client 而言，用户能够获取更加丰富的功能，但是对于具体的任务执行，则是由插件本身来完成。

2. 安装一个插件

我们通过 helm plugin install <path|url> 命令来安装插件，可以指定一个本地的文件夹路径或者远程的某个 url 来安装。通过 helm plugin install 命令下载对应的插件后，会复制到 $ (helm home)/plugins 路径下。

下载完整实例可以使用此命令：helm plugin install https://github.com/technosophos/helm-template。

如果用户自己有一个插件的安装包，那么就可以直接解压到 $(helm home)/plugins 文件夹下。同样，远程的压缩包也可以通过这种方式直接安装：helm plugin install http://domain/path/to/plugin.tar.gz。

3. 构建一个插件

插件和 Chart 的结构差不多，每个插件都有一个顶层文件夹，里面含有一个 plugin.yaml 文件。

```
$(helm home)/plugins/
```

```
|- keybase/
    |
    |- plugin.yaml
    |- keybase.sh
```

在上面的例子中，keybase 插件放在了 keybase 文件夹下。keybase 文件夹下有两个文件：一个是 plugin.yaml，这个文件是必须存在的；另一个是 keybase.sh，这个文件是一个具体的可执行文件，是可选的。

插件的核心就是 plugin.yaml 这个文件，其内容如下所示。

```
name: "keybase"
version: "0.1.0"
usage: "Integrate Keybase.io tools with Helm"
description: |-
  This plugin provides Keybase services to Helm.
ignoreFlags: false
useTunnel: false
command: "$HELM_PLUGIN_DIR/keybase.sh"
```

name 是这个插件的名字，当 Helm 执行 keybase 插件时，就会用到这个名字。例如在上例中，helm keybase 就会执行这个插件。

name 必须和文件夹的名字相同。在上面的例子中，name: keybase 意味着这个插件所处的文件夹的名字必须是 keybase。

不过这里的命名有一定的限制条件：

❑ name 不能和已有的 helm 命令同名；

❑ name 所取字符必须包含在 ASCII a ～ z、A ～ Z、0 ～ 9、_ 和 - 中。

version 是一个符合 SemVer 2 规范的字符串。usage 和 description 都是用来产生帮助命令的文本。

ignoreFlags 标志提示 Helm 不要传递任何参数给插件。也就是说，如果一个插件以 helm myplugin --foo 方式调用，且 ignoreFlags 被设置为 true，那么 -foo 这个参数就不会传递给插件。

useTunnel 表明插件需要通过隧道的方式访问 Tiller。如果一个插件需要访问 Tiller，那么这个标志位必须被设置为 true。这样会让 Helm 创建一个隧道，然后设置正确的 $TILLER_HOST 环境变量，Helm 插件就能够通过隧道访问 Tiller 了。不过不用担心，如果 Tiller 是本地运行的，Helm 也会自动检测到，然后不去创建隧道。

最后，最重要的就是 command 这个字段。这个字段含有的内容会在插件被调用的时候运行，环境变量会在命令执行前被解析。

对于插件的命令也有一些注意事项。

❑ 如果一个插件包含可执行文件，这个可执行文件就添加到插件的文件夹里面去。

❑ 在命令行运行的时候，可以访问到所有的环境变量参数，同时 $HELM_PLUGIN_

DIR 也会指向插件所在的文件夹。

❑ Helm 本身内置了很多环境变量，可以在命令行内输出环境变量，看看有哪些有用的信息。

❑ Helm 插件不限制任何语言，用户可以使用自己擅长的语言编写。

❑ 命令行需要设置对应的说明和介绍性文本。Helm 会使用 usage 和 description 字段显示帮助信息，在 helm help myplugin 命令运行的时候就会显示出来，但是使用 helm myplugin --help 不会显示帮助信息。

4. 下载插件

在 Helm 2.4.0 版本中增加了一个通过 HTTP/HTTPS 下载插件的功能，可以让 Helm 从任何指定的地方下载插件。

插件需要在 plugin.yaml 中实现一个字段：

```
downloaders:
- command: "bin/mydownloader"
  protocols:
  - "myprotocol"
  - "myprotocols"
```

如果安装这样的插件，Helm 就会通过指定的协议与远程仓库建立连接，这个远程仓库也需要像 Helm Repo 那样添加对应的信息——helm repo add favorite myprotocol://example.com/。这些使用规则与下载 Chart 是一致的。

5. 环境变量

当 Helm 执行某个插件的时候，它会将外部所有环境变量都传递到插件内部，同时也会将附加的环境变量一并塞入。如下环境变量会被自动传递到插件中。

❑ HELM_PLUGIN：插件文件夹的地址。

❑ HELM_PLUGIN_NAME：Helm 插件的地址，比如执行 helm myplug 命令，则这个环境变量就是 myplug。

❑ HELM_PLUGIN_DIR：存放插件的文件夹名字。

❑ HELM_BIN：Helm 二进制的路径。

❑ HELM_HOME：Helm 指定的目录名称。

❑ TILLER_HOST：Tiller 的地址，以 IP:PORT 格式呈现。

2.9 Chart 测试

一个 Chart 包含很多 Kubernetes 资源和组件。作为一个 Chart 作者，你可能喜欢写一些测试用例以检验 Chart 在安装时的可用性和正确性。这些测试用例也能帮助其他使用者明白这个 Chart 的功能和目的。

　　Chart 测试文件存放在 templates/ 文件夹下，它被定义为一个 Pod，然后在 Pod 内执行测试用例。当运行测试完毕后，Pod 的退出码应该为 0，这样就会被认为测试成功。这个 Pod 必须含有测试专用标签，如 helm.sh/hook: test-success 或者 helm.sh/hook: test-failure。

　　我们可以通过运行 helm test <release-name> 检测一个 release 的正确性，对于 Chart 使用者而言，这是一个了解应用能否按照期望去工作的机会。

　　在 Helm Chart 中共有两个测试标签，test-success 和 test-failure。

　　test-success 表明测试 Pod 必须完全成功，也就是 Pod 内命令的退出码为 0；test-failure 表明 Pod 必须失败，也就是 Pod 内命令退出码不为 0，这种情况下才认为这个测试是成功的。

　　下面我们以 Wordpress 中的一个测试 Pod 为例，来看看 Chart 测试的情况。这个测试用例检测参数的正确性，同时尝试去登录 mariadb 数据库。

```
wordpress/
  Chart.yaml
  README.md
  values.yaml
  Charts/
  templates/
  templates/tests/test-mariadb-connection.yaml
```

在 wordpress/templates/tests/test-mariadb-connection.yaml 中：

```
apiVersion: v1
kind: Pod
metadata:
  name: "{{ .Release.Name }}-credentials-test"
  annotations:
    "helm.sh/hook": test-success
spec:
  containers:
  - name: {{ .Release.Name }}-credentials-test
    image: {{ .Values.image }}
    env:
      - name: MARIADB_HOST
        value: {{ template "mariadb.fullname" . }}
      - name: MARIADB_PORT
        value: "3306"
      - name: WORDPRESS_DATABASE_NAME
        value: {{ default "" .Values.mariadb.mariadbDatabase | quote }}
      - name: WORDPRESS_DATABASE_USER
        value: {{ default "" .Values.mariadb.mariadbUser | quote }}
      - name: WORDPRESS_DATABASE_PASSWORD
        valueFrom:
          secretKeyRef:
            name: {{ template "mariadb.fullname" . }}
            key: mariadb-password
```

```
        command: ["sh", "-c", "mysql --host=$MARIADB_HOST --port=$MARIADB_PORT
--user=$WORDPRESS_DATABASE_USER --password=$WORDPRESS_DATABASE_PASSWORD"]
      restartPolicy: Never
```

首先安装如下 Chart。

```
helm install stable/wordpress

NAME:   quirky-walrus
NAMESPACE: default
STATUS: DEPLOYED
```

然后进行测试。

```
helm test quirky-walrus

RUNNING: quirky-walrus-credentials-test
SUCCESS: quirky-walrus-credentials-test
```

2.10   Chart 模板开发高阶介绍

前面我们对 Chart 模板有了基本的认识，也简单了解了 Helm 的功能。本节我将介绍一些编写 Chart 用到的高阶方法，包括模板语言、内置函数、内置默认变量等。刚开始读者可能会觉得有些难懂，可以暂且略过本节，当在第 3 章学习中发现不懂的地方时，再回本节查漏补缺。当然，如果能顺利阅读完本节，肯定对后续的学习大有裨益，学好本节内容对于将来阅读标准社区 Chart 与开发项目也有很大的帮助。

在开始本节学习之前，我们先创建一个 Chart，这个 Chart 会随着讲解逐渐丰富。就像上文所讲的一样，一个 Chart 的结构如下所示。

```
myChart/
  Chart.yaml
  values.yaml
  Charts/
  templates/
  ...
```

template 文件夹存放所有的 Kubernetes 资源文件，values.yaml 存放本 Chart 默认的参数，Chart.yaml 存放描述该 Chart 的元信息，Charts/ 文件夹存放依赖的子 Chart 文件内容。

本节先创建一个名为 myChart 的 Chart，然后再填充一些 Kubernetes 资源到 template 文件夹中。

```
[root@iZ8vb0qditk1qw27yu4k5nZ ~]# helm create myChart
Creating myChart
[root@iZ8vb0qditk1qw27yu4k5nZ ~]# tree myChart/
```

```
myChart/
├──── Charts
├──── Chart.yaml
├──── templates
│      ├──── deployment.yaml
│      ├──── _helpers.tpl
│      ├──── ingress.yaml
│      ├──── NOTES.txt
│      ├──── service.yaml
│      └──── tests
│             └──── test-connection.yaml
└──── values.yaml

[root@iZ8vb0qditk1qw27yu4k5nZ ~]# rm -rf myChart/templates/*
[root@iZ8vb0qditk1qw27yu4k5nZ ~]# tree myChart/
myChart/
├──── Charts
├──── Chart.yaml
├──── templates
└──── values.yaml
```

下面把自动生成的 template 文件夹的内容全部删除，这样才能方便后面创建我们的文件。当然这是为了演示使用，如果在生产环境中创建 Chart，还是建议直接复用自动生成的 Chart 内容，它会大大提高我们创建 Chart 的速度。

2.10.1　创建第一个 template 文件

我们创建的第一个 template 文件就是 ConfigMap。在 Kubernetes 中，ConfigMap 的作用是存放一些配置信息，这样其他的 Pod 就可以通过挂载 ConfigMap 来读取信息。创建 ConfigMap 文件如下：

```
#myChart/templates/configmap.yaml

apiVersion: v1
kind: ConfigMap
metadata:
  name: myChart-configmap
data:
  myvalue: "Hello World"
```

上例创建的是一个非常简单的 ConfigMap，Tiller 在收到这个信息后，可以很简单地直接将其提交到 Kubernetes apiServer 中，下面我们尝试安装 ConfigMap。

```
[root@iZ8vb0qditk1qw27yu4k5nZ myChart]# helm install ../myChart/
NAME:   deadly-raccoon
LAST DEPLOYED: Tue Aug 27 20:17:36 2019
NAMESPACE: default
```

```
STATUS: DEPLOYED

RESOURCES:
==> v1/ConfigMap
NAME               DATA   AGE
myChart-configmap  1      0s
```

在上面的输出中，我们可以看到 ConfigMap 已经被创建出来了，下面我们使用 Helm 命令行查看一下提交的资源信息。

```
[root@iZ8vb0qditk1qw27yu4k5nZ myChart]# helm get manifest deadly-raccoon

---
# Source: myChart/templates/configmap.yaml
apiVersion: v1
kind: ConfigMap
metadata:
  name: myChart-configmap
data:
  myvalue: "Hello World"
```

helm get manifest 命令通过读取 Release 名称，能够输出所有提交给 Kubernetes 集群的资源信息。每个资源之间通过"---"分隔符分割，这里输出的都是被 Helm 解析完毕的 yaml，即可以直接被 Kubernetes 集群识别。

下面再通过 Kubernetes 命令行验证资源的提交情况。

```
[root@iZ8vb0qditk1qw27yu4k5nZ myChart]# kubectl get cm
NAME               DATA   AGE
myChart-configmap  1      6m56s
[root@iZ8vb0qditk1qw27yu4k5nZ myChart]# kubectl get cm myChart-configmap -o
yaml
apiVersion: v1
data:
  myvalue: Hello World
kind: ConfigMap
metadata:
  creationTimestamp: 2019-08-27T12:17:36Z
  name: myChart-configmap
  namespace: default
  resourceVersion: "4716216"
  selfLink: /api/v1/namespaces/default/configmaps/myChart-configmap
  uid: a7bcd6d9-c8c4-11e9-a8fb-00163e04d480
```

通过输出可以看出，这个 ConfigMap 确实已经被提交到 Kubernetes 集群了，而且内容都是正确的。下面我们可以使用 helm delete deadly-raccoon --purge 命令删除这个 Release 了。

2.10.2　给 template 添加动态变量

　　直接定义 ConfigMap 的名字不是一种好的方式，在资源较多的大型 Kubernetes 集群中，不方便直观寻找到对应的资源，因此我们希望能够给 ConfigMap 的名字前增加对应的 release 名称。

　　下面我们把 ConfigMap 内容更新成如下的样子。

```
apiVersion: v1
kind: ConfigMap
metadata:
  name: {{ .Release.Name }}-configmap
data:
  myvalue: "Hello World"
```

　　这里最大的改变就是 ConfigMap 的名称改为了 {{.Release.Name}}-configmap。这个表达式中 {{.Release.Name}} 就是自动将 Relase 名称注入 ConfigMap 名字前面。这个 Release 是 Helm 的一个内置对象，里面涵盖了很多 Release 的内置信息，下面再安装一下这个 Chart。

```
[root@iZ8vb0qditk1qw27yu4k5nZ templates]# helm install ../../myChart/
NAME:    bald-orangutan
LAST DEPLOYED: Tue Aug 27 20:40:06 2019
NAMESPACE: default
STATUS: DEPLOYED

RESOURCES:
==> v1/ConfigMap
NAME                      DATA   AGE
bald-orangutan-configmap  1      0s

[root@iZ8vb0qditk1qw27yu4k5nZ templates]# helm get manifest bald-orangutan

---
# Source: myChart/templates/configmap.yaml
apiVersion: v1
kind: ConfigMap
metadata:
  name: bald-orangutan-configmap
data:
  myvalue: "Hello World"
```

　　注意这个 Release 名称为 bald-orangutan，ConfigMap 的名称为 bald-orangutan-configmap，可以发现 Release 的名字已经被放到 ConfigMap 名字前了，说明 {{.Release.Name}} 是生效的。

　　这里有一个小技巧，如果你只想看一下 Helm 渲染完毕后 Chart 输出的结果是什么，并不想直接安装它，可以使用 --dry-run 功能。--dry-run 会简单渲染 Chart 后输出结果，但是不会真正将资源安装到对应的 Kubernetes 集群中。

```
[root@iZ8vb0qditk1qw27yu4k5nZ templates]# helm install ../../myChart/ --dry-
run --debug
[debug] Created tunnel using local port: '44209'

[debug] SERVER: "127.0.0.1:44209"

[debug] Original Chart version: ""
[debug] CHART PATH: /root/myChart

NAME:   reeling-ibis
REVISION: 1
RELEASED: Tue Aug 27 20:46:02 2019
CHART: myChart-0.1.0
USER-SUPPLIED VALUES:
{}

COMPUTED VALUES:
{}

HOOKS:
MANIFEST:

---
# Source: myChart/templates/configmap.yaml
apiVersion: v1
kind: ConfigMap
metadata:
  name: reeling-ibis-configmap
data:
  myvalue: "Hello World"
```

使用 --dry-run 可以很方便地测试你的 Chart 编写是否正确，但是并不检验 yaml 的正确性，不能保证 Kubernetes 一定会接受输出的 yaml 资源。

2.10.3 模板函数与管道

到目前为止，我们已经学习了如何在 Chart 中放置静态文本或者资源，但是所有的资源和文本都是静态或预先编制的，且不能动态指定。如果我们想让某个标签内含有当前部署的时间，或者处理一下大小写的转换，这些功能该如何实现呢？下面就来介绍一些 Helm 内提供的内置模板函数，与流程控制器一样是高阶 Chart 编写的必备技能。

首先接着上文创建的 Chart，在 values.yaml 文件下增加如下内容。

```
favorite:
  drink: coffee
  food: PIZZA
```

当我们想要从 values.yaml 文件中注入一些内容到 template 文件夹下面时，可以使用函数 quote。

```
apiVersion: v1
kind: ConfigMap
metadata:
  name: {{ .Release.Name }}-configmap
data:
  myvalue: "Hello World"
  drink: {{ quote .Values.favorite.drink }}
  food: {{ quote .Values.favorite.food }}
```

模板函数的使用规范是 functionName arg1 arg2... 上面的函数。

quote .Values.favorite.drink 就是用于将 values.yaml 内的值传递进去，下面进行测试。

```
[root@iZ8vb0qditk1qw27yu4k5nZ myChart]# helm install ../myChart/ --dry-run --debug
[debug] Created tunnel using local port: '36190'

[debug] SERVER: "127.0.0.1:36190"

[debug] Original Chart version: ""
[debug] CHART PATH: /root/myChart

NAME:   contrasting-ibex
REVISION: 1
RELEASED: Wed Aug 28 19:30:34 2019
CHART: myChart-0.1.0
USER-SUPPLIED VALUES:
{}

COMPUTED VALUES:
favorite:
  drink: coffee
  food: PIZZA

HOOKS:
MANIFEST:


---
# Source: myChart/templates/configmap.yaml
apiVersion: v1
kind: ConfigMap
metadata:
  name: contrasting-ibex-configmap
data:
  myvalue: "Hello World"
  drink: "coffee"
  food: "PIZZA"
[root@iZ8vb0qditk1qw27yu4k5nZ myChart]# cat values.yaml
favorite:
  drink: coffee
  food: PIZZA
```

可以看到，确实将 values.yaml 内的参数显示了出来。

1. 管道

管道调用是模板语言的一个非常强大的功能，它类似 Linux 内的管道传递。管道调用可以将上一步处理的结果传递给下一个函数，然后由下一个函数继续进行处理。我们改造一下上面的 Chart，改成以管道的形式书写。

```
apiVersion: v1
kind: ConfigMap
metadata:
  name: {{ .Release.Name }}-configmap
data:
  myvalue: "Hello World"
  drink: {{ .Values.favorite.drink | quote }}
  food: {{ .Values.favorite.food | quote }}
```

在上面的例子中，没有使用 quote ARGUMENT 这种格式，我们调转了顺序将得到的参数直接通过管道的方式传递给函数，通过的管道用"|"符号表示。管道这种调用方式可以连接起来多次使用，比如我们希望将 drink 的字符全部都大写，可以改造成如下这样。

```
apiVersion: v1
kind: ConfigMap
metadata:
  name: {{ .Release.Name }}-configmap
data:
  myvalue: "Hello World"
  drink: {{ .Values.favorite.drink | upper | quote }}
  food: {{ .Values.favorite.food | upper | quote }}
```

上面的参数都是把前面的第一个参数传递给后面的函数，我们下面介绍一个需要两个参数的函数 repeat COUNT STRING:，它可以将指定的字符串重复输出多次。

```
apiVersion: v1
kind: ConfigMap
metadata:
  name: {{ .Release.Name }}-configmap
data:
  myvalue: "Hello World"
  drink: {{ .Values.favorite.drink | repeat 5 | quote }}
  food: {{ .Values.favorite.food | upper | quote }}

apiVersion: v1
kind: ConfigMap
metadata:
  name: vigilant-penguin-configmap
data:
  myvalue: "Hello World"
  drink: "coffeecoffeecoffeecoffeecoffee"
  food: "PIZZA"
```

可以从上面的结果看到，repeat 确实重复了多次。

2. DEFAULT 函数

在一些模板中，某些标签或者字段必须有一个默认值，这里就引出了 Helm 中最常用的函数 default DEFAULT_VALUE GIVEN_VALUE。这个函数允许用户给某个 template 下的资源文件设置一个默认值，当这个值没有被用户提供时，就会触发默认的值来填充。我们修改上面的 ConfigMap 程序。

```
drink: {{ .Values.favorite.drink | default "tea" | quote }}
```

然后注释 values.yaml 中的 drink 字段，再次运行可以看到如下结果。

```
apiVersion: v1
kind: ConfigMap
metadata:
  name: banking-toad-configmap
data:
  myvalue: "Hello World"
  drink: "tea"
  food: "PIZZA"
```

可以看到 drink 的值已经被替换为默认值 tea。

但是在实际生产中，建议所有的默认值都放入 values.yaml 文件中，即使它是多余的。

模板函数和管道是非常有用的功能，但有时我们需要进行一些逻辑计算来选择到底应该填充哪个值到对应的模板中，下面介绍一下如何在模板语言中引入逻辑控制。

2.10.4　逻辑控制

控制结构允许用户编写更加复杂的逻辑结构，进而让用户更加方便地控制输出结果。Helm 提供如下的逻辑控制语言。

❏ if/else：负责条件控制。

❏ with：指定调用范围。

❏ range：负责循环。

1. if/else 语句

我们先来学习条件控制器，条件控制语言编写形态如下所示。

```
{{ if PIPELINE }}
  # Do something
{{ else if OTHER PIPELINE }}
  # Do something else
{{ else }}
  # Default case
{{ end }}
```

if 语句被判断为 false 的条件如下所示。

❏ 一个布尔 false。

□ 数值 0。
□ 空字符串。
□ nil。
□ 一个空的容器（map、slice、tuple、dict、array）。

其他情况下，if 语句会被判定为 true，然后执行对应的块逻辑。我们想让 .Values.favorite.drink 为 coffee 时需要增加输出内容。下面我们修改一下 ConfigMap，来增加条件控制器。

```
apiVersion: v1
kind: ConfigMap
metadata:
  name: {{ .Release.Name }}-configmap
data:
  myvalue: "Hello World"
  drink: {{ .Values.favorite.drink | default "tea" | quote }}
  food: {{ .Values.favorite.food | upper | quote }}
  {{ if and .Values.favorite.drink (eq .Values.favorite.drink "coffee") }}mug:
true{{ end }}
```

这里的 eq 就是比较字符串是否相等的操作符。需要注意的是，.Values.favorite.drink 必须有值，否则运行时就会报错。我们修改 values.yaml 将 drink:coffee 写入，这样 configmap 中就会增加一个 mug:true 字段，运行效果如下。

```
apiVersion: v1
kind: ConfigMap
metadata:
  name: eating-cow-configmap
data:
  myvalue: "Hello World"
  drink: "coffee"
  food: "PIZZA"
  mug: true
```

2. 管理空格

在继续介绍其他控制语言之前，先插入一个关于模板语言中空格处理的知识。我们沿用上面的模板并稍微修改一下格式。

```
apiVersion: v1
kind: ConfigMap
metadata:
  name: {{ .Release.Name }}-configmap
data:
  myvalue: "Hello World"
  drink: {{ .Values.favorite.drink | default "tea" | quote }}
  food: {{ .Values.favorite.food | upper | quote }}
  {{if eq .Values.favorite.drink "coffee"}}
```

```
    mug: true
  {{end}}
```

看起来格式还挺简单清晰的，运行一下看看。

```
Error: YAML parse error on myChart/templates/configmap.yaml: error converting
YAML to JSON: yaml: line 9: did not find expected key
```

```
# Source: myChart/templates/configmap.yaml
apiVersion: v1
kind: ConfigMap
metadata:
  name: bailing-poodle-configmap
data:
  myvalue: "Hello World"
  drink: "coffee"
  food: "PIZZA"

    mug: true
```

可以看到程序输出结果首先报了个错误，然后输出的格式也不是我们期望的那样简单清晰。这代表 mug 的缩进是不正确的，下面把它向左侧进行缩进。

```
apiVersion: v1
kind: ConfigMap
metadata:
  name: {{ .Release.Name }}-configmap
data:
  myvalue: "Hello World"
  drink: {{ .Values.favorite.drink | default "tea" | quote }}
  food: {{ .Values.favorite.food | upper | quote }}
  {{if eq .Values.favorite.drink "coffee"}}
  mug: true
  {{end}}
```

修改完成后运行再看一下输出结果。

```
apiVersion: v1
kind: ConfigMap
metadata:
  name: vociferous-lamb-configmap
data:
  myvalue: "Hello World"
  drink: "coffee"
  food: "PIZZA"

  mug: true
```

这样看来，mug 向左侧缩进是正确的，但是似乎多出来了一个空行。这是为什么呢？这是因为当模板引擎运行时，它会将 {{}} 内的内容都移除，但是其中的空行还会留下。

yaml 是换行敏感的，因此处理好换行符是非常重要的事。幸运的是，Helm 模板提供了一些工具去处理这样的问题。

首先在编写大括号的时候，声明需要模板引擎帮助去掉这个换行符。{{- -}} 这样的写法就是告诉模板引擎处理完里面的控制逻辑后，要去除对应的换行符。下面我们修改一下上面的例子。

```
apiVersion: v1
kind: ConfigMap
metadata:
  name: {{ .Release.Name }}-configmap
data:
  myvalue: "Hello World"
  drink: {{ .Values.favorite.drink | default "tea" | quote }}
  food: {{ .Values.favorite.food | upper | quote }}
  {{- if eq .Values.favorite.drink "coffee"}}
  mug: true
  {{- end}}
```

请注意，这里只针对左侧声明了清理空行，结果的括号并没有声明清除空行。先看看如下所示的输出格式。

```
apiVersion: v1
kind: ConfigMap
metadata:
  name: jumpy-alpaca-configmap
data:
  myvalue: "Hello World"
  drink: "coffee"
  food: "PIZZA"
  mug: true
```

可以看到输出格式符合我们期望。注意这里仅对左侧进行了声明，很多时候可能会弄错写成下面的格式。

```
food: {{ .Values.favorite.food | upper | quote }}
{{- if eq .Values.favorite.drink "coffee" -}}
mug: true
{{- end -}}
```

这样的输出格式会变成：food:"PIZZA"mug:true，这是因为两边的空行都被消除了。

Helm 模板语言也提供了缩进函数，你可以简单告诉模板引擎需要缩进多少，写法类似 {{indent 2 "mug:true"}}。

3. 范围控制器 with

下面介绍范围控制器 with，它能控制变量的使用范围。我们先回想一下 "." 代表当前 Chart 范围，因此 .Values 表示寻找当前 Chart 下的 values。with 的使用方式和 if 语句类似。

```
{{ with PIPELINE }}
  # restricted scope
{{ end }}
```

with 的范围是可以改变的，with 函数允许将 "." 指定为特殊的对象引用。例如我们使用过 .Values.favorites，所以这里重写一下 ConfigMap，让 "." 直接指向 .Values.favorites。

```
apiVersion: v1
kind: ConfigMap
metadata:
  name: {{ .Release.Name }}-configmap
data:
  myvalue: "Hello World"
  {{- with .Values.favorite }}
  drink: {{ .drink | default "tea" | quote }}
  food: {{ .food | upper | quote }}
  {{- end }}
```

注意，我们能够直接使用 .drink 和 .food，不需要在前面添加 .Values 关键字，在 {{-end}} 关键字后，"." 又会恢复到原来的指向范围。

但是有一点需要注意，那就是在受限区域，我们没有办法直接获取当前对象的父节点的信息，举个例子：

```
{{- with .Values.favorite }}
  drink: {{ .drink | default "tea" | quote }}
  food: {{ .food | upper | quote }}
  release: {{ .Release.Name }}
  {{- end }}
```

这个模板在运行时就会报错，因为 Release.Name 并不在当前对象中。但如果我们把它放到 end 模板范围外，它就可以正常工作了。

```
{{- with .Values.favorite }}
  drink: {{ .drink | default "tea" | quote }}
  food: {{ .food | upper | quote }}
  {{- end }}
  release: {{ .Release.Name }}
```

4. 使用 range 实现循环功能

许多编程语言提供 for、foreach 循环功能。在 Helm 模板语言中，循环功能需要使用 range 关键字。

为了演示这个功能，我们需要先修改一下 values.yaml 的内容。

```
favorite:
  drink: coffee
  food: pizza
pizzaToppings:
```

```
    - mushrooms
    - cheese
    - peppers
    - onions
```

现在我们有了一个 pizzaToppings 列表，它在 Helm 模板语言中叫作 slice。下面我们修改 ConfigMap 来打印这些信息。

```
apiVersion: v1
kind: ConfigMap
metadata:
  name: {{ .Release.Name }}-configmap
data:
  myvalue: "Hello World"
  {{- with .Values.favorite }}
  drink: {{ .drink | default "tea" | quote }}
  food: {{ .food | upper | quote }}
  {{- end }}
  toppings: |-
    {{- range .Values.pizzaToppings }}
    - {{ . | title | quote }}
    {{- end }}
```

仔细看 toppings 列表，range 函数会循环读取 Values.pizzaToppings。这里有一个比较有意思的地方，那就是"."，它和 with 关键词很相似，列表中的每个元素都被赋值给了"."。换句话说，"."第一次的值是 mushrooms，第二次的值是 cheese，以此类推。

我们也能给"."继续使用管道方法，{{.|title| quote}} 就是把参数传递给了 title 函数，这个函数会输出标题格式的字符串，上面这个 ConfigMap 输出内容如下。

```
apiVersion: v1
kind: ConfigMap
metadata:
  name: edgy-dragonfly-configmap
data:
  myvalue: "Hello World"
  drink: "coffee"
  food: "PIZZA"
  toppings: |-
    - "Mushrooms"
    - "Cheese"
    - "Peppers"
    - "Onions"
```

在上面的 yaml 中有一点比较奇怪，即 toppings:|-，这个是 yaml 的语法，代表一个多行的字符串。Helm 提供了一个函数 list，可以很方便地将一个字符串变成一个列表，然后依次将它们遍历出来。

```
  sizes: |-
```

```
{{- range list "small" "medium" "large" }}
- {{ . }}
{{- end }}
```

输出结果如下。

```
sizes: |-
  - small
  - medium
  - large
```

2.10.5　变量

了解了函数、管道、对象、逻辑控制语句后，我们就可以转向学习一个编码中最常用的概念：变量。我们可以使用变量极大地简化编写模板流程，下面先展示一个错误的变量模板。

```
{{- with .Values.favorite }}
  drink: {{ .drink | default "tea" | quote }}
  food: {{ .food | upper | quote }}
  release: {{ .Release.Name }}
{{- end }}
```

Release.Name 在 with 语句的受限区域内，这个模板运行时就会报错。但是我们可以尝试在外部将 Release.Name 赋值给某个变量然后再引用。

在 Helm 中，变量也是一个对于对象的引用，它的格式为 $name，赋值给某个变量的操作符是 :=，下面我们重写这个模板。

```
apiVersion: v1
kind: ConfigMap
metadata:
  name: {{ .Release.Name }}-configmap
data:
  myvalue: "Hello World"
  {{- $relname := .Release.Name -}}
  {{- with .Values.favorite }}
  drink: {{ .drink | default "tea" | quote }}
  food: {{ .food | upper | quote }}
  release: {{ $relname }}
  {{- end }}
```

请注意在 with 之前的 $relname := .Release.Name，我们将 Release 名称指定给一个变量，然后在下面使用这个变量，这样就能实现对于名称的引用，最终打印出来的结果如下所示。

```
apiVersion: v1
kind: ConfigMap
metadata:
  name: viable-badger-configmap
data:
  myvalue: "Hello World"
```

```
    drink: "coffee"
    food: "PIZZA"
    release: viable-badger
```

变量在循环时也是非常有用的，它能在循环的时候分别展示序号和具体的信息。

```
toppings: |-
  {{- range $index, $topping := .Values.pizzaToppings }}
    {{ $index }}: {{ $topping }}
  {{- end }}
```

请注意循环的第一个参数赋值给了序号，第二个参数才是真正的值，这个模板最终输出的内容如下。

```
toppings: |-
    0: mushrooms
    1: cheese
    2: peppers
    3: onions
```

对于那些类似 map 的数据类型，我们就可以使用如下方式将它们打印出来。

```
apiVersion: v1
kind: ConfigMap
metadata:
  name: {{ .Release.Name }}-configmap
data:
  myvalue: "Hello World"
  {{- range $key, $val := .Values.favorite }}
  {{ $key }}: {{ $val | quote }}
  {{- end}}
```

这个 favorite 就是一个标准的键值对，它可以将对应的 key-value 打印出来。

```
apiVersion: v1
kind: ConfigMap
metadata:
  name: eager-rabbit-configmap
data:
  myvalue: "Hello World"
  drink: "coffee"
  food: "pizza"
```

变量只适用在它声明的地方，在其他一些地方我们还是需要使用全局变量，这里就有一个全局变量标识符 $，这个标识符能在某些区域引用全局变量，下面以一个例子来看一下引用全局变量的效果。

```
{{- range .Values.tlsSecrets }}
apiVersion: v1
kind: Secret
metadata:
```

```
    name: {{ .name }}
    labels:
      # Many helm templates would use `.` below, but that will not work,
      # however `$` will work here
      app.Kubernetes.io/name: {{ template "fullname" $ }}
      # I cannot reference .Chart.Name, but I can do $.Chart.Name
      helm.sh/Chart: "{{ $.Chart.Name }}-{{ $.Chart.Version }}"
      app.Kubernetes.io/instance: "{{ $.Release.Name }}"
      # Value from appVersion in Chart.yaml
      app.Kubernetes.io/version: "{{ $.Chart.AppVersion }}"
      app.Kubernetes.io/managed-by: "{{ $.Release.Service }}"
type: Kubernetes.io/tls
data:
  tls.crt: {{ .certificate }}
  tls.key: {{ .key }}
---
{{- end }}
```

由于在 range 范围内，“.”被替代为当前的变量，如果想要使用全局的变量，可以这样书写 $.Chart.Name。

2.10.6　自定义模板

本节我们将学习两种创建自定义模板的方式，然后在其他文件里面引用这个自定义的模板，并分析两种方法的异同。

在 Helm 中有 3 个关键字用来声明和管理模板，分别是 define、template 和 block。本节我们会分别介绍这 3 个功能，同时还会学习 include 关键字，这个 include 功能和 template 很类似。

在学习自定义模板前有一个重要的前提，自定义模板是全局的，如果你在两个文件中定义了相同名称的模板，那么前一个模板就会被后一个模板覆盖，由于子 Chart 会和父 Chart 一起被编译，因此在定义模板时需要注意尽量避免和子 Chart 的模板名称相冲突。

一种比较流行的定义方式是使用 Chart 的名字作为模板名前缀，{define "myChart. labels"}}，通过使用这种方式，我们就能最大限度地避免不同 Chart 模板间发生冲突。

1. 以"_"开头的特殊文件

到目前为止，我们已经创建了一个模板，这个模板内含有一个单独的文件。Helm 允许创建内嵌的自定义模板，同时能够使用名字来调用指定的模板功能。

在我们开始创建模板前，有一些需要提前说明的约定：

❏ 大部分在 templates/ 文件夹下的文件都被认为是 Kubernetes 资源文件；

❏ NOTES.txt 是一个例外；

❏ 但是以"_"开头的文件一般默认里面没有 Kubernetes 资源文件。这些文件不会被 Helm 渲染，但是这些文件内声明的函数可以在 Chart 的其他地方被调用。

这些文件一般被用来存放帮助函数。当我们创建第一个 Chart myChart 时，应该留意到一个名为 _helpers.tpl 的文件，这就是默认的存放帮助文件的地方。

2. 使用 define 和 template 创建模板

define 关键字允许在文件中创建一个自定义模板，基本格式如下所示。

```
{{ define "MY.NAME" }}
  # body of template here
{{ end }}
```

举个例子，我们可以这样定义一个标签函数来简化生成标签的逻辑。

```
{{- define "myChart.labels" }}
  labels:
    generator: helm
    date: {{ now | htmlDate }}
{{- end }}
```

现在我们就可以在 ConfigMap 中使用 template 关键字来引用这个模板。

```
{{- define "myChart.labels" }}
  labels:
    generator: helm
    date: {{ now | htmlDate }}
{{- end }}
apiVersion: v1
kind: ConfigMap
metadata:
  name: {{ .Release.Name }}-configmap
  {{- template "myChart.labels" }}
data:
  myvalue: "Hello World"
  {{- range $key, $val := .Values.favorite }}
  {{ $key }}: {{ $val | quote }}
  {{- end }}
```

当 Helm 模板引擎读到模板 myChart.labels 时，就会寻找这个模板的定义，然后运行定义去重新渲染当前的模板，最终的运行结果如下所示。

```
apiVersion: v1
kind: ConfigMap
metadata:
  name: running-panda-configmap
  labels:
    generator: helm
    date: 2019-09-02
data:
  myvalue: "Hello World"
  drink: "coffee"
  food: "pizza"
```

一般来说，Helm 的编写规范是把这样的函数移到 _helpers.tpl 文件中，同时在该文件中，应该有一些注释来表明该段模板的功能，一般书写格式如下所示。

```
{{/* Generate basic labels */}}
{{- define "myChart.labels" }}
  labels:
    generator: helm
    date: {{ now | htmlDate }}
{{- end }}
```

{{/* ... */}} 就是注释的基本格式。虽然这个定义是在 _helpers.tpl 文件中，但是它们依然可以按照刚才的引用格式进行编写，比如新的 configmap.yaml 文件的编写格式如下所示。

```
apiVersion: v1
kind: ConfigMap
metadata:
  name: {{ .Release.Name }}-configmap
  {{- template "myChart.labels" }}
data:
  myvalue: "Hello World"
  {{- range $key, $val := .Values.favorite }}
  {{ $key }}: {{ $val | quote }}
  {{- end }}
```

3. 给自定义模板限定范围

在上面的模板定义中，我们没有使用任何内嵌对象。下面我们修改一下定义，增加 Chart 名称。

```
{{/* Generate basic labels */}}
{{- define "myChart.labels" }}
  labels:
    generator: helm
    date: {{ now | htmlDate }}
    Chart: {{ .Chart.Name }}
    version: {{ .Chart.Version }}
{{- end }}
```

如果我们运行这个模板，会得到如下的结果：

```
apiVersion: v1
kind: ConfigMap
metadata:
  name: moldy-jaguar-configmap
  labels:
    generator: helm
    date: 2019-09-02
    Chart:
    version:
```

产生这样结果的原因是什么呢？主要是因为这个对象不在我们模板的定义范围内。当一个被 define 定义的模板渲染时，它的调用范围是被外部 template 传递进来的。在我们的例子中，它是通过 {{-template "myChart.labels"}} 调用的，没有任何的调用范围被传递进来，因此在这个模板定义中我们是拿不到 "." 这个对象的任何信息的。不过我们可以通过 template 将调用范围传递过去。

```
apiVersion: v1
kind: ConfigMap
metadata:
  name: {{ .Release.Name }}-configmap
  {{- template "myChart.labels" . }}
```

请注意，我们是在 template 后面传递的 "."。其实我们也可以传递任何对象，比如 .Values 或者 .Values.favorite。现在我们再次运行 helm install --dry-run --debug ./myChart，会得到如下信息。

```
apiVersion: v1
kind: ConfigMap
metadata:
  name: plinking-anaco-configmap
  labels:
    generator: helm
    date: 2019-09-02
    Chart: myChart
    version: 0.1.0
```

4. include 函数

首先定义一个简单的模板。

```
{{- define "myChart.app" -}}
app_name: {{ .Chart.Name }}
app_version: "{{ .Chart.Version }}+{{ .Release.Time.Seconds }}"
{{- end -}}
```

我们想在 labels: 和 data: 这两个字段上都使用上面定义的这个模板。

```
apiVersion: v1
kind: ConfigMap
metadata:
  name: {{ .Release.Name }}-configmap
  labels:
    {{ template "myChart.app" .}}
data:
  myvalue: "Hello World"
  {{- range $key, $val := .Values.favorite }}
  {{ $key }}: {{ $val | quote }}
  {{- end }}
{{ template "myChart.app" . }}
```

这个模板的输出结果如下。

```
apiVersion: v1
kind: ConfigMap
metadata:
  name: measly-whippet-configmap
  labels:
     app_name: myChart
app_version: "0.1.0+1478129847"
data:
  myvalue: "Hello World"
  drink: "coffee"
  food: "pizza"
app_name: myChart
app_version: "0.1.0+1478129847"
```

注意，app_version 这里的缩进是错误的，因为 template 模板是右对齐的，而且 template 是一个自定义模板引用，而不是一个函数，没有办法给 template 传递参数，所以所有的数据都是简单插入的。

在这种情况下，Helm 提供了一种解决办法，既能将内容插入指定的模板中，又能以管道的方式继续调用其他函数。下面我们修改一下上述模板，使用 nindent 来将指定的内容向右缩进指定的空格。

```
apiVersion: v1
kind: ConfigMap
metadata:
  name: {{ .Release.Name }}-configmap
  labels:
     {{- include "myChart.app" . | nindent 4 }}
data:
  myvalue: "Hello World"
  {{- range $key, $val := .Values.favorite }}
  {{ $key }}: {{ $val | quote }}
  {{- end }}
  {{- include "myChart.app" . | nindent 2 }}
```

下面一起看看输出的结果。

```
apiVersion: v1
kind: ConfigMap
metadata:
  name: edgy-mole-configmap
  labels:
     app_name: myChart
     app_version: "0.1.0+1478129987"
data:
  myvalue: "Hello World"
  drink: "coffee"
  food: "pizza"
  app_name: myChart
  app_version: "0.1.0+1478129987"
```

在实际使用中，更推荐使用 include 替代 template，因为 template 能实现的功能，include 都能提供，而且 include 的功能更强大，能够使用管道方式在后面继续使用函数处理。

2.10.7　在模板中引用文件

上文介绍了多种方式创建自定义模板，这样在其他模板中引用工具模板就非常简单了。但是有时候我们希望导入一个文件而不是模板，同时希望文件的内容不要被渲染。

Helm 提供一个对象 .Files 去引用文件。在使用之前，我们需要注意以下 3 点。

❑ 给 Chart 内部增加外部文件是没问题的，这些文件会被打包然后发送给 Tiller，但是请注意 Chart 必须小于 1MB，因为 Kubernetes 单个对象的最大限制就是 1MB。

❑ 有一些文件不能被 .Files 对象访问到，基本上都是因为安全的原因。

- 在 templates/ 文件夹下的文件不能被访问到。
- 被 .helmignore 忽略的文件也不能被访问到。

❑ Charts 并不保护 UNIX 权限信息，因此在文件级别的权限对于 .Files 是没有影响的。

1. 基本示例

下面我们重新构造这个 Chart。在开始编写前，先添加 3 个文件到这个 Chart 中。

```
config1.toml:

message = Hello from config 1

config2.toml:

message = This is config 2

config3.toml:

message = Goodbye from config 3
```

以上添加的这些都是简单的 toml 文件，我们只要知道这些文件的名字，就可以使用 range 函数将它们的内容插入 ConfigMapz 中。

```
apiVersion: v1
kind: ConfigMap
metadata:
  name: {{ .Release.Name }}-configmap
data:
  {{- $files := .Files }}
  {{- range list "config1.toml" "config2.toml" "config3.toml" }}
  {{ . }}: |-
    {{ $files.Get . }}
  {{- end }}
```

以上我们创建了一个 $files 去承载每次循环的变量，同样使用了 list 函数去创建一个数组，然后将每组文件的文件名打印出来，最重要就是 {{$files.Get.}} 命令，因为它是用来获取文件内容的。最终输出的结果如下所示。

```
apiVersion: v1
kind: ConfigMap
metadata:
  name: quieting-giraf-configmap
data:
  config1.toml: |-
    message = Hello from config 1

  config2.toml: |-
    message = This is config 2

  config3.toml: |-
    message = Goodbye from config 3
```

2. GLOB 模式

随着 Chart 的增长，可能需要一种更为强大的方式管理文件。Helm 提供了 Files.Glob（pattern string）函数，能够根据指定的文件描述返回特定的文件列表或对象。

.Glob 返回的对象还是 Files 类型，因此用户可以调用各种 Files 方法。

例有如下文件结构：

```
foo/:
  foo.txt foo.yaml

bar/:
  bar.go bar.conf baz.yaml
```

我们可以使用如下方法将所有以 yaml 结尾的文件内容罗列出来。

```
{{ $root := . }}
{{ range $path, $bytes := .Files.Glob "**.yaml" }}
{{ $path }}: |-
{{ $root.Files.Get $path }}
{{ end }}
```

3. ConfigMap 和 Secret 的工具类

在使用文件的时候，有一个很通用的问题就是我们希望直接将某个文件的内容变成 ConfigMap 或 Secret 的配置项，如果手动去拼接会比较麻烦，Helm 为了满足这个需求直接提供了针对 ConfigMap 和 Secret 的工具类，当然这些工具类也是根据 Glob 来实现的，下面看一个例子。

```
apiVersion: v1
kind: ConfigMap
metadata:
```

```
  name: conf
data:
  {{- (.Files.Glob "foo/*").AsConfig | nindent 2 }}
---
apiVersion: v1
kind: Secret
metadata:
  name: very-secret
type: Opaque
data:
  {{- (.Files.Glob "bar/*").AsSecrets | nindent 2 }}
```

这样就直接将 foo/* 下的文件内容转换成了 ConfigMap 中的 key-value 格式。

4. 编码

在 Secret 中，一个非常通用的需求就是 base64，Helm 同样提供了非常简单的方法去 base64 一个文件内容。

```
apiVersion: v1
kind: Secret
metadata:
  name: {{ .Release.Name }}-secret
type: Opaque
data:
  token: |-
    {{ .Files.Get "config1.toml" | b64enc }}
```

这个文件的输出结果如下。

```
apiVersion: v1
kind: Secret
metadata:
  name: lucky-turkey-secret
type: Opaque
data:
  token: |-
    bWVzc2FnZSA9IEhlbGxvIGZyb20gY29uZmlnIDEK
```

2.10.8　创建一个 NOTES.txt 文件

本节将介绍 NOTES.txt 文件，这个文件的信息用来给用户介绍当前 Chart 的用法。在 helm install 中，helm upgrade 命令运行完毕后，Helm 会打印出一大串很有用的信息，这些信息就是由 NOTES.txt 渲染而来的。

想要展示这些信息，首先需要创建一个 templates/NOTES.txt 文件。这个文件是一个普通的文本文件，但是它可以像模板文件一样被渲染，而且对于所有的模板函数的模板对象都能直接使用。

首先我们创建一个简单的 NOTES.txt 文件。

```
Thank you for installing {{ .Chart.Name }}.

Your release is named {{ .Release.Name }}.

To learn more about the release, try:

  $ helm status {{ .Release.Name }}
  $ helm get {{ .Release.Name }}
```

如果我们运行 helm install./myChart，就会看到如下结果。

```
RESOURCES:
==> v1/Secret
NAME                     TYPE        DATA        AGE
rude-cardinal-secret     Opaque      1           0s

==> v1/ConfigMap
NAME                     DATA        AGE
rude-cardinal-configmap  3           0s


NOTES:
Thank you for installing myChart.

Your release is named rude-cardinal.

To learn more about the release, try:

  $ helm status rude-cardinal
  $ helm get rude-cardinal
```

NOTES.txt 是一个非常有用的文件，用户安装 Chart 后，可以通过 NOTES.txt 了解下一步的使用方法。在实际生产中，非常推荐为每个 Chart 创建一个 NOTES.txt。

在实际生产运行中，有很多情况会导致 Helm 模板编写不正确，下面介绍几个可用来调试模板的命令。

❑ helm lint：可以检测 Chart 的编写是否遵循最佳实践。

❑ helm install --dry-run --debug：这个命令已经使用过多次，它可以模拟渲染文件，然后显示对外的输出结果。

❑ helm get manifest：通过这个命令能够看到我们已经安装到集群中的资源信息。

2.11　本章小结

本章涵盖内容较多，基本覆盖了 Helm 命令的使用和 Chart 编写以及相关功能用法的方方面面。初次阅读本章会感觉内容繁杂，这是很正常的，因为 Helm 和 Chart 的功能非常多，而且细枝末节的东西也特别多。

读者在阅读本章后，要先建立一个基本的认知，能够了解 Helm 的基本使用和 Chart 的基本结构就可以了。

在第 3 章会用实际案例介绍 Helm 的使用和 Chart 的编写方法。我们会使用目前 Helm 社区里比较热门的 Chart 来进行讲解，看看社区的生产级别 Chart 是如何编写的，第 3 章学习完毕后再回味本章，就能获取更多潜藏的知识点。

Chart 是 Helm 的核心，Chart 的各种功能基本涵盖了 Helm 的方方面面。而 Helm 作为一个命令行工具，其基本命令比较简单，使用流程也是比较清晰的。后面的内容会根据本章的基础内容进行引申，学习生产环境如何交替使用这些命令来完成生产上形形色色的功能。

使用 Helm 部署 Wordpress 实战

第 2 章主要讲解了 Helm 以及 Chart 的各种功能，涵盖了非常多的知识点，但在实战中，还需要结合实际的使用情况来综合使用这些功能。从本章起，我们将选取几个典型场景，介绍在实际生产中如何使用 Helm，同时借助社区成熟的生态，介绍如何规范编写可用的 Chart。

3.1 下载 Wordpress Chart

Wordpress 是目前使用者最多的博客软件，拥有数据库和网页端，很适合作为新手初学的例子，下面以 Wordpress 来演示生产中实际的部署情况。

```
[root@iZ8vb0qditk1qw27yu4k5nZ ~]# helm repo list
NAME            URL
local           http://127.0.0.1:8879/Charts
apphub          https:// apphub.aliyuncs.com/
[root@iZ8vb0qditk1qw27yu4k5nZ ~]# helm search apphub | grep wordpress
apphub/wordpress                        5.12.3          5.2.1
    Web publishing platform for building blogs and websites.
[root@iZ8vb0qditk1qw27yu4k5nZ ~]# helm fetch --untar apphub/wordpress
[root@iZ8vb0qditk1qw27yu4k5nZ ~]# ll wordpress/
total 60
drwxr-xr-x 3 root root  4096 Aug 22 19:30 Charts
-rw-r--r-- 1 root root   455 Aug 22 19:30 Chart.yaml
-rw-r--r-- 1 root root 27409 Aug 22 19:30 README.md
-rw-r--r-- 1 root root   216 Aug 22 19:30 requirements.lock
-rw-r--r-- 1 root root   151 Aug 22 19:30 requirements.yaml
```

```
drwxr-xr-x 3 root root  4096 Aug 22 19:30 templates
-rw-r--r-- 1 root root 11214 Aug 22 19:30 values.yaml
```

这样我们就下载了 Wordpress，下面先逐步解析该 Chart，然后学习社区编写 Chart 的规范。

3.2　Chart.yaml

Chart.yaml 是一个应用的入口文件，所有关于这个 Chart 的关键信息都可以从这个文件中找到。下面我展示一下 Wordpress Chart yaml 的内容，社区对于 Chart.yaml 的编写还是非常规范的，基本上各个字段都用到了。每次更新 Chart 版本时，都需要更新 appVersion，同时大小版本号也要符合规定。

```
apiVersion: v1
appVersion: 5.2.1
description: Web publishing platform for building blogs and websites.
engine: gotpl
home: http://www.wordpress.com/
icon: https://bitnami.com/assets/stacks/wordpress/img/wordpress-stack-220x234.png
keywords:
- wordpress
- cms
- blog
- http
- web
- application
- php
maintainers:
- email: containers@bitnami.com
  name: Bitnami
name: wordpress
sources:
- https://github.com/bitnami/bitnami-docker-wordpress
version: 5.12.3
```

3.3　requirements.yaml

requirements.yaml 声明了该 Wordpress 需要依赖 mariadb 且版本为 6.5.2。这里的 condition 代表当 values.yaml 中 mariadb.enabled 为 true 时，才会安装该依赖，否则不会安装。这个 tagswordpress-database 可以在 value.yaml 文件中使用，功能是开启或者关闭该依赖的安装。

```
dependencies:
- name: mariadb
  version: 6.5.2
  repository: https://apphub.aliyuncs.com
```

```
condition: mariadb.enabled
tags:
  - wordpress-database
```

3.4　Charts 文件夹

　　Charts 文件夹内存放的就是依赖的 mariadb 文件夹，我们可以看到 mariadb 的文件结构与 Wordpress 类似，同样涵盖了所有的元素。在安装 Wordpress 时，如果启用 mariadb，那么这个子 Chart 就会被优先安装。子 Chart 中的具体内容就不详细解释了，我们以 Wordpress 主干目录为例继续讲解。

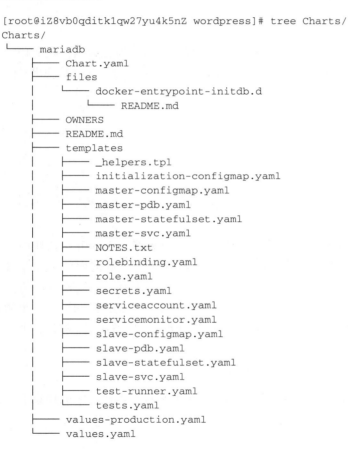

```
[root@iZ8vb0qditk1qw27yu4k5nZ wordpress]# tree Charts/
Charts/
└── mariadb
    ├── Chart.yaml
    ├── files
    │   └── docker-entrypoint-initdb.d
    │       └── README.md
    ├── OWNERS
    ├── README.md
    ├── templates
    │   ├── _helpers.tpl
    │   ├── initialization-configmap.yaml
    │   ├── master-configmap.yaml
    │   ├── master-pdb.yaml
    │   ├── master-statefulset.yaml
    │   ├── master-svc.yaml
    │   ├── NOTES.txt
    │   ├── rolebinding.yaml
    │   ├── role.yaml
    │   ├── secrets.yaml
    │   ├── serviceaccount.yaml
    │   ├── servicemonitor.yaml
    │   ├── slave-configmap.yaml
    │   ├── slave-pdb.yaml
    │   ├── slave-statefulset.yaml
    │   ├── slave-svc.yaml
    │   ├── test-runner.yaml
    │   └── tests.yaml
    ├── values-production.yaml
    └── values.yaml
```

3.5　template 文件夹

　　template 文件夹是 Chart 最重要的部分，其中存放了整个 Chart 所需的所有 Kubernetes 资源。

```
[root@iZ8vb0qditk1qw27yu4k5nZ wordpress]# tree templates/
templates/
├──── deployment.yaml
├──── externaldb-secrets.yaml
├──── _helpers.tpl
├──── ingress.yaml
├──── NOTES.txt
├──── pvc.yaml
├──── secrets.yaml
├──── svc.yaml
├──── tests
│       └───── test-mariadb-connection.yaml
└──── tls-secrets.yaml
```

3.5.1　helper 文件

首先来看 helper 文件。这个文件主要用来存放一些公用的自动化脚本，在 2.10.6 节已经介绍过这个文件，下面就来详细分析该文件中的每个函数，并针对一些函数列出具体的使用样例。

1. wordpress.name

```
{{/*
Expand the name of the Chart.
*/}}
{{- define "wordpress.name" -}}
{{- default .Chart.Name .Values.nameOverride | trunc 63 | trimSuffix "-" -}}
{{- end -}}
```

该函数名为 wordpress.name，可以看到它使用了 default 函数。default 函数使用的格式是 default DEFAULT_VALUE GIVEN_VALUE，也就是默认这个函数前面的名字是 .Chart.Name。但是如果用户在 Values.nameOverride 中设置了值，就会用这个值覆盖前值。trunc 函数的功能是用来截断字符串，即只截取前面的 63 个字符串，也就是限制了字符串的最大个数为 63 个。trimSuffix 函数用来删除末尾的字符串，如果这个字符串以 - 结尾，那么它就会被这个函数删除。

2.wordpress.fullname

wordpress.fullname 是一个自动生成名称的函数，在很多自动生成名字的场景下，这个函数非常有意义。先来看一下这个函数的使用方式。

```
{{/*
Create a default fully qualified app name.
We truncate at 63 chars because some Kubernetes name fields are limited to
this (by the DNS naming spec).
*/}}
{{- define "wordpress.fullname" -}}
{{- $name := default .Chart.Name .Values.nameOverride -}}
```

```
{{- printf "%s-%s" .Release.Name $name | trunc 63 | trimSuffix "-" -}}
{{- end -}}
```

wordpress.fullname 函数的描述很清楚地表明其作用是产生默认的 App 名字，也就是给 templates/ 文件夹中资源的 App 字段提供默认的产生方式。同样由于 Kubernetes DNS 限制，App 名字大小必须在 63 个字符串内。

wordpress.fullname 的使用方式和上面 wordpress.name 类似，首先使用 default 函数确定如果用户设置了需要覆盖的名字，那么就使用用户设置的名字，否则默认使用 Chart 名字。不同点在于这里声明了一个变量 name，将获取的 Chart 名字或者用户设置的名字赋值给 name 这个变量。下面使用了 printf 函数，这个函数可以用替代符的形式输出特定格式的字符串，比如这里的输出格式就会是 xxxxx(releaseName)-(ChartName)。后面的 trunc 函数用来限制最大字符串长度为 63，trimSuffix 函数截取了最末尾的 - 字符串。

下面我们看一下 templates/ 文件中某些资源使用 wordpress.fullname 函数的方法，我们以 ./templates/pvc.yaml 为例。

```
kind: PersistentVolumeClaim
apiVersion: v1
metadata:
  name: {{ template "wordpress.fullname" . }}
  labels:
    app: "{{ template "wordpress.fullname" . }}"
```

可以看到，在创建这个 pvc 时，就是使用 wordpress.fullname 函数给它的资源命名的，同样 labels.app 也用到了 wordpress.fullname 函数，这样就实现了这个 Chart 所有部署的资源都是同样格式的命名规范。

3. wordpress.image

```
{{/*
Return the proper WordPress image name
*/}}
{{- define "wordpress.image" -}}
{{- $registryName := .Values.image.registry -}}
{{- $repositoryName := .Values.image.repository -}}
{{- $tag := .Values.image.tag | toString -}}
{{/*
Helm 2.11 supports the assignment of a value to a variable defined in a different scope,
but Helm 2.9 and 2.10 doesn't support it, so we need to implement this if-else logic.
Also, we can't use a single if because lazy evaluation is not an option
*/}}
{{- if .Values.global }}
    {{- if .Values.global.imageRegistry }}
        {{- printf "%s/%s:%s" .Values.global.imageRegistry $repositoryName $tag -}}
    {{- else -}}
        {{- printf "%s/%s:%s" $registryName $repositoryName $tag -}}
```

```
    {{- end -}}
{{- else -}}
    {{- printf "%s/%s:%s" $registryName $repositoryName $tag -}}
{{- end -}}
{{- end -}}
```

wordpress.image 函数用来给 Wordpress 生成对应的镜像全地址。在 values 文件中，我们在不同的标签下指定了镜像仓库的名称、镜像名和 tag，但是并没有连接起来，因此这里使用了一个函数将这些镜像地址合并起来。首先分别将镜像地址、镜像名、镜像 tag 赋值给 3 个变量，第 3 个变量使用 toString 函数将数字转换成字符串。Helm 2.11 以上版本提供了在其他的范围声明全局变量的功能，因此这里增加了判断逻辑，如果全局变量生效，那么就从全局变量中获取对应的字符，如果不生效就还是从原来的位置取值，最终通过 printf "%s/%s:%s" 方法生成地址，这样就实现了将全镜像地址拼接出来。

```
./templates/deployment.yaml:

image: {{ template "wordpress.image" . }}
```

在 Wordpress 的 deployment 资源中，直接使用 template 关键字调用了这个函数实现全地址镜像的注入。

4. wordpress.Chart

```
{{/*
Create Chart name and version as used by the Chart label.
*/}}
{{- define "wordpress.Chart" -}}
{{- printf "%s-%s" .Chart.Name .Chart.Version | replace "+" "_" | trunc 63 |
trimSuffix "-" -}}
{{- end -}}
```

该函数比较简单，就是将 Chart 名称和版本合并，然后将字符串"+"替换为"_"，最后限制字符串长度为 63，删除最后的"-"字符串，使用方法也比较简单。

```
/templates/deployment.yaml:

Chart: "{{ template "wordpress.Chart" . }}"
```

3.5.2　NOTES.txt

NOTES.txt 文件是在 helm install 安装完毕后的提示性内容，一般而言，提示内容都会介绍下一步的使用方法，各种信息的获取途径，等等。在这个文件中，我们也可以使用表达式或对象引用操作来显示一些动态内容，下面截取部分信息来做一个简单介绍。

1. Get the WordPress URL.

```
{{- if .Values.ingress.enabled }}
```

```
You should be able to access your new WordPress installation through

{{- range .Values.ingress.hosts }}
{{ if .tls }}https{{ else }}http{{ end }}://{{ .name }}/admin
{{- end }}

{{- else if contains "LoadBalancer" .Values.service.type }}

   NOTE: It may take a few minutes for the LoadBalancer IP to be available.
        Watch the status with: 'kubectl get svc --namespace {{ .Release.Namespace }}
-w {{ template "wordpress.fullname" . }}'
```

首先判断 Values.ingress.enabled 是否开启，如果开启，就显示对应的 ingress 信息，这样用户就能通过访问 ingress 信息来打开对应的 Wordpress 页面。然后使用 range 遍历所有的 ingress 地址，这里会将每次遍历的值默认赋给变量 .name。然后通过判断 .tls 对象是否为空来决定访问的路径是 https 或者 http，最后将整个路径拼接起来。下面的 else 语句用来判断路径是否为负载均衡器创建的，如果是 LoadBalancer，则提供一个命令来查询对应的 svc。

2. Login with the following credentials to see your blog

```
echo Username: {{ .Values.wordpressUsername }}
echo Password: $(kubectl get secret --namespace {{ .Release.Namespace }}
{{ template "wordpress.fullname" . }} -o jsonpath="{.data.wordpress-password}" |
base64 --decode)
```

下一步就是读取登录的信息，这里通过 kubectl 命令直接读取对应的字段信息，然后使用 base64 -decode 进行解析，这样就能输出最终的明文密码，方便进行登录。

3.5.3　其他文件

其余除了几个特殊的文件，剩下的都是 Wordpress 需要的资源文件，这里不一一介绍，挑选一个比较重要的 deployment.yaml 来了解。

```
[root@iZ8vb0qditk1qw27yu4k5nZ templates]# ll
total 44
-rw-r--r-- 1 root root 7765 Aug 22 19:30 deployment.yaml
-rw-r--r-- 1 root root  437 Aug 22 19:30 externaldb-secrets.yaml
-rw-r--r-- 1 root root 3968 Aug 22 19:30 _helpers.tpl
-rw-r--r-- 1 root root  911 Aug 22 19:30 ingress.yaml
-rw-r--r-- 1 root root 2442 Aug 22 19:30 NOTES.txt
-rw-r--r-- 1 root root  752 Aug 22 19:30 pvc.yaml
-rw-r--r-- 1 root root  611 Aug 22 19:30 secrets.yaml
-rw-r--r-- 1 root root 1464 Aug 22 19:30 svc.yaml
drwxr-xr-x 2 root root 4096 Aug 22 19:30 tests
-rw-r--r-- 1 root root  438 Aug 22 19:30 tls-secrets.yaml
```

Wordpress 的主程序如下所示。

```
apiVersion: apps/v1
kind: Deployment
metadata:
  name:{{template "wordpress.fullname".}}
  labels:
    app:"{{template "wordpress.fullname".}}"
    Chart:"{{template "wordpress.Chart".}}"
    release:{{.Release.Name | quote}}
    heritage:{{.Release.Service | quote}}
```

首先是通用的 Deployment 开头字段，这里使用了 3.5.1 节介绍的 wordpress.fullname 函数，将生成的名字作为 Wordpress 的名称，接下来几个是标准的标签，都是使用上面在 _helpers.tpl 文件内定义好的函数。

```
spec:
  selector:
    matchLabels:
      app: "{{ template "wordpress.fullname" . }}"
      release: {{ .Release.Name | quote }}
  {{- if .Values.updateStrategy }}
  strategy: {{ toYaml .Values.updateStrategy | nindent 4 }}
  {{- end }}
```

然后是 spec 字段，这里同样需要使用和上面一致的标签。然后判断是否需要设置更新策略，这里的更新策略比较复杂，首先更新策略是一段 yaml 文本，如下所示。

```
strategy:
  type: RollingUpdate
  rollingUpdate:
    maxSurge: 1
    maxUnavailable: 0
```

由于 values.yaml 文件内设置的值必须是文本格式，所以再嵌入 Deployment 文件中时，使用了 toYaml 函数，这个函数可以将文本变更为 yaml 格式，然后使用 nindent 函数恢复原来的空行和空格，并将这些 yaml 信息完整匹配到 Deployment 信息中。

```
containers:
  - name: wordpress
    image: {{ template "wordpress.image" . }}
    imagePullPolicy: {{ .Values.image.pullPolicy | quote }}
    env:
    - name: ALLOW_EMPTY_PASSWORD
      value: {{ ternary "yes" "no" .Values.allowEmptyPassword | quote }}
    - name: MARIADB_HOST
    {{- if .Values.mariadb.enabled }}
      value: {{ template "mariadb.fullname" . }}
    {{- else }}
```

```
    value: {{ .Values.externalDatabase.host | quote }}
  {{- end }}
```

下面的信息是关于容器的字段，template "wordpress.image" 调用定义的函数拼接出对应的全量镜像地址。环境变量字段使用了函数 ternary，这个函数的格式为 ternary "foo""bar"true。根据最后的判断条件返回结果，如果最后的判断条件是 true，则返回第一个结果；如果最后的判断条件是 false，则返回第二个结果。

在这个例子中，如果 .Values.allowEmptyPassword 设置为 true，则这个字段会被 yes 填充；如果 .Values.allowEmptyPassword 设置为 false，则这个字段会被 no 填充。后面的环境变量就是使用其他的预定义函数来生成对应的标签名。下面的部分基本使用了我们介绍的这些功能，这里不再赘述。

3.5.4　tests 文件

在 tests 文件中，只有一个文件 test-mariadb-connection.yaml，它用来测试数据库的连通性。

```
{{- if .Values.mariadb.enabled }}
apiVersion: v1
kind: Pod
metadata:
  name: "{{ .Release.Name }}-credentials-test"
  annotations:
    "helm.sh/hook": test-success
spec:
  containers:
  - name: {{ .Release.Name }}-credentials-test
    image: {{ template "wordpress.image" . }}
    imagePullPolicy: {{ .Values.image.pullPolicy | quote }}
    env:
      - name: MARIADB_HOST
        value: {{ template "mariadb.fullname" . }}
      - name: MARIADB_PORT
        value: "3306"
      - name: WORDPRESS_DATABASE_NAME
        value: {{ default "" .Values.mariadb.db.name | quote }}
      - name: WORDPRESS_DATABASE_USER
        value: {{ default "" .Values.mariadb.db.user | quote }}
      - name: WORDPRESS_DATABASE_PASSWORD
        valueFrom:
          secretKeyRef:
            name: {{ template "mariadb.fullname" . }}
            key: mariadb-password
    command: ["sh", "-c", "mysql --host=$MARIADB_HOST --port=$MARIADB_PORT
--user=$WORDPRESS_DATABASE_USER --password=$WORDPRESS_DATABASE_PASSWORD"]
    restartPolicy: Never
  {{- end }}
```

首先请留意这个 "helm.sh/hook":test-success 注解，这表明当前是一个测试用例，同时期望这个测试用例最终的运行结果是成功的。然后这个 Pod 的镜像就是直接使用的 Wordpress 镜像，配置了对应数据库的用户名，挂载了数据库对应的 secret。此外，最重要的就是运行的命令，通过运行 mysql 命令来检测是否能够连接到数据库。

3.6 README.md

该文件是在 GitHub 或者 UI 展示页面告知用户该软件的基本功能，以及如何安装等内容。

```
# WordPress

[WordPress](https:// wordpress.org/) is one of the most versatile open source
content management systems on the market. A publishing platform for building blogs
and websites.

## TL;DR;

$ helm install <helm-repo>/wordpress
```

3.7 values.yaml

values.yaml 对于用户来说是整个文件中最重要的文件，其中包含了所有可配置的信息。

```
## Bitnami WordPress image version
## ref: https:// hub.docker.com/r/bitnami/wordpress/tags/
##
image:
  registry: docker.io
  repository: bitnami/wordpress
  tag: 5.2.1-debian-9-r21
  ## Specify a imagePullPolicy
  ## Defaults to 'Always' if image tag is 'latest', else set to 'IfNotPresent'
  ## ref: http://Kubernetes.io/docs/user-guide/images/#pre-pulling-images
  ##
  pullPolicy: IfNotPresent
  ## Optionally specify an array of imagePullSecrets.
  ## Secrets must be manually created in the namespace.
  ## ref: https:// Kubernetes.io/docs/tasks/configure-pod-container/pull-image-
private-registry/
  ##
```

由此可见，社区编写的 values 是非常规范的，基本告知了每个字段的意义，并且在附录中写明了每个字段的介绍性信息和参考链接，有兴趣的读者可以自己下载阅读。

3.8   安装

前面介绍了那么多知识点，最后我们来实际安装一下。

```
[root@iZ8vb0qditk1qw27yu4k5nZ ~]# helm install wordpress/ --name wordpress
NAME:   wordpress
LAST DEPLOYED: Mon Sep 16 21:53:45 2019
NAMESPACE: default
STATUS: DEPLOYED

RESOURCES:
==> v1/ConfigMap
NAME                      DATA    AGE
wordpress-mariadb          1      0s
wordpress-mariadb-tests    1      0s

==> v1/Deployment
NAME                    READY   UP-TO-DATE   AVAILABLE   AGE
wordpress-wordpress     0/1     1            0           0s

==> v1/PersistentVolumeClaim
NAME                    STATUS   VOLUME   CAPACITY   ACCESS MODES   STORAGECLASS   AGE
wordpress-wordpress     Pending  0s

==> v1/Pod(related)
NAME                                          READY   STATUS    RESTARTS   AGE
wordpress-mariadb-0                           0/1     Pending   0          0s
wordpress-wordpress-7f7b79b977-dtjf7          0/1     Pending   0          0s

==> v1/Secret
NAME                    TYPE     DATA   AGE
wordpress-mariadb       Opaque   2      0s
wordpress-wordpress     Opaque   1      0s

==> v1/Service
NAME                    TYPE           CLUSTER-IP      EXTERNAL-IP
PORT(S)                 AGE
   wordpress-mariadb    ClusterIP      172.26.5.92     <none>
3306/TCP                0s
   wordpress-wordpress  LoadBalancer   172.26.14.199   <pending>
80:31571/TCP,443:32659/TCP  0s

==> v1beta1/StatefulSet
NAME                    READY   AGE
```

```
wordpress-mariadb  0/1    0s


NOTES:
1. Get the WordPress URL:

   NOTE: It may take a few minutes for the LoadBalancer IP to be available.
        Watch the status with: 'kubectl get svc --namespace default -w wordpress-
wordpress'
     export SERVICE_IP=$(kubectl get svc --namespace default wordpress-wordpress
--template "{{ range (index .status.loadBalancer.ingress 0) }}{{.}}{{ end }}")
     echo "WordPress URL: http://$SERVICE_IP/"
     echo "WordPress Admin URL: http://$SERVICE_IP/admin"


2. Login with the following credentials to see your blog

     echo Username: user
     echo Password: $(kubectl get secret --namespace default wordpress-wordpress
-o jsonpath="{.data.wordpress-password}" | base64 --decode)
```

可以看到，安装命令返回了如何访问 Wordpress 的信息，我们获取一下对应的 svc 访问 IP。

```
[root@iZ8vb0qditk1qw27yu4k5nZ ~]# kubectl get svc --namespace default -w
wordpress-wordpress
NAME                    TYPE          CLUSTER-IP       EXTERNAL-IP     PORT(S)
AGE
wordpress-wordpress     LoadBalancer  172.26.14.168    39.98.21.16    80:31376/
TCP,443:32570/TCP    111s172.26.14.199   39.100.178.126   80:31571/TCP,443:32659/
TCP    74s
```

同时获取默认的用户名和密码。

```
[root@iZ8vb0qditk1qw27yu4k5nZ ~]# kubectl get secret --namespace default
wordpress-wordpress -o jsonpath="{.data.wordpress-password}" | base64 --decode
1Ria5Wdaxd
```

可以看到目前两个 pod 都已经 RUNNING，我们同时运行一下测试用例。

```
[root@iZ8vb0qditk1qw27yu4k5nZ ~]# kubectl get pods
NAME                                   READY   STATUS    RESTARTS   AGE
wordpress-mariadb-0                    1/1     Running   0          104s
wordpress-wordpress-7f7b79b977-sc6sq   1/1     Running   0          104s


[root@iZ8vb0qditk1qw27yu4k5nZ tests]# helm test wordpress
RUNNING: wordpress-mariadb-test-ouh72
PASSED: wordpress-mariadb-test-ouh72
```

```
RUNNING: wordpress-credentials-test
PASSED: wordpress-credentials-test
```

测试用例运行成功，最后我们访问一下页面，效果如图 3-1 ～图 3-3 所示。

图 3-1　Wordpress 访问页面

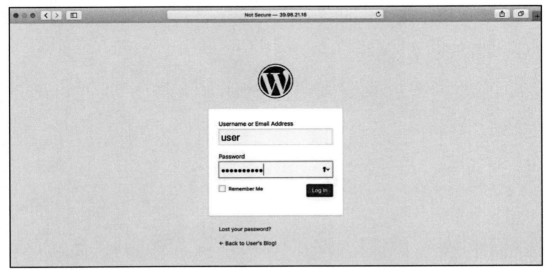

图 3-2　Wordpress 登录页面

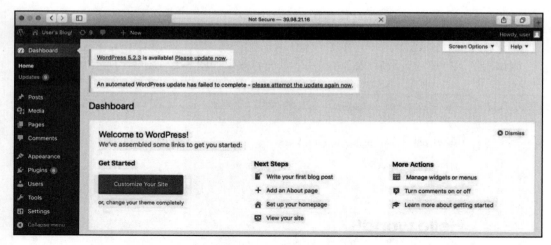

图 3-3　Wordpress 详情页面

3.9　本章小结

本章以社区的 Wordpress Chart 作为实例单独拿出来解析，通过学习社区的标准写法，我们可以看到很多 Chart 知识点在实际生产当中的应用。之后在编写 Chart 时候，我们要遵循社区的标准实践，力争与社区标准一致，提高 Chart 的通用性。

第 4 章 *Chapter 4*

Helm 源码分析

从本章起就进入源码分析阶段。目前 Helm 主要使用最广的版本还是 v2，所以源码分析以 Helm 2.14.3 为原型版本。

Helm 功能命令众多，这里我们不进行全面介绍，仅以 install、upgrade 和 delete 为主，介绍实际应用中最重要的 Chart 的安装、更新以及删除操作。

Helm 的所有代码均存放在 GitHub 网站[⊖]中，读者可以下载后边看边操作。

4.1　helm install

Helm 分为客户端和服务端（Tiller），下面先从客户端讲起。客户端是使用 Golang 编写的 github.com/spf13/cobra 命令行工具构建的架构。cobra 是一个非常流行的命令行类库，很多使用 Golang 编写的命令行工具都是使用这个类库来编写的。

install 的客户端命令初始代码在 cmd/helm/install.go 中。

```
RunE: func(cmd *cobra.Command, args []string) error {
    if err := checkArgsLength(len(args), "Chart name"); err != nil {
        return err
    }

    debug("Original Chart version: %q", inst.version)
    if inst.version == "" && inst.devel {
        debug("setting version to >0.0.0-0")
        inst.version = ">0.0.0-0"
    }
```

⊖　https://github.com/helm/helm/releases

```
      cp, err := locateChartPath(inst.repoURL, inst.username, inst.password,
args[0], inst.version, inst.verify, inst.keyring,
        inst.certFile, inst.keyFile, inst.caFile)
      if err != nil {
        return err
      }
      inst.ChartPath = cp
      inst.client = ensureHelmClient(inst.client)
      inst.wait = inst.wait || inst.atomic

      return inst.run()
    },
```

在 RunE 函数中，运行 helm install 命令会发生的动作如下所示。

❑ checkArgsLength 检查传递参数的有效性，以及是否漏传参数。

❑ locateChartPath 寻找 Chart 位置，如果是本地目录，则返回并寻找完全路径；如果是 URL，则下载到指定路径后返回该路径名称。

❑ ensureHelmClient 初始化 Helm Client，用来与 Tiller 通信。

❑ inst.run() 真正的业务逻辑开始了，分别检查 Chart 依赖等信息，然后给 Tiller 发送解压后的模板信息。

下面就其中的几个函数详细看一下具体操作。

4.1.1　locateChartPath

我们先看一下主要的源代码。

```
func locateChartPath(repoURL, username, password, name, version string, verify
bool, keyring,
    certFile, keyFile, caFile string) (string, error) {

    // 第一优先级是当前目录，对传入的目录去掉左右空行后，通过库函数判断当前文件夹是否存在，如果存
在，则返回当前文件夹的全局绝对路径
    name = strings.TrimSpace(name)
    version = strings.TrimSpace(version)
    if fi, err := os.Stat(name); err == nil {
      abs, err := filepath.Abs(name)
      if err != nil {
        return abs, err
      }
      return abs, nil
    }

    // 如果传入的是绝对路径或者是以 . 开头的路径，则直接返回失败
    if filepath.IsAbs(name) || strings.HasPrefix(name, ".") {
      return name, fmt.Errorf("path %q not found", name)
    }
```

```
// 如果前面两种都不是，则从 HELM_HOME 中寻找对应的文件，并返回对应的绝对路径
crepo := filepath.Join(settings.Home.Repository(), name)
if _, err := os.Stat(crepo); err == nil {
    return filepath.Abs(crepo)
}

// 除了如上 3 种情况外，下面提供一个 URL，需要从 URL 下载
dl := downloader.ChartDownloader{
    HelmHome: settings.Home,
    Out:      os.Stdout,
    Keyring:  keyring,
    Getters:  getter.All(settings),
    Username: username,
    Password: password,
}
```

```
// 如果设置了 Chart repo，就会从对应的 Chart repo 处查找 Chart，下面具体看一下这个函数内部
的实现
if repoURL != "" {
    ChartURL, err := repo.FindChartInAuthRepoURL(repoURL, username, password,
name, version,
        certFile, keyFile, caFile, getter.All(settings))
    name = ChartURL
}
func FindChartInAuthRepoURL(repoURL, username, password, ChartName,
ChartVersion, certFile, keyFile, caFile string, getters getter.Providers) (string,
error) {
```

```
// 首先创建一个临时文件，用来存放 index.yaml
tempIndexFile, err := ioutil.TempFile("", "tmp-repo-file")
// 退出后将这个临时文件删除
defer os.Remove(tempIndexFile.Name())
```

```
// 将 repoURL、用户名、密码等设置到对象中，方便后面下载
c := Entry{
    URL:      repoURL,
    Username: username,
    Password: password,
    CertFile: certFile,
    KeyFile:  keyFile,
    CAFile:   caFile,
}
```

```
// 创建对应的 Chart repo 实例对象
r, err := NewChartRepository(&c, getters)
```

```
// 将 URL 对应的 index.yaml 文件下载到本地的临时文件中
if err := r.DownloadIndexFile(tempIndexFile.Name()); err != nil {
    return "", fmt.Errorf("Looks like %q is not a valid Chart repository or
cannot be reached: %s", repoURL, err)
}
```

```
// 读取该文件，并寻找对应的 Chart 和 URL
repoIndex, err := LoadIndexFile(tempIndexFile.Name())
if err != nil {
  return "", err
}

// 将 index.yaml 内提供的 Chart 名字和 URL 拼接好，形成一个完整路径的文件
errMsg := fmt.Sprintf("Chart %q", ChartName)
if ChartVersion != "" {
  errMsg = fmt.Sprintf("%s version %q", errMsg, ChartVersion)
}
cv, err := repoIndex.Get(ChartName, ChartVersion)
ChartURL := cv.URLs[0]
absoluteChartURL, err := ResolveReferenceURL(repoURL, ChartURL)

// 返回对应的全局含有 URL 路径的文件
return absoluteChartURL, nil
```

下面回到主流程中。

如果默认设置的下载路径没有对应的文件夹，那么先创建对应的文件夹。

```
if _, err := os.Stat(settings.Home.Archive()); os.IsNotExist(err) {
   os.MkdirAll(settings.Home.Archive(), 0744)
 }
```

将前面拼接好的带有 URL 路径的文件，或者用户直接提供的全路径 http 文件下载到对应的文件夹中，最后返回这个下载到本地路径的文件。

```
filename,_ err:=dl.DownloadTo(name,version,settings.Home.Archive())
```

该函数的流程如图 4-1 所示。

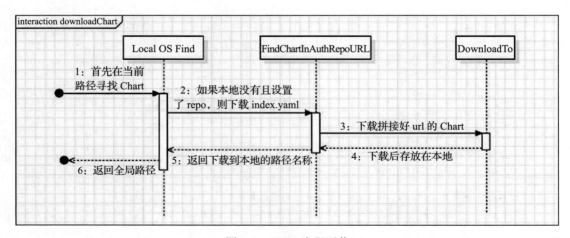

图 4-1　Chart 流程下载

4.1.2　ensureHelmClient

前面处理完 Chart 路径寻找和下载任务后，就需要初始化 Helm Client 来准备与 Tiller 通信。ensureHelmClient 函数就是为了完成这个功能而存在的，该函数接收一个 client interface 用来暂存 Helm Client 实例，下面看看具体的实现。

```
func newClient() helm.Interface {
    options := []helm.Option{helm.Host(settings.TillerHost), helm.ConnectTimeout(settings.
TillerConnectionTimeout)}

    if settings.TLSVerify || settings.TLSEnable {
      debug("Host=%q, Key=%q, Cert=%q, CA=%q\n", settings.TLSServerName, settings.
TLSKeyFile, settings.TLSCertFile, settings.TLSCaCertFile)
        tlsopts := tlsutil.Options{
            ServerName:          settings.TLSServerName,
            KeyFile:             settings.TLSKeyFile,
            CertFile:            settings.TLSCertFile,
            InsecureSkipVerify: true,
        }
        if settings.TLSVerify {
            tlsopts.CaCertFile = settings.TLSCaCertFile
            tlsopts.InsecureSkipVerify = false
        }
        tlscfg, err := tlsutil.ClientConfig(tlsopts)
        if err != nil {
            fmt.Fprintln(os.Stderr, err)
            os.Exit(2)
        }
        options = append(options, helm.WithTLS(tlscfg))
    }
    return helm.NewClient(options...)
}
```

通过阅读代码可知，ensureHelmClient 函数基本上就是将 Helm Client 的各个参数传递过去，主要包含是否开启 TLS 访问，以及开启后证书的信息传递，最后配置一下超时时间等信息，这里其实仅完成了基本信息的配置，真正与 Tiller 建立连接和访问还得等待后面真正有需求时才会工作。

4.1.3　InstallCmd Run

经过了前面的一系列准备，下面就可以进入客户端最重要的步骤，真正地处理数据并向 Tiller 发送信息。由于 Run 函数代码比较长，下面分段展示讲解。

1. 处理 helm install 命令行临时覆盖的参数

```
if i.namespace == "" {
  i.namespace = defaultNamespace()
}
```

```
rawVals, err := vals(i.valueFiles, i.values, i.stringValues, i.fileValues,
i.certFile, i.keyFile, i.caFile)
    if err != nil {
      return err
    }
```

首先查看是否填写了命名空间名称，如果没有填写，则默认是 default 命名空间。然后使用 vals 函数合并命令行 "helm install -f myvalues.yaml" 覆盖的参数，这里使用的 "-f override.yaml" 这种命令行传参方式就是通过 vals 函数实现的。此函数将 valueFiles,values 等信息读取出来后，和已经加载到内存的 valuesMap 做一个对比，用外部传入的参数覆盖当前内存中的参数，这样在继续进行后面的动作时，都是使用的外部命令行的最新参数列表。

2. 处理外部介入的 template

```
if i.nameTemplate != "" {
    i.name, err = generateName(i.nameTemplate)
    if err != nil {
      return err
    }
    // 打印名称，以便用户知道这个 Release 的最终名称
    fmt.Printf("FINAL NAME: %s\n", i.name)
}
```

如果在执行 install 命令时指定了 template，这里就会根据 template 的名称使用 go template 模板库进行读取，同时也会自动渲染该模板，最终返回一个被渲染过的 template 对象。

3. 检查指定的 Release 名称是否符合 DNS 命名规范

```
if msgs := validation.IsDNS1123Subdomain(i.name); i.name != "" && len(msgs) >
0 {
      return fmt.Errorf("release name %s is invalid: %s", i.name, strings.
Join(msgs, ";"))
    }
```

这里会检查指定的名称是否符合 DNS 命名规范，这个规范适用于 Kubernetes 各个资源的命名，算是 Kubernetes 各个资源部署的统一标准。

4. 加载 Chart 文件并且初始化为 Chart 对象

```
// 检查 Chart 的要求，以确保所有依赖项都在 Chart 中
  ChartRequested, err := Chartutil.Load(i.ChartPath)
```

下面就是根据前面返回的 Chart 本地存储路径加载对应的 Chart 文件。这里的 Chart 文件一般都是一个文件夹，里面含有 values.yaml、Chart 等各种文件和文件夹，该函数读取这些文件的内容后，将其初始化为一个对应的 Chart，这样既能校验 Chart 内容的正确性也方便后面继续调用。当然，如果设置了 .helmignore 文件，那么这个函数也会略过这些文件，不会将其序列化到 Chart 对象中。

5. 加载 requirements.yaml 文件内声明的依赖 Chart

```
if req, err := Chartutil.LoadRequirements(ChartRequested); err == nil {
   if err := renderutil.CheckDependencies(ChartRequested, req); err != nil {
   if i.depUp {
      man := &downloader.Manager{
         Out:       i.out,
         ChartPath: i.ChartPath,
         HelmHome:  settings.Home,
         Keyring:   defaultKeyring(),
         SkipUpdate: false,
         Getters:   getter.All(settings),
      }
      if err := man.Update(); err != nil {
         return prettyError(err)
      }


      // 更新 Charts 文件夹下的所有依赖
      ChartRequested, err = Chartutil.Load(i.ChartPath)
      if err != nil {
         return prettyError(err)
      }
   } else {
      return prettyError(err)
   }

   }
} else if err != Chartutil.ErrRequirementsNotFound {
   return fmt.Errorf("cannot load requirements: %v", err)
}
```

有时候我们需要 requirements.yaml 文件声明一下 Chart 需要的各种子 Chart 资源，这里的函数 LoadRequirements 会检查是否有 requirements.yaml 文件，并且将声明的文件内容使用上面介绍的 Chart 重新下载和读取渲染函数来重新运行一遍。当然，全部下载完毕后，还会再使用 Load 函数加载内容加载。到此，内存中的 Chart 结构体已经包含所有需要的文本信息。

4.1.4 installReleaseFromChart

这个函数十分重要，是 Client 发送请求的函数。该函数会接收一大堆参数，这些参数就是 Helm 在执行 install 命令时传入的各种用户指定参数。下面我们先来看看函数中的定义和实现。

```
func (h *Client) installReleaseFromChartWithContext(ctx context.Context, Chart
*Chart.Chart, ns string, opts ...InstallOption) (*rls.InstallReleaseResponse, error) {
   // 将安装选项传入后面的结构体中
   reqOpts := h.opts
   for _, opt := range opts {
      opt(&reqOpts)
   }
```

```
    req := &reqOpts.instReq
    req.Chart = Chart
    req.Namespace = ns
    req.DryRun = reqOpts.dryRun
    req.DisableHooks = reqOpts.disableHooks
    req.DisableCrdHook = reqOpts.disableCRDHook
    req.ReuseName = reqOpts.reuseName
    ctx = FromContext(ctx)

    if reqOpts.before != nil {
      if err := reqOpts.before(ctx, req); err != nil {
        return nil, err
      }
    }
    err := Chartutil.ProcessRequirementsEnabled(req.Chart, req.Values)
    if err != nil {
      return nil, err
    }
    err = Chartutil.ProcessRequirementsImportValues(req.Chart)
    if err != nil {
      return nil, err
    }

    return h.install(ctx, req)
}
```

❏ 首先将所有安装的参数统一设置到 request 对象中，构成结构体。

❏ Chartutil.ProcessRequirementsEnabled 是将 requirement.yaml 中不需要的 Chart 从安装包结构体中移除。

❏ ProcessRequirementsImportValues 函数将父 Chart 中的 value 设置给子 Chart，这样函数就实现了父 Chart 向子 Chart 传递参数。

❏ h.install 将包装好的 req 发送给服务端。

4.1.5　setupConnection

下面我们继续深入了解 Client 是如何将这个 request 发送给 Tiller 的。我们先回过头来看一个问题，在 install 命令行时，Helm 还执行了一个操作，使用 kubectl port-forward 临时在本地宿主机打通一个与 Tiller Pod 沟通的通道，首先看一下代码。

```
......
cmd := &cobra.Command{
    Use:      "install [CHART]",
    Short:    "Install a Chart archive",
    Long:     installDesc,
    PreRunE: func(_ *cobra.Command, _ []string) error { return setupConnection() },
    RunE: func(cmd *cobra.Command, args []string) error {
......
```

需要注意的是，PreRunE 函数是在 RunE 函数之前执行的。也就是说其实在执行 install 的那些命令之前，setupConnection 函数使用 kubectl port-forward 功能在宿主机与 Tiller Pod 之间建立了一个通道，下面看看具体实现。

```go
func setupConnection() error {
  if settings.TillerHost == "" {
    config, client, err := getKubeClient(settings.KubeContext, settings.KubeConfig)
    if err != nil {
      return err
    }

    TillerTunnel, err = portforwarder.New(settings.TillerNamespace, client, config)
    if err != nil {
      return err
    }

    settings.TillerHost = fmt.Sprintf("127.0.0.1:%d", TillerTunnel.Local)
    debug("Created tunnel using local port: '%d'\n", TillerTunnel.Local)
  }

  // 设置 gRPC config
  debug("SERVER: %q\n", settings.TillerHost)

  // 支持插件
  return nil
}
```

由此可见，根据默认的 kubeConfig 获取 Kubernetes client 命令行实例后，portforwarder. New(settings.TillerNamespace,client,config) 调用了 kubectl port-forward 命令。

举个例子，kubectl port-forward pod/Tiller 8888:5000 这个命令就是建立一个连接，首先监听本地 8888 端口，然后远程连接 Tiller 这个 Pod 的 5000 端口。也就是说，向本地 8888 端口发送的数据都会直接被转发到远程的 Tiller Pod 5000 端口上，这样就建立了一个本地和远程容器之间的通道。而且这个通道是通过 ApiServer 连接的，不需要 Pod 向外暴露任何端口，非常安全。

这里调用本地宿主机的端口是随机的，任何一个端口都可以被调用，然后被调用的端口会被指向远程的 Tiller Pod，函数 settings.TillerHost = fmt.Sprintf("127.0.0.1:%d", TillerTunnel.Local) 就是将随机选择的本地端口指定到 setting 结构体中。这样在执行其他函数之前，我们的本地其实已经默默建好了与远程 Tiller 之间的通信链路。

4.1.6　Helm Client install Function

下面再回到前面的 install 函数中，这个函数会直接将拼装好的信息调用 grpc 接口发送给 Tiller，先看一下函数的实现。

```go
func (h *Client) install(ctx context.Context, req *rls.InstallReleaseRequest)
```

```
(*rls.InstallReleaseResponse, error) {
    c, err := h.connect(ctx)
    if err != nil {
      return nil, err
    }
    defer c.Close()

    rlc := rls.NewReleaseServiceClient(c)
    return rlc.InstallRelease(ctx, req)
}
```

install 函数首先建立一个 **grpc** 连接，我们来看一下具体的实现。

```
func (h *Client) connect(ctx context.Context) (conn *grpc.ClientConn, err
error) {
    opts := []grpc.DialOption{
      grpc.WithBlock(),
      grpc.WithKeepaliveParams(keepalive.ClientParameters{
        //每30s发送一次心跳，以此来保证连接不中断
        Time: time.Duration(30) * time.Second,
      }),
      grpc.WithDefaultCallOptions(grpc.MaxCallRecvMsgSize(maxMsgSize)),
    }
    switch {
    case h.opts.useTLS:
        opts = append(opts, grpc.WithTransportCredentials(credentials.NewTLS(h.
opts.tlsConfig)))
    default:
      opts = append(opts, grpc.WithInsecure())
    }
    ctx, cancel := context.WithTimeout(ctx, h.opts.connectTimeout)
    defer cancel()
    if conn, err = grpc.DialContext(ctx, h.opts.host, opts...); err != nil {
      return nil, err
    }
    return conn, nil
}
```

❏ 设置 grpc 的参数，grpc.DialOption 这里主要是默认 30s 超时时间。

❏ 然后设置最大消息大小，默认 20MB。

❏ 根据是否启用 tls 选择对应的证书信息。

❏ grpc.DialContext(ctx,h.opts.host,opts...) 非常重要，前面介绍了 port-forward 会建立一个本地和远程之间的连接，h.opts.host 就是本地的连接端口，也就是说，建立与这个地址的连接，发送的数据就会直接送达远端的 Tiller Pod。

```
func (c *releaseServiceClient) InstallRelease(ctx context.Context, in
*InstallReleaseRequest, opts ...grpc.CallOption) (*InstallReleaseResponse, error) {
    out := new(InstallReleaseResponse)
    err := c.cc.Invoke(ctx, "/hapi.services.Tiller.ReleaseService/InstallRelease",
```

```
in, out, opts...)
    if err != nil {
        return nil, err
    }
    return out, nil
}
```

最后将信息发送出去。这里调用的 grpc 接口名称为 /hapi.services.Tiller.ReleaseService/
InstallRelease，也就是远程的 Tiller Server 接口名称，后面我们会介绍服务端的实现。然后
将拼装好的 InstallReleaseRequest 发送出去，这个对象里面含有 Chart 的全部信息，最后等
待服务端的返回，这样就实现了安装命令的最终发送。

4.1.7 返回 Release 状态信息

安装请求发送完毕后，我们应该记得 helm install 后会返回当前的 Release 名称和
Release 包含的所有 Kubernetes 资源的当前状态。比如 Deployment 的部署状态，Pod 的各
种状态，等等。先回到 func(i *installCmd)run()，来看一下发送 install 请求后，最后几步的
行动。

```
// 获取返回的 Release 信息
rel := res.GetRelease()
if rel == nil {
    return nil
}

if outputFormat(i.output) == outputTable {
    i.printRelease(rel)
}

// 像 install 一样，向 Tiller 发送获取 Release 状态信息的请求
status, err := i.client.ReleaseStatus(rel.Name)
if err != nil {
    return prettyError(err)
}

return write(i.out, &statusWriter{status}, outputFormat(i.output)
```

❑ 首先获取 Relase 信息，在上一步发送 install 请求后，Tiller 的 response 信息内就已经
含有了这些信息。

❑ i.client.ReleaseStatus 和 install 一样，也是向 Tiller 发送请求，这个 API 的 URL/hapi.
services.Tiller.ReleaseService/GetReleaseStatus 在后文的服务端实现中进行介绍。

以下对客户端流程进行总结（见图 4-2）。

❑ 提前使用 kubectl port-forward 功能打通宿主机与远程 Tiller Pod 的通信。

❑ checkArgsLength 检查用户输入参数的合法性。

- □ 对于远程地址，locateChartPath 下载 Chart 到本地指定目录；对于本地地址，则直接加载。
- □ installCmd.run 将用户命令行输入参数覆盖 values.yaml 信息，下载依赖的 Chart，将 Chart 信息加载到内存中变成结构体信息。
- □ 向 Tiller 发送 install 命令，将含有 Chart 所有信息的结构体发送出去。
- □ 打印 Tiller 返回的 Release 信息。
- □ 向 Tiller 发送获取 Relase Status 信息并且打印出来。

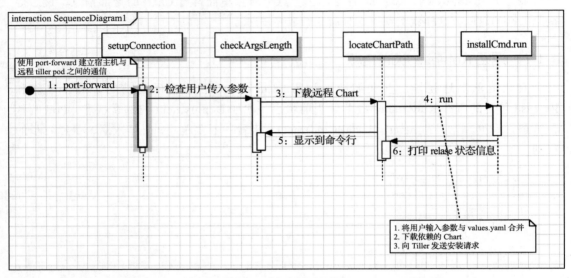

图 4-2　客户端流程图

4.2　Helm Install Server

前面介绍了 Client 端的实现，下面介绍 Server 端也就是 Tiller 端的具体实现。客户端通过 grpc 调用了服务端的 InstallRelease 函数，下面概览该函数。

```
func (s *ReleaseServer) InstallRelease(c ctx.Context,req *services.Install
ReleaseRequest) (*services.InstallReleaseResponse,error) {
    s.Log("preparing install for %s",req.Name)
    rel, err:=s.prepareRelease(req)
    if err!=nil {
      s.Log("failed install prepare step:%s",err)
      res:=&services.InstallReleaseResponse{Release:rel}

      //如果是测试场景，这里就仅返回渲染失败的错误信息
      if req.DryRun && strings.HasPrefix(err.Error(), "YAML parse error") {
        err = fmt.Errorf("%s\n%s", err, rel.Manifest)
      }
```

```
        return res, err
    }

    s.Log("performing install for %s", req.Name)
    res, err := s.performRelease(rel, req)
    if err != nil {
        s.Log("failed install perform step: %s", err)
    }
    return res, err
}
```

❏ 针对客户端传递过来的信息做准备，主要检查是否重名，然后对传递过来的各个参
数和 values.yaml 进行渲染，然后拼接出 Release 对象。

❏ performRelease 是真正进行 Release 安装的函数，下面进行详细介绍。

4.2.1　prepareRelease

prepareRelease 函数在接收客户端传递过来的参数后，首先进行一些预处理，部分代码
如下所示。

```
func (s *ReleaseServer) prepareRelease(req *services.InstallReleaseRequest)
(*release.Release, error) {
    if req.Chart == nil {
        return nil, errMissingChart
    }
    // 这里会检查用户执行的 Release 名称是否唯一，如果是自动生成的，会自动保证该名称的唯一性
    // 如果名称是用户指定的，这里会检查集群是否含有重名的 Release
    name, err := s.uniqName(req.Name, req.ReuseName)
    // 检查客户端和服务端之间的兼容性，判断客户端、服务端以及 ApiServer 是否兼容
    caps, err := capabilities(s.clientset.Discovery())
    // 每一个 Release 默认都有一个版本号，这里就是第一个版本号
    revision := 1
    ts := timeconv.Now()
    options := Chartutil.ReleaseOptions{
        Name:       name,
        Time:       ts,
        Namespace:  req.Namespace,
        Revision:   revision,
        IsInstall:  true,
    }
    // 将传入的 value 进行渲染，组成新的 values.yaml
    valuesToRender, err := Chartutil.ToRenderValuesCaps(req.Chart, req.Values,
options, caps)
    // 分离出安装资源、Hooks 资源，以及将当前集群的 ApiServer 信息填入结构体，为下一步构造安装结
构做铺垫
    hooks, manifestDoc, notesTxt, err := s.renderResources(req.Chart,
valuesToRender, req.SubNotes, caps.APIVersions)

    // 该结构体就是最终会存储的结构体，将需要安装的信息、Hooks 信息和状态等内容进行初始化
```

```
rel := &release.Release{
  Name:       name,
  Namespace: req.Namespace,
  Chart:      req.Chart,
  Config:     req.Values,
  Info: &release.Info{
    FirstDeployed: ts,
    LastDeployed: ts,
    Status:            &release.Status{Code: release.Status_PENDING_INSTALL},
    Description:    "Initial install underway", //Will be overwritten.
  },
  Manifest: manifestDoc.String(),
  Hooks:    hooks,
  Version:  int32(revision),
}
return rel, nil
```

❑ 首先检查当前 Release 名称是否是集群唯一，这是 Release 唯一性的标志，如果没有指定 Relense 名称，那么就创建一个全集群唯一的名称。

❑ 检查客户端、服务端、Kubernetes ApiServer 的版本兼容性。

❑ 初始化 ReleaseOptions 结构体，填入名称、版本号、命名空间等信息。

❑ ToRenderValuesCaps 将手动传递的参数和默认已经存在的 values 渲染到一起。

❑ renderResources 将上一步构建的信息和 Kubernetes ApiServer 等信息合并在一起，同时分离出安装 Chart Yaml 信息和 hooks 等。

❑ 拼接出 Release 对象，真正开始进入安装步骤。

4.2.2　performRelease

当拼接完毕后，下一步就是安装环节。首先要检查 Chart 是否含有一些 Pre-hooks，特别是 crd-install 这种 Hooks。因为针对这种类型的 Hooks，Helm 会在创建其他资源之前，第一步优先创建该资源，否则后面依赖该资源的对象都会安装失败。

```
//performRelease runs a release.
func (s *ReleaseServer) performRelease(r *release.Release, req *services.
InstallReleaseRequest) (*services.InstallReleaseResponse, error) {

  // crd-install hooks
  if !req.DisableHooks && !req.DisableCrdHook {
    if err := s.execHook(r.Hooks, r.Name, r.Namespace, hooks.CRDInstall,
req.Timeout); err != nil {
      fmt.Printf("Finished installing CRD: %s", err)
      return res, err
    }
  } else {
    s.Log("CRD install hooks disabled for %s", req.Name)
  }
```

```
        ...
        ...
        ...
    }
    func (s *ReleaseServer) execHook(hs []*release.Hook, name, namespace, hook
string, timeout int64) error {
        kubeCli := s.env.KubeClient
        code, ok := events[hook]
        if !ok {
            return fmt.Errorf("unknown hook %s", hook)
        }

        ...

        // 首先根据不同的权重，将各种 Hooks 排序，依次将 Hooks 做成一个可执行数组
        executingHooks = sortByHookWeight(executingHooks)

        // 遍历所有的 Hooks
        for _, h := range executingHooks {

            // 筛选 before-create hook，看看是否需要提前执行 Hooks 的删除
            if err := s.deleteHookByPolicy(h, hooks.BeforeHookCreation, name, namespace,
hook, kubeCli); err != nil {
                return err
            }

            b := bytes.NewBufferString(h.Manifest)
            // 将剩余的资源，特别是 CRD 资源装载到集群中
            if err := kubeCli.Create(namespace, b, timeout, false); err != nil {
                s.Log("warning: Release %s %s %s failed: %s", name, hook, h.Path, err)
                return err
            }

            // 这里要保证 pre-install 需要安装的资源必须等待安装成功后才能继续下一步
        if hook != hooks.CRDInstall {
            // 在这里一直等待资源创建成功
            if err := kubeCli.WatchUntilReady(namespace, b, timeout, false); err != nil {
                s.Log("warning: Release %s %s %s could not complete: %s", name, hook,
h.Path, err)
                // 如果 Hooks 失败，检查 Hooks 的注释，以确定是否应该删除该 Hooks
                // 在 Hooks 失败的情况下，清除 Hooks 中相应的资源
                if err := s.deleteHookByPolicy(h, hooks.HookFailed, name, namespace,
hook, kubeCli); err != nil {
                    return err
                }
                return err
            }
        } else {
            if err := kubeCli.WaitUntilCRDEstablished(b, time.
Duration(timeout)*time.Second); err != nil {
                s.Log("warning: Release %s %s %s could not complete: %s", name, hook,
```

```
h.Path, err)
            return err
        }
      }
    }

    s.Log("hooks complete for %s %s", hook, name)
}
```

❑ 将 Hooks 按照权重的顺序依次排序，优先级从高到低，一般需要先安装 pre-install。

❑ deleteHookByPolicy 函数将需要在安装前删除的资源优先删除。

❑ 将剩余需要创建的资源，尤其是 CRD 资源提交给集群创建。

❑ 提交后一直等待资源创建完毕，默认超时时间为 1min。

❑ 全部 Hooks 资源创建完毕后，代表该 Chart Hooks 准备完毕。

Hooks 准备完成就可以安装资源了。

```
s.recordRelease(r, false)
if err := s.ReleaseModule.Create(r, req, s.env); err != nil {
  msg := fmt.Sprintf("Release %q failed: %s", r.Name, err)
  s.Log("warning: %s", msg)
  r.Info.Status.Code = release.Status_FAILED
  r.Info.Description = msg
  s.recordRelease(r, true)
  return res, fmt.Errorf("release %s failed: %s", r.Name, err)
}
```

可以看到，接下来先将 Release 信息记录到 Kubernetes 集群中，目前 Helm 默认的方式是记录到 kube-system 下的 configmap 中。

基本信息记录完毕后，就可以将剩余 Chart 渲染后的资源文件提交给 Kubernetes ApiServer。下面我们依次看一下代码。

```
// 如果是重用名称，直接更新对应的 configmap
// 如果是新的名称，直接创建对应的 configmap
func (s *ReleaseServer) recordRelease(r *release.Release, reuse bool) {
  if reuse {
    if err := s.env.Releases.Update(r); err != nil {
      s.Log("warning: Failed to update release %s: %s", r.Name, err)
    }
  } else if err := s.env.Releases.Create(r); err != nil {
    s.Log("warning: Failed to record release %s: %s", r.Name, err)
  }
}
// 将 Chart 内容编译成字节流，然后通过 client-go 无结构体提交给 ApiServer
func (m *LocalReleaseModule) Create(r *release.Release, req *services.
InstallReleaseRequest, env *environment.Environment) error {
  b := bytes.NewBufferString(r.Manifest)
  return env.KubeClient.Create(r.Namespace, b, req.Timeout, req.Wait)
}
```

```
[root@iZhp38179i8shwfjy8jbigZ ~]# kubectl get cm -n kube-system --show-labels
NAME                                    DATA   AGE    LABELS
wordpress-default.v1                    1      40s    NAME=wordpress-default,OWNER
=TILLER,STATUS=DEPLOYED,VERSION=1
```

由上可见，集群中安装了 Release 的信息都被存放在 kube-system 命名空间下的 configmap 中。configmap 的名称就是 Release 的名字，后面的点对应着它的版本号。比如这里的 v1 就是第一次安装的版本，后面的 labels 也能表明一些身份，比如 OWNER=TILLER，代表它是 Tiller 创建的。

```
[root@iZhp38179i8shwfjy8jbigZ ~]# kubectl get cm wordpress-default.v1 -n kube-
system -o yaml
apiVersion: v1
data:
  release: H4sIAAAAAAAC/+z9XWwkyZYfhuPeuXf33lxAkHoF4a8L/O3Y4mjZnGFmk
kind: ConfigMap
metadata:
  creationTimestamp: "2019-11-27T11:57:21Z"
  labels:
    MODIFIED_AT: "1574855841"
    NAME: wordpress-default
    OWNER: TILLER
    STATUS: DEPLOYED
    VERSION: "1"
  name: wordpress-default.v1
  namespace: kube-system
  resourceVersion: "1637228"
  selfLink: /api/v1/namespaces/kube-system/configmaps/wordpress-default.v1
  uid: 118b0a0e-110d-11ea-83b0-00163e00d57b
```

Release 后面的信息就是 base64 编码后的 Chart 信息，有兴趣的读者可以反编译看一下内容。

这些操作全部完成后，需要再次执行 post-install hooks，也就是安装之后需要执行的 Hooks，执行流程与前面相似。

这样全部的创建流程就完成了，后面就可以将这个 Release 的状态改为 Status_DEPLOYED。

4.3　Helm update

对于 Helm update 而言，流程与 Helm install 大同小异，Helm update 也分为客户端和服务端两部分，首先来看一下客户端的实现。

4.3.1　update 命令的定义

```
cmd := &cobra.Command{
  Use:      "upgrade [RELEASE] [CHART]",
```

```
    Short:    "Upgrade a release",
    Long:    upgradeDesc,
    PreRunE: func(_ *cobra.Command, _ []string) error { return setupConnection() },
    RunE: func(cmd *cobra.Command, args []string) error {
      if err := checkArgsLength(len(args), "release name", "Chart path"); err != nil {
        return err
      }
      upgrade.release = args[0]
      upgrade.Chart = args[1]
      upgrade.client = ensureHelmClient(upgrade.client)
      upgrade.wait = upgrade.wait || upgrade.atomic

      return upgrade.run()
    },
}
```

可以和前文的 Helm install 对比一下，你会发现流程都是一致的。然后命令行之后的内容与 install 保持一致。

❑ 首先创建与 Tiller 的联通通道。

❑ 检查传入参数的合法性。

❑ 下载对应的 Chart 包。

❑ 将对应的传入 setting 值构建成一个 Release 结构体。

❑ 调用 Tiller update 接口。

❑ 检查 Release 状态。

详细的代码就不再展示了，基本与 Install Client 端一致。

4.3.2 Update 服务端的实现

UpdateRelease 方法和 install 基本一致，首先都是需要准备更新，先下载依赖项，将所有依赖的 Chart 下载到本地，然后根据传递过来的参数覆盖原 values，最后渲染出一个成型的 yaml 文件。

```
func (s *ReleaseServer) UpdateRelease(c ctx.Context, req *services.
UpdateReleaseRequest) (*services.UpdateReleaseResponse, error) {
    s.Log("preparing update for %s", req.Name)
    currentRelease, updatedRelease, err := s.prepareUpdate(req)
    if err != nil {
      s.Log("failed to prepare update: %s", err)
      return nil, err
    }

    s.Log("performing update for %s", req.Name)
    res, err := s.performUpdate(currentRelease, updatedRelease, req)
    if err != nil {
      return res, err
    }
```

```
        return res, nil
    }
```

下面看一下 performUpdate 函数。

```
    func (s *ReleaseServer) performUpdate(originalRelease, updatedRelease *release.
Release, req *services.UpdateReleaseRequest) (*services.UpdateReleaseResponse,
error) {
        res := &services.UpdateReleaseResponse{Release: updatedRelease}
        // pre-upgrade hooks
        if !req.DisableHooks {
            if err := s.execHook(updatedRelease.Hooks, updatedRelease.Name,
updatedRelease.Namespace, hooks.PreUpgrade, req.Timeout); err != nil {
                    return res, err
            }
        } else {
            s.Log("update hooks disabled for %s", req.Name)
        }
         if err := s.ReleaseModule.Update(originalRelease, updatedRelease, req,
s.env); err != nil {
            msg := fmt.Sprintf("Upgrade %q failed: %s", updatedRelease.Name, err)
            s.Log("warning: %s", msg)
            updatedRelease.Info.Status.Code = release.Status_FAILED
            updatedRelease.Info.Description = msg
            s.recordRelease(originalRelease, true)
            s.recordRelease(updatedRelease, true)
            return res, err
        }

        // post-upgrade hooks
        if !req.DisableHooks {
          if err := s.execHook(updatedRelease.Hooks, updatedRelease.Name,
updatedRelease.Namespace, hooks.PostUpgrade, req.Timeout); err != nil {
                    return res, err
            }
        }

        originalRelease.Info.Status.Code = release.Status_SUPERSEDED
        s.recordRelease(originalRelease, true)

        ...
        ...
```

可以看到 performUpdate 和 install 流程大致相似。

❑ 运行 pre-update 或者 pre-install 的 Hooks。

❑ 将渲染好的 yaml 提交给 ApiServer，这里可以看到，如果此次更新 yaml 模板对应
的资源没有发生变化，Kubernetes 不会更新对应的资源，这个操作是在 Kubernetes
ApiServer 层面执行的，Helm Client 和 Server 并没有对此做特别的操作。

❑ 运行 post-update 的 Hooks。

❑ 将提交后的渲染 yaml 存放到对应的 secret 中，这里就会在原来的版本号上加 1，代表增加了一个新的版本。

❑ 更改 Release 的安装状态。

4.4　helm ls

我们每次使用 Helm 时，都会先执行 helm ls 这个命令。该命令可以列出集群中已经安装的 Relase，下面一起来了解一下源码层面它是如何运行的。

4.4.1　Client 端实现

客户端实现的代码比较简单，主要是将 Chart 内容读取后，解析并加载。当然也需要渲染各种传入的参数，以备服务端方便地解析和使用。

```
func (l *listCmd) run() error {
  sortBy := services.ListSort_NAME
  if l.byDate {
    sortBy = services.ListSort_LAST_RELEASED
  }
  if l.byChartName {
    sortBy = services.ListSort_CHART_NAME
  }

  sortOrder := services.ListSort_ASC
  if l.sortDesc {
    sortOrder = services.ListSort_DESC
  }

  stats := l.statusCodes()

  res, err := l.client.ListReleases(
    helm.ReleaseListLimit(l.limit),
    helm.ReleaseListOffset(l.offset),
    helm.ReleaseListFilter(l.filter),
    helm.ReleaseListSort(int32(sortBy)),
    helm.ReleaseListOrder(int32(sortOrder)),
    helm.ReleaseListStatuses(stats),
    helm.ReleaseListNamespace(l.namespace),
  )

  if err != nil {
    return prettyError(err)
  }
  if res == nil {
    return nil
  }
```

```
    rels := filterList(res.GetReleases())

    result := getListResult(rels, res.Next)

    output, err := formatResult(l.output, l.short, result, l.colWidth)

    if err != nil {
      return prettyError(err)
    }

    fmt.Fprintln(l.out, output)
    return nil
}
```

这里对以上代码进行一下讲解，首先前面是一大堆状态和查询参数设置，主要目的是限制每次查询返回结果的数量，然后规定以哪种方式对结果排序，同时还支持按照状态来返回查询的结果，设置根据命名空间查询，等等。

最终的查询函数主要集中在 l.client.ListReleases 函数处，该函数的实现逻辑如下所示。

```
// list executes Tiller.ListReleases RPC.
func (h *Client) list(ctx context.Context, req *rls.ListReleasesRequest)
(*rls.ListReleasesResponse, error) {
    c, err := h.connect(ctx)
    if err != nil {
      return nil, err
    }
    defer c.Close()

    rlc := rls.NewReleaseServiceClient(c)
    s, err := rlc.ListReleases(ctx, req)
    if err != nil {
      return nil, err
    }
    var resp *rls.ListReleasesResponse
    for {
      r, err := s.Recv()
      if err == io.EOF {
        break
      }
      if err != nil {
        return nil, err
      }
      if resp == nil {
        resp = r
        continue
      }
      resp.Releases = append(resp.Releases, r.GetReleases()...)
    }
    return resp, nil
}
```

❑ 首先创建连接 Tiller 的 grpc 客户端。

❑ 请求 Tiller 的 rlc.ListReleases 接口。

❑ 循环接受 Tiller 返回的 Release。

❑ 由于 Release 列表比较多，所以将每次获取的 Release 拼接成数组最终返回。

4.4.2 Server 端实现

Server 服务端的实现逻辑是最重要的，其实大部分的任务都是服务端来完成的，这里服务端的主要任务是读取 Kubernetes 集群内的信息（Configmap 或者 Secret），解析后输出给客户端展示。

```
// ListReleases 列出找到的服务器版本
func (s *ReleaseServer) ListReleases(req *services.ListReleasesRequest, stream
services.ReleaseService_ListReleasesServer) error {
    if len(req.StatusCodes) == 0 {
      req.StatusCodes=[]release.Status_Code{release.Status_DEPLOYED}
    }

    // rels,err:=s.env.Releases.ListDeployed()
    rels,err:=s.env.Releases.ListFilterAll(func(r *release.Release) bool {
      for _,sc:=range req.StatusCodes {
        if sc==r.Info.Status.Code {
          return true
        }
      }
      return false
    })
    if err!=nil {
      return err
    }

    if req.Namespace!="" {
      rels,err=filterByNamespace(req.Namespace,rels)
      if err!=nil {
        return err
      }
    }

    if len(req.Filter)!=0 {
      rels,err=filterReleases(req.Filter,rels)
      if err!=nil {
        return err
      }
    }

    total:=int64(len(rels))

    switch req.SortBy {
```

```
case services.ListSort_NAME:
  relutil.SortByName(rels)
case services.ListSort_LAST_RELEASED:
  relutil.SortByDate(rels)
case services.ListSort_CHART_NAME:
  relutil.SortByChartName(rels)
}
...
...
```

❑ 首先检查客户端需要查询的 Release 状态码。

❑ 调用 s.env.Releases.ListFilterAll 查询对应的 Release。

❑ 根据客户端传递来的过滤值进行对应的过滤。

❑ 根据命名空间判断是否是需要的 Release。

❑ 根据客户端传递过来的排序方法进行排序。

下面我们一起看最终函数，分析一下这些 Release 信息到底是从哪里获取的。

// 如果 filter release 的值是 true，则获取并返回所有 Release；如果 ConfigMap 未能找到对应的
Release，则返回 error

```
func (cfgmaps *ConfigMaps) List(filter func(*rspb.Release) bool) ([]*rspb.
Release, error) {
    lsel := kblabels.Set{"OWNER": "TILLER"}.AsSelector()
    opts := metav1.ListOptions{LabelSelector: lsel.String()}

    list, err := cfgmaps.impl.List(opts)
    if err != nil {
      cfgmaps.Log("list: failed to list: %s", err)
      return nil, err
    }

    var results []*rspb.Release

    // 遍历 configmap 对象列表并解码每个 Release
    for _, item := range list.Items {
      rls, err := decodeRelease(item.Data["release"])
      if err != nil {
        cfgmaps.Log("list: failed to decode release: %v: %s", item, err)
        continue
      }
      if filter(rls) {
        results = append(results, rls)
      }
    }
    return results, nil
}
```

❑ 使用 OWNER:TILLER 作为标签在 kube-system 命名空间下查询对应的 ConfigMap。

❏ 将 ConfigMap 中的内容解码。

❏ 转换为 Release 结构体后返回前端。

到这一步就豁然开朗了，其实最终 helm ls 获取的信息等同于 kubectl get cm -l OWNER=TILLER -n kube-system。

```
[root@iZwz9dt0sg5b2lm05eshcfZ ~]# kubectl get cm -l OWNER=TILLER -n kube-system
NAME                    DATA  AGE
wordpress-default.v1    1     11m
[root@iZwz9dt0sg5b2lm05eshcfZ ~]# helm ls
NAME                REVISION  UPDATED                    STATUS     CHART
APP VERSION  NAMESPACE
wordpress-default 1          Mon Dec  9 19:31:05 2019  DEPLOYED   wordpress-8.0.1
5.3.0        default
```

由此可见，所有的信息最终都存在于 ConfigMap，然后所有的 Release 资源都存在于 ConfigMap 的内容中，最后经过解码展现给前端。

4.5 Helm Rollback

其他的 Helm 命令就不多做解释了，流程都是从客户端解析函数然后拼接请求结构体，将构造好的结构体发送给 Tiller，然后 Tiller 通过操作 Kubernetes 内的 ConfigMap 读取 Release 资源，或者进行一些其他操作。下面以 Rollback 为例来讲述基本操作。

客户端的代码略去，因为大部分客户端的代码都是拼接请求结构体，下面我们直接看一下服务端的实现方案。

下面先介绍准备工作的总体流程。

❏ 检查传递的 Release 名称是否符合规则。

❏ 根据传递的需要，回滚版本号来确定目标版本。

❏ 根据版本号去 configmap 中读取对应的版本号信息。

❏ 将读取到的版本号信息格式化成对应的 Release 结构体。

❏ 拼装成结构体后返回。

```
func (s *ReleaseServer) prepareRollback(req *services.RollbackReleaseRequest)
(*release.Release, *release.Release, error) {
    if err := validateReleaseName(req.Name); err != nil {
      s.Log("prepareRollback: Release name is invalid: %s", req.Name)
      return nil, nil, err
    }

    if req.Version < 0 {
      return nil, nil, errInvalidRevision
    }

    currentRelease, err := s.env.Releases.Last(req.Name)
```

```
  if err != nil {
    return nil, nil, err
  }

  previousVersion := req.Version
  if req.Version == 0 {
    previousVersion = currentRelease.Version - 1
  }

   s.Log("rolling back %s (current: v%d, target: v%d)", req.Name,
currentRelease.Version, previousVersion)

  previousRelease, err := s.env.Releases.Get(req.Name, previousVersion)
  if err != nil {
    return nil, nil, err
  }

  description := req.Description
  if req.Description == "" {
    description = fmt.Sprintf("Rollback to %d", previousVersion)
  }

  // 重新定义一个具有前一个 Release 配置的新 Release
  targetRelease := &release.Release{
    Name:      req.Name,
    Namespace: currentRelease.Namespace,
    Chart:     previousRelease.Chart,
    Config:    previousRelease.Config,
    Info: &release.Info{
      FirstDeployed: currentRelease.Info.FirstDeployed,
      LastDeployed:  timeconv.Now(),
      Status: &release.Status{
        Code:  release.Status_PENDING_ROLLBACK,
        Notes: previousRelease.Info.Status.Notes,
      },
      // 因为我们在其他地方丢失了对以前版本的引用，所以我们在这里设置了消息，只有在遇到失败时
才会覆盖它
      Description: description,
    },
    Version:  currentRelease.Version + 1,
    Manifest: previousRelease.Manifest,
    Hooks:    previousRelease.Hooks,
  }

  return currentRelease, targetRelease, nil
}


func (s *ReleaseServer) performRollback(currentRelease, targetRelease *release.
Release, req *services.RollbackReleaseRequest) (*services.RollbackReleaseResponse,
error) {
```

```
    res := &services.RollbackReleaseResponse{Release: targetRelease}

    if req.DryRun {
      s.Log("dry run for %s", targetRelease.Name)
      return res, nil
    }

    if err := s.ReleaseModule.Rollback(currentRelease, targetRelease, req,
s.env); err != nil {
      msg := fmt.Sprintf("Rollback %q failed: %s", targetRelease.Name, err)
      s.Log("warning: %s", msg)
      currentRelease.Info.Status.Code = release.Status_SUPERSEDED
      targetRelease.Info.Status.Code = release.Status_FAILED
      targetRelease.Info.Description = msg
      s.recordRelease(currentRelease, true)
      s.recordRelease(targetRelease, true)
      return res, err
    }
```

可以看到，前面拼装完毕后，进行安装的过程就比较相似了，都是将拼装好的 Release
发送给 Kubernetes ApiServer，然后回滚到原来的指定版本。

4.6　Helm delete

最后来看一下 Helm delete 的实现。和 4.5 节一样，客户端的代码就不做分析了，我们
直接来看服务端的实现。

```
    func (s *ReleaseServer) UninstallRelease(c ctx.Context, req *services.
UninstallReleaseRequest) (*services.UninstallReleaseResponse, error) {
      // 首先根据传递过来的参数去 configmap 中获取对应的 Release 对象，不同的是，这里获取的是一个
列表，把该名称下的 Release 所有的历史记录都取回来
      rels, err := s.env.Releases.History(req.Name)
      if len(rels) < 1 {
        return nil, errMissingRelease
      }

      relutil.SortByRevision(rels)
      rel := rels[len(rels)-1]

      // 这里面对的情况是，如果上一次没有强制删除，那么这一次就需要判断是否会对已经删除过的 Release
进行强制删除操作
      if rel.Info.Status.Code == release.Status_DELETED {
        if req.Purge {
          if err := s.purgeReleases(rels...); err != nil {
            s.Log("uninstall: Failed to purge the release: %s", err)
            return nil, err
          }
```

```
        return &services.UninstallReleaseResponse{Release: rel}, nil
    }
    return nil, fmt.Errorf("the release named %q is already deleted", req.Name)
}

s.Log("uninstall: Deleting %s", req.Name)
rel.Info.Status.Code = release.Status_DELETING
rel.Info.Deleted = timeconv.Now()
rel.Info.Description = "Deletion in progress (or silently failed)"
res := &services.UninstallReleaseResponse{Release: rel}
```

// 这一步很重要，主要是针对删除时需要执行的 Hooks，所有删除资源时需要执行的 Hooks 都是在这个函数下进行操作的，如果用户指定了不执行 Hooks，那么就会直接进行到下一步

```
if !req.DisableHooks {
    if err := s.execHook(rel.Hooks, rel.Name, rel.Namespace, hooks.PreDelete,
req.Timeout); err != nil {
        return res, err
    }
} else {
    s.Log("delete hooks disabled for %s", req.Name)
}
```

// 这里首先标记 Release 的状态为删除中，有时删除资源的进程会比较长，所以先将状态置为删除中

```
if err := s.env.Releases.Update(rel); err != nil {
    s.Log("uninstall: Failed to store updated release: %s", err)
}
```

// 这里进行真正的删除操作，主要是将 Chart 指定的资源进行移除，类比于 kubect delete -f，但是最终会留下真正的 Release 信息

```
kept, errs := s.ReleaseModule.Delete(rel, req, s.env)
res.Info = kept

es := make([]string, 0, len(errs))
for _, e := range errs {
    s.Log("error: %v", e)
    es = append(es, e.Error())
}

rel.Info.Status.Code = release.Status_DELETED
if req.Description == "" {
    rel.Info.Description = "Deletion complete"
} else {
    rel.Info.Description = req.Description
}
```

// 如果指定了强制删除，就会将资源和 Release 信息一并删除

```
if req.Purge {
    s.Log("purge requested for %s", req.Name)
    err := s.purgeReleases(rels...)
    if err != nil {
```

```
        s.Log("uninstall: Failed to purge the release: %s", err)
    }
    return res, err
}

if err := s.env.Releases.Update(rel); err != nil {
    s.Log("uninstall: Failed to store updated release: %s", err)
}

if len(es) > 0 {
    return res, fmt.Errorf("deletion completed with %d error(s): %s", len(es),
strings.Join(es, "; "))
}
return res, nil
}
```

下面总结一下 Helm delete 的流程。
❑ 检查传递的名称是否符合规范。
❑ 根据 Release 的名称查询其所有的历史记录。
❑ 将 Release 的状态置为删除中。
❑ 执行 Release 中声明的 Hooks。
❑ 删除 Release 中的所有资源。
❑ 如果指定了强制删除，那么也会把 Release 信息一并删除掉，这里指的就是 configmap。

4.7 Helm 3 简介

自 2018 年年初，就不断有消息称要开发 Helm 3 了，直到 2019 年 5 月，官方终于发布了第一个 Helm 3 alpha 版本，下面让我们来一窥新版本的 Helm 带来了什么新特性。

1. 删除 Tiller

Helm 3 最受人期待的更新莫过于移除掉 Tiller。很难想象一个开源项目，移除其中的一个核心组件会受到如此巨大的欢迎，其实毫不客气地说，Helm 3 alpha 最大的特点就是去除了 Tiller。

由于历史原因，Tiller 在集群应用版本的管理和查询工作中扮演了重要的角色。但是随着 RBAC 等权限控制体系组件的完善，多租户和安全的需求日益兴起，Tiller 变得越来越不安全，社区在权限控制领域遇到了极大的阻碍。

移除 Tiller 的好处主要有以下几点。
❑ 使架构更加简单和灵活。
❑ 用户可以直接使用 Kubernetes API 交互。
❑ 客户端渲染 Chart，在 Kubernetes 集群中存储 Release 信息。

❑ 降低了客户的使用难度。

2. 删除功能的改变

❑ 从 helm delete 到 helm uninstall 曾 经 完 全 删 除 一 个 Release 需 要 helm delete xxx --purge，现在只需要 uninstall 注释就可以了，purge 会作为一个默认的行为。

❑ 从 helm inspect 到 helm show，通过 helm show 可以查看 Chart 的具体信息。

❑ 从 helm fetch 到 helm pull 与 docker pull 看齐，为下一步兼容 registry 做铺垫，像拉取镜像一样拉取 Chart 部署。

3. 不能向前兼容的修改

（1）namespaces changes

Helm 2 只使用 Tiller 的 namespace 作为 Release 信息的存储，这样全集群的 Release 名字都不会重复。Helm 3 只会在 Release 安装的所在 namespace 记录对应的信息，这样不同的 namepsace 可以出现相同名字的 Release 中。

同样的原因，如果已经使用 Helm 2 创建了 Release，就无法使用 Helm 3 进行升级操作了，因为无法将原来单一的 namespace 信息迁移到所属 namespace 下。这部分迁移功能，Helm 社区正在紧锣密鼓地开发。

（2）Chart dependency management

Helm 2 通 过 requirements.yaml 和 requirements.lock 管 理 Chart 的 依 赖，requirements. yaml 常规代码如下。

```
dependencies:
- name: mariadb
version: 5.x.x
repository: https://Kubernetes-Charts.storage.googleapis.com/
condition: mariadb.enabled
tags:
  - database
```

Helm 3 直接使用 Chart.yaml 记录依赖信息，新的 Chart.yaml 格式和 requirements.yaml 基本相同。

```
dependencies:
    name: mariadb
    version: 5.x.x
    repository: https://Kubernetes-Charts.storage.googleapis.com/
    condition: mariadb.enabled
    tags:
-- databases
```

（3）Generate Name

Helm 2 可以直接安装 Chart，并不需要指定名称，在 Helm 3 中则需要指定名称。

4. 体验 Helm 3

下面我们来试用一下 Helm 3，下载地址为 https://github.com/helm/helm/releases/tag/v3.0.0-alpha.1。

为了防止与已经安装的 Helm 2 冲突，这里需要进行如下设置。

```
$HELM_HOME              set an alternative location for Helm files. By default,
these are stored in ~/.helm,
```

将文件放到 /tmp 目录下，Helm3 安装完毕后，进行初始化就可以使用了。这里使用 Wordpress 为例。

```
[root@iZ8vbbnhdit552y4lytxpiZ ~]# ./helmv3 install stabel/wordpress

[root@iZ8vbbnhdit552y4lytxpiZ ~]# ./helmv3 ls
NAME      NAMESPACE  REVISION  UPDATED
STATUS    CHART
test-v3   default    1         2019-05-27 16:50:46.100265945 +0800 CST
deployed  wordpress-0.6.13
```

可以看到，目前已经存在的 Chart 可以完全无缝迁移到 helm 3 且完全兼容，不需要 Tiller 协助安装。以前 Helm 2 存储的 Release 都在 Tiller 所在的 namespace。

```
[root@iZ8vbbnhdit552y4lytxpiZ ~]# kubectl get cm -n kube-system -l
OWNER=TILLER
NAME                   DATA    AGE
wordpress-default.v1   1       26h
wordpress-default.v2   1       26h
wordpress-default.v3   1       26h
```

以上就是 Helm 2 存储 Release 信息的地方，可以看到都在 kube-system 命名空间下。

```
[root@iZ8vbbnhdit552y4lytxpiZ ~]# kubectl get secret | grep word
test-v3-wordpress                                            Opaque
2    26h
wordpress-default-mariadb                                    Opaque
2    26h
wordpress-default-wordpress                                  Opaque
2    26h
```

我们再看 Helm 3，所有的信息都存储在 Release 对应的 namespace 下，而且以 secret 存储。这是 Helm 2 和 Helm 3 一个很大的不同之处。

5. 从 Helm 2 到 Helm 3 的过程

❑ 针对目前已经存在的 Chart，Helm 3 可以无缝安装，无须迁移。

❑ Helm 2 与 Helm 3 可以共存，Tiller 可以继续存在。

❑ 已经使用 Helm 2 安装的 Release 不能通过 Helm 3 来升级、查看。

6. 将 Chart 托管给 OCI

在如何远程托管 Chart 这件事上，Helm 经历了很多次发展。最初是将 Chart 保存在本地，打成压缩包，上传到 oss 等远程存储，然后社区出现了 Chartmuseum 这样的开源工具，提供公共的 Chart 托管，但是在权限认证等方面并没有很好的解决方案。同时在后端存储方面，也没有能像 Docker Registry 那样很好的节省空间以避免重复存储的功能。

因此所有的目光都转向了 Docker Registry，毕竟目前各大厂商都已经提供了镜像托管功能，能否复用这个能力来托管 Chart 是一个很好的研究方向。后来微软推出了 OCI Registry As Storage。根据镜像 OCI 标准规范，复用 Registry 来存储 Chart。这个功能目前已经集成到 Helm 3 试验版本中。下面来试用一下这个功能。

首先本地启动一个 Registry。

```
docker run -dp 5000:5000 --restart=always --name registry registry:2
```

然后下载一个 Chart 包 helm fetch stable/wordpress。

```
[root@iZ8vbbnhdit552y4lytxpiZ ~]# ./helmv3 Chart save wordpress
localhost:5000/wordpress:latest
Name: wordpress
Version: 0.6.13
Meta: sha256:83c48dd3c01a2952066ead67023ea14963a88db4287650baad5ea1ddd8ff9590
Content: sha256:248c8c68f4f614003c8b1a9d78787e5f07e979e9b996981df993cf380f49
8c97
latest: saved


[root@iZ8vbbnhdit552y4lytxpiZ ~]# ./helmv3 Chart list
REF                                   NAME           VERSION   DIGEST    SIZE
CREATED
localhost:5000/wordpress:latest       wordpress      0.6.13    248c8c6   12.0 KiB   11
seconds


[root@iZ8vbbnhdit552y4lytxpiZ ~]# ./helmv3 Chart push localhost:5000/
wordpress:latest
The push refers to repository [localhost:5000/wordpress]
Name: wordpress
Version: 0.6.13
Meta: sha256:83c48dd3c01a2952066ead67023ea14963a88db4287650baad5ea1ddd8ff9590
Content: sha256:248c8c68f4f614003c8b1a9d78787e5f07e979e9b996981df993cf380f49
8c97
latest: pushed to remote (2 layers, 12.6 KiB total)
```

这样就实现了将 Chart 推送到 Registry 的功能。这个功能目前处于实验阶段，Helm 社区还是希望未来大家能够都转到这种存储方式上来。

7. Helm 3 下一步的发展路线

（1）Helm 3 alpha 1

移除 Tiller，提供 Library Charts，存储格式改为 secret，开始 OCI 集成工作。

（2）Helm 3 alpha 2

提供更好的 OCI 集成、Lua 模板支持。

（3）Helm 3 alpha 3

重构更新策略（可能是在客户端侧进行，也可能是在服务端侧进行）。

4.8 本章小结

本章从源码角度分析了 Helm 的主要命令以及操作情况。对于 Helm 源码分析，只要抓住客户端和服务端分离，服务端进行主要逻辑业务的主线，就可以很容易地抽丝剥茧，厘清脉络。

学习本章后，应该对 Helm 的架构、数据存储方式以及结构有了清晰的认识。理解 Tiller 作为一个服务端，将所有的信息存放到 Kubernetes 集群中，保证了服务的无状态和高可用性。

最后本章介绍了 Helm 3 的特点，以及未来 Helm 3 会带来的变化，跟随社区开发的最前沿，了解更多最新动态。

第 5 章 *Chapter 5*

Kustomize 入门

前文介绍了 Helm 的概念和原理，Helm 是一种 Kubernetes 环境中的应用管理方案。本章将介绍的 Kustomize 是另一种应用管理工具，它可以高效管理应用部署中烦琐的 yaml 文件。本章主要介绍 Kustomize 的背景以及基础原理。

5.1　Kustomize 介绍

1. Kustomize 诞生背景

在 Kubernetes 环境中部署应用时，我们需要一些包含 API 对象的 yaml 文件，这些文件定义了部署的应用原则：包含哪些服务、分配多少内存和 CPU、是否使用数据卷、使用什么镜像版本等信息。通过修改这些 yaml 文件，可以实现修改部署应用的属性，从而实现不同环境对部署参数的不同要求。我们通常复制这些配置文件到新环境中，通过修改部分参数实现对新环境的适配，然而这种方式的可扩展性并不好。

当应用所需的服务数量或环境数量很多时，我们就需要有多个不同版本的 yaml 文件来适配，这些不同版本的文件除了细微差别外，其他内容基本都是一样的，这导致对配置文件进行升级时，很容易漏掉一些改动而造成配置错误。因此需要一个具有 yaml 文件版本管理功能的工具，为 Kubernetes 配置文件提供一种类似代码生命周期管理的功能。

Kustomize 正是为了解决这个问题而生的，它允许用户将不同环境的共享配置放在同一个目录下，而将不同的配置放在其他目录下，用户以一个 yaml 文件为基础，通过 Overlay 的方式生成部署应用所需的描述文件。这使得每个用户都可以对原始模板进行 fork/rebase/ merge 这样的类 Git 风格流程的管理。这种思路跟 Docker 镜像的分层结构很相似，用分层覆盖方式代替了字符替换的方式，从而规避了因对部署模板入侵式修改而导致版本管理难的问题。

2. Kustomize 适用场景

作为一种应用管理工具，所有在 Kubernetes 环境中部署的资源类型都可以通过 Kustomize 进行部署管理。和 Helm 类似，当用户的应用包含超过一种资源类型时，通过 Kustomize 这样的应用包管理工具会极大提高发布和维护应用的效率。

Kustomize 不仅实现了应用的整体部署功能，更重要的是实现了对应用模板版本进行管理，实现了模板文件的重用机制。

（1）多部门共享

在实践中，一个应用可能会在开发、测试、运维等多个部门进行部署，甚至开发组还要分为开发 1 组、开发 2 组，这样一个应用模板会在不同组的不同需求下，相应变成多个部署模板。如果把部署模板直接复制到各个组，每个组随意修改模板的配置，在后续更新公共实现部分时将无从下手。通过 Kustomize 应用管理方案，我们可以把应用相同的配置抽象出来，而不同组的个性化配置会在不同的版本中有所体现。这样当我们更新公共配置的时候，只需要更新抽象部分的模板即可。

（2）应用迭代演进

随着业务的发展，应用不断演进，应用配置模板出现爆发式增长，这时如果没有模板版本管理工具，将无法对之前部署的应用进行区分。Kustomize 对模板进行修改时，通过增加 Overlay 层实现新版本配置覆盖老版本，这样无论应用添加多少层 Overlay，我们都可以回溯以前的任何一个版本的模板。就像 Git 管理代码一样，所有提交过的模板都会通过版本的形式保存在记录里。

3. Kustomize 社区与生态

Kustomize 是谷歌公司主导开发的一个 Kubernetes 生态应用管理工具，目前 Kustomize 项目属于 Kubernetes 特别工作组，并隶属于 CLI 工作组管理。

（1）Kustomize

Kustomize 的 GitHub 地址为 https://github.com/Kubernetes-sigs/kustomize，这里提供了 Kustomize 的源码实现、使用文档、使用示例、版本等信息。用户可以在项目中直接下载可执行文件，然后在 Kubernetes 环境中运行，也可以下载源码进行编译打包。

Kustomize 在 Kubernetes 1.14 版本中已经与 kubectl 进行集成，用户可以直接通过 kubectl 命令调用 Kustomize 应用管理功能。

```
kubectl apply -k dir/
```

（2）helm-convert

helm-convert 是一个可以把 Helm Chart 包转变成 Kustomize 兼容包的转换工具。

5.2　Kustomize 原理介绍

1. 工作流程

Kustomize 本质是一个 CLI 工具，可以把指定目录下的一系列 yaml 文件按照一定的规则转换成目标 yaml 文件。Kustomize 会默认从当前目录中寻找 kustomization.yaml 文件，这个文件中定义了整个应用所包含的资源和资源整合的依赖关系，Kustomize 会根据一定的规则生成最终用于集群部署的配置文件。

图 5-1 描述了通过 Kustomize+kubectl 工具进行应用部署的工作流程。

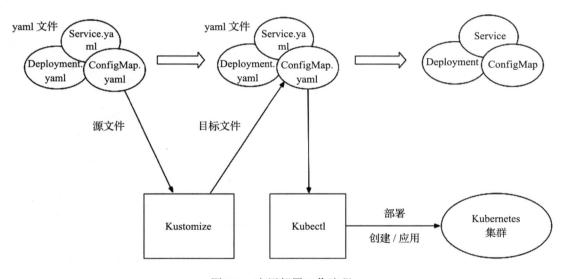

图 5-1　应用部署工作流程

可见，Kustomize 的核心任务是处理 yaml 文件，即把目录中定义的 yaml 文件列表整理输出为目标配置模板。

2. Overlay 分层模型

kustomization.yaml 中包含了 resources、base、patches、nameprefix、commonLabels 等原语定义，这样 Kustomize 就可以把 resources、base 指定的 yaml 文件作为原始模板，与指定的 patch 模板进行比较、合并操作，从而得到目标配置文件。如果一个资源在原始模板和

patch 模板都有定义，就使用 patch 模板提供的版本，也就是 Kustomize 引入的 Overlay 实现。

　　Kustomize 实现了通过 Overlay 分层定义模板，可以对一个应用模板分多层进行定义，且高层的模板定义会覆盖低层的模板。像 Docker 镜像一样，如果一个应用模板只从 Base 模板中改动很少一部分配置，那么只需要在添加的高一层模板中添加变化的部分，其他部分不改变，这样既保证了原始配置模板不会被修改，又保证了新的配置版本能顺利表达。我们可以通过 Git 等工具管理基本模板，所有应用方都可以通过添加新的模板层（Overlay 层）的方式来添加自己的配置逻辑。图 5-2 描述了通过 Overlay 分层定义模板的工作原理。

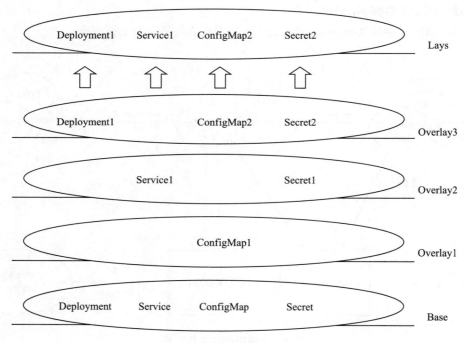

图 5-2　Overlay 分层原理示意图

3. Kustomize 目录结构

　　Kustomize 工作目录一般分为不同的子目录，如下所示，目录结构是一个典型的 Kustomize 目录结构。

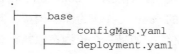

```
|      ├──── kustomization.yaml
|      └──── service.yaml
└──── overlays
       ├──── production
       |      ├──── deployment.yaml
       |      └──── kustomization.yaml
       └──── staging
              ├──── kustomization.yaml
              └──── map.yaml
```

- ❑ base 目录：包含基础配置文件，是应用的公共配置部分，不同版本的应用都会基于该目录文件进行修改使用。当对基本配置进行修改的时候，所有的应用模板都会被修改。可以类比 Docker 基础镜像进行理解。
- ❑ Overlay 目录：包含多个文件夹，每个文件夹表示一个版本配置。其中 kustomization. yaml 文件中指定所依赖的 base 配置模板，以及需要对基础配置进行修改的部分。overlays 模板代表了不同用户使用的不同配置版本，实现了配置模板的可扩展性，也实现了对于应用模板进行版本管理的能力。

上面文件目录作为应用配置的文件目录，相同的资源可能会在 Base 和 Overlay 目录中都有定义，如何抽象出最终需要的部署模板，并把这些文件部署在 Kubernetes 集群中，需要通过如下命令对原始配置进行处理。

```
# kustomize build overlays/staging/
```

命令输出的文本即为可在 Kubernetes 集群中部署的模板。

5.3　Kustomize 快速入门

5.3.1　安装 Kustomize

1. Linux 系统

首先通过如下命令下载最新版本的 Kustomize。

```
$ opsys=linux
$ curl -s https://api.github.com/repos/Kubernetes-sigs/kustomize/releases/
latest |\
    grep browser_download |\
    grep $opsys |\
    cut -d '"' -f 4 |\
    xargs curl -O -L
```

然后将 Kustomize 添加到 path 目录，即完成安装。

```
$ mv kustomize_*_${opsys}_amd64 kustomize
```

```
$ chmod u+x kustomize
$ mv kustomize /usr/bin/
```

Kustomize 安装完成后，我们可以通过如下命令查看版本信息。

```
# kustomize version
Version:{kustomizeVersion:3.1.0 GitCommit:95f3303493fdea243ae83b76797809239616
9baf BuildDate:2019-07-26T18:11:16Z GoOs:linux GoArch:amd64}
```

2. Windows 系统

Windows 系统用户可以通过 choco 命令实现一键安装。

```
$ choco install kustomize
```

3. Mac 系统

Mac 系统用户可以通过 brew 命令实现一键安装。

```
$ brew install kustomize
```

5.3.2　通过 Kustomize 部署 helloworld

如下示例中的 helloworld 包含 1 个 Deployment 和 1 个 configmap，其中 deployment 会通过环境变量的形式引用 ConfigMap 中设定的值，并打印到标准输出。

创建 helloworld 目录，下面分别创建 configMap.yaml、deployment.yaml、kustomization.yaml 文件。

```
# tree helloworld/
helloworld/
├──── configMap.yaml
├──── deployment.yaml
└──── kustomization.yaml
```

1. kustomization.yaml 文件

kustomization.yaml 定义了 commonLabels、resources，内容如下。

```
# cat kustomization.yaml
commonLabels:
  app: my-hello
resources:
- deployment.yaml
- configMap.yaml
```

❏ commonLabels：表示为应用添加统一的 label，commonLabels 会在应用所有资源上添加指定的 label。

❏ resources：文件列表，文件位置对应 kustomization.yaml 所在目录，指定了应用所包含的资源列表。

2. resources

分别创建 configMap.yaml 和 deployment.yaml 文件，定义 ConfigMap、deployment 对象为一个应用的资源对象。

configMap 定义了一个 Map 对象，包含了 key、value 值。

```
# cat configMap.yaml
apiVersion: v1
kind: ConfigMap
metadata:
  name: the-map
data:
  Hello: "Good Morning!"
```

deployment.yaml 定义了一个 deployment，每个 Pod 的任务都是打印 ENABLE_RISKY 变量，其值来自上文定义的 configMap。

```
# cat deployment.yaml
apiVersion: apps/v1
kind: Deployment
metadata:
  name: the-deployment
spec:
  selector:
    matchLabels:
      deployment: hello
  replicas: 3
  template:
    metadata:
      labels:
        deployment: hello
    spec:
      containers:
      - name: the-container
        image: centos
          command: ["/bin/bash", "-c", "while true; do echo $(ENABLE_RISKY);
sleep 3; done"]
          env:
          - name: ENABLE_RISKY
            valueFrom:
              configMapKeyRef:
                name: the-map
                key: Hello
```

3. Kustomize 生成目标模板

通过 kustomize build 命令，生成目标配置模板如下所示。

```
# kustomize build helloworld/
```

下面是处理后的模板，可见在 ConfigMap、deployment 模板上添加了 App：my-hello

的 Label。

```
apiVersion: v1
data:
  Hello: Good Morning!
kind: ConfigMap
metadata:
  labels:
    app: my-hello
  name: the-map
---
apiVersion: apps/v1
kind: Deployment
metadata:
  labels:
    app: my-hello
  name: the-deployment
spec:
  replicas: 3
  selector:
    matchLabels:
      app: my-hello
      deployment: hello
  template:
    metadata:
      labels:
        app: my-hello
        deployment: hello
    spec:
      containers:
      - command:
        - /bin/bash
        - -c
        - while true; do echo $(ENABLE_RISKY); sleep 3; done
        env:
        - name: ENABLE_RISKY
          valueFrom:
            configMapKeyRef:
              key: Hello
              name: the-map
        image: centos
        name: the-container
        ports:
        - containerPort: 8080
```

上面的命令演示了 Kustomize 处理部署模板的过程。

4. 应用部署

Kustomize 和 kubectl 配合，可以将生成的配置模板部署到集群中。

```
# kustomize build helloworld/ | kubectl apply -f -
```

```
configmap/the-map created
deployment.apps/the-deployment created
```

生成的资源如下所示。

```
# kubectl get pod
NAME                                   READY    STATUS     RESTARTS    AGE
the-deployment-698b4d6f7d-ffrql        1/1      Running    0           51s
the-deployment-698b4d6f7d-hh2rs        1/1      Running    0           51s
the-deployment-698b4d6f7d-jc74p        1/1      Running    0           51s

# kubectl get cm
NAME          DATA      AGE
the-map       1         60s
# kubectl logs the-deployment-698b4d6f7d-ffrql --tail 2
Good Morning!
Good Morning!
```

5.4　本章小结

　　Kustomize 是谷歌推出的 Kubernetes 社区项目，是为满足模板版本管理、流程管理、多团队共享合作等场景需求而设计的。Kustomize 与 Helm 等其他应用管理工具有着诸多相同之处，只是关注的重点不同。

　　Kustomize 本质是一个 CLI 工具，通过对原始 yaml 文件进行处理得到目标部署模板，Kubernetes 通过实现 Overlay 方式对模板进行分层管理，这样既避免了二次开发中对原始模板的修改，又实现了不同使用场景对模板的不同配置需求。

第 6 章

Kustomize 详解

继第 5 章讲述 Kustomize 的基本知识后，本章将详细介绍 Kustomize 的工作原理和使用细节，并对 kustomization.yaml 语法规则、命令行的使用方法、Kustomize 的插件机制等内容进行深入分析，通过本章的内容学习，读者将对 Kustomize 有更深的理解。

6.1 Kustomize 术语

在实际使用中，很多时候需要根据对应的 Kustomize 术语来执行操作，了解这些术语方便我们对 Kustomize 有一个全局的认识。

1. 应用

在 Kubernetes 中，一组相同目的的资源集合组成一个应用。例如：前端一个负载均衡，后台一个数据库，可以通过标签、元数据等方式将各个资源聚合在一起组成一个应用。kustomize 提出的应用是一种 Kubernetes 资源，它从应用角度进行操作、展示。Kustomize 对用户展示一种"应用"资源，而对 Kubernetes 则通过对各种资源的操作进行细化。

从应用的角度看，在 Kustomize 中我们不再操作某一个具体的 Kubernetes 资源（如 configmap、Pod 等），而是对一组基础资源组成的应用"对象"进行创建、删除、更新等操作。

2. 基础配置

一个 Kustomize 可以作为其他 Kustomize 配置的基础配置，即在生成一个 Kustomize 配置时，可以继承其他配置（基础配置）。多个 Kustomize 配置可以使用一个相同的基础配置，即实现了共享配置，也实现了公共配置的统一更新、版本管理。

3. 定制配置

定制配置是在基础配置的基础上，根据自身应用需求添加的资源配置。一个应用配置可以继承公共基础配置，但总有一部分配置是自己特有的，需要定制。

若基础配置中包含期望的配置项，但是内容却不一样，则定制配置会覆盖基础配置。若定制配置没有配置项，则默认使用公共配置。定制配置往往会在应用演变过程中进行迭代，所以需要进行版本管理，一个版本的定制配置，可以作为下一个版本的基础配置。

4. 声明式应用管理

声明式应用管理是 Kubernetes 生态对应用管理的一组最佳实践，主要有以下特点。

❑ 可以管理任何资源配置，包括定制的、已有的、有状态的、无状态的资源配置；

❑ 开发、测试、生产阶段都支持通用定义和变量的使用；

❑ 暴露 Kubernetes API，而不是隐藏；

❑ 与版本管理工具集成时，不增加额外的复杂度；

❑ 能够和 UNIX 环境的其他工具配合使用。

5. Kustomize 配置

Kustomize 配置一般指 kustomization.yaml 文件，也可以指 kustomization.yaml 文件所在的目录，以及 kustomization.yaml 所引用的所有相关路径；

使用一个 kustomize 配置，一般包含如下几部分；

❑ 一个命名为 kustomization.yaml 的文件；

❑ 一个 Tar 包，包含 kustomization.yaml 文件和它引用的目录；

❑ 一个 git 归档；

❑ 一个 git 仓库的地址。

kustomization.yaml 包含 4 类字段。

❑ 资源类：表示使用已存在的资源配置，例如，resources、crds。

❑ Generators 类：表示需要生成的新资源，例如，configMapGenerator、secretGenerator、generators。

❑ Transformers 类：表示需要对资源转换使用，例如，namePrefix、nameSuffix、images、commonLabels、patchesJson6902。

❑ 元数据类：可以影响所有或部分资源，例如，vars、namespace、apiVersion、kind 等。

6. Kustomize 根目录

Kustomize 根目录包含一个 kustomization.yaml 文件，这个文件需要位于根目录内，且在 kustomization.yaml 中通过相对路径进行索引。

可以通过绝对路径、URL、相对路径等方式，索引其他 kustomization 文件。kustomization

之间的包含关系，需要符合以下规则。

❑ kustomization A 依赖 kustomization B；

❑ kustomization B 不能包含 kustomization A。

通常，kustomization B 的根目录和 kustomization A 的根目录并列存在，且 kustomization B 使用完全独立的 git 仓库进行管理，可以被任何 kustomization 引用。

常见的格式如下。

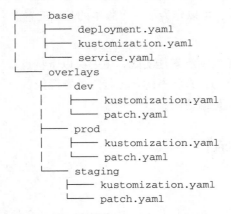

```
├── base
│   ├── deployment.yaml
│   ├── kustomization.yaml
│   └── service.yaml
└── overlays
    ├── dev
    │   ├── kustomization.yaml
    │   └── patch.yaml
    ├── prod
    │   ├── kustomization.yaml
    │   └── patch.yaml
    └── staging
        ├── kustomization.yaml
        └── patch.yaml
```

7. Kustomize

Kustomize 是一个命令行工具，可用于支持声明式配置的 Kubernetes 资源对象。Kustomize 适用于 Kubernetes 生态，用于管理命名空间、标签、元数据等 Kubernetes 资源。Kustomize 用于管理应用模板，并进行格式解析，是声明式应用管理的一种实现。

8. Overlay

Overlay 是指一个 Kustomize 依赖另一个 Kustomize，两个 Kustomize 相互叠加组成一个完整的应用配置。其中被依赖的 Kustomize 称为基础配置，而 Overlay 必须依赖基础配置才能使用，Overlay 不能在没有基础配置的情况下独立使用。

同时，一个 Overlay 也可以作为多个 Kustomize 的基础配置，典型的应用场景中会存在多个 Overlay，这样相同的基础配置可以实现多个变体，例如：开发环境、测试环境、预发环境、生产环境都可以有自己的 Overlay。不同版本的变体使用相同的资源，只是在一些细微的配置上有所区别，例如：CPU 资源配置、ConfigMap 引用、数据卷的挂载等。

可以通过如下方式使用 Kustomize。

```
$ kustomize build someapp/overlays/staging | kubectl apply -f -
```

不需要显式指定基础配置目录，Overlay 已经默认连接了基础配置。

9. 合并策略

合并策略是一种对补丁进行合并的方式。合并补丁看起来是一种不完整的 yaml 配置资源，包含 TypeMeta 字段建立要修补资源的组、版本、种类、名称等配置。合并策略会替换原始模板中的值，一般来说，字符串的值是可以替换的，而列表的值可能难以替换。

可以通过添加指令来实现参数替换，当前已经实现的指令包括：replace、merge、delete 等。而对于自定义资源类型，合并策略会按照 JSON 结构的形式执行相关操作。

所有资源文件都可以使用合并策略，对于有相同组、版本、类别、名称的字段，其值将会被 Overlay 层的值覆盖，而没有重复的字段将会按照原来的配置保留下来。

10. 变体

在集群中，一个 Overlay 配置覆盖在一个基础配置上就形成了变体，例如：一个预发或生产环境的 Overlay 常常会修改一些通用配置的参数，这些参数在 Overlay 中呈现，且会覆盖基础配置中的参数值，则预发或生产环境的 Overlay 配置和基础配置的组合就成为一个变体。

预发环境变体往往是提供一组资源来保证测试流程，或者向一些外部用户展示未来版本的新特性。而生产环境变体则会提供生产流量，在部署时需要考虑是否能够提供大量的副本来支撑宠大的业务请求，CPU、内存的消耗等。

6.2　Kustomize 配置详解

Kustomize 配置文件是整个 Kustomize 工作的基础，本节将详细介绍该配置文件的组成和实现。

Kustomize 配置文件 kustomization.yaml 主要包括资源、生成器、转换器、元数据这 4 部分，下面逐一介绍。

- ❑ 资源：表示使用已存在的资源配置，主要包括 resource、CRD。
- ❑ 生成器：表示需要生成的新资源，例如，configMapGenerator、secretGenerator、generators。
- ❑ 转换器：表示需要对已有资源进行转换处理，例如，namePrefix、nameSuffix、images、commonLabels、patchesJson6902。
- ❑ 元数据：可以影响上述全部或部分资源，例如，vars、namespace、apiVersion、kind 等。

6.2.1　资源

资源包括如下内容。
- ❑ resource：列表数据类型，可以定义 Kubernetes 原生资源对象，或者其他的资源目录。
- ❑ CRD：列表数据类型、自定义资源类型，允许用户自定义资源并引用。

1. resource
resource 配置中每一项都需要一个指向目录或文件地址，或者是一个指向其他

kustomize 配置的目录或 URL，例如下面一段定义。

```
resource:
- myNamespace.yaml
- sub-dir/some-deployment.yaml
- ../../commonbase
- github.com/Kubernetes-sigs/kustomize//examples/multibases?ref=v1.0.6
- deployment.yaml
- github.com/kubernets-sigs/kustomize//examples/helloWorld?ref=test-branch
```

列表中的各个配置项会以深度优先的方式进行解析；配置项定义的文件应该是符合 Kubernetes 风格的 yaml 文件，一个文件可以包含多个由"---"分割的资源项，而文件路径是相对 kustomization.yaml 所在的目录而言的，例如上述配置。

❑ myNamespace.yaml 需要和 kustomization.yaml 在同一个目录下。

❑ sub-dir/some-deployment.yaml 需要在 kustomization.yaml 所在目录下的 sub-dir 子目录下。

目录定义时，可以是相对路径、绝对路径或者 URL 的某一部分（URL 需要遵循 HashiCorp URL 格式），目录中需要包含 kustomization.yaml 文件。

2. CRD

kustomization 可以识别 CRD 定义的资源，并通过一定的转换规则对文件中的字段进行更新。每项配置需要通过相对路径来指定 CRD 文件。

举一个典型应用：在 kustomization 中，ConfigMap 对象名称可能会通过 namePrefix、nameSuffix 或 hashing，来更改 CRD 对象中 ConfigMap 对象的名称，引用时需要以相同的方式使用 namePrefix、nameSuffix 或 hashing 进行更新。

```
crds:
- crds/typeA.yaml
- crds/typeB.yaml
```

6.2.2 生成器

生成器提供了多种属性，下面逐一进行介绍。

❑ configMapGenerator：类型为列表，列表中的每个条目都将创建一个 ConfigMap。

❑ secretGenerator：类型为列表，此列表中的每个条目都将创建一个 Secret 资源。

❑ generatorOptions：类型为字符串，可以修改所有 ConfigMapGenerator 和 SecretGenerator 的行为。

❑ generators：类型为列表，插件配置文件。

1. ConfigMapGenerator

Kustomize 提供两种使用 ConfigMap 的方法：直接声明一个 ConfigMap 作为资源使用，或者通过 ConfigMapGenerator 声明一个 ConfigMap。下面分别举例说明。

```
# 直接声明一个 ConfigMap 资源
```

```
resources:
- configmap.yaml

# 通过 ConfigMapGenerator 声明一个 ConfigMap
configMapGenerator:
- name: a-configmap
  files:
    - configs/configfile
    - configs/another_configfile
```

对于直接生成的 ConfigMap 资源，Kustomize 直接使用其名称进行提交，不会对名字进行哈希（hash）处理。而通过 ConfigMapGenerator 声明的 ConfigMap 则不同，提交的 ConfigMap 后面会有一个哈希码，这样 configMap 中有任何变化，ConfigMap 名字都会相应变化，从而触发更新。

ConfigMapGenerator 配置列表中的每个条目都将创建一个 ConfigMap 资源，可以通过两种方式创建 ConfigMap。

❑ 通过文件定义：提供一系列给定文件，这些文件即 ConfigMap 配置文件。

❑ 通过字符定义：包含一系列 key/value 键值对数据。

允许 overlay 从父级修改或替换现有的 configMap。例如，在基础配置中定义一个 ConfigMap：the-map。

```
configMapGenerator:
- name: the-map
  literals:
    - altGreeting=Good Morning!
    - enableRisky="false"
```

在变体版本中，通过 patchesStrategicMerge 定义一个相同名字的 ConfigMap。

```
patchesStrategicMerge:
- map.yaml

--- file: map.yaml
apiVersion: v1
kind: ConfigMap
metadata:
  name: the-map
data:
  altGreeting: "Good Afternoon!"
  enableRisky: "true"
```

2. SecretGenerator

类似于 ConfigMapGenerator，SecretGenerator 列表中的每个条目都将创建一个 Secret 资源。可以通过两种方式创建 SecretGenerator。

❑ 通过文件定义：提供分别定义 crt 和 key 的文件，这些文件内容即 Secret 的值。

❑ 通过 env 文件定义：文件内容包含了 Opaque 类型的 base64 编码信息。

```
secretGenerator:
- name: app-tls-namespaced
  # you can define a namespace to generate secret in, defaults to: "default"
  namespace: apps
  files:
  - tls.crt=catsecret/tls.cert
  - tls.key=secret/tls.key
  type: "Kubernetes.io/tls"
- name: env_file_secret
  envs:
  - env.txt
  type: Opaque
```

3. generatorOptions

generatorOptions 提供修改 ConfigMapGenerator 和 SecretGenerator 行为的能力，即通过配置 generatorOptions，可以定义生成 ConfigMap、Secret 的一些规则。常见配置如下所示。

❑ labels：为所有生成的 Secret、ConfigMap 添加相应 labels。

❑ annotations：为所有生成的 Secret、ConfigMap 添加相应的 annotations。

❑ disableNameSuffixHash：kustomize 默认生成 ConfigMap、Secret 时会在名字后面添加哈希信息，而此配置为 true 时，则不会添加哈希信息。

例如：

```
generatorOptions:
  # 为所有生成的资源添加 labels
  labels:
    kustomize.generated.resources:somevalue
  # 为所有生成的资源添加 annotations
  annotations:
    kustomize.generated.resource:somevalue
  # disableNameSuffixHash 为 true 时，禁止默认的在名称后添加哈希值后缀的行为
  disableNameSuffixHash:true
```

4. generators

插件生成器配置文件列表，可以通过 Kustomize 的插件机制生成资源对象。

```
generators:
- mySecretGeneratorPlugin.yaml
- myAppGeneratorPlugin.yaml
```

6.2.3 转换器

kustomization 提供如下转换方法。

❑ commonLabels：类型为字符串，为所有资源和 selectors 增加 labels。

❑ commonAnnotations：类型为字符串，为所有资源增加 annotations。

- ❏ images：类型为列表，修改镜像的名称、tag 或 image digest。
- ❏ inventory：类型为对象，用于生成一个包含清单信息的对象。
- ❏ namespace：类型为字符串，为所有 resources 添加 namespace。
- ❏ namePrefix：类型为字符串，该字段的值将添加在所有资源的名称前面。
- ❏ nameSuffix：类型为字符串，该字段的值将添加在所有资源的名称后面。
- ❏ replicas：类型为列表，修改资源的副本数。
- ❏ patchesStrategicMerge：类型为列表，该列表中的每个条目都可以解析为部分或完整的资源定义文件。
- ❏ patchesJson6902：类型为列表，列表中的每个条目都可以解析为 Kubernetes 对象和将应用于该对象的 JSON patch。
- ❏ transformers：类型为列表，插件配置文件。

1. commonLabels

commonLabels 会为所有资源和 selectors 增加 labels，定义格式为 key:value 键值对，示例如下。

```
commonLabels:
  Kubernetes: 1.14.3
  owner: jimmy
  app: bingo
```

2. commonAnnotations

commonAnnotations 为所有资源增加 annotations，和 labels 格式一样为 key:value 键值对。

```
commonAnnotations:
  kustomization: learning
```

3. images

通过 images 可以修改镜像的名称、tag 或 image digest，而无须使用 patch，示例如下。

```
containers:
 - name: mypostgresdb
   image: postgres:8
 - name: nginxapp
   image: nginx:1.7.9
 - name: myapp
   image: my-demo-app:latest
 - name: alpine-app
   image: alpine:3.7
```

我们可以通过如下方式更改镜像。

```
images:
```

```
  - name: postgres
    newName: my-registry/my-postgres
    newTag: v1
  - name: nginx
    newTag: 1.8.0
  - name: my-demo-app
    newName: my-app
  - name: alpine
    digest: sha256:24a0c4b4a4c0eb97a1aabb8e29f18e917d05abfe1b7a7c07857230879ce7d3d3
```

上述处理进行了如下实现。

❑ postgres 把镜像更新为 my-registry/my-postgres:v1。

❑ nginx 镜像的 tag 从 1.7.9 更新为 1.8.0。

❑ my-demo-app 镜像名称更新为 my-app。

❑ alpine 镜像从 tag 为 3.7 变成 digest 值为 sha256:24a0c4b4a4c0eb97a1aabb8e29f18e917
d05abfe1b7a7c07857230879ce7d3d3。

4. namespace

为所有 resources 添加 namespace。对于不属于 namespaces 的资源则不会添加。

```
namespace: my-namespace
```

5. namePrefix

namePrefix 会把定义字段的值添加在所有资源的名称之前。

例如下面配置会将资源名称 wordpress 变为 alices-wordpress。

```
namePrefix: alices-
```

6. nameSuffix

nameSuffix 字段的值将添加在所有资源的名称后面。

例如将资源名称 wordpress 变为 wordpress-v2。

```
nameSuffix: -v2
```

注意：如果资源类型为 ConfigMap 或 Secret，则在哈希值之前附加后缀。

7. replicas

replicas 会修改资源的副本数量，鉴于字段内容为列表，所以可以同时修改许多资源，示例如下。

```
kind: Deployment
metadata:
  name: deployment-name
spec:
  replicas: 3
```

在 kustomization 中添加以下内容，将副本数更改为 5。

```
replicas:
- name: deployment-name
  count: 5
```

由于 replicas 声明时无法设置"kind"或"group"，所以它会匹配任何可以匹配名称的资源。对于较复杂的用例，建议使用 patch。可以匹配的资源类型有如下几种。

❑ Deployment

❑ ReplicationController

❑ ReplicaSet

❑ StatefulSet

8. patchesStrategicMerge

该列表中的每个条目都可以解析为部分或完整的资源定义文件。这些资源文件中的 name 必须与已经通过 resource 加载的 name 字段匹配，或者与 bases 中的 name 字段匹配。这些条目将用于 patch 已知资源。

```
patchesStrategicMerge:
- service_port_8888.yaml
- deployment_increase_replicas.yaml
- deployment_increase_memory.yaml
```

9. patchesJson6902

patchesJson6902 列表中的每个条目都可以解析为 Kubernetes 对象和将应用于该对象的 JSON patch。

目标字段指向的 Kubernetes 对象的 group、version、kind、name 和 namespace 在同一 kustomization 内，path 字段的内容是 JSON patch 文件的相对路径。

patch 文件的内容可以是如下这种 JSON 格式。

```
[
  {"op": "add", "path": "/some/new/path", "value": "value"},
  {"op": "replace", "path": "/some/existing/path", "value": "new value"}
]
```

也可以使用 yaml 格式表示，如下所示。

```
- op: add
  path: /some/new/path
  value: value
- op: replace
  path: /some/existing/path
  value: new value
patchesJson6902:
- target:
```

```
      version: v1
      kind: Deployment
      name: my-deployment
    path: add_init_container.yaml
  - target:
      version: v1
      kind: Service
      name: my-service
    path: add_service_annotation.yaml
```

6.3 命令行使用方法

Kustomize 是一个 Kubernetes 生态的命令行工具，可以针对 Kubernetes 集群中应用部署的需求进行配置更新。Kustomize 处理一定格式的配置文件，根据 Kustomize 配置原语（kustomization.yaml）定义的规则，将原始配置转变成与当前环境匹配的配置格式。

本节主要介绍 Kustomize 命令行工具的基本使用方式。

6.3.1 命令行使用

Kustomize 命令行工具与 shell 命令行工具一样，都是通过命令 + 参数的形式执行。Kustomize 支持不同的子命令，通过在子命令后面添加不同的参数完成具体功能。

Kustomize 支持两种执行方式。

❑ 直接执行：通过 kustomize+ 子命令的方式执行，在系统中直接调用 Kustomize 可执行文件。

❑ 间接执行：作为 kubectl 命令的子命令执行，kubectl 将 Kustomize 集成为一个子命令进行调用。

1. 直接执行 Kustomize 命令

Kustomize 支持的子命令有如下几种类型。

```
# kustomize -h
Manages declarative configuration of Kubernetes.
See https://sigs.k8s.io/kustomize

Usage:
  kustomize [command]

Available Commands:
  build      Print configuration per contents of kustomization.yaml
  config     Config kustomize transformers
  create     Create a new kustomization in the current directory
  edit       Edits a kustomization file
  help       Help about any command
```

```
  version       Prints the kustomize version

Flags:
  -h, --help    help for kustomize

Use "kustomize [command] --help" for more information about a command.
```

❑ build：通过源配置信息生成目的配置信息，新配置信息一般都作为应用部署的模板。

❑ config：使用 kustomize config save -d 命令保存默认 transformers 配置。

❑ create：根据目录配置，生成 kustomization.yaml 文件。

❑ edit：编辑 kustomization.yaml 文件，通过命令行方式添加、删除、修改配置文件中的配置项，而不用打开文件。

❑ version：显示 Kustomize 的版本号。

2. 间接执行 kustomize 命令

从 Kubernetes 1.14 版本开始，kubectl 集成了 Kustomize 工具，可以直接通过执行 kubectl 来实现 Kustomize 的功能。

通过 kubectl，Kustomize 可以查询某个包含 Kustomize 文件目录的配置信息。

```
# kubectl kustomize {kustomization_directory}
```

例如 kustomization 目录文件包含一个 pod.yaml，执行 kubectl 命令。

```
# cat kustomization.yaml
resources:
- ./pod.yaml
images:
- name: busybox
  newName: alpine
  newTag: "3.8"

# cat pod.yaml
apiVersion: v1
kind: Pod
metadata:
  name: kustomize
  labels:
    app: kustomize
spec:
  containers:
  - name: container
    image: busybox:1.1
  initContainers:
  - name: init
    image: nginx:latest
```

在该目录中，执行 kubectl kustomize ./ 结果如下所示。

```
# kubectl kustomize ./
```

```
apiVersion: v1
kind: Pod
metadata:
  labels:
    app: kustomize
  name: kustomize
spec:
  containers:
  - image: alpine:3.8
    name: container
  initContainers:
  - image: nginx:latest
    name: init
```

可以通过 kubectl apply 命令加 "-k" 参数，直接将配置文件部署到集群中。

```
# kubectl apply -k ./
pod/kustomize created

# kubectl get pod
NAME                    READY     STATUS      RESTARTS     AGE
kustomize               0/1       Init:0/1    0            4s
```

6.3.2　kustomize build

kustomize build 命令是 Kustomize 支持的主要子命令，主要功能是对 Kustomize 配置进行处理并输出期望的配置信息。build 子命令经常与 kubectl apply 配合使用，将处理过的配置文件部署到集群中。

kustomize build 命令格式如下。

```
kustomize build {path} [flags]
```

1. 定义目录

执行 kustomize build 命令时，需要为 Kustomize 程序提供可读的 kustomization.yaml 文件。

❑ 当 kustomize build 命令后面不跟任何参数时，则默认当前目录为 Kustomize 项目主目录，在当前目录下搜索 kustomization.yaml 文件。

❑ 当 kustomize build 命令后面配置了目录时，则会将配置目录作为 Kustomize 项目的主目录，在配置目录下面搜索 kustomization.yaml 文件。

例如下面的 Kustomize 项目。

```
# cat kustomization.yaml
apiVersion: kustomize.config.k8s.io/v1beta1
kind: Kustomization
resources:
```

```
- deployment.yaml
- secret.yaml
namePrefix: kkk

# cat secret.yaml
apiVersion: v1
kind: Secret
metadata:
  name: mysql-pass
type: Opaque
data:
  password: YWRtaW4=
```

在当前目录下执行 kustomize build 或者 kustomize build./，都会得到如下输出结果。

```
# kustomize build
apiVersion: v1
data:
  password: YWRtaW4=
kind: Secret
metadata:
  name: kustommysql-pass
type: Opaque
```

在项目应用中，经常把 kustomize build 与 kubectl apply/create 一起使用，即将 Kustomize 的输出配置通过管道的方式传输给 kubectl，并通过 kubectl apply/create 命令进行部署。使用方式类似如下所示的命令格式。

```
# kustomize build | kubectl create -f -
secret/mysql-pass created
```

2. 定义 Flag

.build 子命令支持在命令后面添加可选参数。

❑ -o,--output：表示将结果数据输出到某个目标文件。

❑ --enablealphaplugins：标识当前执行的命令启用插件功能，即支持通过外置插件对 kustomization.yaml 文件中的 generators、transformers 配置进行解析。

❑ --load_restrictor：用 于 限 制 kustomization.yaml 文 件 引 用 外 部 配 置 文 件，增 加 Kustomize 的安全性。默认值为 rootOnly，即只能引用本项目目录下的文件。赋值为 none 时，表示可以引用 kustomization 项目之外的配置文件。

❑ --reorder：判断是否对资源进行重新排序，支持 legacy（默认）和 none 两种值。配置为 legacy：表示在输出前进行重新排序。配置为 none：表示不重新排序，而是按照 kustomization.yaml 文件中的定义顺序输出。

（1）output 使用示例

--output 配置可以缩写为 -o，用来定义数据配置的保存文件。kustomization 项目的目录结构如下。

```
# tree
|-- kustomization.yaml
`-- service.yaml
```

kustomization.yaml 文件配置如下。

```
# cat kustomization.yaml
resources:
- service.yaml

namePrefix: test-
namespace: test
```

执行带有参数 -o 的 kustomize build 命令如下。

```
# kustomize build ./ -o out.yaml

# tree
`
|-- kustomization.yaml
|-- out.yaml
`-- service.yaml

# cat out.yaml
apiVersion: v1
kind: Service
***
```

读取 out.yaml 文件的内容可以确认 kustomize build 命令是否已经将输出配置保存到了 out.yaml 文件。

（2）load_restrictor 使用示例

下面一起看如下目录结构，base 目录为一个 kustomization 项目主目录，包含 kustomization. yaml 和 service.yaml 文件，base 同级目录下有一个 secret.yaml 文件。

```
# tree
|-- base
|   |-- kustomization.yaml
|   `-- service.yaml
`-- secret.yaml
```

kustomization.yaml 文件配置如下所示。

```
# cat kustomization.yaml
resources:
- ../secret.yaml
- service.yaml

namePrefix: test-
```

```
namespace: test
```

执行 kustomize build 并添加 load_restrictor 参数。

```
# kustomize build --load_restrictor=rootOnly ./
2019/12/20 14:57:29 got file 'secret.yaml', but '/go/src/sigs.k8s.io/
kustomize/kustomize/mysql/overlays/load_restrictor/secret.yaml' must be a
directory to be a root
Error: accumulating resources: accumulating resources from '../secret.
yaml': security; file '/go/src/sigs.k8s.io/kustomize/kustomize/mysql/overlays/
load_restrictor/secret.yaml' is not in or below '/go/src/sigs.k8s.io/kustomize/
kustomize/mysql/overlays/load_restrictor/base'
```

此时执行添加 load_restrictor=rootOnly 参数的 build 命令将会报错，即阻止 Kustomize 使用本项目目录之外的配置文件。

```
# kustomize build --load_restrictor=none ./
apiVersion: v1
*******
---
*****
```

执行添加 load_restrictor=none 参数的 build 命令将会成功，即 Kustomize 忽略上述限制，可以读取外部配置文件。

（3）reorder 使用示例

当前 kustomization 项目目录结构如下。

```
# tree
|-- kustomization.yaml
|-- pv.yaml
|-- pvc.yaml
`-- service.yaml
```

kustomization.yaml 文件配置如下，按照 pv.yaml、pvc.yaml、service.yaml 的顺序引用文件。

```
# cat kustomization.yaml
resources:
- pv.yaml
- pvc.yaml
- service.yaml

namePrefix: test-
namespace: test
```

执行添加 reorder=none 参数的 build 命令，输出的资源顺序与 kustomization.yaml 文件定义顺序保持不变。

```
# kustomize build --reorder none
```

```
apiVersion: v1
kind: PersistentVolume
***
---
apiVersion: v1
kind: PersistentVolumeClaim
***
---
apiVersion: v1
kind: Service
***
```

执行添加 reorder=legacy 参数的 build 命令，输出的资源顺序将会按照一定顺序重新排序。

```
# kustomize build --reorder legacy
apiVersion: v1
kind: Service
***
---
apiVersion: v1
kind: PersistentVolume
***
---
apiVersion: v1
kind: PersistentVolumeClaim
***
```

3. 定义 URL

在 kustomize build 命令后可以直接添加 URL，Kustomize 会通过 git 系统调用先下载远端的配置文件；将远程文件下载到一个临时目录，并对下载的配置文件执行 build 子命令的解析逻辑。

Kustomize 会将远端 git 文件下载到一个临时目录，例如下面这样一个远端 URL 项目地址：github.com/Kubernetes-sigs/kustomize/examples/multibases。

URL 可以被定义在 kustomize build 后面，也可以在 kustomization.yaml 文件中被定义为 base。URL 需要遵循一定的格式，下面是一些遵循此约定的 GitHub repo 示例。

❑ URL 定义为根目录

```
github.com/Kubernetes-sigs/kustomize
```

❑ URL 定义为 test 分支的根目录

```
github.com/Kubernetes-sigs/kustomize?ref=test
```

❑ URL 定义为 v1.0.6 版本的子目录

```
github.com/Kubernetes-sigs/kustomize/examples/multibases?ref=v1.0.6
```

❑ URL 定义为 repoUrl2 分支的子目录

```
github.com/Kubernetes-sigs/kustomize/examples/multibases?ref=repoUrl2
```

❑ URL 定义为 commit 7050a45134e9848fca214ad7e7007e96e5042c03 的子目录

```
github.com/Kubernetes-sigs/kustomize/examples/multibases?ref=7050a45134e9848fc
a214ad7e7007e96e5042c03
```

4. 下载流程

Kustomize 会在本地生成如下的临时目录：

```
/private/var/folders/l7/cyxngs******x81w00000gn/T/kustomize-634239251/
examples/multibases
```

其中：

❑ /private/var/folders/l7/cyxngs**x81w00000gn/T/：是系统（Mac）返回的用户级别的临时文件使用目录。

❑ kustomize-634239251：是执行这次 kustomize build 命令生成的一个随机目录，命令结束后会随之删除。

对远程配置文件的下载过程，即为 git 命令下载远程文件的过程，依次执行如下各个 git 命令。

```
git int examples/multibases
git remote add origin https://github.com/Kubernetes-sigs/kustomize.git
git fetch --depth=1 origin v1.0.6
git reset --hard FETCH_HEAD
git submodule update --init --recursive
```

5. 示例

git 命令下载完成，kustomize build 执行流程跟处理目录的流程一致，完成原始文件的逻辑处理，并输出结果。

```
# kustomize build github.com/Kubernetes-sigs/kustomize/examples/
multibases\?ref\=v1.0.6
apiVersion: v1
kind: Pod
metadata:
  labels:
    app: myapp
  name: cluster-a-dev-myapp-pod
spec:
  containers:
  - image: nginx:1.7.9
    name: nginx
---
apiVersion: v1
```

```
kind: Pod
metadata:
  labels:
    app: myapp
  name: cluster-a-prod-myapp-pod
spec:
  containers:
  - image: nginx:1.7.9
    name: nginx
---
apiVersion: v1
kind: Pod
metadata:
  labels:
    app: myapp
  name: cluster-a-staging-myapp-pod
spec:
  containers:
  - image: nginx:1.7.9
    name: nginx
```

6.3.3　kustomize edit

通过 kustomize edit 命令，可对当前目录下的 kustomization.yaml 文件进行编辑，命令详情如下。

```
# kustomize edit -h
```

编辑当前目录下的 kustomization.yaml 文件。

格式：

```
kustomize edit [command]
```

示例：

```
# 向 kustomization.yaml 中添加 configmap 文件
kustomize edit add configmap NAME --from-literal=k=v

# 为 kustomization.yaml 配置 nameprefix 字段
kustomize edit set nameprefix <prefix-value>

# 为 kustomization.yaml 配置 namesuffix 字段
kustomize edit set namesuffix <suffix-value>
```

kustomize edit 支持 4 个子命令，如下所示。

❑ add：向 kustomization.yaml 添加配置。

❑ fix：验证 kustomization.yaml 文件格式。

❑ remove：删除 kustomization.yaml 中的某些配置。

❏ set：在 kustomization.yaml 中配置字段的值。

下面分别进行介绍。

1. kustomize edit add

kustomize edit add 的命令格式如下，用于向 kustomization.yaml 添加配置。

```
# kustomize edit add
```

格式：

```
kustomize edit add [command]
```

示例：

```
# 向 kustomization.yaml 文件添加 secret 配置
kustomize edit add secret NAME --from-literal=k=v

# 向 kustomization.yaml 文件添加 secret 配置
kustomize edit add configmap NAME --from-literal=k=v

# 向 kustomization.yaml 文件添加 resource 配置
kustomize edit add resource <filepath>

# 向 kustomization.yaml 文件添加 patch 配置
kustomize edit add patch <filepath>

# 向 kustomization.yaml 文件添加一个或多个 base 配置
kustomize edit add base <filepath>
kustomize edit add base <filepath1>,<filepath2>,<filepath3>

# 向 kustomization.yaml 文件添加一个或多个 commonLabels 配置
kustomize edit add label {labelKey1:labelValue1},{labelKey2:labelValue2}

# 向 kustomization.yaml 文件添加一个或多个 commonAnnotations 配置
kustomize edit add annotation {annotationKey1:annotationValue1},{annotationKey
2:annotationValue2}
```

可用命令如下所示。

❏ annotation：向 kustomization.yaml 文件添加 annotation 配置。

❏ base：向 kustomization.yaml 文件添加一个或者多个 base 配置。

❏ configmap：向 kustomization.yaml 文件添加 configmap 配置。

❏ label：向 kustomization.yaml 文件添加 commonLabels 配置。

❏ patch：向 kustomization.yaml 文件添加 patch 配置。

❏ resource：向 kustomization.yaml 文件添加 resource 配置。

❏ secret：向 kustomization.yaml 文件添加 secret 配置。

当前 kustomization.yaml 文件如下所示。

```
# cat kustomization.yaml

namePrefix: test-
commonLabels:
  foo: bar
```

执行如下 kustomize edit add 命令。

```
kustomize edit add annotation kustomzie:true
kustomize edit add configmap testmap --from-literal=testkey=testvalue
```

kustomization.yaml 文件更新如下。

```
namePrefix: test-
commonLabels:
  foo: bar

apiVersion: kustomize.config.k8s.io/v1beta1
kind: Kustomization
commonAnnotations:
  kustomzie: "true"
configMapGenerator:
- literals:
  - testkey=testvalue
  name: testmap
```

2. kustomize edit fix

kustomize edit fix 命令检查当前目录下 kustomization.yaml 文件的语法、格式，fix 命令可用于删除非法字段、添加默认添加字段。

例如如下 kustomization.yaml 配置文件。

```
# cat kustomization.yaml
namePrefix: test-

coommonLabels:
  foo: bar
```

kustomization.yaml 中的 commonLabels 字段书写错误，误写成了"coommonLabels"，执行 kustomize edit fix 命令后，结果如下。

```
namePrefix: test-
apiVersion: kustomize.config.k8s.io/v1beta1
kind: Kustomization
```

即：fix 命令添加了 apiVersion、kind 这两个默认字段，并删除了 coommonLabels 这个错误字段。

3. kustomize edit remove

kustomize edit remove 命令支持将 kustomization.yaml 文件中的某些配置删除。

```
# kustomize edit remove
```

例如将目标字段从 kustomization.yaml 文件中删除。

格式：

```
kustomize edit remove [command]
```

示例：

```
# 将 resource 字段从 kustomization.yaml 文件中删除
kustomize edit remove resource {filepath} {filepath}
kustomize edit remove resource {pattern}

# 将 patch 字段从 kustomization.yaml 文件中删除
kustomize edit remove patch <filepath>

# 将 commonLabels 字段从 kustomization.yaml 文件中删除
kustomize edit remove label {labelKey1},{labelKey2}

# 将 commonAnnotation 字段从 kustomization.yaml 文件中删除
kustomize edit remove annotation {annotationKey1},{annotationKey2}
```

可用命令如下所示。

❑ annotation：将 commonAnnotation 字段从 kustomization.yaml 文件中删除。

❑ label：将 commonLabels 字段从 kustomization.yaml 文件中删除。

❑ patch：将 patch 字段从 kustomization.yaml 文件中删除。

❑ resource：将 resource 字段从 kustomization.yaml 文件中删除。

kustomization.yaml 文件初始状态配置如下。

```
# cat kustomization.yaml
resources:
- deployments.yaml
- secret.yaml

namePrefix: test-

commonLabels:
  foo: bar
```

执行 remove 命令如下。

```
# kustomize edit remove resource secret.yaml
# kustomize edit remove label foo
```

处理后 kustomization.yaml 文件配置如下。

```
# cat kustomization.yaml
resources:
- deployments.yaml
```

```
namePrefix: test-

apiVersion: kustomize.config.k8s.io/v1beta1
kind: Kustomization
```

由代码可知，原始配置中的 secret.yaml，以及 commonLabels 配置被删除。

4. kustomize edit set

kustomize edit set 命令实现对 kustomization.yaml 文件中字段的配置，命令解析如下。

```
# kustomize edit set
```

为 kustomization.yaml 文件中的各个字段赋值。

格式：

```
kustomize edit set [command]
```

示例如下所示。

```
# 配置 nameprefix 字段
kustomize edit set nameprefix <prefix-value>
```

```
# 配置 namesuffix 字段
kustomize edit set namesuffix <suffix-value>
```

可用命令如下所示。

❏ image：配置 kustomization.yaml 文件中的 images 字段，支持 names、tags、digests 等参数配置。

❏ nameprefix：配置 kustomization.yaml 文件中的 nameprefix 字段。

❏ namespace：配置 kustomization.yaml 文件中的 namespace 字段。

❏ namesuffix：配置 kustomization.yaml 文件中的 namesuffix 字段。

❏ replicas：配置 kustomization.yaml 文件中的 replicas 字段。

示例如下所示。

kustomization.yaml 文件初始状态配置如下。

```
# cat kustomization.yaml
resources:
- deployments.yaml

namePrefix: test-
```

执行下面 set 命令。

```
# kustomize edit set namesuffix testsuffix
# kustomize edit set nameprefix testprefix
```

更新后，kustomization.yaml 文件内容如下。

```
apiVersion: kustomize.config.k8s.io/v1beta1
kind: Kustomization

resources:
- deployments.yaml

namePrefix: testprefix
nameSuffix: testsuffix
```

6.3.4　kustomize create

kustomezie create 命令用于创建一个 kustomization.yaml 文件的功能，并且可以在创建文件时，对 kustomization.yaml 文件进行期望的配置。

kustomize create 命令以当前目录作为 kustomization 的主目录，执行命令时当前目录中不能存在 kustomization.yaml 文件，否则会报错并退出。

1. 语法与说明

```
# kustomize create -h
```

在当前目录下创建 kustomization.yaml 文件。

格式：

```
kustomize create [flags]
```

示例：

```
# 在 ../base 目录创建一个 overlay 项目
kustomize create --resources ../base

# 通过当前目录探测可使用的配置文件，创建一个 kustomization.yaml 文件
kustomize create --autodetect

# 通过指定资源名字、名词空间等配置，创建一个 kustomization.yaml 文件
kustomize create --resources deployment.yaml,service.yaml,../base --namespace
staging --nameprefix acme-
```

支持命令如下。

❏ --annotations string：添加一个或多个 Annotations。

❏ --autodetect：在当前目录探测可使用的配置文件。

❏ -h,--help：使用帮助。

❏ --labels string：添加一个或多个 Labels。

❏ --nameprefix string：在 kustomization.yaml 文件中配置名字前缀。

❏ --namespace string：在 kustomization.yaml 文件中配置名词空间。

❏ --namesuffix string：在 kustomization.yaml 文件中配置名字后缀。

❏ --recursive：执行递归探测，依赖 autodetect 的配置。

❑ --resources string：在 kustomization.yaml 文件中添加指定配置资源。

2. 使用示例

以下面配置目录作为源目录，通过执行上述不同的 kustomize create 命令，分析输出结果。

```
# tree
|-- pv.yaml
|-- recursive
|   `-- pvc.yaml
`-- service.yaml
```

（1）创建空文件

生成一个配置为空的 kustomization.yaml 文件，只包含 apiVersion、kind 字段。

```
# kustomize create

# cat kustomization.yaml
apiVersion: kustomize.config.k8s.io/v1beta1
kind: Kustomization
```

（2）创建包含 Overlay 的配置文件

生成一个配置了 Overlay 资源的 kustomization.yaml。

```
# kustomize create --resources ../prod/

# cat kustomization.yaml
apiVersion: kustomize.config.k8s.io/v1beta1
kind: Kustomization
resources:
- ../prod/
```

（3）使用自动探测功能

生成一个配置了 resources 资源的 kustomization.yaml，该命令使用了探测配置，但没有配置递归探测的标签，所以只将当前目录下面的配置文件添加到 resources 列表中。

```
# kustomize create --autodetect

# cat kustomization.yaml
apiVersion: kustomize.config.k8s.io/v1beta1
kind: Kustomization
resources:
- pv.yaml
- service.yaml
```

（4）使用自动探测、递归目录的功能

生成一个配置了 resources 资源的 kustomization.yaml，该命令使用了探测配置，同时配置递归探测的标签，所以会将当前目录下面的配置文件，以及所有子目录下面的配置文件都添加到 resources 列表中。

```
# kustomize create --autodetect --recursive

# cat kustomization.yaml
apiVersion: kustomize.config.k8s.io/v1beta1
kind: Kustomization
resources:
- pv.yaml
- recursive/pvc.yaml
- service.yaml
```

（5）指定资源列表、配置资源属性

生成一个指定配置 resources 资源的 kustomization.yaml，通过 --resources 指定包含的资源，通过 --annotations、--labels、--nameprefix、--namesuffix、--namespace 设置 kustomization.yaml 文件中的声明、标签、名字前缀、名字后缀、名字空间等配置。

```
# kustomize create --resources pv.yaml,service.yaml--annotations kustomize-
annotations:true --labels kustomize-lable:true --nameprefix kustomzie --namespace
default --namesuffix kustomzie

# cat kustomization.yaml
apiVersion: kustomize.config.k8s.io/v1beta1
kind: Kustomization
resources:
- pv.yaml
- service.yaml
namePrefix: kustomzie
nameSuffix: kustomzie
namespace: default
commonLabels:
  kustomize-lable: "true"
commonAnnotations:
  kustomize-annotations: "true"
```

6.3.5 kustomize config

用于保存 transformer 的配置，通过 kustomize config save -d 命令将当前 transformer 转换规则保存到目录中。

1. 命令解析

我们可以通过修改配置文件，定义 transformer 的行为。

```
# kustomize config save -h
```

将 transformer 默认配置保存到指定目录。

格式：

```
kustomize config save [flags]
```

示例：

```
# 将 transformer 默认配置保存到指定目录
save -d ~/.kustomize/config
```

支持命令如下。

❑ -d,--directory string：保存默认配置的目录。

❑ -h,--help：获取帮助说明。

保存默认的资源属性，包括 annotations、labels、images、namespace 等，并分别保存到单独的文件中，示例如下。

```
# kustomize config save -d ./config

# tree config/
config/
|-- commonannotations.yaml
|-- commonlabels.yaml
|-- images.yaml
|-- nameprefix.yaml
|-- namereference.yaml
|-- namespace.yaml
|-- replicas.yaml
`-- varreference.yaml
```

2. 配置文件

每个配置文件都由下面字段中的一个或多个组成，分别定义每种资源的 Meta 信息、目录、Create 属性等内容。

❑ group:some-group

❑ version:some-version

❑ kind:some-kind

❑ path:path/to/the/field

❑ create:false

如果 create 设置为 true，且在 path 路径下找不到资源，转换器将在 path 指向的位置创建资源。如果配置为 false，则不会创建资源。

例如下面为 replicas.yaml 配置文件的内容。

```
# cat config/replicas.yaml
replicas:
- path: spec/replicas
  create: true
  kind: Deployment

- path: spec/replicas
  create: true
```

```
   kind: ReplicationController

- path: spec/replicas
  create: true
  kind: ReplicaSet

- path: spec/replicas
  create: true
  kind: StatefulSet
```

配置文件表明了 replicas.yaml 作用于 Deployment、ReplicationController、ReplicaSet、StatefulSet 这几种 Kustomize 资源类型，路径都为 spec/replicas 字段。当 spec/replicas 路径下没有配置时，生成默认配置。

3. 示例

通过修改配置文件可以更新 transformer 的行为。下面针对一种 CRD 类型 Bee 进行讲解。定义名字为 config/mykind.yaml 的 transformer 属性配置文件，配置了 nameReference 和 varReference 字段，分别定义期望替换字段详情，如下所示。

```
commonLabels:
- path: spec/selectors
  create: true
  kind: MyKind

nameReference:
- kind: Bee
  fieldSpecs:
  - path: spec/beeRef/name
    kind: MyKind
- kind: Secret
  fieldSpecs:
  - path: spec/secretRef/name
    kind: MyKind

varReference:
- path: spec/containers/command
  kind: MyKind
- path: spec/beeRef/action
  kind: MyKind
```

创建 Kustomize 配置，资源列表如下。

```
apiVersion: v1
kind: Secret
metadata:
  name: crdsecret
data:
  PATH: YmJiYmJiYmIK
```

```
---
apiVersion: v1beta1
kind: Bee
metadata:
  name: bee
spec:
  action: fly
---
apiVersion: kustomize.example.com/v1beta1
kind: MyKind
metadata:
  name: mykind
spec:
  secretRef:
    name: crdsecret
  beeRef:
    name: bee
    action: $(BEE_ACTION)
  containers:
  - command:
    - "echo"
    - "$(BEE_ACTION)"
    image: myapp
```

定义 kustomization.yaml 文件，通过 configurations 字段添加 transformer 属性配置文件。

```
resources:
- resources.yaml

namePrefix: test-

commonLabels:
  foo: bar

vars:
- name: BEE_ACTION
  objref:
    kind: Bee
    name: bee
    apiVersion: v1beta1
  fieldref:
    fieldpath: spec.action

configurations:
- config/mykind.yaml
```

根据 kustomization.yaml 文件，将会对 resource.yaml 中的资源添加名字前缀，为资源添加 labels，并定义了变量 BEE_ACTION。

执行 kustomize 命令后，得到如下结果。

```
# kustomize build
apiVersion: v1
data:
  PATH: YmJiYmJiYmIK
kind: Secret
metadata:
  labels:
    foo: bar
  name: test-crdsecret
---
apiVersion: kustumize.example.com/v1beta1
kind: MyKind
metadata:
  labels:
    foo: bar
  name: test-mykind
spec:
  beeRef:
    action: fly
    name: test-bee
  containers:
  - command:
    - echo
    - fly
    image: myapp
  secretRef:
    name: test-crdsecret
  selectors:
    foo: bar
---
apiVersion: v1beta1
kind: Bee
metadata:
  labels:
    foo: bar
  name: test-bee
spec:
  action: fly
```

6.4　基本用法

6.4.1　使用 configGeneration

Kustomize 提供了如下两种使用 ConfigMap 的方法。

❏ 以 resource 的方式使用 ConfigMap。

❏ 通过 ConfigMapGenerator 生成 ConfigMap。

下面分别展示这两种方式的格式。

```
# 将 ConfigMap 声明为 resource，指向 configMap 的定义文件
resources:
- configmap.yaml

# 在 ConfigMapGenerator 中声明 ConfigMap
configMapGenerator:
- name: a-configmap
  files:
    - configs/configfile
    - configs/another_configfile
```

使用 ConfigMapGenerator 生成的 ConfigMap，默认会在其名称后面添加哈希后缀，ConfigMap 中的任何更改都将触发滚动更新。

下面我们通过一个示例进行讲解，为 configGeneration 创建基础配置和 Overlay。

```
commonLabels:
  app: hello
resources:
- deployment.yaml
- service.yaml

configMapGenerator:
- name: the-map
  literals:
    - altGreeting=Good Morning!
    - enableRisky="false"
```

创建 Overlay 后，新的 ConfigMap 定义将会覆盖 base 中的 ConfigMap 定义。

```
staging/kustomization.yaml, staging/map.yaml
namePrefix: staging-
nameSuffix: -v1
commonLabels:
  variant: staging
  org: acmeCorporation
commonAnnotations:
  note: Hello, I am staging!
resources:
- ../base
patchesStrategicMerge:
- map.yaml

apiVersion: v1
kind: ConfigMap
metadata:
  name: the-map
data:
  altGreeting: "Good Afternoon!"
  enableRisky: "true"
```

6.4.2　使用 generatorOptions

Kustomize 提供了修改 ConfigMapGenerator 和 SecretGenerator 行为的选项，如下所示。

❏ 可以修改哈希后缀规则，不再将基于内容生成的哈希后缀添加到资源名称后。

❏ 为生成的资源添加 labels。

❏ 为生成的资源添加 annotations。

如下 kustomization.yaml 文件中只有 configMapGenerator，不配置 generatorOptions 参数。

```
configMapGenerator:
- name: my-configmap
  literals:
  - foo=bar
  - baz=qux
```

如下所示是通过 kustomize build 命令生成的 ConfigMap，ConfigMap 的名字自动添加了哈希后缀。

```
# kustomize build
apiVersion: v1
data:
  baz: qux
  foo: bar
kind: ConfigMap
metadata:
  name: my-configmap-g698dg7tfc
```

在 kustomization.yaml 中添加 generatorOptions，如下所示。

```
generatorOptions:
 disableNameSuffixHash: true
 labels:
    kustomize.generated.resource: somevalue
 annotations:
    annotations.only.for.generated: othervalue
configMapGenerator:
- name: my-configmap
  literals:
  - foo=bar
  - baz=qux
```

执行 kustomize build 得到 configMap 的配置如下，可见 ConfigMap 的名字没有添加哈希后缀，且添加了 annotations、labels 字段。

```
# kustomize build
apiVersion: v1
data:
  baz: qux
```

```
    foo: bar
kind: ConfigMap
metadata:
  annotations:
    annotations.only.for.generated: othervalue
  labels:
    kustomize.generated.resource: somevalue
  name: my-configmap
```

6.4.3 配置转换器

Kustomize 通过对基础资源使用一系列转换来创建新资源，它提供以下默认的转换器：

❑ annotations

❑ images

❑ labels

❑ name reference

❑ namespace

❑ prefix/suffix

❑ variable reference

在转换器配置中，fieldSpec 列表的配置会确定转换器可以修改这些类型中的哪些资源和字段。

fieldSpec 定义的字段如下：

❑ group:some-group；

❑ version:some-version；

❑ kind:some-kind；

❑ path:path/to/the/field；

❑ create:false。

如果将"create"设置为 true，且在定义的路径下找不到相应资源，则转换器将创建所定义的资源。

1. 镜像转换器

镜像转换器会更新在 containers 和 initcontainers 路径中指定的镜像配置。新的镜像配置将由在 newname、newtag 和 digest 字段中设置的值进行定义。

kustomization.yaml 文件镜像转换器配置定义如下。

```
images:
  - name: postgres
    newName: my-registry/my-postgres
    newTag: v1
  - name: nginx
    newTag: 1.8.0
```

```
  - name: my-demo-app
    newName: my-app
  - name: alpine
    digest: sha256:25a0d4
```

我们通过一个示例进行讲解，在基础配置中定义一个 Deployment，在 kustomization.
yaml 中定义镜像替换。

```
# resources.yaml
group: apps
apiVersion: v1
kind: Deployment
metadata:
  name: deploy1
spec:
  template:
    spec:
      initContainers:
      - name: nginx2
        image: my-app
      - name: init-alpine
        image: alpine:1.8.0
# kustomization.yaml
resources:
- resources.yaml
images:
- name: my-app
  newName: new-app-1
  newTag: MYNEWTAG-1
```

执行 kustomize build 后得到变更后的配置。

```
apiVersion: v1
group: apps
kind: Deployment
metadata:
  name: deploy1
spec:
  template:
    spec:
      initContainers:
      - image: new-app-1:MYNEWTAG-1
        name: nginx2
      - image: alpine:1.8.0
        name: init-alpine
```

2. 前缀 / 后缀转换器

前缀 / 后缀转换器会为所有基础资源的 metadata/name 字段添加前缀 / 后缀值。kustomization.
yaml 文件中按照如下定义。

```
namePrefix:
  alices-
nameSuffix:
  -v2
```

我们通过一个示例进行讲解，修改 Deployment 对象，在名字后添加后缀。

```
# resource.yaml
apiVersion: apps/v1
kind: Deployment
metadata:
  name: deploy
spec:
  template:
    spec:
      containers:
        - name: nginx
          image: nginx
```

定义 kustomization.yaml，添加 nameSuffix。

```
resources:
- resource.yaml
nameSuffix:
  -v2
```

执行 kustomize build 得到新的 Deployment 名字，实现了添加后缀。

```
apiVersion: apps/v1
kind: Deployment
metadata:
  name: deploy-v2
spec:
  template:
    spec:
      containers:
      - image: nginx
        name: nginx
```

3. 标签转换器

标签转换器为 metadata/labels 添加标签，同时也会为 Service 对象的 spec/selector，以及 Deployment 对象的 spec/selector/matchLabels 添加标签。

```
commonLabels:
- path: metadata/labels
  create: true

- path: spec/selector
  create: true
```

```
  version: v1
  kind: Service

- path: spec/selector/matchLabels
  create: true
  kind: Deployment
```

4. Annotations 转换器

Annotations 转换器可以添加如下类型对象的 annotations。

❑ 为所有对象类型的 metadata/annotations 字段添加 annotations。

❑ 为 Deployment、ReplicaSet、DaemonSet、StatefulSet、Job 以 及 CronJob 等类型的 spec/template/metadata/annotations 字段添加 annotations。

❑ 为 CronJob 类型 spec/jobTemplate/spec/template/metadata/annotations 字段添加 annotations。

kustomization.yaml 文件中的定义格式如下。

```
commonAnnotations:
  oncallPager: 800-555-1212
```

6.4.4　使用变量

Kustomize 允许使用变量定义的方式为应用模板配置可变参数，但现有的变量并不支持所有字段的替换，变量的查找和替换仅适用于容器的 env、args 和 command。

通过变量定义可以让编辑应用模板更加灵活，可以把一些可变的配置抽象出来，从而实现相同模板在多个应用场景中的复用。Kustomize 提供了变量的定义功能，为其实现 overlay 等功能提供了重要基础。

具体使用变量方法如下。

❑ 在 kustomization.yaml 中通过 vars 进行变量定义，可以同时定义多个变量。

❑ 在应用模板中通过 $(vars) 方式进行变量引用，目前只支持 env、args、command 字段进行变量引用。

下面我们举例说明。

kustomization.yaml 中定义了如下变量列表。

```
vars:
  - name: WORDPRESS_SERVICE
    objref:
      kind: Service
      name: wordpress
      apiVersion: v1
    fieldref:
      fieldpath: metadata.name
  - name: MYSQL_SERVICE
    objref:
```

```
kind: Service
name: mysql
apiVersion: v1
```

❑ objref：对象索引，描述该环境变量来自哪个对象，例如 WORDPRESS_SERVICE 来自名为 wordpress 的 Helm 1 版本的服务（Service）。

❑ kind、name、apiVersion：与 Kubernetes 字段定义类似，描述一个资源对象的版本、名字等信息。

❑ fieldref：取值索引，描述环境变量所引用的具体变量，例如 WORDPRESS_SERVICE 引用名字为 wordpress 服务的 metadata.name 字段。

在应用模板中使用如下方式引用变量。

```
apiVersion: apps/v1beta2
kind: Deployment
metadata:
  name: wordpress
spec:
  template:
    spec:
      initContainers:
      - name: init-command
        image: debian
        command:
        - "echo $(WORDPRESS_SERVICE)"
        - "echo $(MYSQL_SERVICE)"
      containers:
      - name: wordpress
        env:
        - name: WORDPRESS_DB_HOST
          value: $(MYSQL_SERVICE)
        - name: WORDPRESS_DB_PASSWORD
          valueFrom:
            secretKeyRef:
              name: mysql-pass
              key: password
```

上面示例表示在应用模板中，可以在 env、command 字段引用环境变量，相同的环境变量可以多次进行引用。

6.4.5　镜像替换

Kustomize 支持在 kustomization.yaml 中通过添加 image 字段的方式更改基础配置中的镜像名字和标签。

我们可以手动修改 kustomization.yaml 文件以添加 image 相关字段，也可以执行如下命令进行动态修改。

```
# kustomize edit set image busybox=alpine:3.6
```

这时 kustomization.yaml 中会添加如下字段。

```
images:
- name: busybox
  newName: alpine
  newTag: 3.6
```

字段含义如下所示。

❑ name：被替换的镜像名，表示将要替换的基础配置中的镜像名称，不是这个镜像名字则不会被替换。

❑ newName：新镜像名，表示将原镜像名更新为新的镜像名，如果原镜像名多次使用，则进行多次更新。

❑ newTag：新镜像 tag，替换为新镜像名后使用的 tag 名。

执行 kustomize build 输出的编排配置，将 image 替换成新的镜像名和版本。

下面以如下配置的编排模板为例进行讲解。

```
apiVersion: v1
kind: Pod
metadata:
  name: kustomize
  labels:
    app: kustomize
spec:
  containers:
  - name: container1
    image: busybox1:1.1
    command: ['sh', '-c', 'sleep 3600']
  - name: container2
    image: busybox1:1.2
    command: ['sh', '-c', 'sleep 3600']
  initContainers:
  - name: init
    image: busybox2:1.1
    command: ['sh', '-c', 'sleep 2000']
```

执行上述镜像替换后，container1、container2 镜像名字和 tag 将被替换为新的值，initContainer 的镜像不会修改。

```
# kustomize build
apiVersion: v1
kind: Pod
metadata:
  labels:
    app: kustomize
  name: kustomize
spec:
  containers:
  - command:
```

```
      - sh
      - -c
      - sleep 3600
      image: alpine:3.6
      name: container1
    - command:
      - sh
      - -c
      - sleep 3600
      image: alpine:3.6
      name: container2
    initContainers:
    - command:
      - sh
      - -c
      - sleep 2000
      image: busybox2:1.1
      name: init
```

6.4.6 补丁

kustomization.yaml 支持如下 3 种格式的 patch 方式，即支持在 kustomization.yaml 中添加如下 3 种类型字段。

❑ patchesStrategicMerge：包含一系列 patch 文件或配置，每个配置都会被解析成 Kubernetes 对象。

❑ patchesJSON6902：包含一系列补丁文件或配置，每个文件都被解析成 JSON 格式补丁配置，且只能应用于一个目标资源。

❑ patches：包含一系列补丁文件或配置，每个文件可以对多个目标资源进行更新。

1. patchesStrategicMerge 类型

该补丁会把配置与基础配置合并，相同字段的变量会被覆盖。推荐使用"小补丁"，每个补丁只修改一个变量。

例如：一个 kustomization.yaml 包含了 deployments.yaml 文件，使用 patchesStrategicMerge 补丁修改镜像版本。

```
# kustomization.yaml
resources:
- deployments.yaml
# deployments.yaml
apiVersion: apps/v1
kind: Deployment
metadata:
  name: deploy
spec:
  template:
    metadata:
```

```
        labels:
          foo: bar
      spec:
        containers:
          - name: nginx
            image: nginx
            args:
            - one
            - two
```

在 kustomization.yaml 中添加 patchesStrategicMerge 配置。

```
resources:
- deployments.yaml
patchesStrategicMerge:
- |-
  apiVersion: apps/v1
  kind: Deployment
  metadata:
    name: deploy
  spec:
    template:
      spec:
        containers:
        - name: nginx
          image: nginx:latest
```

执行 kustomize build 得到如下结果。

```
apiVersion: apps/v1
kind: Deployment
metadata:
  name: deploy
spec:
  template:
    metadata:
      labels:
        foo: bar
      spec:
        containers:
          - name: nginx
            image: nginx:latest
            args:
            - one
            - two
```

image 字段会被更新，其他相同字段或没有在 patch 中表现的字段依然使用基础版本的配置。

如果想要修改多个配置，可以在 patchesStrategicMerge 下面添加多个补丁配置。

2. PatchesJson6902 类型

patchesStrategicMerge 并不能修改所有配置，但 PatchesJson6902 可以，只需在 kustomization. yaml 文件中正确添加要修改的资源变量即可。

下面是一个 kustomize 项目，包含一个 ingress.yaml 配置。

```
# kustomization.yaml
resources:
- ingress.yaml


# ingress.yaml
apiVersion: networking.k8s.io/v1beta1
kind: Ingress
metadata:
  name: my-ingress
spec:
  rules:
  - host: foo.bar.com
    http:
      paths:
      - backend:
          serviceName: my-api
          servicePort: 80
```

添加补丁文件：ingress_patch.json。

```
- op: replace
  path: /spec/rules/0/host
  value: test1

- op: add
  path: /spec/rules/0/http/paths/-
  value:
    path: '/test'
    backend:
      serviceName: test2
      servicePort: 80
```

具体格式解析如下所示。

❏ op：表示操作类型，replace 为替换，add 为添加。

❏ path：表示该操作针对的目标路径。

❏ value：表示该操作所赋予目标路径的值。

在 kustomization.yaml 添加如下字段，表示加入的配置文件为 JSON 格式。

```
patchesJson6902:
- target:
    group: networking.k8s.io
    version: v1beta1
    kind: Ingress
```

```
    name: my-ingress
  path: ingress_patch.json
```

执行 kustomize build 得到如下配置。

```
apiVersion: networking.k8s.io/v1beta1
kind: Ingress
metadata:
  name: my-ingress
spec:
  rules:
  - host: foo.bar.io
    http:
      paths:
      - backend:
          serviceName: my-api
          servicePort: 8080
```

由此可见，host 的名字从 foo.bar.com 更新为 foo.bar.io，且 servicePort 从 80 更新为 8080。

3. patches 类型

patches 中定义的补丁为 patches 类型，每一个 patch 可以修改多个资源。其工作原理类似 Kubernetes 中 Labels/Selector 的工作方式，通过配置 labelSelector 和 annotationSelector 来为 patch 选择匹配的基础配置。labelSelector 和 annotationSelector 会根据基础配置的 label 和 annotation 进行筛选，格式如下所示。

```
patches:
- path: <PatchFile>
  target:
    group: <Group>
    version: <Version>
    kind: <Kind>
    name: <Name>
    namespace: <Namespace>
    labelSelector: <LabelSelector>
    annotationSelector: <AnnotationSelector>
```

我们还是通过实例进行讲解，一个 Kustomize 项目包含 deployments.yaml 文件，其中配置了两个 Deployment 对象。

```
# kustomization.yaml
resources:
- deployments.yaml
# deployments.yaml
apiVersion: apps/v1
kind: Deployment
metadata:
  name: deploy1
spec:
```

```
   template:
     metadata:
       labels:
         old-label: old-value
       spec:
         containers:
           - name: nginx
             image: nginx
             args:
             - two
---
apiVersion: apps/v1
kind: Deployment
metadata:
  name: deploy2
spec:
  template:
    metadata:
      labels:
        key: value
      spec:
        containers:
          - name: busybox
            image: busybox
```

定义 patch 文件并添加到 kustomization.yaml 文件。

```
# kustomization.yaml
patches:
- path: patch.yaml
  target:
    kind: Deployment

# patch.yaml
apiVersion: apps/v1
kind: Deployment
metadata:
  name: not-important
spec:
  template:
    spec:
      containers:
        - name: istio-proxy
          image: docker.io/istio/proxyv2
          args:
          - proxy
```

执行 kustomize build 得到如下结果。

```
apiVersion: apps/v1
kind: Deployment
```

```
metadata:
  name: deploy1
spec:
  template:
    metadata:
      labels:
        old-label: old-value
    spec:
      containers:
      - args:
        - proxy
        image: docker.io/istio/proxyv2
        name: istio-proxy
      - args:
        - two
        image: nginx
        name: nginx
---
apiVersion: apps/v1
kind: Deployment
metadata:
  name: deploy2
spec:
  template:
    metadata:
      labels:
        key: value
    spec:
      containers:
      - args:
        - proxy
        image: docker.io/istio/proxyv2
        name: istio-proxy
      - image: busybox
        name: busybox
```

由此可见，所有基础配置中 Deployment 对象的 containers 都根据 patch 文件添加了新容器配置。

6.5　Kustomize 插件

Kustomize 支持使用自定义的资源生成器和资源转换器进行功能拓展。Kustomize 提供了一个插件框架，允许用户编写自己的资源生成器和转换器。

当更改生成器选项或转换器配置不能满足需求时，用户可以自己编写插件，Kustomize 提供两类默认插件。

❑ 生成器插件：可以是一个 Helm Chart 转换器，也可以是一个基于较少变量生成应用程序所需对象的插件。

❑ 转换器插件：可以通过内建转换器（namePrefix、commonLabels）对资源进行转换。

6.5.1 插件介绍

在 kustomization.yaml 中通过添加 generators 或 transformers 标签来定义插件。

```
generators:
- relative/path/to/some/file.yaml
- relative/path/to/some/kustomization
- /absolute/path/to/some/kustomization
- https://github.com/org/repo/some/kustomization

transformers:
- relative/path/to/some/file.yaml
- relative/path/to/some/kustomization
- /absolute/path/to/some/kustomization
- https://github.com/org/repo/some/kustomization
```

generators、transformers 这两个字段定义是插件的路径，这个路径必须是相对路径。
yaml 文件会从本地磁盘直接读取，在执行 kustomize build 时从网上获取 URL。

例如，配置如下的 generators。

```
generators:
- ChartInflator.yaml
```

在 kustomization 目录中添加 ChartInflator.yaml 文件，作为 generators 插件的定义文件，
内容如下。

```
apiVersion: someteam.example.com/v1
kind: ChartInflator
metadata:
  name: notImportantHere
ChartName: minecraft
```

apiVersion 和 kind 的值会确定插件放置的目录，这样实现了一个插件一个目录的配置效
果。默认的插件放置目录如下。

```
$XDG_CONFIG_HOME/kustomize/plugin/${apiVersion}/LOWERCASE(${kind})
```

对于 XDG_CONFIG_HOME，默认为 $HOME/.config，例如 /root/.config/。

执行 kustomize 时，会先按照如下顺序寻找插件文件。

```
$XDG_CONFIG_HOME/kustomize/plugin/${apiVersion}/LOWERCASE(${kind})/${kind}
$XDG_CONFIG_HOME/kustomize/plugin/${apiVersion}/LOWERCASE(${kind})/${kind}.so
```

如果存在可执行文件，Kustomize 会进行调用，并获取返回值。如果可执行文件不存
在，Kustomize 会试图导入 .so 库文件，通过库文件提供插件功能。

在 Kustomize 命令执行时，如果期望使用插件，需要在命令中添加：

--enable_alpha_plugins。

Kustomize 支持两种类型插件的实现方式：Exec 可执行文件方式和 Go 库文件方式。

6.5.2　Exec 类型插件

Exec 类型插件是一个存放在指定目录的可执行文件，可以通过传入参数在命令行执行，并在 yaml 文件中包含具体配置。

Kustomize 在执行命令时，调用 kustomization.yaml 中配置的 Exec 插件，并将其输出作为 kustomization 配置的一部分。

Exec 类型插件支持如下两类插件。

❑ 生成器插件：不能从标准输入传入数据，但可以从标准输出打印执行结果。

❑ 转换器插件：可以从标准输入接收资源配置，并从标准输出把转换后的资源打印出来。

下面用一个示例讲解如何通过 Exec 插件，实现向基础配置中添加 ConfigMap。

Kustomize 中包含一个 deployment.yaml 文件和一个生成器插件的配置文件 cmGenerator. yaml。kustomization.yaml 文本内容如下所示。

```
commonLabels:
  app: hello
resources:
- deployment.yaml
generators:
- cmGenerator.yaml
```

deployment.yaml 配置如下，Deployment 通过环境变量引用 ConfigMap 的值。

```
apiVersion: apps/v1
kind: Deployment
metadata:
  name: deployment
spec:
  template:
    spec:
      containers:
      - name: the-container
        image: monopole/hello:1
        ports:
        - containerPort: 8080
        env:
        - name: THE_DATE
          valueFrom:
            configMapKeyRef:
              name: the-map
              key: today
        - name: ALT_GREETING
          valueFrom:
            configMapKeyRef:
```

```
                  name: the-map
                  key: altGreeting
```

cmGenerator.yaml 生成器插件的描述文件的内容如下。

```
apiVersion: execExample
kind: configMapGenerator
metadata:
  name: whatever
argsOneLiner: Bienvenue true
```

❏ apiVersion 和 kind：用来定义插件的名字，确定插件存放的位置。

❏ argsOneLiner：是调用插件时传入的参数列表，通过空格把不同传入参数隔开。

根据插件存放目录规则，需要把名字为 configMapGenerator 的可执行文件放在如下位置（默认 HOME 为 /root/）。

```
/root/.config/kustomize/plugin/execExample/configmapgenerator/configMapGenerator
```

configMapGenerator 可执行文件为插件实体，运行该可执行文件能输出 ConfigMap 资源的文本，内容如下。

```
#!/bin/bash
shift
today=`date +%F`
echo "
kind: ConfigMap
apiVersion: v1
metadata:
  name: the-map
data:
  today: $today
  altGreeting: "$1"
  enableRisky: "$2"
"
```

参数解析如下所示。

❏ today：shell 变量，通过 shell 变量赋值将执行时间传入 ConfigMap 配置。

❏ altGreeting：引用传入的第一个参数，参数通过 argsOneLiner 变量传入。

❏ enableRisky：引用传入的第二个参数，参数通过 argsOneLiner 变量传入。

通过如上配置，在 kustomization 根目录下执行如下命令。

```
kustomize build --enable_alpha_plugins ./
```

得到如下输出结果。

```
apiVersion: v1
data:
  altGreeting: Bienvenue
  enableRisky: true
```

```
      today: "2019-10-20"
kind: ConfigMap
metadata:
  labels:
    app: hello
  name: the-map
---
apiVersion: apps/v1
kind: Deployment
metadata:
  labels:
    app: hello
  name: deployment
spec:
  selector:
    matchLabels:
      app: hello
  template:
    metadata:
      labels:
        app: hello
    spec:
      containers:
      - env:
        - name: THE_DATE
          valueFrom:
            configMapKeyRef:
              key: today
              name: the-map
        - name: ALT_GREETING
          valueFrom:
            configMapKeyRef:
              key: altGreeting
              name: the-map
        image: monopole/hello:1
        name: the-container
        ports:
        - containerPort: 8080
```

　　由此可见，名为 the-map 的 ConfigMap 添加到了输出配置。该示例是 Exec 插件方式的简单实现，通过类似调用外部插件的方式，可以为应用实现更加复杂的扩展。

6.5.3　Go 库文件插件

　　不同于 Exec 可执行文件，Go 库文件实现 Kustomize 扩展时不会启动子进程，而是通过向指定的库文件调用 API 的方式获取扩展实现。

　　Go 库文件类型插件的存放地址如下（lKind 表示 Kind 的小写字符）：

```
$XDG_CONFIG_HOME/kustomize/plugin/$apiVersion/$lKind/$kind.so
```

默认 Kustomize 去掉用插件时会寻找地址为 $XDGCONFIGHOME/kustomize/plugin/ $apiVersion/$lKind/$kind 的可执行文件；如果找不到目标文件，则寻找 $XDGCONFIGHOME/ kustomize/plugin/$apiVersion/$lKind/$kind.so 的 Go 库文件；如果依然找不到，则会报错。

1. Go Plugin 源码规范

Kustomize 将 Go 插件定义为一个 go 类型的动态链接库，Kustomize 通过调用库提供的接口获取相应的功能。

.go 文件需要声明在 "main" 包中，即在库源码是一个声明为 main 的 package；go Package 中需要包含如下结构。

```
package main

import (
    "sigs.k8s.io/kustomize/v3/pkg/ifc"
    "sigs.k8s.io/kustomize/v3/pkg/resmap"
    ...
)

type plugin struct {...}

var kustomizePlugin plugin

func (p *plugin) Config(
    ldr ifc.Loader,
    rf *resmap.Factory,
    c []byte) error {...}

func (p *plugin) Generate() (resmap.ResMap, error) {...}

func (p *plugin) Transform(m resmap.ResMap) error {...}
```

其中 plugin、kustomizePlugin 和 Config 是用来定义插件基本信息的，是必须配置项。

❑ plugin：定义插件的对象参数，具体根据插件需要实现的功能进行定义。

❑ kustomizePlugin：定义为 plugin 类型的全局变量，供外部调用函数使用。

❑ Config：插件标签的具体生成实现。

generator 和 transformer 函数根据在 kustomization.yaml 中插件的定义类型（generators/ transformers）来选择实现，可以实现其中一个，也可以两个都实现。

❑ generator：kustomization.yaml 中定义了 generators 类型 Go 库文件插件的项目，在执行 kustomize build 时会调用库文件的 generator 函数，函数的返回值即为 kustomize build 获取的插件的输出内容。generator 函数可以在模板中定义调用库文件的输入参数。

❑ transformer：同 generator 函数一样，如果 kustomization.yaml 中定义了 transformer 类型插件，则执行 kustomize build 时会调用库文件的 transformer 函数。

构建 Go 库文件的命令格式如下。

```
# go build -buildmode plugin -o ${plugin}.so ${plugin}.go
```

2. 使用 Go 库文件插件示例

参考如下步骤，通过定义一个 Go 库文件生成 Kubernetes Service 模板。

（1）环境准备

首先创建工作目录。

```
DEMO=$(mktemp -d);
tmpGoPath=$(mktemp -d)
```

然后安装 Kustomize。这里需要注意，不能使用官方提供的编译好的 Kustomize 版本进行安装，需要自己通过下面的命令进行编译。这样做的原因是官方提供的 Kustomize 是静态编译的可执行文件，而调用库文件的环境中需要动态编译的版本。

```
GOPATH=$tmpGoPath go install sigs.k8s.io/kustomize/v3/cmd/kustomize
```

接下来定义插件目录。

❑ 定义 apiVersion：ServiceGenerator。

❑ 定义 kind：NamespacedService。

库文件的保存目录为：$DEMO/kustomize/plugin/ServiceGenerator/namespacedservice/NamespacedService.so。

（2）创建库文件源码

源码中 Package 名字定义为 main，需要包含 plugin、kustomizePlugin、Config、Generate 的定义，以及 Service 模板的定义与逻辑处理。

源码文件 NamespacedService.go 如下所示。

```
package main
import (
  "bytes"
  "text/template"
  "sigs.k8s.io/kustomize/v3/pkg/ifc"
  "sigs.k8s.io/kustomize/v3/pkg/resmap"
  "sigs.k8s.io/kustomize/v3/pkg/types"
  "sigs.k8s.io/yaml"
)

type plugin struct {
  rf                *resmap.Factory
  types.ObjectMeta `json:"metadata,omitempty" yaml:"metadata,omitempty" protobuf:"bytes,1,opt,name=metadata"`
  Port             string `json:"port,omitempty" yaml:"port,omitempty"`
}
```

```
var kustomizePlugin plugin

const tmpl = `
apiVersion: v1
kind: Service
metadata:
  labels:
    app: dev
  name: {{.Name}}
spec:
  ports:
  - port: {{.Port}}
  selector:
    app: dev
`

func (p *plugin) Config(
  _ ifc.Loader, rf *resmap.Factory, config []byte) error {
  p.rf = rf
  return yaml.Unmarshal(config, p)
}

func (p *plugin) Generate() (resmap.ResMap, error) {
  var buf bytes.Buffer
  temp := template.Must(template.New("tmpl").Parse(tmpl))
  err := temp.Execute(&buf, p)
  if err != nil {
    return nil, err
  }
  return p.rf.NewResMapFromBytes(buf.Bytes())
}
```

其中，Service 模板的定义中，通过变量的方式引用 kustomization.yaml 模板中的输入参数，格式为 {{.var}}。

编译如下命令。

```
# go build -buildmode plugin -o NamespacedService.so NamespacedService.go
```

将编译好的文件存放在如下位置。

```
# $DEMO/kustomize/plugin/ServiceGenerator/namespacedservice/NamespacedService.so
```

（3）创建 kustomization 项目

首先创建 myservice/kustomization.yaml。

```
commonLabels:
  app: hello
generators:
- serviceGenerator.yaml
```

然后创建 myservice/serviceGenerator.yaml。

```
apiVersion: ServiceGenerator
kind: NamespacedService
metadata:
  name: myServiceGenerator
name: forbiddenValues
port: 9090
```

❑ apiVersion、kind：分别配置为 ServiceGenerator、NamespacedService，用于确定库
  文件所在路径。

❑ name：定义对象的名字，本例中不需要定义。

❑ port：变量定义，作为库文件调用的输入参数。

执行 kustomize build，生成期望配置如下。

```
# XDG_CONFIG_HOME=$DEMO kustomize build --enable_alpha_plugins myservice

apiVersion: v1
kind: Service
metadata:
  labels:
      app: hello
  name: myServiceGenerator
spec:
  ports:
  - port: 9090
  selector:
      app: hello
```

由此可见，kustomize 命令生成了一个 Service 模板，是通过调用 Go 库文件提供的
Generate 接口实现的，调用 Generate 时通过参数创建可以为库文件实现逻辑输入变量。

6.6 工作流

工作流是 Kustomize 运行和维护配置的步骤，可以通过定制配置或使用共享配置的方式
定义工作流。

通过定制配置的方式定义工作流需要用户自行创建所有配置文件，并通过 git 仓库进行
管理，即私有仓库的方式。Kustomize 工作流如图 6-1 所示。

Kustomize 工作流的流程主要是创建配置仓库、配置下发和使用共享配置。

6.6.1 创建配置仓库

首先在本地创建基本配置目录，在该目录中创建并提交 kustomization 文件及所需的资
源配置文件。

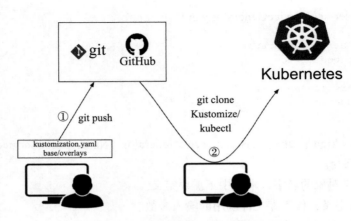

图 6-1 Kustomize 工作流使用示意图

然后根据项目需求创建 overlays 目录，每个目录都需要包含一个 kustomization 文件以及一个或多个 patches。例如：添加 staging 目录，目录中添加一个用于在 configmap 打开标记的补丁。添加 production 目录，添加一个在 deployment 中增加副本数的补丁。

配置管理可以采用 Git 进行版本控制，在 Git 上创建一个用于管理本地配置文件的仓库。

```
# git init ~/hellworld
```

我们可以根据应用版本的需求定义不同版本的 tag，通过 tag 定义管理不同时期的配置细节。

6.6.2 配置下发

Kustomize 支持通过本地文件生成目标配置，也支持直接定义资源 URL。

我们可以从 Git 仓库中下载配置到管理员控制端，通过本地配置的方式部署应用。

```
# git clone */helloworld.git
# kustomize build ~/helloworld/overlays/staging | kubectl apply -f -
```

也可以在 kubectl-v1.14.0 版本中使用 kubectl 命令发布。

```
kubectl apply -k ~/ldap/overlays/staging
```

6.6.3 使用共享配置

在这个工作流方式中，可以从别的 Repo 中 fork Kustomize 配置，并根据自己的需求进行配置。

Kustomize 工作流共享配置如图 6-2 所示。

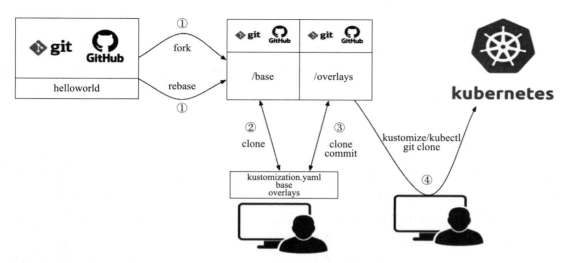

图 6-2 kustomize 工作流共享配置示意图

通过 Git 共享配置，可以高效复用已经实现的应用编排逻辑，提高开发效率。

1. 项目继承

大部分应用部署配置都可以在网上找到相应的模板，例如常用的 Web 应用 Nginx、WorldPress 等，都可以在 GitHub 上找到标准部署模板。这时通过复用已有的配置逻辑是最快的开发模式，通过 Git 中的 fork 操作，将已有的配置模板作为 base 目录复制到自己的项目中。base 目录维护上游的 HellowWorld 项目的 Repo。

同时还可以通过 Git rebase 操作同步上游配置的变化，通过 rebase 操作将上游项目的最新配置实现同步到自己的项目中，保持项目的版本更新。

```
cd ~/helloworld/base
git fetch upstream
git rebase upstream/master
```

2. 项目管理

从原始项目 fork 过来的应用配置保存在 base 目录下，作为应用的基础配置。基础配置一般为只读配置，只会和原始配置同步而不会主动修改。

创建 Overlay 目录，并添加不同应用环境的目录，如 dev、staging、production 目录，不同的目录管理不同运行环境的应用配置。使用 Git 版本管理工具为 base 和 Overlay 目录创建 Repo，通过 tag 管理不同时间提交的配置版本。

Overlay 目录中的配置可以通过相对路径、URL 等方式对 base 中配置进行引用。

3. 项目发布

运维人员可以从 Git 仓库下载配置到管理员控制端，通过本地配置的方式部署应用。

```
# git clone */base.git
# git clone */overlay.git
# kustomize build ~/overlay/staging | kubectl apply -f -
```

也可以在 kubectl-v1.14.0 版本中使用 kubectl 命令发布。

```
kubectl apply -k ~/ldap/overlays/staging
```

6.7　本章小结

　　本章讲述了 Kustomize 的概念、术语和基本使用方式，详细讲述了变量、补丁以及 configGeneration、generatorOptions 等配置的细节和使用方式。讲述过程中尽量通过示例配合说明，提供了一种直观的学习场景，通过基础功能的学习，帮助读者学会定义一个简单的 Kustomize 项目并通过命令构造自己的配置模板。

　　Kustomize 可以通过插件的形式完成更丰富的功能，通过在 kustomization 文件中定义 generators、transformers 字段实现对外置插件的引用。kustomization 支持两种调用外部插件的方式：启动新进程或调用第三方库，这两种方式都是在 Kustomize 源码之外满足用户更为复杂的场景配置需求。

　　在 6.6 节讲述了 Kustomize 工作流，即通过不同的工作流实现方式，可以满足读者对不同环境、不同版本应用配置的运行维护需求。通过复制其他项目的方式，我们可以基于已有的应用配置，快速实现自己应用环境的配置开发维护工作。

第 7 章 *Chapter 7*

Kustomize 实战

本章将通过一个 MySQL 数据库部署的示例，带大家一起学习在生产环境、预发环境分别使用怎样的配置进行部署。

7.1 示例介绍

下面分别给出基础环境、测试环境、生产环境等不同环境的配置需求。

1. 基础环境
- 包含一个部署 MySQL 的 Deployment 配置。
- 包含一个提供密码服务的 Secret。
- 使用临时存储卷（emptyDir），数据库存储不能持久化。
- 无 LoadBalancer 配置。

2. 测试环境
- 在资源名称前添加 test- 字样。
- 应用名词空间为 test。
- 使用测试环境持久化存储卷。
- 使用测试环境 Service 类型为 NodePort。

3. 生产环境
- 资源名称前添加 prod- 字样。
- 应用名词空间为 prod。

❑ 使用生产环境持久化存储卷。

❑ 使用生产环境账号密码配置。

❑ 使用生产环境 Service 类型为 LoadBalancer。

❑ 添加数据库的定时备份任务。

7.1.1 基础配置

选择项目工作目录。

```
DEMO_HOME=/root/mysql/
```

1. 应用配置

首先创建 base 工作目录，并创建 MySQL 项目依赖文件。

```
# tree base/
base/
├──── deployment.yaml
├──── kustomization.yaml
└──── secret.yaml
```

kustomization.yaml 文件包含 deployment.yaml 和 secret.yaml 文件。

```
resources:
- secret.yaml
- deployment.yaml
```

deployment.yaml 文件内容如下。

```
apiVersion: apps/v1beta2
kind: Deployment
metadata:
  name: mysql
  labels:
    app: mysql
spec:
  selector:
    matchLabels:
      app: mysql
  strategy:
    type: Recreate
  template:
    metadata:
      labels:
        app: mysql
    spec:
      containers:
      - image: mysql:5.6
        name: mysql
        env:
```

```
      - name: MYSQL_ROOT_PASSWORD
        valueFrom:
          secretKeyRef:
            name: mysql-pass
            key: password
      ports:
      - containerPort: 3306
        name: mysql
      volumeMounts:
      - name: mysql-persistent-storage
        mountPath: /var/lib/mysql
    volumes:
    - name: mysql-persistent-storage
      emptyDir: {}
```

　　其中定义了一个 Deployment 类型的 MySQL 应用：包含一个用于临时存储数据库数据的 emptyDir 数据卷、一个用于配置数据库登录密码的 MYSQLROOTPASSWORD 环境变量，用户名为默认的 root，以及镜像、端口等配置信息。

　　secret.yaml 文件内容如下。

```
apiVersion: v1
kind: Secret
metadata:
  name: mysql-pass
type: Opaque
data:
  password: YWRtaW4=
```

password 的值为 YWRtaW4=，是 admin 字符的 base64 编码，即登录密码为 admin。

2. 部署测试

　　在 $DEMO_HOME 目录下执行部署命令如下。

```
# kustomize build | kubectl create -f -
secret/mysql-pass created
deployment.apps/mysql created
```

　　在集群中查看资源，生成 secret、mysql pod 对象如下。

```
# kubectl get secret | grep mysql
mysql-pass                                            Opaque
1     50s

# kubectl get pod
NAME                      READY   STATUS    RESTARTS   AGE
mysql-56d4947494-nhdfv    1/1     Running   0          59s
```

3. 效果验证

　　在 Pod 内访问数据库，并创建名为 base 的库，验证数据库运行正常。

```
# kubectl exec -ti mysql-56d4947494-nhdfv bash
root@mysql-56d4947494-nhdfv:/# mysql -uroot -padmin

mysql> show databases;
+--------------------+
| Database           |
+--------------------+
| information_schema |
| mysql              |
| performance_schema |
+--------------------+
3 rows in set (0.00 sec)

mysql> create DATABASE base;
Query OK, 1 row affected (0.00 sec)

mysql> show databases;
+--------------------+
| Database           |
+--------------------+
| information_schema |
| base               |
| mysql              |
| performance_schema |
+--------------------+
4 rows in set (0.00 sec)
```

删除正在运行的数据库实例（**mysql-56d4947494-nhdfv**），自动重建后验证数据。

```
# kubectl delete pod mysql-56d4947494-nhdfv
pod "mysql-56d4947494-nhdfv" deleted

# kubectl get pod
NAME                     READY   STATUS    RESTARTS   AGE
mysql-56d4947494-9g9xr   1/1     Running   0          44s


# kubectl exec -ti mysql-56d4947494-9g9xr bash
root@mysql-56d4947494-9g9xr:/# mysql -uroot -padmin

mysql> show databases;
+--------------------+
| Database           |
+--------------------+
| information_schema |
| mysql              |
| performance_schema |
+--------------------+
3 rows in set (0.01 sec)
```

由上可见，之前创建的 **base** 库已经不存在了，这个结果符合我们的预期。

7.1.2　测试环境

创建 overlays/test 目录，用来保存测试环境配置文件。

1. 应用配置

添加 Service.yaml 文件。

```
kind: Service
apiVersion: v1
metadata:
  name: mysql
spec:
  type: NodePort
  ports:
    - port: 3306
      nodePort: 30306
  selector:
    app: mysql
```

Selector 配置为 MySQL 运行 Pod 的 label 值，节点对外端口为 30306。

添加 pv.yaml、pvc.yaml 文件，用来提供持久化存储卷。

```
# pv.yaml
apiVersion: v1
kind: PersistentVolume
metadata:
  name: mysql
  labels:
    failure-domain.beta.Kubernetes.io/zone: cn-shenzhen-a
    failure-domain.beta.Kubernetes.io/region: cn-shenzhen
spec:
  capacity:
    storage: 20Gi
  storageClassName: disk
  accessModes:
    - ReadWriteOnce
  flexVolume:
    driver: "alicloud/disk"
    fsType: "ext4"
    options:
      volumeId: "d-wz9fp1ljg8ktlydfzk35"

pvc.yaml
kind: PersistentVolumeClaim
apiVersion: v1
metadata:
  name: mysql
spec:
  accessModes:
    - ReadWriteOnce
```

```
    storageClassName: disk
    resources:
      requests:
        storage: 20Gi
```

pc.yaml 中定义了一个 20GB 的云盘类型存储卷，用来保存 MySQL 数据文件。云盘类型存储卷为应用服务提供持久化数据的存储空间，Pod 删除后数据不会被删除，从而保证了应用服务的连续性。

添加 patch.yaml 文件，用上述定义的持久化存储卷覆盖 base 中的配置。

```
apiVersion: apps/v1beta2
kind: Deployment
metadata:
  name: mysql
spec:
  template:
    spec:
      volumes:
      - name: mysql-persistent-storage
        emptyDir: null
        persistentVolumeClaim:
          claimName: mysql
```

最后添加 kustomization.yaml，如下所示。

```
resources:
- ../base
- pv.yaml
- pvc.yaml
- service.yaml

patchesStrategicMerge:
- patch.yaml

namePrefix: test-
namespace: test
```

定义资源的前缀为 test-，定义资源运行名词空间为 test，pv、pvc、service 均添加为资源类型，添加 patch 文件，覆盖 base 配置中的数据卷。

2. 部署测试

在 $DEMO_HOME/overlays/test 目录下执行部署命令如下。

```
# kustomize build | kubectl create -f -
secret/test-mysql-pass created
service/test-mysql created
deployment.apps/test-mysql created
persistentvolume/test-mysql created
persistentvolumeclaim/test-mysql created
```

在集群中查看资源，生成 secret、pod、service、pvc、pv 对象如下。

```
# kubectl get pod -ntest
NAME                          READY    STATUS      RESTARTS    AGE
test-mysql-6c466b99d5-6nqld   1/1      Running     0           38s

# kubectl get svc -ntest
NAME          TYPE       CLUSTER-IP       EXTERNAL-IP    PORT(S)           AGE
test-mysql    NodePort   172.21.15.163    <none>         3306:30306/TCP    42s

# kubectl get secret -ntest
NAME                  TYPE                                       DATA    AGE
default-token-xrdrx   Kubernetes.io/service-account-token        3       26m
test-mysql-pass       Opaque                                     1       52s

# kubectl get pvc -ntest
NAME          STATUS    VOLUME        CAPACITY    ACCESS MODES    STORAGECLASS    AGE
test-mysql    Bound     test-mysql    20Gi        RWO             disk            57s
```

3. 效果验证

以集群中任意一个节点 IP 地址作为服务端，登录 MySQL 数据库。

```
# mysql -h 192.168.1.229 -P 30306 -uroot -padmin

mysql [(none)]> show databases;
+--------------------+
| Database           |
+--------------------+
| information_schema |
| mysql              |
| performance_schema |
+--------------------+
3 rows in set (0.00 sec)

mysql [(none)]> create database test;
Query OK, 1 row affected (0.00 sec)

mysql [(none)]> show databases;
+--------------------+
| Database           |
+--------------------+
| information_schema |
| mysql              |
| performance_schema |
| test               |
+--------------------+
4 rows in set (0.00 sec)
```

如上所示，创建名字为 test 的数据库，删除正在运行的数据库实例（test-mysql-6c466b99d5-6nqld），自动重建后验证数据。

```
# kubectl delete pod test-mysql-6c466b99d5-6nqld -ntest
pod "test-mysql-6c466b99d5-6nqld" deleted

# kubectl get pod -ntest
NAME                            READY   STATUS    RESTARTS   AGE
test-mysql-6c466b99d5-dsnth     1/1     Running   0          64s

# mysql -h 192.168.1.229 -P 30306 -uroot -padmin
mysql [(none)]> show databases;
+--------------------+
| Database           |
+--------------------+
| information_schema |
| mysql              |
| performance_schema |
| test               |
+--------------------+
4 rows in set (0.01 sec)
```

可见创建的 test 库依然存在，这正是在测试环境中使用持久化数据卷的作用。这个行为符合我们的预期。

7.1.3 生产环境

创建 overlays/prod 目录，用来保存生产环境配置文件。

1. 应用配置

添加 Service.yaml 文件。

```
apiVersion: v1
kind: Service
metadata:
  labels:
    app: mysql
  name: mysql
spec:
  ports:
  - port: 3306
    protocol: TCP
    targetPort: 3306
  selector:
    app: mysql
  type: LoadBalancer
```

Selector 配置为 MySQL 运行 Pod 的 label 值；type 类型配置为 LoadBalancer，云服务会自动生成一个 LoadBalancer 实例并挂载；LoadBalancer 对外端口为 30306。

添加 pv.yaml、pvc.yaml 文件，用来提供持久化存储卷。

```
# pv.yaml
```

```
apiVersion: v1
kind: PersistentVolume
metadata:
  name: mysql
  labels:
    failure-domain.beta.Kubernetes.io/zone: cn-shenzhen-a
    failure-domain.beta.Kubernetes.io/region: cn-shenzhen
spec:
  capacity:
    storage: 20Gi
  storageClassName: disk
  accessModes:
    - ReadWriteOnce
  flexVolume:
    driver: "alicloud/disk"
    fsType: "ext4"
    options:
      volumeId: "d-wz9ai2w2ii2l7r4nxur6"

pvc.yaml
kind: PersistentVolumeClaim
apiVersion: v1
metadata:
  name: mysql
spec:
  accessModes:
    - ReadWriteOnce
  storageClassName: disk
  resources:
    requests:
      storage: 20Gi
```

pv.yaml 文件中定义了一个 20GB 大小的云盘类型存储卷，用来保存 MySQL 数据文件。云盘类型存储卷为应用服务提供了持久化数据的存储空间，Pod 删除后数据不会删除，保证了应用服务的连续性。

添加 secret.yaml 文件。

```
apiVersion: v1
kind: Secret
metadata:
  name: mysql-pass
type: Opaque
data:
  # password is "prod".
  password: cHJvZA==
```

password 的值为 cHJvZA==，是 prod 字符的 base64 编码值，此 secret 用在生产环境中，覆盖 base 配置中的 secret。

添加 patch.yaml 文件，将上述定义的持久化存储卷覆盖 base 中的配置。

```
apiVersion: apps/v1beta2
kind: Deployment
metadata:
  name: mysql
spec:
  template:
    spec:
      volumes:
      - name: mysql-persistent-storage
        emptyDir: null
        persistentVolumeClaim:
          claimName: mysql
```

添加 backup.yaml 文件。

```
apiVersion: batch/v1beta1
kind: CronJob
metadata:
  name: mysql-backup
spec:
  schedule: "*/1 * * * *"
  jobTemplate:
    spec:
      template:
        spec:
          containers:
          - name: mysql-backup
            image: mysql:5.6
            command:
            - bash
            - "-c"
            - |
              set -ex
              mkdir -p /data/
              filename=/data/prod-$(date +"%Y%m%d%H%M%S").sql
              mysqldump -h prod-mysql -uroot -pprod --set-gtid-purged=OFF prod
> $filename
              gzip $filename
              exit 0

            volumeMounts:
            - name: backup
              mountPath: /data
          volumes:
          - name: backup
            hostPath:
              path: /root/backup/
          restartPolicy: OnFailure
```

　　文件中包含一个 CronJob，用来定时备份数据库数据，可以通过 schedule 调整备份频率。通过 volumes 配置，我们可以将备份文件进行持久化，这里只是保存到主机目录，还可以通过网络存储将备份文件长期保存。使用 mysqldump 实现备份脚本，具体备份的数据库名称可以通过环境变量传入。

最后添加 kustomization.yaml。

```
resources:
- ../../base
- pv.yaml
- pvc.yaml
- service.yaml
- backup.yaml

patchesStrategicMerge:
- patch.yaml
- secret.yaml

namePrefix: prod-
namespace: prod
```

定义资源前缀为 prod-，定义资源运行名词空间为 prod。pv、pvc、service 均添加为资源类型。添加 patch、secret 文件，覆盖 base 配置中的数据卷、secret。

2. 部署测试

在 $DEMO_HOME/overlays/prod 目录下执行部署命令。

```
# kustomize build | kubectl create -f -
secret/prod-mysql-pass created
service/prod-mysql created
deployment.apps/prod-mysql created
cronjob.batch/prod-mysql-backup created
persistentvolume/prod-mysql created
persistentvolumeclaim/prod-mysql created
```

在集群中查看资源，生成 secret、pod、cronjob、service、pvc、pv 对象。

```
# kubectl get pod -nprod
NAME                         READY    STATUS     RESTARTS    AGE
prod-mysql-795f747cb7-g7fwm  1/1      Running    0           24s

# kubectl get pvc -nprod
NAME         STATUS   VOLUME       CAPACITY   ACCESS MODES   STORAGECLASS   AGE
prod-mysql   Bound    prod-mysql   20Gi       RWO            disk           28s

# kubectl get svc -nprod
NAME         TYPE           CLUSTER-IP      EXTERNAL-IP     PORT(S)          AGE
prod-mysql   LoadBalancer   172.21.10.190   47.113.57.171   3306:32538/TCP   32s

# kubectl get secret -nprod
NAME             TYPE                                DATA    AGE
prod-mysql-pass  Opaque                              1       43s
```

```
# kubectl get cronjob -nprod
NAME                SCHEDULE     SUSPEND     ACTIVE     LAST SCHEDULE     AGE
prod-mysql-backup   */1 * * * *  False       1          28s               62s


# kubectl get pv
NAME                        CAPACITY     ACCESS MODES     RECLAIM POLICY     STATUS
CLAIM                       STORAGECLASS         REASON     AGE
  prod-mysql                20Gi         RWO              Retain             Bound
prod/prod-mysql             disk                    70s
```

3. 效果验证

通过 Service 提供的 SLB 地址登录 MySQL 数据库，创建数据库 prod。

```
# mysql -h 47.113.57.171 -uroot -pprod

mysql [(none)]> show databases;
+--------------------+
| Database           |
+--------------------+
| information_schema |
| mysql              |
| performance_schema |
+--------------------+
3 rows in set (0.00 sec)

mysql [(none)]> create database prod;
Query OK, 1 row affected (0.00 sec)

mysql [(none)]> show databases;
+--------------------+
| Database           |
+--------------------+
| information_schema |
| mysql              |
| performance_schema |
| prod               |
+--------------------+
4 rows in set (0.00 sec)
```

如上所示，创建名为 test 的数据库，删除正在运行的数据库实例（prod-mysql-795f747cb7-g7fwm），自动重建后验证数据。

```
# kubectl delete pod prod-mysql-795f747cb7-g7fwm -nprod
pod "prod-mysql-795f747cb7-g7fwm" deleted

# kubectl get pod -nprod
NAME                          READY     STATUS      RESTARTS     AGE
prod-mysql-795f747cb7-c2r89   1/1       Running     0            49s

# mysql -h 47.113.57.171 -uroot -pprod
```

```
mysql [(none)]> show databases;
+--------------------+
| Database           |
+--------------------+
| information_schema |
| mysql              |
| performance_schema |
| prod               |
+--------------------+
4 rows in set (0.00 sec)
```

由上可见，创建的 prod 库依然存在。

下面我们查看 backup 任务对应的 pod。

```
# kubectl get pod -nprod | grep backup
prod-mysql-backup-1572783720-twjwj    0/1    Completed    0    106s
prod-mysql-backup-1572783780-wg9p8    0/1    Completed    0    45s
```

登录 Pod 所在节点，查看 /root/backup 目录下面的备份文件。

```
# ls -l /root/backup/
total 20
-rw-r--r-- 1 root root 455 Nov  3 20:16 prod-20191103121605.sql.gz
-rw-r--r-- 1 root root 454 Nov  3 20:19 prod-20191103121906.sql.gz
```

至此实现了定期备份功能，符合我们的预期。

7.1.4　配置管理

从上文对测试环境、生产环境的讲解可知，整个项目的配置文件如下所示。

```
# tree
.
```
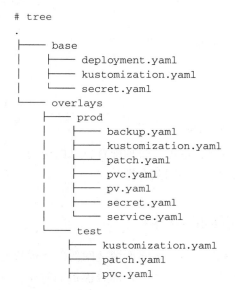
```
├── base
│   ├── deployment.yaml
│   ├── kustomization.yaml
│   └── secret.yaml
└── overlays
    ├── prod
    │   ├── backup.yaml
    │   ├── kustomization.yaml
    │   ├── patch.yaml
    │   ├── pvc.yaml
    │   ├── pv.yaml
    │   ├── secret.yaml
    │   └── service.yaml
    └── test
        ├── kustomization.yaml
        ├── patch.yaml
        ├── pvc.yaml
```

```
        ├── pv.yaml
        └── service.yaml
```

这样的配置管理结构实现了不同环境或团队对同一个项目的差异化配置，将不同的目录隔离后，每个目录都有自己定制化的配置。这样的配置管理方式也利于功能扩展。如果有其他的团队或环境，可以通过在 Overlay 中创建新目录来管理配置文件，Overlay 中的目录通过引用 base 目录中的配置实现共享公共配置，自己目录中的配置文件实现业务的个性化配置。

用 Git 这样的版本管理工具管理项目，更方便项目在不同环境、不同版本间使用。把整个项目存放在 Git 服务上，不同环境或团队开发自己负责业务对应的目录，团队内部根据配置的版本号跟踪业务发展的配置演进，团队之间通过 base 目录共享配置，通过不同的目录实现差异化。

在权限管理上，可以通过将每个环境采用不同 Repo 进行管理的方式来控制访问权限，示例如下所示。

创建名为 base 的配置管理仓库，权限为所有人可读。

```
# git clone https://github.com/kustomize-**/base.git

# base git:(master) ✗ ls
deployment.yaml    kustomization.yaml secret.yaml
```

创建名为 test 的配置管理仓库，权限为测试团队可读写。

```
# git clone https://github.com/kustomize-**/test.git

# test git:(master) ✗ ls
kustomization.yaml patch.yaml          pv.yaml              pvc.yaml
service.yaml
```

创建名为 prod 的配置管理仓库，权限为线上运维团队可读写。

```
# git clone https://github.com/kustomize-**/prod.git

# prod git:(master) ✗ ls
backup.yaml        patch.yaml          pvc.yaml             service.yaml
kustomization.yaml pv.yaml             secret.yaml
```

这样每个团队都可以下载使用公共配置 base 目录，也可以管理配置自己的应用配置目录，通过复用 Git 的权限管理和版本管理实现应用配置的多团队合作。

7.2　通过插件实现不同环境下部署不同的模板

假设某用户生产环境中的应用分布在多个区域，应用在不同地域之间的部署模板是一致的，但是镜像地址、存储卷地址、LoadBalancer-ID 都不一样。在部署模板的时候，每个

region 都要维护一套模板，加大了运维工作的复杂度。本项目为 region 适配器实现，在每个区域部署的时候，都会根据 Region 信息匹配所在区域特定的配置。

7.2.1　项目介绍

用户在多个 region 部署 Nginx 服务，Nginx 服务配置为多个实例，通过 LoadBalancer 对外提供服务。用户需要保持服务的日志，通过使用 NFS 存储卷保持日志。另外，由于实例较多，应用模板中配置的镜像地址需要是 region 内部网络地址，以加快镜像下载速度。

Nginx 服务部署模板如下所示，每个 region 的部署模板中，镜像地址 {region-image}、nfs 服务器地址 {region-server} 都不一样，需要在部署的时候根据 region 的地址进行匹配。

```
apiVersion: apps/v1
kind: Deployment
metadata:
  name: kustomize-nginx
spec:
  selector:
    matchLabels:
      app: kustomize-nginx
  replicas: 3
  template:
    metadata:
      labels:
        app: kustomize-nginx
    spec:
      containers:
      - name: nginx
        image: {region-image}
        ports:
        - containerPort: 80
        volumeMounts:
          - name: nas
            mountPath: /var/log/nginx/
      volumes:
      - name: nas
        flexVolume:
          driver: "alicloud/nas"
          options:
            server: "{nfs-server}"
            path: "/nginx"
            vers: "3"
```

下面是 Service 的模板（LoadBalancer 类型），每个 region 对应的 LoadBalancer 地址也不相同，需要逐一进行匹配。

```
apiVersion: v1
kind: Service
metadata:
```

```
  annotations:
    service.beta.Kubernetes.io/alibaba-cloud-loadbalancer-id: "{lb-id}"
  name: kustomize-nginx
spec:
  ports:
  - port: 80
    protocol: TCP
    targetPort: 80
    nodePort: 31527
  selector:
    app: kustomize-nginx
  type: LoadBalancer
```

本项目将各个 region 对应的镜像、NFS、LB 配置信息写入配置文件，在部署应用的时候，通过插件方式实现应用部署的 region 和配置文件。自动化实现上述与 region 有关的配置信息的适配工作。

```
cn-beijing:
  image: registry.cn-beijing.aliyuncs.com/kustomize/nginx:1.7.9
  nfs-server: 3574f42129-yau2b.cn-beijing.nas.aliyuncs.com
  lb-id: lb-wz3d8da49mb1tz0akimiz
cn-shenzhen:
  image: registry.cn-shenzhen.aliyuncs.com/kustomize/nginx:1.7.9
  nfs-server: 2564f49129-ysu87.cn-shenzhen.nas.aliyuncs.com
  lb-id: lb-wz9d8gq48ma1tq59kimul
```

7.2.2　插件实现

创建项目目录。

```
# mkdir/root/kustomize/regionAdapter
```

在项目目录中创建 Kustomize 配置文件，包含 deployment.yaml、service.yaml、config.yaml 以及 regionAdapter.yaml 等文件。

```
cat kustomization.yaml
resources:
- service.yaml
- deployment.yaml
transformers:
- regionAdapter.yaml
```

创建 Deployment.yaml 和 Service.yaml（内容同项目介绍中 yaml 文件配置）。

创建 regionAdapter.yaml 配置文件，该文件为插件的定义文件，也是插件执行的配置文件。

```
apiVersion: execExample
kind: RegionAdapter
metadata:
```

```
    name: whatever
argsOneLiner: cn-beijing
```

argsOneLiner:cn-beijing 表示部署期望的 region 信息，插件会根据该信息确定使用哪个
region 的配置信息。

上述配置中 apiVersion、kind 的值决定了插件安装目录如下。

`/root/.config/kustomize/plugin/execExample/regionadapter/RegionAdapter。`

创建配置文件，所有 region 相关的配置信息都可以写入如下配置文件中。

```
# cat config.yaml
cn-beijing:
  image: registry.cn-beijing.aliyuncs.com/kustomize/nginx:1.7.9
  nfs-server: 3574f42129-yau2b.cn-beijing.nas.aliyuncs.com
  lb-id: lb-wz3d8da49mb1tz0akimiz
cn-shenzhen:
  image: registry.cn-shenzhen.aliyuncs.com/kustomize/nginx:1.7.9
  nfs-server: 2564f49129-ysu87.cn-shenzhen.nas.aliyuncs.com
  lb-id: lb-wz9d8gq48ma1tq59kimul
```

本示例中通过 Python 语言实现插件，实现代码如下。

```
#!/usr/bin/python2.7

# 该文件为 Python 脚本文件，会对当前目录下的 Kubernetes 对象进行处理
#    Deployment/StatefulSet/DaemonSet 中的容器镜像替换
#    对 Deployment/StatefulSet/DaemonSet 中 Nas 类型 volume 的服务端地址进行替换
#    对 Service 中 MetaData 配置的 annotations 进行替换, service.beta.Kubernetes.io/
alibaba-cloud-loadbalancer-id 的值配置为配置文件的值
#
# 配置文件为当前目录下面的 config.yaml 文件
#
# python 命令调用格式: RegionAdapter tmp-dir {region-id}

import sys
import yaml

# config.yaml 是 region 化参数的配置文件
with open('./config.yaml', "r") as stream:
    try:
        regionMap = yaml.safe_load(stream)
    except yaml.YAMLError as exc:
        print "Error parsing config File"
        sys.exit(1)

# 支持的对象类型
match_list = [
    "DaemonSet",
    "Service",
```

```
        "Deployment",
        "StatefulSet",
        "ReplicaSet",
        "CronJob",
        "Job",
        "Pod",
    ]


# 替换具体逻辑，将 volume、annotations、image 替换为配置文件的值
def set_config(obj, region_id):
    spec = None
    if (
        obj["kind"] == "Deployment"
        or obj["kind"] == "StatefulSet"
        or obj["kind"] == "DaemonSet"
        or obj["kind"] == "ReplicaSet"
        or obj["kind"] == "Job"
    ):
        spec = obj["spec"]["template"]["spec"]
        if not spec:
            print "Error: no spec found for obj"
            sys.exit(1)
        if "containers" not in spec:
            print "Error: no containers found in obj"
            sys.exit(1)

        # 将容器的镜像配置为配置文件的值
        for container in spec["containers"]:
            container["image"] = regionMap[region_id]["image"]

        # 将数据卷的 nas 服务器地址设置为配置文件中的值
        for volume in spec["volumes"]:
            if "flexVolume" in volume:
                volume["flexVolume"]["options"]["server"] = regionMap[region_id]["nfs-server"]

    # 设置在不同 region 中 Service 对象中的 LoadBalancer 值
    if obj["kind"] == "Service":
        metadata = obj["metadata"]
        if not metadata:
            print "Error: no metadata found for obj"
            sys.exit(1)
        if "annotations" not in metadata and "service.beta.Kubernetes.io/alibaba-cloud-loadbalancer-id" in metadata["annotations"]:
            metadata["annotations"]["service.beta.Kubernetes.io/alibaba-cloud-loadbalancer-id"] = regionMap[region_id]["lb-id"]

    print "---"
    print yaml.dump(obj)
```

```
try:
    f = sys.stdin
    # region_id 是插件被调用时传进来的参数, 每个区域根据 region_id 的值到 config.yaml 中
匹配对应的配置数据
    region_id = sys.argv[2]
    for yaml_input in yaml.safe_load_all(f):
        # 有 kind 选项的文件, 认为是 Kubernetes 的对象配置文件, 否则直接进行输出
        if yaml_input and yaml_input["kind"] in match_list:
            set_config(yaml_input, region_id)
        else:
            print "---"
            print yaml.dump(yaml_input)

except yaml.YAMLError as exc:
    print "Error parsing YAML in RegionAdapter"
    sys.exit(1)
```

该插件通过 Python 语言编写并实现, Kustomize 对插件的实现语言没有要求, 既可以是脚本文件, 也可以是二进制文件, 只要通过命令行调用的时候可以执行即可, 所以在脚本一开始就需要写入 Python 解析器地址 (/usr/bin/python2.7)。

将上述代码保存在 /root/.config/kustomize/plugin/execExample/regionadapter/RegionAdapter 位置, 并对文件配置可执行权限。

```
# chmod 755 /root/.config/kustomize/plugin/execExample/regionadapter/RegionAdapter
```

7.2.3 运行插件

将 regionAdapter.yaml 文件中 argsOneLiner 配置为 beijing region。

```
argsOneLiner: cn-beijing
```

执行 kustomize 命令。

```
# kustomize build --enable_alpha_plugins ./
```

得到的结果如下。

```
apiVersion: v1
kind: Service
metadata:
  annotations:
    service.beta.Kubernetes.io/alibaba-cloud-loadbalancer-id: lb-wz3d8da49mb1tz0akimiz
  name: kustomize-nginx
spec:
  ports:
  - nodePort: 31527
    port: 80
    protocol: TCP
    targetPort: 80
  selector:
```

```
        app: kustomize-nginx
    type: LoadBalancer
---
apiVersion: apps/v1
kind: Deployment
metadata:
  name: kustomize-nginx
spec:
  replicas: 3
  selector:
    matchLabels:
      app: kustomize-nginx
  template:
    metadata:
      labels:
        app: kustomize-nginx
    spec:
      containers:
      - image: registry.cn-beijing.aliyuncs.com/kustomize/nginx:1.7.9
        name: nginx
        ports:
        - containerPort: 80
        volumeMounts:
        - mountPath: /var/log/nginx/
          name: nas
      volumes:
      - flexVolume:
          driver: alicloud/nas
          options:
            path: /nginx
            server: 3574f42129-yau2b.cn-beijing.nas.aliyuncs.com
            vers: "3"
        name: nas
```

在上述结果中，LoadBalancer、Nfs-Server、Image 都是 beijing region 对应的配置。下面将 regionAdapter.yaml 文件中 argsOneLiner 配置为 shenzhen region。

```
argsOneLiner:cn-shenzhen
```

得到如下结果。

```
apiVersion: v1
kind: Service
metadata:
  annotations:
    service.beta.Kubernetes.io/alibaba-cloud-loadbalancer-id: lb-wz9d8gq48ma1tq59kimu1
** 略 **
---
apiVersion: apps/v1
kind: Deployment
```

```
** 略 **
      containers:
      - image: registry.cn-shenzhen.aliyuncs.com/kustomize/nginx:1.7.9
** 略 **
            path: /nginx
            server: 2564f49129-ysu87.cn-shenzhen.nas.aliyuncs.com
            vers: "3"
```

可见插件根据输入 region 参数的不同，对应用模板进行动态配置，生成了不同环境下不同资源依赖的应用版本。

7.3　本章小结

本章示例给出了一种通过插件灵活配置不同环境下资源依赖的场景，插件实现的功能比较简单，执行的原理是一致的，通过该方式可以实现其他更为复杂的场景，例如，可以输入更多参数、为不同 region 进行更多不同配置等。

Kustomize 可以在一个应用中配置多个插件使用入口，也可以同时配置 transformers 和 generators。Kustomize 正是通过自身提供的功能和丰富的插件扩展能力，才可以在不同的环境中提供不同的应用配置，且最大限度保持了配置文件的简洁和版本统一。

```
resources:
- service.yaml
- deployment.yaml

generators:
- secretGenerator.yaml

transformers:
- regionAdapter.yaml
- regionAdapter2.yaml
```

通过引入插件，为 Kustomize 提供了用户场景定制化功能的实现方案。通过调用插件，任何配置文件的转变都可以通过二次代码开发实现。这样的设计也是 Kubernetes 生态所推荐的，即通过将抽象接口标准化并对外开放，在保持工具代码稳定性的情况下，极大增强工具的可扩展性和场景的适配能力。

Kustomize 源码分析

从本章开始，我们就进入 Kustomize 源码分析部分。本章源码分析以最新的 Kustomize 4.0 为原型版本。

本章将重点介绍 Kustomize 工作的执行流程，包括 Build、Edit、Config、Create 等命令的实现原理，以及 Kustomize 实现 Plugin 的代码细节。

读者可以下载源码对照着进行学习。

```
# git clone https://github.com/Kubernetes-sigs/kustomize.git
# git checkout release-kustomize-v4.0
```

8.1 Kustomize 执行流程介绍

Kustomize 是一个使用 Go 语言编写的命令行工具，程序使用了 github.com/spf13/cobra 命令行工具构建的架构。cobra 是一个非常流行的命令行类库，很多使用 Go 语言编写的命令行工具都是使用这个 cobra 类库编写的。

Kustomize 的 main 函数非常简单，只用一行命令就完成了调用。我们先创建一个 DefaultCommand，然后调用 Execute 命令实现具体操作。

```
func main() {
  if err := commands.NewDefaultCommand().Execute(); err != nil {
    os.Exit(1)
  }
  os.Exit(0)
}
```

1. NewDefaultCommand 函数解析

NewDefaultCommand 函数代码如下所示。

```
func NewDefaultCommand() *cobra.Command {
  //创建一个本地文件系统对象
    fSys := filesys.MakeFsOnDisk()
    stdOut := os.Stdout

    //创建 cobra 对象，用户构建命令行工具细节
    c := &cobra.Command{
      Use:   pgmconfig.ProgramName,
      Short: "Manages declarative configuration of Kubernetes",
      Long: `
```

管理 Kubernetes 的声明性配置。

```
See https://sigs.k8s.io/kustomize
`,
  }

  uf := kunstruct.NewKunstructuredFactoryImpl()
  pf := transformer.NewFactoryImpl()
  rf := resmap.NewFactory(resource.NewFactory(uf), pf)
  v := validator.NewKustValidator()
  c.AddCommand(
    build.NewCmdBuild(
      stdOut, fSys, v,
      rf, pf),
    edit.NewCmdEdit(fSys, v, uf),
    create.NewCmdCreate(fSys, uf),
    config.NewCmdConfig(fSys),
    version.NewCmdVersion(stdOut),
  )
  c.PersistentFlags().AddGoFlagSet(flag.CommandLine)

  flag.CommandLine.Parse([]string{})
  return c
}
fSys := filesys.MakeFsOnDisk()
```

生成一个本地文件系统对象。生成文件系统对象主要由于 Kustomize 命令，会对存储类型执行读写操作，需要感知具体存储细节，例如 Kustomize 读写介质可能为：本地磁盘、内存等。

```
c := &cobra.Command{***}
```

Cobra 是一个 Golang 包，提供简单的接口来创建命令行程序。这里生成一个 cobra.Command 对象，用于描述 Kustomize 命令细节。在生成对象时定义命令行工具输出 Usage 时的信息。

```
uf := kunstruct.NewKunstructuredFactoryImpl()
```

生成一个工厂类，其对象可以无结构化地处理 Kustomize 需要处理的对象信息。例如：

将 ConfigMap、Secret 等结构化对象转变为非结构化的字节序列。

```
pf := transformer.NewFactoryImpl()
```

创建转换器工厂类。

```
rf := resmap.NewFactory(resource.NewFactory(uf), pf)
```

创建一个工厂类，用于实现 kustomization 中所有资源与资源 ID 的映射。

```
c.AddCommand(
  build.NewCmdBuild(
    stdOut, fSys, v,
    rf, pf),
  ***
)
```

c.AddCommand 注册 Kustomize 所支持的命令集合，目前共支持 Build、Edit、Create、Config、Version 这 5 个子命令。每个命令都会通过此命令的 NewCmd***() 方法创建一个 cobra.Command 对象指针。

本函数生成一个 kustomize 命令描述对象，并在对象中解析命令行传入的参数，最终返回对象给调用者。

2. 执行 Execute 函数

Kustomize 基于 cobra.Command 框架实现，执行 Execute 函数即为执行在 NewCommand 中注册的 RunE 函数。

如下为 Build 子目录的注册函数。

```
RunE: func(cmd *cobra.Command, args []string) error {
  err := o.Validate(args)
  if err != nil {
    return err
  }
  return o.RunBuild(out, v, fSys, rf, ptf, pl)
},
```

表示执行 build 子命令时，将调用 Validate 函数检查输入参数的准确性，并调用 RunBuild 函数执行具体子目录操作。同样 Edit、Create 等子命令也有其相应的 Run 函数。

Kustomize 名字通过启动时初始化命令信息、注册所支持的命令、调用注册函数等步骤完成命令调用，最终程序将根据 Execute 函数执行的结果决定命令是否成功执行。

8.2 kustomize build 命令解析

上节介绍了 kustomize 命令行执行的大致流程，本节将介绍 build 子命令的执行细节。build 子命令是 Kustomize 支持的最主要子命令，完成对当前 kustomization 项目的分析、处理，并将最终生成的应用配置输出给调用者。

8.2.1　NewCmdBuild 函数解析

build 作为 Kustomize 命令行工具的一个子命令，在初始化时会进行命令注册，组成函数 NewCmdBuild 代码如下。

```
func NewCmdBuild(
  out io.Writer, fSys filesys.FileSystem,
  v ifc.Validator, rf *resmap.Factory,
  ptf resmap.PatchFactory) *cobra.Command {
  var o Options

  pluginConfig := config.DefaultPluginConfig()
  pl := pLdr.NewLoader(pluginConfig, rf)

  cmd := &cobra.Command{
    Use: "build {path}",
    Short: "Print configuration per contents of " +
      pgmconfig.DefaultKustomizationFileName(),
    Example:        examples,
    SilenceUsage: true,
    RunE: func(cmd *cobra.Command, args []string) error {
      err := o.Validate(args)
      if err != nil {
        return err
      }
      return o.RunBuild(out, v, fSys, rf, ptf, pl)
    },
  }

  cmd.Flags().StringVarP(
    &o.outputPath,
    "output", "o", "",
    "If specified, write the build output to this path.")
  fLdr.AddFlagLoadRestrictor(cmd.Flags())
  config.AddFlagEnablePlugins(
    cmd.Flags(), &pluginConfig.Enabled)
  addFlagReorderOutput(cmd.Flags())
  cmd.AddCommand(NewCmdBuildPrune(out, v, fSys, rf, ptf, pl))
  return cmd
}
```

NewCmdBuild 函数会创建一个 Kustomize 命令行工具的 build 操作对应的 cobra. Command 对象指针。

```
pluginConfig:=config.DefaultPluginConfig()
pl:=pLdr.NewLoader(pluginConfig,rf)
```

NewCmdBuild 函数用于创建一个插件配置对象，读取默认的插件配置。默认配置文件目录通过 XDGCONFIGHOME 变量定义。

```
cmd:=&cobra.Command{}
```

创建一个 cobra.Command 命令对象，该对象是对 build 命令的描述，包括命令配置参数、执行调用细节等。创建过程中会添加命令的 Usage 信息，并配置 RunE。

RunE 是命令执行的函数调用入口，即执行 build 命令时，cobra.Command 框架将会调用 RunE 多配置的函数指针。

```
cmd.Flags().StringVarP(**)
fLdr.AddFlagLoadRestrictor(cmd.Flags())
config.AddFlagEnablePlugins(cmd.Flags(), &pluginConfig.Enabled)
addFlagReorderOutput(cmd.Flags())
```

上面几行是配置命令行工具执行时添加的控制标签，例如：--loadrestrictor、--enablealpha_plugins、--reorder 等配置。

❑ AddFlagLoadRestrictor：用来控制命令是否可以读取 root 目录（相对 kustomization 项目）以外的配置，将 load_restrictor 初始化为不可读取外部配置。

❑ AddFlagEnablePlugins：判断是否使用 Plugin 功能（目前处于 Alpha 阶段），初始状态是不启用（false）的。

❑ AddFlagReorderOutput：配置输出结果是否重新排序，默认配置是"重新排序"。

如下 AddCommand 表示 kustomize build 命令可以支持下一级子命令，目前只支持一个子命令（alpha-inventory）。alpha-inventory 的具体命令细节由 NewCmdBuildPrune 函数定义。

```
cmd.AddCommand(NewCmdBuildPrune(out, v, fSys, rf, ptf, pl))
```

8.2.2　NewCmdBuildPrune 函数详解

NewCmdBuildPrune 用于添加 alpha-inventory 子命令，函数实现如下。

```
out io.Writer, v ifc.Validator, fSys filesys.FileSystem,
rf *resmap.Factory, ptf resmap.PatchFactory,
pl *pLdr.Loader) *cobra.Command {
var o Options

cmd := &cobra.Command{
  Use:          "alpha-inventory [path]",
  Short:        "Print the inventory object which contains a list of all other
objects",
  Example:      examples,
  SilenceUsage: true,
  RunE: func(cmd *cobra.Command, args []string) error {
    err := o.Validate(args)
    if err != nil {
```

```
      return err
    }
    return o.RunBuildPrune(out, v, fSys, rf, ptf, pl)
  },
}
return cmd
```

NewCmdBuildPrune 生成一个 cobra.Command 子命令对象，在对象中添加 Usage 说明信息，并注册执行函数为 RunBuildPrune。

8.2.3　RunBuild 函数详解

RunBuild 是 kustomize build 名字的执行函数，代码如下。

```
func (o *Options) RunBuild(
  out io.Writer, v ifc.Validator, fSys filesys.FileSystem,
  rf *resmap.Factory, ptf resmap.PatchFactory,
  pl *pLdr.Loader) error {
  ldr, err := fLdr.NewLoader(
    o.loadRestrictor, o.kustomizationPath, fSys)
  if err != nil {
    return err
  }
  defer ldr.Cleanup()
  kt, err := target.NewKustTarget(ldr, v, rf, ptf, pl)
  if err != nil {
    return err
  }
  m, err := kt.MakeCustomizedResMap()
  if err != nil {
    return err
  }
  return o.emitResources(out, fSys, m)
}
```

RunBuild 执行流程为读入配置文件、生成资源列表、输出生成的配置文件。

1. 生成原配置导入器

```
ldr, err := fLdr.NewLoader(
```

通过如上命令可以生成一个用来读入源配置文件的导入器，导入器会根据源配置文件种类返回不同的对象类型，支持 Git Repo 类型、当前目录类型、指定目录类型。

其中 Git Repo 类型支持的源配置文件会保存在远端 Git 服务器上，会根据输入的配置解析出 Git 的 host、Repo 名、前缀、path 等信息，并通过调用 Git Clone 函数下载源配置文件。

```
return newLoaderAtGitClone(repoSpec, fSys, nil, git.ClonerUsingGitExec)
```

ClonerUsingGitExec 是一个集成了 Git 命令行工具的库，可以执行下载配置文件所需的必要 Git 相关命令，如：init、reset、remote。

2. 加载主配置文件

```
kt, err := target.NewKustTarget(ldr, v, rf, ptf, pl)
```

NewKustTarget 函数生成并返回一个 KustTarget 对象，KustTarget 对象中包含了导入的源配置，其主要信息包含一个 Kustomization 对象。

```
func NewKustTarget(
  ldr ifc.Loader,
  validator ifc.Validator,
  rFactory *resmap.Factory,
  tFactory resmap.PatchFactory,
  pLdr *loader.Loader) (*KustTarget, error) {

  content, err := loadKustFile(ldr)
  if err != nil {
    return nil, err
  }
  content = types.FixKustomizationPreUnmarshalling(content)
  var k types.Kustomization
  err = unmarshal(content, &k)
  if err != nil {
    return nil, err
  }
  k.FixKustomizationPostUnmarshalling()
  errs := k.EnforceFields()
  if len(errs) > 0 {
    return nil, fmt.Errorf(
      "Failed to read kustomization file under %s:\n"+
        strings.Join(errs, "\n"), ldr.Root())
  }
  return &KustTarget{
    kustomization: &k,
    ldr:          ldr,
    validator:    validator,
    rFactory:     rFactory,
    tFactory:     tFactory,
    pLdr:         pLdr,
  }, nil
}
```

（1）loadKustFile：用来读取 Kustomization 主配置文件，支持如下 3 个文件名，即下列 3 个文件都可以被 kustomize 命令识别。

❑ "kustomization.yaml"

❑ "kustomization.yaml"

❑ "Kustomization"

（2）FixKustomizationPreUnmarshalling：用来兼容旧的标签格式，例如：旧版本使用 imageTags，而在新版本需要使用 images；旧版本使用 patches，而新版本会替换成 patchesStrategicMerge。

（3）unmarshal(content, &k)：将读入的配置文件执行结构化解析，通过调用 yaml 库函数（yaml.YAMLToJSON）将读入字符解析成 Kustomization 对象。

（4）FixKustomizationPostUnmarshalling：用来检查 APIVersion、Kind 等信息，如果没有配置则添加默认值。

Kustomization 对象保存用于生成目标资源的 Kustomization 主配置信息，具体信息如下所示。

```
type Kustomization struct {
    # 定义 Kind、APIVersion 两个字段
    TypeMeta `json:",inline" yaml:",inline"`

    # 操作类变量

    # NamePrefix: 名字前缀，可以为生成的所有资源类型名字前添加前缀信息
    NamePrefix string `json:"namePrefix,omitempty" yaml:"namePrefix,omitempty"`

    # NameSuffix: 名字后缀，可以为生成的所有资源类型名字添加后缀信息
    NameSuffix string `json:"nameSuffix,omitempty" yaml:"nameSuffix,omitempty"`

    # Namespace: 为所有对象添加名词空间
    Namespace string `json:"namespace,omitempty" yaml:"namespace,omitempty"`

    # CommonLabels: 为所有对象、选择器添加标签
    CommonLabels map[string]string `json:"commonLabels,omitempty" yaml:"commonLabels,omitempty"`

    # CommonAnnotations: 可以为所有对象添加 Annotation
    CommonAnnotations map[string]string `json:"commonAnnotations,omitempty" yaml:"commonAnnotations,omitempty"`

    # PatchesStrategicMerge: patch 标签，定义 patch 文件的相对路径
    PatchesStrategicMerge []PatchStrategicMerge `json:"patchesStrategicMerge,omitempty" yaml:"patchesStrategicMerge,omitempty"`

    # JSONPatches: JSONPatches 类型标签
    PatchesJson6902 []PatchJson6902 `json:"patchesJson6902,omitempty" yaml:"patchesJson6902,omitempty"`

    # Patches: Patch 列表，可以包含多个 Patch
    Patches []Patch `json:"patches,omitempty" yaml:"patches,omitempty"`

    # Images: 镜像定义，包含旧镜像名字、新镜像的名字（NewName）、版本号（NewTag）、摘要（Digest）
```

```
    Images []Image `json:"images,omitempty" yaml:"images,omitempty"`

    # Replicas: 定义资源对象个数，包含资源的名字、个数
    Replicas []Replica `json:"replicas,omitempty" yaml:"replicas,omitempty"`

    # Vars: 定义变量信息
    Vars []Var `json:"vars,omitempty" yaml:"vars,omitempty"`

    # 资源类变量

    # Resources: 定义引用的资源文件的相对路径，可以包含多个配置文件，也可以是绝对路径或者 URL 格式
    Resources []string `json:"resources,omitempty" yaml:"resources,omitempty"`

    # Crds: 定义 CRD 资源路径
    Crds []string `json:"crds,omitempty" yaml:"crds,omitempty"`

    # bases: 废弃的标签
    Bases []string `json:"bases,omitempty" yaml:"bases,omitempty"`

    # 生成器类变量

    # ConfigMapGenerator: 定义 ConfigMap 生成器
    ConfigMapGenerator []ConfigMapArgs `json:"configMapGenerator,omitempty" yaml:
"configMapGenerator,omitempty"`

    # SecretGenerator: 定义 Secret 生成器
    SecretGenerator []SecretArgs `json:"secretGenerator,omitempty" yaml:"secretG
enerator,omitempty"`

    # GeneratorOptions: 定义 ConfigMap 生成器和 Secret 生成器行为
    GeneratorOptions *GeneratorOptions `json:"generatorOptions,omitempty" yaml:
"generatorOptions,omitempty"`

    # Configurations: 一系列转换器配置文件
    Configurations []string `json:"configurations,omitempty" yaml:"configurations,
omitempty"`

    # Generators: 自定义生成器配置文件列表，可以包含多个配置文件
    Generators []string `json:"generators,omitempty" yaml:"generators,omitempty"`

    // Transformers: 自定义转换器配置文件列表，可以包含多个配置文件
    Transformers []string `json:"transformers,omitempty" yaml:"transformers,omitempty"`

    // Inventory: 定义 build 操作对应的所有对象
    Inventory *Inventory `json:"inventory,omitempty" yaml:"inventory,omitempty"`
}
```

3. 生成资源列表

```
m, err := kt.MakeCustomizedResMap()
```

生成目标资源列表，主要过程包括：目标资源生成、添加哈希字段、解析变量参数、计算。

```
func (kt *KustTarget) makeCustomizedResMap(
  garbagePolicy types.GarbagePolicy) (resmap.ResMap, error) {
  ra, err := kt.AccumulateTarget()
  if err != nil {
    return nil, err
  }

  // 下面的步骤最后必须完成，而不是作为 AccumulateTarget 中隐含递归的一部分

  err = kt.addHashesToNames(ra)
  if err != nil {
    return nil, err
  }

  // 鉴于名字改变了（前缀 / 后缀添加），修复所有的引用名称
  err = ra.FixBackReferences()
  if err != nil {
    return nil, err
  }

  // 修复了所有的反向引用之后，就可以解析 Vars 了
  err = ra.ResolveVars()
  if err != nil {
    return nil, err
  }

  err = kt.computeInventory(ra, garbagePolicy)
  if err != nil {
    return nil, err
  }

  return ra.ResMap(), nil
}
```

8.2.4　AccumulateTarget 解析

AccumulateTarget 函数的功能是把项目涉及的资源对象进行汇总、处理，并返回生成的目标资源对象列表。传入参数为 Kustomization 对象，从中查找当前项目定义的资源名称，并读取资源配置。

AccumulateTarget 函数是根据 Configurations 配置生成。

```
func (kt *KustTarget) AccumulateTarget() (
  ra *accumulator.ResAccumulator, err error) {
  ra = accumulator.MakeEmptyAccumulator()
  err = kt.accumulateResources(ra, kt.kustomization.Resources)
```

```
  if err != nil {
    return nil, errors.Wrap(err, "accumulating resources")
  }
  tConfig, err := builtinconfig.MakeTransformerConfig(
    kt.ldr, kt.kustomization.Configurations)
  if err != nil {
    return nil, err
  }
  err = ra.MergeConfig(tConfig)
  if err != nil {
    return nil, errors.Wrapf(
      err, "merging config %v", tConfig)
  }
  crdTc, err := accumulator.LoadConfigFromCRDs(kt.ldr, kt.kustomization.Crds)
  if err != nil {
    return nil, errors.Wrapf(
      err, "loading CRDs %v", kt.kustomization.Crds)
  }
  err = ra.MergeConfig(crdTc)
  if err != nil {
    return nil, errors.Wrapf(
      err, "merging CRDs %v", crdTc)
  }
  err = kt.runGenerators(ra)
  if err != nil {
    return nil, err
  }
  err = kt.runTransformers(ra)
  if err != nil {
    return nil, err
  }
  err = ra.MergeVars(kt.kustomization.Vars)
  if err != nil {
    return nil, errors.Wrapf(
      err, "merging vars %v", kt.kustomization.Vars)
  }
  return ra, nil
}
```

将返回结果为 ResAccumulator 类型对象。

```
type ResAccumulator struct {
  resMap  resmap.ResMap
  tConfig *builtinconfig.TransformerConfig
  varSet  types.VarSet
}
```

其中：

❑ resMap：kustomization 项目包含的资源列表，是 resource.Resource 资源类型的集合。

❑ tConfig：项目中包含的资源配置对象，包括 NamePrefix、NameSuffix、NameSpace

等配置。

❑ varSet：项目中包含的变量集合。

下面对几个主要调用函数进行解析。

1. accumulateResources 函数

```
func (kt *KustTarget) accumulateResources(
  ra *accumulator.ResAccumulator, paths []string) error {
  for _, path := range paths {
    ldr, err := kt.ldr.New(path)
    if err == nil {
      err = kt.accumulateDirectory(ra, ldr, path)
      if err != nil {
        return err
      }
    } else {
      err2 := kt.accumulateFile(ra, path)
      if err2 != nil {
        // Log ldr.New() error to highlight git failures. (未译)
        log.Print(err.Error())
        return err2
      }
    }
  }
  return nil
}
```

读取 kustomization 对象中定义的资料列表，资源的定义格式支持 URL、文件、目录等配置方式。所有资源最终的存储格式为 resource.Resource，并被保存在 ResMap 对象中。

（1）资源定义为文件格式：读取文件内容，并格式化为 resource.Resource 对象，将其加入资源对象池 ResMap。

（2）资源定义为目录格式：对定义的目录进行 AccumulateTarget 函数调用，即对目录执行递归调用；这样即使目标目录中再次定义 Kustomization 项目，也会根据上述解析流程再次读取项目中的所有资源配置。

递归调用函数实现了 Kustomization 项目中定义目录，实现 Overlay 的基础构建。例如：使用 Overlay 功能时，我们会在 Resource 列表中定义 base 目录，base 目录的解析就是这里的递归调用。

每次递归调用后都需要执行 MergeAccumulator 函数，对递归调用的结果进行合并。

```
err = ra.MergeAccumulator(subRa)
```

合并函数：MergeAccumulator 会将递归获取的资源对象列表和目标资源对象列表进行合并去重。分别调用 MergeConfig 和 MergeSet 函数。

❑ MergeConfig 函数：实现 TransformerConfig 配置的合并，包括：NamePrefix、NameSuffix、NameSpace、CommonAnnotations、CommonLabels 等配置的合并。

❑ MergeSet 函数：是对项目中的 var 变量进行合并。

2. MakeTransformerConfig 函数

解析 Kustomization 中定义的 Configurations 配置，返回结果为 TransformerConfig 对象。

```
func MakeTransformerConfig(
  ldr ifc.Loader, paths []string) (*TransformerConfig, error) {
  t1 := MakeDefaultConfig()
  if len(paths) == 0 {
    return t1, nil
  }
  t2, err := loadDefaultConfig(ldr, paths)
  if err != nil {
    return nil, err
  }
  return t1.Merge(t2)
}
```

❑ 初始化一个 TransformerConfig 对象为 t1，生成对象时会从模板配置中读取 config 各个字段序列，并将其初始化为默认配置（或者为空）。

❑ 读取 Kustomization 中配置的 Configurations 资源列表，每次读取配置后都需要与前面的结果进行 merge 处理，保证不会出现重复命名的对象。

❑ 将第 2 步中多个 Configurations 合并得到的资源对象与 t1 进行合并，得到最终的 TransformerConfig 对象。

3. LoadConfigFromCRDs 函数

读取 CRD 资源对象，并与目标 TransformerConfig 进行合并。

```
func LoadConfigFromCRDs(
  ldr ifc.Loader, paths []string) (*builtinconfig.TransformerConfig, error) {
  tc := builtinconfig.MakeEmptyConfig()
  for _, path := range paths {
    content, err := ldr.Load(path)
    if err != nil {
      return nil, err
    }
    m, err := makeNameToApiMap(content)
    if err != nil {
      return nil, errors.Wrapf(err, "unable to parse open API definition from
'%s'", path)
    }
    otherTc, err := makeConfigFromApiMap(m)
    if err != nil {
      return nil, err
    }
    tc, err = tc.Merge(otherTc)
    if err != nil {
```

```
        return nil, err
    }
  }
  return tc, nil
}
```

输入参数为 Kustomization 中定义的 CRD 资源名称列表，该函数执行循环处理流程，对每个 CRD 资源进行读取、处理作业。

❑ 创建空 TransformerConfig。

❑ 执行 loadCrdIntoConfig 函数，读取 CRD 配置，每个 CRD 配置读取完成后执行 Merge 函数，合并名字相同的对象配置。

❑ 返回 TransformerConfig 对象，为所有 CRD 配置去重后的 TransformerConfig 对象。

4. runGenerators 函数

该函数对应 Kustomization 的一个重要功能：Generators 生成器功能。

Kustomization 支持自动生成配置，包括内置插件生成 configMap、Secret 等对象，也可以外置插件生成的对象；Kustomization 目前支持 Generators 和 Transformers 两种类型外置插件。

```
func (kt *KustTarget) runGenerators(
  ra *accumulator.ResAccumulator) error {
  var generators []resmap.Generator
  gs, err := kt.configureBuiltinGenerators()
  if err != nil {
    return err
  }
  generators = append(generators, gs...)
  gs, err = kt.configureExternalGenerators()
  if err != nil {
    return errors.Wrap(err, "loading generator plugins")
  }
  generators = append(generators, gs...)
  for _, g := range generators {
    resMap, err := g.Generate()
    if err != nil {
      return err
    }
    err = ra.AbsorbAll(resMap)
    if err != nil {
      return errors.Wrapf(err, "merging from generator %v", g)
    }
  }
  return nil
}
```

❑ configureBuiltinGenerators 函数：调用 Kustomization 内置插件生成配置对象。目前支

持的内置插件函数有：NewConfigMapGeneratorPlugin 和 NewSecretGeneratorPlugin，分别用来生成 ConfigMap 和 Secret 对象。

❑ configureExternalGenerators 函数：外置插件生成配置对象。项目是否调用外置插件，需要从 Kustomization 中读取是否配置了 Generators，如果配置了该选项，则需要进行调用。

❑ Generate 函数：分别调用上述步骤获取的插件对象，执行其 Generate 函数生成目标对象。

调用外置插件通过 loadPlugin 函数来实现。

```
func (l *Loader) loadPlugin(resId resid.ResId) (resmap.Configurable, error) {
  p := execplugin.NewExecPlugin(l.absolutePluginPath(resId))
  if p.IsAvailable() {
    return p, nil
  }
  c, err := l.loadGoPlugin(resId)
  if err != nil {
    return nil, err
  }
  return c, nil
}
```

首先会按照 ExecPlugin 类型插件进行调用，如果调用失败，则按照 GoPlugin 类型插件进行调用。关于 ExecPlugin、GoPlugin 类型插件的详细信息请查阅 6.5 节。

判断一个插件是否可用的依据为：目标目录下是否有期望的可执行文件，例如下面目录文件为一个 execPlugin 插件：

/root/.config/kustomize/plugin/execExample/configmapgenerator/configMapGenerator

我们以 ConfigMap 为例进行说明，其生成对象的逻辑实现如下。

```
func makeFreshConfigMap(
  args *types.ConfigMapArgs) *v1.ConfigMap {
  cm := &v1.ConfigMap{}
  cm.APIVersion = "v1"
  cm.Kind = "ConfigMap"
  cm.Name = args.Name
  cm.Namespace = args.Namespace
  cm.Data = map[string]string{}
  return cm
}
func (f *Factory) MakeConfigMap(
  args *types.ConfigMapArgs) (*v1.ConfigMap, error) {
  all, err := f.kvLdr.Load(args.KvPairSources)
  if err != nil {
    return nil, errors.Wrap(err, "loading KV pairs")
  }
  cm := makeFreshConfigMap(args)
```

```
  for _, p := range all {
    err = f.addKvToConfigMap(cm, p)
    if err != nil {
      return nil, errors.Wrap(err, "trouble mapping")
    }
  }
  if f.options != nil {
    cm.SetLabels(f.options.Labels)
    cm.SetAnnotations(f.options.Annotations)
  }
  return cm, nil
}
```

函数返回 Kubernetes Api 的 ConfigMap 类型，通过 makeFreshConfigMap 初始化一个 ConfigMap 对象。

通过 addKvToConfigMap 函数为 configMap 中各个字段配置参数。最后给 ConfigMap 添加 Labels 和 Annotations。

5. runTransformers 函数

runTransformers 函数对应 kustomization 的一个重要功能：Transformers 转换器功能。

```
func (kt *KustTarget) runTransformers(ra *accumulator.ResAccumulator) error {
  var r []resmap.Transformer
  tConfig := ra.GetTransformerConfig()
  lts, err := kt.configureBuiltinTransformers(tConfig)
  if err != nil {
    return err
  }
  r = append(r, lts...)
  lts, err = kt.configureExternalTransformers()
  if err != nil {
    return err
  }
  r = append(r, lts...)
  t := transform.NewMultiTransformer(r)
  return ra.Transform(t)
}
```

configureBuiltinTransformers 函数：调用 kustomization 内置转换器配置对象。

目前支持的内置插件函数如下所示。

❑ NamespaceTransformer：实现名词空间的转换，将 kustomization 配置的名字空间覆盖到所有资源对象。

❑ PatchJson6902Transformer：解析 Json 格式的 Patch 对象，实现 Patch 功能。

❑ PatchStrategicMergeTransformer：实现 patchesStrategicMerge 类型补丁功能。

❑ PatchTransformer：解析 patches 字段定义的补丁，可以为包含上述两种类型补丁的集合。

- ❑ LabelTransformer：实现 label 转换器。
- ❑ AnnotationsTransformer： 实 现 Annotations 转 换 器， 将 kustomization 配 置 的 Annotations 添加到所有对象中。
- ❑ PrefixSuffixTransformer：前缀、后缀转换器，为资源对象的名字添加前缀或者后缀。
- ❑ ImageTagTransformer： 镜像转换器，为项目中某些镜像配置新的镜像参数，包括：名称、tag、hash 等字段。
- ❑ ReplicaCountTransformer：副本数量转换器，可以为 Deployment、StatefulSet 等对象类型配置 Replica 的值。
- ❑ configureExternalTransformers： 外置插件转换器。项目是否调用外置插件，需要从 Kustomization 中读取是否配置了 transformers，如果配置了该选项，则说明需要进行调用。

通过 loadPlugin 函数调用外置插件，具体逻辑同 runGenerator 函数调用外置插件。

6. MergeVars 函数

MergeVars 实现功能为：合并 kustomization 中定义的变量。

```
func (ra *ResAccumulator) MergeVars(incoming []types.Var) error {
  for _, v := range incoming {
    targetId := resid.NewResIdWithNamespace(v.ObjRef.GVK(), v.ObjRef.Name, v.ObjRef.
Namespace)
    idMatcher := targetId.GvknEquals
    if targetId.Namespace != "" || !targetId.IsNamespaceableKind() {
      idMatcher = targetId.Equals
    }
    matched := ra.resMap.GetMatchingResourcesByOriginalId(idMatcher)
    if len(matched) > 1 {
      return fmt.Errorf(
        "found %d resId matches for var %s "+
          "(unable to disambiguate)",
        len(matched), v)
    }
    if len(matched) == 1 {
      matched[0].AppendRefVarName(v)
    }
  }
  return ra.varSet.MergeSlice(incoming)
}
```

以变量中的 Group、Version、Kind、NameSpace、Name 等参数作为对比因子，如果发现资源对象列表中有相同配置的变量，则返回错误。

8.2.5　addHashesToNames 函数

addHashesToNames 函数的主要功能为给 ConfigMap、Secret 名字前添加哈希值。

```
func (kt *KustTarget) addHashesToNames(
  ra *accumulator.ResAccumulator) error {
  p := builtins.NewHashTransformerPlugin()
  err := kt.configureBuiltinPlugin(p, nil, builtinhelpers.HashTransformer)
  if err != nil {
    return err
  }
  return ra.Transform(p)
}
```

哈希值是通过一个转换器——**HashTransformerPlugin** 来实现的。其主要逻辑是：对每一个资源对象执行哈希函数，函数的入参为整个资源对象，所以对象的任何配置发生变化都会引起哈希值的变化；求得的哈希值会以字符的形式添加到资源对象的名字前面，对资源进行重命名，即创建了新的资源对象。

```
// 将哈希值传递给资源对象
func (p *HashTransformerPlugin) Transform(m resmap.ResMap) error {
  for _, res := range m.Resources() {
    if res.NeedHashSuffix() {
      h, err := p.hasher.Hash(res)
      if err != nil {
        return err
      }
      res.SetName(fmt.Sprintf("%s-%s", res.GetName(), h))
    }
  }
  return nil
}
```

addHashesToNames 函数保证了在对象更新时触发新建对象，这样引用该对象的资源就会感知模板有了变化，并触发重新部署。

8.2.6 ResolveVars 函数

ResolveVars 函数的主要功能是将项目中所有变量进行赋值。

```
func (ra *ResAccumulator) ResolveVars() error {
  replacementMap, err := ra.makeVarReplacementMap()
  if err != nil {
    return err
  }
  if len(replacementMap) == 0 {
    return nil
  }
  t := newRefVarTransformer(
    replacementMap, ra.tConfig.VarReference)
  err = ra.Transform(t)
  if len(t.UnusedVars()) > 0 {
    log.Printf(
```

```
            "well-defined vars that were never replaced: %s\n",
            strings.Join(t.UnusedVars(), ","))
    }
    return err
}
```

makeVarReplacementMap 函数：从所有资源对象配置中寻找需要处理的变量列表，将所有需要处理的变量保存在 map 中。

变量替换是通过变量转换器来实现的，因此需要生成一个变量转换器，并调用其 Transform 函数实现变量替换操作。

```
func (rv *refVarTransformer) Transform(m resmap.ResMap) error {
    rv.replacementCounts = make(map[string]int)
    rv.mappingFunc = expansion2.MappingFuncFor(
        rv.replacementCounts, rv.varMap)
    for _, res := range m.Resources() {
        for _, fieldSpec := range rv.fieldSpecs {
            if res.OrgId().IsSelected(&fieldSpec.Gvk) {
                if err := transform.MutateField(
                    res.Map(), fieldSpec.PathSlice(),
                    false, rv.replaceVars); err != nil {
                    return err
                }
            }
        }
    }
    return nil
}
```

rv.mappingFunc = expansion2.MappingFuncFor(rv.replacementCounts, rv.varMap) 为注册一个用于解析扩展模板的映射函数，如果找不到输入参数，则返回用扩展语法包装的输入字符串。

使用 for 循环对每个资源对象进行变量检测，rv.fieldSpecs 为项目中定义的变量列表。通过基于上面两个变量的两层 for 循环，实现了对项目中所有资源对象的字段与所有定义的变量进行匹配检查。当某个资源对象的 GVK 信息与变量的 GVK 匹配时，执行变量替换函数 MutateField。

8.2.7　computeInventory 函数

computeInventory 函数实现的功能是为 kustomization 项目添加 Inventory 对象，目前只支持添加 ConfigMap 对象。

```
func (kt *KustTarget) computeInventory(
    ra *accumulator.ResAccumulator, garbagePolicy types.GarbagePolicy) error {
    inv := kt.kustomization.Inventory
    if inv == nil {
```

```
      return nil
  }
  if inv.Type != "ConfigMap" {
    return fmt.Errorf("don't know how to do that")
  }

  if inv.ConfigMap.Namespace != kt.kustomization.Namespace {
    return fmt.Errorf("namespace mismatch")
  }

  var c struct {
    Policy           string
    types.ObjectMeta `json:"metadata,omitempty" yaml:"metadata,omitempty"`
  }
  c.Name = inv.ConfigMap.Name
  c.Namespace = inv.ConfigMap.Namespace
  c.Policy = garbagePolicy.String()
  p := builtins.NewInventoryTransformerPlugin()
  err := kt.configureBuiltinPlugin(p, c, builtinhelpers.InventoryTransformer)
  if err != nil {
    return err
  }
  return ra.Transform(p)
}
```

函数检查 kustomization 配置文件中是否有 Inventory 选项，且目前只支持 Inventory 类型为 ConfigMap。Inventory 为 kustomization 项目添加一个用于描述整个项目的 ConfigMap，其关键配置添加了如下两个 Annotations。

❑ kustomize.config.k8s.io/Inventory：这个 Annotations 的 value 是一个 JSON 格式的字符串，其中包含项目中所有对象的摘要信息，包括资源对象的 Version、Kind、NameSpace、Name 等。

❑ kustomize.config.k8s.io/InventoryHash：这个 Annotations 的 value 是对上面 Inventory 值的哈希结果。

kustomization 的 Inventory 功能是通过转换器插件实现的，InventoryTransformerPlugin 的 Transform 如下所示。

```
func (p *InventoryTransformerPlugin) Transform(m resmap.ResMap) error {

  inv, h, err := makeInventory(m)
  if err != nil {
    return err
  }

  args := types.ConfigMapArgs{}
  args.Name = p.Name
  args.Namespace = p.Namespace
  opts := &types.GeneratorOptions{
```

```
      Annotations: make(map[string]string),
    }
    opts.Annotations[inventory.HashAnnotation] = h
    err = inv.UpdateAnnotations(opts.Annotations)
    if err != nil {
      return err
    }

    cm, err := p.h.ResmapFactory().RF().MakeConfigMap(
      kv.NewLoader(p.h.Loader(), p.h.Validator()), opts, &args)
    if err != nil {
      return err
    }

    if p.Policy == types.GarbageCollect.String() {
      for _, byeBye := range m.AllIds() {
        m.Remove(byeBye)
      }
    }
    return m.Append(cm)
}
```

makeInventory：遍历项目中所有的资源对象，并生成项目摘要信息，返回值为两个 Annotations 的 value 值。

在 Inventory 中，每个资源对象都会用一个 key:value 进行描述。

- key 的格式为：{Group}{Version}{Kind}|{NameSpace}|{Name}，可以在项目中唯一确认一个资源对象。
- value：引用这个资源的资源，格式为 JSON 字符串。value 中会定义引用者的 Group、Version、Kind、Namespace、Name 信息。

后面实现 UpdateAnnotations 函数将 makeInventory 返回的 Inventory 值配置到 Annotations 中。最后调用 MakeConfigMap 函数生成目标 ConfigMap，ConfigMap 的名字、名词空间都是在 kustomization 的 Inventory 字段配置的。

8.3 kustomize edit 命令分析

kustomezie edit 命令实现编辑一个 kustomization 文件的功能，可以向 kustomization.yaml 文件添加、删除、修改内容。

- Edit 命令包含如下子命令。
- add：向 kustomization.yaml 文件中添加配置。
- fix：为 kustomization.yaml 添加缺失的字段，例如：kind、apiVersion 字段。
- remove：移除 kustomization.yaml 中的某些字段。
- set：配置 kustomization.yaml 文件中字段的值。

edit 命令是从创建一个 Command 对象开始的。

```
func NewCmdEdit(
  fSys filesys.FileSystem,v ifc.Validator,kf ifc.KunstructuredFactory) *cobra.
Command {
    c := &cobra.Command{
      Use:    "edit",
      Short: "Edits a kustomization file",
      Long:  "",
      Example: `***`,
      Args: cobra.MinimumNArgs(1),
    }
    c.AddCommand(
      add.NewCmdAdd(
        fSys,
        kv.NewLoader(loader.NewFileLoaderAtCwd(fSys), v),
        kf),
      set.NewCmdSet(fSys, v),
      fix.NewCmdFix(fSys),
      remove.NewCmdRemove(fSys, v),
    )
    return c
  }
```

同 build 命令一样，edit 命令也是通过 cobra.Command 包创建一个命令行对象，并通过调用 AddCommand 方法添加 edit 的子命令，edit 支持的 add、set、fix、remove 子命令都通过一个函数调用完成子命令注册。

8.4　add 子命令

add 子命令通过调用 NewCmdAdd 函数实现，代码如下。

```
func NewCmdAdd(
  fSys filesys.FileSystem,
  ldr ifc.KvLoader,
  kf ifc.KunstructuredFactory) *cobra.Command {
  c := &cobra.Command{
    Use:    "add",
    Short: "Adds an item to the kustomization file.",
    Long:  "",
    Example: `***`,
    Args: cobra.MinimumNArgs(1),
  }
  c.AddCommand(
    newCmdAddResource(fSys),
    newCmdAddPatch(fSys),
    newCmdAddSecret(fSys, ldr, kf),
    newCmdAddConfigMap(fSys, ldr, kf),
```

```
        newCmdAddBase(fSys),
        newCmdAddLabel(fSys, ldr.Validator().MakeLabelValidator()),
        newCmdAddAnnotation(fSys, ldr.Validator().MakeAnnotationValidator()),
    )
    return c
}
```

和 edit 命令一样，add 子命令同样通过 cobra.Command 包定义，并再一次通过 AddCommand 函数调用添加 Add 命令的子命令，目前支持添加 annotation、base、configmap、label、patch、resource、secret 子命令。

1. 添加 annotation

添加 annotation 调用 newCmdAddAnnotation 函数实现命令注册。

```
func newCmdAddAnnotation(fSys filesys.FileSystem, v func(map[string]string)
error) *cobra.Command {
    var o addMetadataOptions
    o.kind = annotation
    o.mapValidator = v
    cmd := &cobra.Command{
      Use: "annotation",
      Short: "Adds one or more commonAnnotations to " +
        pgmconfig.DefaultKustomizationFileName(),
      Example: `
      add annotation {annotationKey1:annotationValue1},{annotationKey2:annotatio
nValue2}`,
      RunE: func(cmd *cobra.Command, args []string) error {
        return o.runE(args, fSys, o.addAnnotations)
      },
    }
    cmd.Flags().BoolVarP(&o.force, "force", "f", false,
      "overwrite commonAnnotation if it already exists",
    )
    return cmd
}
```

newCmdAddAnnotation 通过 cobra.Command 第三方库生成一个命令对象，并通过给 RunE 赋值实现命令的处理函数注册，即添加 annotation 的逻辑处理函数为 addMetadataOptions.runE。

newCmdAddAnnotation 函数支持通过添加 "force""f" 标签实现 annotation 配置覆盖，即：如果 kustomization.yaml 文件中已经包含了将要添加的 annotation，可以通过添加 -f 标签实现配置强制覆盖。

kustomize 为添加 annotation、label 配置定义了数据类型 addMetadataOptions，方法 runE 实现了如下功能。

❏ 输入参数的解析。

❏ kustomization 文件的解析。

❑ 添加 annotation 逻辑的调用。

❑ 配置数据的回写。

runE 函数实现方式如下。

```
func (o *addMetadataOptions) runE(
    args []string, fSys filesys.FileSystem, adder func(*types.Kustomization)
error) error {
    err := o.validateAndParse(args)
    if err != nil {
        return err
    }
    kf, err := kustfile.NewKustomizationFile(fSys)
    if err != nil {
        return err
    }
    m, err := kf.Read()
    if err != nil {
        return err
    }
    err = adder(m)
    if err != nil {
        return err
    }
    return kf.Write(m)
}
```

通过调用 validateAndParse 方法实现参数解析，validateAndParse 实现将输入的 key:value
字段添加到 metadata map 变量中。

```
func (o *addMetadataOptions) validateAndParse(args []string) error {
    if len(args) < 1 {
        return fmt.Errorf("must specify %s", o.kind)
    }
    if len(args) > 1 {
        return fmt.Errorf("%ss must be comma-separated, with no spaces", o.kind)
    }
    m, err := util.ConvertToMap(args[0], o.kind.String())
    if err != nil {
        return err
    }
    if err = o.mapValidator(m); err != nil {
        return err
    }
    o.metadata = m
    return nil
}
```

runE 调用 kustfile.NewKustomizationFile() 生成一个 kustfile 对象，并通过调用 kf.Read()
实现对当前 kustomization.yaml 文件的读入。

adder 函数为 annotation 添加逻辑的调用函数，其实现为 addAnnotations，代码如下。

```go
func (o *addMetadataOptions) addAnnotations(m *types.Kustomization) error {
  if m.CommonAnnotations == nil {
    m.CommonAnnotations = make(map[string]string)
  }
  return o.writeToMap(m.CommonAnnotations, annotation)
}
```

addAnnotations 函数调用 writeToMap 方法，向 kustomization 对象的 CommonAnnotations 中添加命令行输入的 key:value 字段，这样就实现了将命令行中定义的新 annotation 添加到 kustomization 文件的逻辑。

最后调用 kf.Write(m) 函数实现将新配置写回到 kustomization.yaml 文件。

2. 添加 label

添加 label 调用 newCmdAddLabel 函数实现命令注册，如下所示。

```go
func newCmdAddLabel(fSys filesys.FileSystem, v func(map[string]string) error)
*cobra.Command {
    var o addMetadataOptions
    o.kind = label
    o.mapValidator = v
    cmd := &cobra.Command{
      Use: "label",
      Short: "Adds one or more commonLabels to " +
        pgmconfig.DefaultKustomizationFileName(),
      Example: `
      add label {labelKey1:labelValue1},{labelKey2:labelValue2}`,
      RunE: func(cmd *cobra.Command, args []string) error {
        return o.runE(args, fSys, o.addLabels)
      },
    }
    cmd.Flags().BoolVarP(&o.force, "force", "f", false,
      "overwrite commonLabel if it already exists",
    )
    return cmd
}
```

同添加 annotation 一样，newCmdAddLabel 函数通过 cobra.Command 第三方库生成一个命令对象，并通过给 RunE 赋值实现命令的处理函数注册，添加 label 的逻辑处理函数同样为 addMetadataOptions.runE。

newCmdAddLabel 函数也支持通过添加 "force" "f" 标签实现 label 配置覆盖，即：如果 kustomization.yaml 文件中已经包含了将要添加的 label 时，可以通过添加 -f 标签实现配置强制覆盖。

区别于添加 annotation，添加 label 通过调用 addLabels 来实现 label 的添加逻辑。

```
func (o *addMetadataOptions) addLabels(m *types.Kustomization) error {
  if m.CommonLabels == nil {
    m.CommonLabels = make(map[string]string)
  }
  return o.writeToMap(m.CommonLabels, label)
}
```

从代码实现上，addLabels 与 addAnnotations 函数实现相似，只是将添加字段从 annotation 变成了 label。

3. 添加 base

base 是 kustomize 中 overlay 实现的基本概念，是一个 Kustomization 项目引用其依赖项目的一种配置。通过 kustomize edit add base 可以将某个基础项目添加到当前 Kustomization 项目中，即：将依赖项目目录添加到 kustomization.yaml 文件的 resource 字段。

```
func newCmdAddBase(fSys filesys.FileSystem) *cobra.Command {
  var o addBaseOptions
  cmd := &cobra.Command{
    Use:   "base",
    Short: "Adds one or more bases to the kustomization.yaml in current directory",
    Example: `
    add base {filepath1},{filepath2}`,
    RunE: func(cmd *cobra.Command, args []string) error {
      err := o.Validate(args)
      if err != nil {
        return err
      }
      err = o.Complete(cmd, args)
      if err != nil {
        return err
      }
      return o.RunAddBase(fSys)
    },
  }
  return cmd
}
```

newCmdAddBase 通过 cobra.Command 第三方库生成一个命令对象，并通过给 RunE 赋值实现命令的处理函数注册，添加 base 的逻辑处理函数同样为 addBaseOptions.RunAddBase。

RunAddBase 为 addBaseOptions 的方法，实现流程为：kustomization.yaml 读入、base 目录赋值给 resource 变量、配置回写 kustomization.yaml 文件。实现代码如下。

```
func (o *addBaseOptions) RunAddBase(fSys filesys.FileSystem) error {
  mf, err := kustfile.NewKustomizationFile(fSys)
  if err != nil {
    return err
  }
```

```
        m, err := mf.Read()
        if err != nil {
          return err
        }
        paths := strings.Split(o.baseDirectoryPaths, ",")
        for _, path := range paths {
          if !fSys.Exists(path) {
            return errors.New(path + " does not exist")
          }
          if kustfile.StringInSlice(path, m.Resources) {
            return fmt.Errorf("base %s already in kustomization file", path)
          }
          m.Resources = append(m.Resources, path)

        }
        return mf.Write(m)
      }
```

❑ kustfile.NewKustomizationFile(fSys)：生成一个 kustfile 对象，通过调用 kf.Read() 实现对当前 kustomization.yaml 文件的读入。

❑ for 函数：将输入的 base 目录列表依次添加到 kustomization 的 Resource 变量中。

❑ mf.Write(m)：实现配置回写到 kustomization.yaml 文件。

4. 添加 configMap

kustomize 通过调用 newCmdAddConfigMap 实现添加 configMap 的操作，其实现逻辑类似于添加 label、base 等字段，在 RunE 的注册函数中，调用 addConfigMap 方法实现 configMap 的添加逻辑。

```
    func newCmdAddConfigMap(fSys filesys.FileSystem, ldr ifc.KvLoader, kf ifc.
KunstructuredFactory) *cobra.Command {
        var flags flagsAndArgs
        cmd := &cobra.Command{
            Use:     "configmap NAME [--from-file=[key=]source] [--from-
literal=key1=value1]",
            Short: "Adds a configmap to the kustomization file.",
            Long:  "",
            Example: ``,
            RunE: func(_ *cobra.Command, args []string) error {
              err := flags.ExpandFileSource(fSys)
              if err != nil {
                return err
              }
              err = flags.Validate(args)
              if err != nil {
                return err
              }
              mf, err := kustfile.NewKustomizationFile(fSys)
```

```
      if err != nil {
        return err
      }
      kustomization, err := mf.Read()
      if err != nil {
        return err
      }
      err = addConfigMap(ldr, kustomization, flags, kf)
      if err != nil {
        return err
      }
      return mf.Write(kustomization)
    },
  }

  cmd.Flags().StringSliceVar(&flags.FileSources,"from-file", []string{}, "")
   cmd.Flags().StringArrayVar(&flags.LiteralSources, "from-literal", []
string{}, "")
  cmd.Flags().StringVar(&flags.EnvFileSource, "from-env-file", "","")

  return cmd
}
```

添加 ConfigMap 支持 3 种输入标签：from-file、from-literal 和 from-env-file，函数最后通过调用 cmd.Flags() 方法对输入参数进行解析。

addConfigMap 函数的实现流程包括：参数解析、配置合并、生成 ConfigMap，具体实现如下所示。

```
func addConfigMap(ldr ifc.KvLoader, k *types.Kustomization, flags
flagsAndArgs, kf ifc.KunstructuredFactory) error {
    args := findOrMakeConfigMapArgs(k, flags.Name)
    mergeFlagsIntoCmArgs(args, flags)
    _, err := kf.MakeConfigMap(ldr, k.GeneratorOptions, args)
    if err != nil {
      return err
    }
    return nil
}
```

❑ findOrMakeConfigMapArgs：会从当前 kustomization 文件中寻找名字与命令行定义相同的 ConfigMap。如果找到了，则返回原有的 ConfigMap 对象；如果未找到，则新建一个 ConfigMap 对象，并将其添加到 kustomization 的 ConfigMap 列表。

❑ mergeFlagsIntoCmArgs：将 Flag 解析的参数添加到 ConfigMapArgs 中，根据输入配置类型的不同，分别添加到 LiteralSources、FileSources、EnvSources 这 3 种对象列表中。

❑ MakeConfigMap：根据输入参数 ConfigMapArgs，生成 ConfigMap 对象。

5. 添加 secret

kustomize 通过调用 newCmdAddSecret 实现添加 secret，其实现逻辑类似于添加 ConfigMap、label、base 等字段，在 RunE 的注册函数中，调用 addSecret 方法实现 secret 的添加逻辑。

```
func newCmdAddSecret(fSys filesys.FileSystem, ldr ifc.KvLoader, kf ifc.
KunstructuredFactory) *cobra.Command {
    var flags flagsAndArgs
    cmd := &cobra.Command{
      Use:   "secret NAME [--from-file=[key=]source] [--from-
literal=key1=value1] [--type=Opaque|Kubernetes.io/tls]",
      Short: "Adds a secret to the kustomization file.",
      Long:  "",
      Example: ``,
      RunE: func(_ *cobra.Command, args []string) error {
        err := flags.ExpandFileSource(fSys)
        if err != nil {
          return err
        }
        err = flags.Validate(args)
        if err != nil {
          return err
        }
        mf, err := kustfile.NewKustomizationFile(fSys)
        if err != nil {
          return err
        }
        kustomization, err := mf.Read()
        if err != nil {
          return err
        }
        err = addSecret(ldr, kustomization, flags, kf)
        if err != nil {
          return err
        }
        return mf.Write(kustomization)
      },
    }

    cmd.Flags().StringSliceVar(&flags.FileSources, "from-file", []string{}, "")
     cmd.Flags().StringArrayVar(&flags.LiteralSources, "from-literal", []
string{}, "")
    cmd.Flags().StringVar(&flags.EnvFileSource, "from-env-file", "", "")
    cmd.Flags().StringVar(&flags.Type, "type", "Opaque", "")
    return cmd
}
```

添加 secret 支持 4 种输入标签：from-file、from-literal、from-env-file 和 type，函数最后通过调用 cmd.Flags() 方法对输入参数进行解析。

addSecret 函数实现如下所示。

```
func addSecret(ldr ifc.KvLoader, k *types.Kustomization, flags flagsAndArgs,
kf ifc.KunstructuredFactory) error {
    args := findOrMakeSecretArgs(k, flags.Name, flags.Type)
    mergeFlagsIntoGeneratorArgs(&args.GeneratorArgs, flags)
    _, err := kf.MakeSecret(ldr, k.GeneratorOptions, args)
    if err != nil {
        return err
    }
    return nil
}
```

❑ **findOrMakeSecretArgs**：从当前的 Kustomization 配置中寻找名字与命令行中定义相同的 Secret。如果找到，则返回原有的 secret 对象；如果未找到，则新建一个 secret 对象，并添加到 kustomization 的 secret 列表。

❑ **mergeFlagsIntoCmArgs**：同 ConfinMap 实现，将 Flag 解析的参数添加到 GeneratorArgs 中，根据输入配置的类型不同，分别添加到 LiteralSources、FileSources、EnvSources 这 3 种对象列表中。

❑ **MakeSecret**：调用 secret 库函数，生成 secret 对象。

6. 添加 patch

Kustomize 通过调用 newCmdAddPatch 实现添加 patch，其实现逻辑类似上述添加字段逻辑，在 RunE 的注册函数中，调用 RunAddPatch 方法实现添加 patch。

```
func newCmdAddPatch(fSys filesys.FileSystem) *cobra.Command {
    var o addPatchOptions
    cmd := &cobra.Command{
        Use:   "patch",
        Short: "Add the name of a file containing a patch to the kustomization file.",
        Example: `
        add patch {filepath}`,
        RunE: func(cmd *cobra.Command, args []string) error {
            err := o.Validate(args)
            if err != nil {
                return err
            }
            err = o.Complete(cmd, args)
            if err != nil {
                return err
            }
            return o.RunAddPatch(fSys)
        },
    }
    return cmd
}
```

RunAddPatch 函数代码逻辑如下所示。

首先调用 util.GlobPatterns 函数校验输入的 patch 文件是否存在；如果不存在，将出现输入文件不匹配的错误；如果存在，则将其添加到 patches 变量中。

调用 kustfile.NewKustomizationFile() 函数，将当前 kustomization 文件配置读入。

通过 for 函数对 patches 变量循环处理，对每个 patch 配置进行校验，如果 patch 在当前 kustomization 配置中已经存在，打印提示信息并忽略；如果在当前 kustomization 找不到相同 patch，则将其添加到 patch 列表。

```
func (o *addPatchOptions) RunAddPatch(fSys filesys.FileSystem) error {
  patches, err := util.GlobPatterns(fSys, o.patchFilePaths)
  if err != nil {
    return err
  }
  if len(patches) == 0 {
    return nil
  }
  mf, err := kustfile.NewKustomizationFile(fSys)
  if err != nil {
    return err
  }
  m, err := mf.Read()
  if err != nil {
    return err
  }

  for _, p := range patches {
    if patch.Exist(m.PatchesStrategicMerge, p) {
      log.Printf("patch %s already in kustomization file", p)
      continue
    }
    m.PatchesStrategicMerge = patch.Append(m.PatchesStrategicMerge, p)
  }
  return mf.Write(m)
}
```

7. 添加 Resource

Kustomize 通过调用 newCmdAddResource 实现添加 Resource，在 RunE 的注册函数中，调用 RunAddResource 方法实现 Resource 的添加逻辑。

```
func newCmdAddResource(fSys filesys.FileSystem) *cobra.Command {
  var o addResourceOptions
  cmd := &cobra.Command{
    Use:   "resource",
    Short: "Add the name of a file containing a resource to the kustomization file.",
    Example: `
    add resource {filepath}`,
```

```
      RunE: func(cmd *cobra.Command, args []string) error {
        err := o.Validate(args)
        if err != nil {
          return err
        }
        err = o.Complete(cmd, args)
        if err != nil {
          return err
        }
        return o.RunAddResource(fSys)
      },
    }
    return cmd
}
```

类似前面添加资源实现的逻辑，RunAddResource 函数通过读入当前 kustomization 文件、Resources 添加命令行编辑资源、配置回写等过程实现添加逻辑。

8.5　set 子命令

set 子命令通过调用 NewCmdSet 函数生成命令对象，代码如下。

```
func NewCmdSet(fSys filesys.FileSystem, v ifc.Validator) *cobra.Command {
  c := &cobra.Command{
    Use:     "set",
    Short:   "Sets the value of different fields in kustomization file.",
    Long:    "",
    Example: `***`,
    Args:    cobra.MinimumNArgs(1),
  }
  c.AddCommand(
    newCmdSetNamePrefix(fSys),
    newCmdSetNameSuffix(fSys),
    newCmdSetNamespace(fSys, v),
    newCmdSetImage(fSys),
    newCmdSetReplicas(fSys),
  )
  return c
}
```

和 add 命令一样，set 子命令通过 cobra.Command 第三方库创建命令对象，并通过 AddCommand 函数调用添加 set 命令的子命令，目前 set 命令支持添加 NamePrefix、NameSuffix、Namespace、Image、tReplicas 子命令。

1. 配置 NamePrefix
kustomize 通过调用 newCmdSetNamePrefix 实现配置 NamePrefix，在 RunE 的注册函数

中，调用 RunSetNamePrefix 方法实现配置 NamePrefix 的逻辑。

```go
func newCmdSetNamePrefix(fSys filesys.FileSystem) *cobra.Command {
  var o setNamePrefixOptions
  cmd := &cobra.Command{
    Use:     "nameprefix",
    Short: "Sets the value of the namePrefix field in the kustomization file.",
    Example: `**`,
    RunE: func(cmd *cobra.Command, args []string) error {
      err := o.Validate(args)
      if err != nil {
        return err
      }
      err = o.Complete(cmd, args)
      if err != nil {
        return err
      }
      return o.RunSetNamePrefix(fSys)
    },
  }
  return cmd
}
```

RunSetNamePrefix 函数为配置 NamePrefix 的逻辑实现，流程如下。

❑ 创建 kustomization 文件对象，并读取当前 kustomization 配置文件。

❑ 配置 kustomization 对象的 NamePrefix 变量值为命令行参数配置的 Prefix 值。

❑ 将 kustomization 对象配置回写到 kustomization 配置文件。

```go
func (o *setNamePrefixOptions) RunSetNamePrefix(fSys filesys.FileSystem) error {
  mf, err := kustfile.NewKustomizationFile(fSys)
  if err != nil {
    return err
  }
  m, err := mf.Read()
  if err != nil {
    return err
  }
  m.NamePrefix = o.prefix
  return mf.Write(m)
}
```

2. 配置 NameSuffix 和 Namespace

配置 NameSuffix 和 NameSpace 的代码实现与 NamePrefix 相同，分别调用 RunSetNameSuffix、RunSetNamespace 函数实现配置逻辑即可。

3. 配置 Image

Kustomize 通过调用 newCmdSetImage 实现配置 Image，在 RunE 的注册函数中，调用

RunSetImage 方法实现配置镜像的逻辑。

```
func newCmdSetImage(fSys filesys.FileSystem) *cobra.Command {
  var o setImageOptions
  cmd := &cobra.Command{
    Use:   "image",
      Short: `Sets images and their new names, new tags or digests in the
kustomization file`,
      Example: ``,
      RunE: func(cmd *cobra.Command, args []string) error {
        err := o.Validate(args)
        if err != nil {
          return err
        }
        return o.RunSetImage(fSys)
      },
  }
  return cmd
}
```

RunSetImage 函数主要流程同样为：读入配置文件、对象参数赋值、对象配置回写配置文件。

```
func (o *setImageOptions) RunSetImage(fSys filesys.FileSystem) error {
  mf, err := kustfile.NewKustomizationFile(fSys)
  if err != nil {
    return err
  }
  m, err := mf.Read()
  if err != nil {
    return err
  }
  for _, im := range m.Images {
    if _, ok := o.imageMap[im.Name]; ok {
      continue
    }
    o.imageMap[im.Name] = im
  }
  var images []types.Image
  for _, v := range o.imageMap {
    images = append(images, v)
  }
  sort.Slice(images, func(i, j int) bool {
    return images[i].Name < images[j].Name
  })
  m.Images = images
  return mf.Write(m)
}
```

❏ 第一个 for 循环：遍历当前配置文件的镜像配置列表，并将其加入命令行输入镜像列表；

❑ 第二个 for 循环：遍历第一个 for 循环获得的镜像列表，添加到待写入的 images 变量。

对待写入镜像列表根据名字进行排序。

4. 配置 Replicas

配置 Replicas 的代码实现同配置镜像，分别调用 RunSetReplicas 函数实现配置逻辑。

8.6　Fix 子命令

Kustomize 支持 edit fix 子命令，该命令验证当前 kustomization 语法，并添加部分默认配置。

NewCmdFix 调用 cobra.Command 第三方库，生成 fix 命令对象。注册 fix 命令的实现逻辑 RunE 为 RunFix。

```
func NewCmdFix(fSys filesys.FileSystem) *cobra.Command {
  cmd := &cobra.Command{
    Use:    "fix",
    Short: "Fix the missing fields in kustomization file",
    Long:  "",
    Example: `**`,
    RunE: func(cmd *cobra.Command, args []string) error {
      return RunFix(fSys)
    },
  }
  return cmd
}
```

RunFix 函数的实现代码如下所示，该函数只对 kustomization 文件执行了一次读操作和写操作。kustfile 在读文件的过程中会对文件进行校验，如果文件格式不符合 kustomization 的要求，会报错并退出；如果校验发现某些字段没有配置具体参数，会将相应配置忽略。

```
unc RunFix(fSys filesys.FileSystem) error {
  mf, err := kustfile.NewKustomizationFile(fSys)
  if err != nil {
    return err
  }
  m, err := mf.Read()
  if err != nil {
    return err
  }
  return mf.Write(m)
}
```

虽然 RunFix 函数没有显示进行配置的添加、删除，但是结构化的读写操作，实现了格式的检查、多余字符的删除等功能。

8.7　remove 子命令

kustomize 支持 edit remove 子命令，其实现逻辑与前面讲述的各个子命令注册逻辑相同，NewCmdRemove 函数通过 AddCommand 方法调用，为 remove 添加了 4 个子命令：RemoveResource、RemoveLabel、RemoveAnnotation 和 RemovePatch。

```
func NewCmdRemove(
  fSys filesys.FileSystem,
  v ifc.Validator) *cobra.Command {
  c := &cobra.Command{
    Use:   "remove",
    Short: "Removes items from the kustomization file.",
    Long:  "",
    Example: `***`,
    Args: cobra.MinimumNArgs(1),
  }
  c.AddCommand(
    newCmdRemoveResource(fSys),
    newCmdRemoveLabel(fSys, v.MakeLabelNameValidator()),
    newCmdRemoveAnnotation(fSys, v.MakeAnnotationNameValidator()),
    newCmdRemovePatch(fSys),
  )
  return c
}
```

1. 删除 Resource

删除 Resource 命令的注册与上述子目录注册方法相同，通过 cobra.Command 生成对象并注册逻辑处理函数。其 RunE 函数注册为 RunRemoveResource，代码如下。

```
func (o *removeResourceOptions) RunRemoveResource(fSys filesys.FileSystem) error {
  mf, err := kustfile.NewKustomizationFile(fSys)
  if err != nil {
    return err
  }
  m, err := mf.Read()
  if err != nil {
    return err
  }
  resources, err := globPatterns(m.Resources, o.resourceFilePaths)
  if err != nil {
    return err
  }
  if len(resources) == 0 {
    return nil
  }
```

```
newResources := make([]string, 0, len(m.Resources))
for _, resource := range m.Resources {
  if kustfile.StringInSlice(resource, resources) {
    continue
  }
  newResources = append(newResources, resource)
}
m.Resources = newResources
return mf.Write(m)
}
```

首先生成 kustfile 对象，并读取当前 Kustomization 配置文件。

通过 globPatterns 函数获取当前配置文件的 Resource 列表中，与命令行输入 Resource 字段匹配的选项，这里支持正则表达式匹配模式（调用了 filepath.Match 函数）。

如果匹配的 Resource 不为空，则将相匹配的 Resource 从当前配置文件中去除，得到新的 Resource 列表。

最后将新 Resource 列表回写到 Kustomization 配置文件。

2. 删除 label、annotation、patch

这 3 个"删除"子命令的实现过程类似删除 Resource 命令，实现函数的区别如下。

❑ 删除 label、annotation 支持配置 ignore-non-existence 标签。配置为 true，且当目标删除配置在当前 Kustomization 文件不存在时，忽略而不报错。

❑ 删除 label、annotation 时通过调用 removeFromMap 函数实现将目标配置从原始配置中移除。

❑ 删除 patch 调用 RunRemovePatch 函数实现删除逻辑，如果当前配置文件中不存在想要删除的 patch 配置，则直接忽略。

8.8 kustomize create 命令分析

kustomezie create 命令实现创建一个 kustomization 文件的功能，可以在命令行参数中输入 kustomization 文件中期望的配置。

与 8.3 节的命令对象相同，create 命令同样是通过 cobra.Command 第三方库创建命令对象，通过将逻辑实现函数注册到 RunE 来实现命令逻辑的调用。

```
func NewCmdCreate(fSys filesys.FileSystem, uf ifc.KunstructuredFactory)
*cobra.Command {
    opts := createFlags{path: "."}
    c := &cobra.Command{
    Use:   "create",
    Short: "Create a new kustomization in the current directory",
    Long:  "",
```

```
    Example: `***`,
    RunE: func(cmd *cobra.Command, args []string) error {
      return runCreate(opts, fSys, uf)
    },
  }
  c.Flags().StringVar(&opts.resources, "resources", "", "Name of a file
containing a file to add to the kustomization file.")
  c.Flags().StringVar(&opts.namespace, "namespace", "", "Set the value of
the namespace field in the customization file.")
  c.Flags().StringVar(&opts.annotations, "annotations", "", "Add one or more
common annotations.")
  c.Flags().StringVar(&opts.labels, "labels", "", "Add one or more common
labels.")
  c.Flags().StringVar(&opts.prefix, "nameprefix", "", "Sets the value of the
namePrefix field in the kustomization file.")
  c.Flags().StringVar(&opts.suffix, "namesuffix", "", "Sets the value of the
nameSuffix field in the kustomization file.")
  c.Flags().BoolVar(&opts.detectResources, "autodetect", false, "Search for
Kubernetes resources in the current directory to be added to the kustomization file.")
  c.Flags().BoolVar(&opts.detectRecursive, "recursive", false,"Enable
recursive directory searching for resource auto-detection.")
  return c
}
```

NewCmdCreate 通过调用 command.Flags() 函数，对输入参数进行解析，目前支持解析的字段有：resources、namespace、annotations、labels、nameprefix、namesuffix、autodetect、recursive。

NewCmdCreate 注册的逻辑实现函数为 runCreate。

1. runCreate 函数解析

```
func runCreate(opts createFlags, fSys filesys.FileSystem, uf ifc.
KunstructuredFactory) error {
  var resources []string
  var err error
  if opts.resources != "" {
    resources, err = util.GlobPatterns(fSys, strings.Split(opts.resources, ","))
    if err != nil {
      return err
    }
  }
  if _, err = kustfile.NewKustomizationFile(fSys); err == nil {
    return fmt.Errorf("kustomization file already exists")
  }
  if opts.detectResources {
    detected, err := detectResources(fSys, uf, opts.path, opts.detectRecursive)
    if err != nil {
      return err
    }
```

```
      for _, resource := range detected {
        if kustfile.StringInSlice(resource, resources) {
          continue
        }
        resources = append(resources, resource)
      }
    }
    f, err := fSys.Create("kustomization.yaml")
    if err != nil {
      return err
    }
    f.Close()
    mf, err := kustfile.NewKustomizationFile(fSys)
    if err != nil {
      return err
    }
    m, err := mf.Read()
    if err != nil {
      return err
    }
    m.Resources = resources
    m.Namespace = opts.namespace
    m.NamePrefix = opts.prefix
    m.NameSuffix = opts.suffix
    annotations, err := util.ConvertToMap(opts.annotations, "annotation")
    if err != nil {
      return err
    }
    m.CommonAnnotations = annotations
    labels, err := util.ConvertToMap(opts.labels, "label")
    if err != nil {
      return err
    }
    m.CommonLabels = labels
    return mf.Write(m)
}
```

runCreate 函数的流程解析如下所示。

❑ 调用 util.GlobPatterns 函数，对输入的 resource 参数进行解析，多个 resource 通过
"," 分隔。

❑ 通过调用 kustfile.NewKustomizationFile 函数检查当前目录是否有 Kustomization.
yaml 文件，如果该文件已经存在，则报错退出；即 Create 命令只能在没有
Kustomization.yaml 文件的目录中执行。

❑ 如果命令行中配置了 --autodetect，调用 detectResources 函数获取 Resource 列表。

❑ 调用 fSys.Create 函数创建 kustomization.yaml 文件。

❑ 调用 kustfile.NewKustomizationFile 创建 kustfile 对象，并读入当前的空文件。

❑ 将上述解析的 Resource，以及命令行输入的 namespace、prefix、suffix、annotation、labels 等参数写入 Kustomization.yaml 文件。

❑ runCreate 对输入参数进行解析，创建 Kustomization.yaml 文件，并写入目标配置。

2. detectResources 函数

detectResources 会探测当前目录下面所有的配置文件，如果文件的格式符合 yaml 或 Json 格式，并且内容格式符合 Kustomize 配置文件规则，则认为该文件为目标文件，并将其添加到返回列表。

detectResources 通过命令行参数"--recursive"判断是否对当前目录下的子目录进行递归循环，如果命令行配置 --recursive 参数，则执行对子目录的递归调用，子目录下面所有符合规则的配置文件也将添加到返回列表。

8.9　本章小结

本章详细分析了 Kustomize 代码的实现，介绍了 Kustomize 的执行流程和主要命令的实现逻辑。其中重点讲述了 Kustomize run 命令的实现细节，分析了通过 Kustomize 处理应用编排的整个过程。同时也介绍了 edit、add、set 等子命令的代码实现，让读者可以全面认识 Kustomize 的功能实现。

通过本章内容的学习，读者可以清晰认识 Kustomize 的实现原理和设计架构。Kustomize 作为一个命令行工具，每个子命令的实现都相对独立，使得整个代码阅读起来更加轻松。通过本章代码分析，读者可以深入理解 kustomize plugin 的实现原理，并根据自己的需求开发插件。

Chapter 9 | 第 9 章

走近 CNAB

9.1 什么是 CNAB

Cloud Native Application Bundle（CNAB）是 2018 年由微软联合 Docker 等公司全新推出的云原生应用管理规范，它定义了一套分布式应用打包、部署和生命周期管理的标准。

1. CNAB 的推出背景

随着越来越多的企业开始基于云原生的理念和基础设施构建大型应用，应用部署和管理的复杂度大大提升。一个分布式应用可能会同时部署在多种基础设施上，比如多个云服务商，或者云服务和本地机房构成的混合云；应用内的服务可能会以不同的方式进行部署，比如部分服务部署在 Kubernetes 集群上，部分服务直接运行在虚拟机内，等等。对于这些不同的基础设施和应用分发方式，每一个细分领域都诞生了成熟的工具，比如使用 Terraform 管理云服务，或者使用 Helm Charts 部署应用，但却没有一套完整的解决方案将这些工具进行整合，进而降低云原生应用管理的复杂度。

要想解决这些问题，就需要抛开基础设施管理工具、容器编排引擎、应用部署平台等具体的实现，从更高的维度设计云原生应用的管理方案，其中需要解决的问题可以归纳为如下 3 个方面。

❑ 将采用了不同技术体系、不同部署方式的应用，用一种标准的格式进行定义和描述。

❑ 使用统一的方式部署应用，屏蔽不同部署技术和工具链的细节。

❑ 提供管理应用整个生命周期的能力，包括应用的安装、更新、卸载等功能。

可以说，这样一个更高层次的应用管理方案是当前云原生领域缺失的一环。微软专注云原生开发体验的团队 deislabs 看到了这样的机会，他们此前已经成功开发了 Kubernetes 平台上的应用管理工具 Helm，应该说对这个领域有着深刻的了解。因此，基于这样的思考，微软联合 Docker 等公司推出了一套开源的云原生应用打包和管理规范：CNAB。

2. CNAB 的特性

CNAB 的核心设计理念是使用一个标准的打包格式，定义分布式应用中包含的所有服务，封装应用生命周期中各项管理操作。CNAB 并不感知和关注云服务等基础设施的具体实现，而是构建一种中立的标准和格式。

与前文介绍 Helm、Kustomize 等应用管理工具不同，CNAB 并不是一个开箱即用的工具，而是一套应用打包和管理的规范。理论上，任何人都可以依照 CNAB 规范实现一套应用的打包和部署工具。基于 CNAB 规范，CNAB 能够提供如下特性。

❑ 将组成应用的不同类型的资源，打包为一个整体的单元。

❑ 定义了应用生命周期中的各项操作，如安装、更新、卸载。

❑ 对应用包进行数字签名和验证。

❑ 支持导出应用包和它的依赖，并将打包的应用可靠部署在任意环境中，包括离线环境。

❑ 能够将应用包存储在符合标准的仓库中，并从远程仓库安装应用。

目前 CNAB 的规范中包含了核心规范、应用仓库、安全、声明和依赖等多个部分，规范全文可以在 https://github.com/deislabs/cnab-spec 查看，详细内容将在 9.1.3 节进行介绍。

3. CNAB 社区和生态

CNAB 规范发布于 2018 年 12 月，截至 2019 年年末，CNAB 依然是一个年轻的项目，目前整个社区都处于起步阶段，由 deislab 主导，Docker 参与，同时获得了 HashiCorp、Bitnami 等厂商的支持。

（1）Duffle

CNAB 作为一个开源规范，并不能直接拿来使用。因此，在推出 CNAB 规范的同时，微软也开发了一个工具 Duffle。Duffle 具备 CNAB 规范中的核心特性，是 CNAB 官方提供的参考实现。使用 Duffle，可以制作 CNAB 应用包，也可以部署、更新、卸载 CNAB 应用，在 9.4 节将对 Duffle 做进一步介绍。

（2）Porter

Duffle 围绕 CNAB 规范实现了最核心的功能，但事实上它内置的特性非常少，需要用户做大量工作来完成应用的打包。因此，微软向普通用户提供了另外一个工具——Porter。Porter 在遵循 CNAB 规范的基础上，内置了对一些常见的应用部署工具的支持，极大地简化了 CNAB 应用包的制作过程。使用 Porter 同样能够完成应用声明周期的管理。在本章中，我们主要以 Porter 为工具，实践 CNAB 应用的打包和管理。

（3）Docker Application

作为 CNAB 的发起方之一，Docker 也在自家的命令行工具 Docker App 中提供了对 CNAB 的兼容，使用 19.03 之后版本的 Docker 命令行工具即可支持 CNAB 应用的安装、更新和卸载。

（4）CNAB bundles

CNAB bundles 是社区提供的 CNAB 示例应用包，包含简单的应用管理如 Kubernetes+Helm，基础设施管理如 Terraform、云服务 Azure+Kubernetes 等示例。

9.2 CNAB 基本概念和原理

为了能够适应不同场景下的应用管理需求，CNAB 从较高层次定义了一套分布式应用的管理体系，这也使得 CNAB 的相关概念比较抽象、难以理解。本节将对 CNAB 涉及的一些基本概念和原理进行介绍。

1. 应用包

CNAB 最核心的部分是一种应用的打包格式，使用 CNAB 标准打包后的应用被称为应用包（Application bundle）。应用包中包含了分发、部署应用所需的全部资源，包括应用的元数据、使用的镜像等。

2. bundle.json

应用包中最基础的部分是一份描述应用元数据的清单文件，使用 Json 格式编写，被命名为 bundle.json。其中包含应用的名称、版本、维护者等基本信息，也定义了应用部署过程中需要的镜像、参数等信息。

3. 调用镜像

CNAB 应用包可以包含任意形态的应用，也可以部署到任意的目标环境中，为了实现这样的灵活性，CNAB 对应用部署过程中实际执行的操作没有任何限定，也就是说，用户可以自行实现任何部署操作，比如可以使用 kubectl、Helm 或 Kustomize 将应用部署到 Kubernetes 集群，也可以使用 terraform 创建云资源。

对于这样的需求，声明式的定义方式显然无法满足。因此，CNAB 引入了调用镜像（Invocation Image）的概念，应用包的制作者在调用镜像中自行实现应用的部署逻辑，其间需要使用的任意工具、资源都可以打包在这个镜像中。应用在实际部署时，只需要运行调用镜像中特定的可执行文件，即可完成所有操作。

CNAB 应用包的调用镜像在 bundle.json 中指定。bundle.json 和调用镜像是 CNAB 应用包中必须包含的两部分。

4. CNAB 运行时

如上文所述，应用的管理操作都是封装在调用镜像中的。实际使用中，用户会使用一个 CNAB 管理工具来发出应用的部署、更新等操作指令，这个工具会基于调用镜像运行一个容器，在容器中注入一些预设的环境变量，挂载一些目录，并在容器中运行指定的可执行文件来完成操作指令。也就是说，CNAB 应用的管理操作都是在这个工具创建的环境中完成的，这样的工具就被称为 CNAB 运行时。

5. 基本原理

CNAB 基本架构如图 9-1 所示。

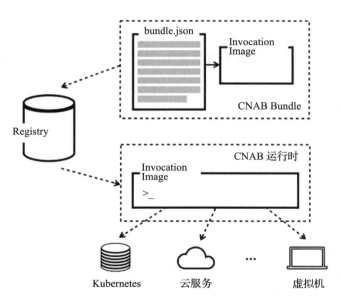

图 9-1　CNAB 架构图

了解如上概念后，我们以一次完整的 CNAB 应用打包、分发、部署过程为例，介绍 CNAB 应用管理的基本原理。

（1）应用打包

打包一个 CNAB 应用的过程就是制作上述 bundle.json 和调用镜像的过程。这一过程可以通过纯手工的方式进行：按照规范编写 bundle.json，并使用 Docker 等工具构建一个调用镜像。这样的打包方式操作起来很灵活，但也很烦琐。一般情况下，我们都会借助一些工具来完成打包任务。比如使用 9.2.4 节提到的 Porter，用声明式的语法描述应用，Porter 会根据描述自动构建 bundle.json 和调用镜像，完成应用的打包。

（2）应用包分发

CNAB 可以使用符合 OCI 规范的镜像仓库进行应用的分发。因此在打包完成后，可以选择将应用包上传到 OCI 仓库中，进而提供给使用者。当然，也可以采用其他渠道将应用包分发给使用者。

（3）应用部署

得到应用包之后，使用者就可以通过一个符合 CNAB 规范的运行时工具来部署应用，比如 9.2 节提到的 Duffle、Porter、Docker App 等。

根据部署环境的不同，使用者可能需要提供一些参数或凭据，比如云服务的 Access Key、Kubernetes 集群的访问凭据、虚拟机的 SSH key 等。接下来，使用者通常只需要一条命令，比如 porter install，即可完成应用的部署，具体的操作由 CNAB 工具运行调用镜像中的可执行文件来完成。

（4）应用的更新和卸载

应用部署后，还可以执行其他的管理操作，比如更新、卸载，或者应用包中自定义的其他操作。

9.3 CNAB 规范

CNAB 作为一个开源标准，其内容在不断迭代演进，目前规范的内容包括如下几部分。

1. 规范主体
- ❏ CNAB 核心规范（CNAB1）
- ❏ CNAB 应用仓库（CNAB-Reg）
- ❏ CNAB 安全机制（CNAB-Sec）
- ❏ CNAB 安装声明（CNAB-Claims1）
- ❏ CNAB 依赖管理（CNAB-Deps）

2. 补充内容
包含示例、最佳实践等内容。

3. 附录
其中，核心规范是所有 CNAB 工具实现时必须遵循的规范，本节对这一部分进行详细介绍。

CNAB 旨在定义一个多组件分布式应用的打包格式，这个格式并不与任何特定的平台绑定，而是可以在不同类型的架构和环境中安装部署。为了达到这样的目标，首先需要有一个中立的应用打包格式，其次需要统一不同平台上的应用部署过程，这就是 CNAB 核心规范所要解决的问题。

CNAB 将打包后的应用称为应用包，使用 bundle.json 完成应用的定义，使用一个调用镜像完成应用的安装过程，CNAB 核心规范即围绕这两者展开，包含如下 4 个部分。

❑ bundle.json 文件格式规范

❑ 调用镜像规范

❑ 应用包运行时规范

❑ 应用包格式规范

9.3.1　bundle.json 文件格式

bundle.json 描述了应用的全部元数据，包含应用名称、版本、调用镜像、镜像、参数等内容。该文件必须使用 Canonical JSON 格式。

Canonical JSON 格式与普通 JSON 格式的形式相同，也可以使用任意 JSON 解析器来解析，但是同样的 Canonical JSON 数据在序列化时，得到的结果总是一致的。因此可以使用哈希等手段对序列化后的数据进行签名，来保证数据的完整性和一致性。下文所展示的 JSON 内容是经过格式化的，以便于查看，并不是原始的 Canonical JSON 文本。

我们首先来看一个简单的 bundle.json 示例，其中包含了所有必选和可选的字段。

```
{
  "schemaVersion":"v1.0.0-WD",
  "name":"helloworld",
  "version":"0.1.2",
  "description":"An example 'thin' helloworld Cloud-Native Application Bundle",
  "invocationImages":[
    {
      "contentDigest":"sha256:aaaaaaa...",
      "image":"technosophos/helloworld:0.1.0",
      "imageType":"docker"
    }
  ],
  "images":{
    "my-microservice":{
      "contentDigest":"sha256:aaaaaaaaaaaa...",
      "description":"my microservice",
      "image":"technosophos/microservice:1.2.3"
    }
  },
  "parameters":{},
  "outputs":{},
  "definitions":{},
```

```
    "credentials":{},
    "custom":{}
}
```

按照功能的不同，我们可以将上述字段分为几类，下面进行逐一介绍。

1. 应用元数据

描述应用的基本信息，包含字段如下所示。

☐ schemaVersion：必选项。schemaVersion 是 bundle.json 的文件格式版本，目前使用的是 v1.0.0-WD，处于草案阶段。

☐ name：必选字段。name 是应用的名称，可以使用点号分割的形式，如：`acme.tunnels.wordpress。

☐ version：必选字段。version 是应用的版本号，必须使用语义化版本号的形式。使用 name 和 version 共同标识一个应用安装包。

☐ description：可选字段。description 是应用的简短描述。

☐ keywords：可选字段。keywords 是应用的关键词。

☐ license：可选字段。license 是应用使用何种协议分发。

☐ maintainers：可选字段。maintainers 是应用的维护者列表，包括 name、email、url 等字段。

2. invocationImages

invocationImages 是必选字段，指定了应用部署的调用镜像，示例如下。

```
{
    "invocationImages": [
        {
            "contentDigest": "sha256:aca460afa270d4c527981ef9ca4989346c56cf9b20217dc
ea37df1ece8120685",
            "image": "technosophos/helloworld:0.1.0",
            "imageType": "docker"
        }
    ]
}
```

CNAB 应用的部署过程实际是由调用镜像来完成的，因此必须定义至少一个调用镜像。如果应用需要在不同的环境部署，比如 Windows 和 Linux，那么还需要针对不同的环境定义多个调用镜像，在应用最终部署时，由 CNAB 的运行时使用合适的镜像。

每个调用镜像使用 imageType 表明所使用的镜像类型，默认使用的是 OCI 类型。CNAB 的实现必须能够兼容 Docker 和 OCI 两种镜像类型。

3. images

images 是可选字段，用于列举应用依赖的所有镜像。CNAB 应用管理工具并不直接使用这些镜像，但是在应用打包、分发的过程中，可能需要为这些镜像打上新的 label，上传到不同的仓库，因此需要将这些镜像的元数据记录在 bundle.json 中，示例如下。

```json
{
    "images": {
      "backend": {
        "contentDigest": "sha256:bca460afa270d4c527981ef9ca4989346c56cf9b20217dc
ea37df1ece8120686",
        "description": "backend component image",
        "image": "example.com/example/vote-backend@sha256:bca460afa270d4c527981e
f9ca4989346c56cf9b20217dcea37df1ece8120686",
        "imageType": "docker"
      },
      "frontend": {
        "contentDigest": "sha256:aca460afa270d4c527981ef9ca4989346c56cf9b20217dc
ea37df1ece8120685",
        "description": "frontend component image",
        "image": "example.com/example/vote-frontend@sha256:aca460afa270d4c527981
ef9ca4989346c56cf9b20217dcea37df1ece8120685",
        "imageType": "docker"
      }
    }
}
```

每个镜像的元数据字段如下所示。

❑ description：镜像的描述。

❑ imageType：镜像类型，有 Docker 或者 OCI 两类。

❑ image：完整的镜像路径、名称和版本，必须使用 SHA256 标记镜像的版本，不能使用版本 tag。

❑ size：可选字段，表示镜像大小，单位为 byte。

❑ labels：可选字段，表示键值对形式的镜像标签，可以用来标记镜像的属性。

❑ mediaType：可选字段，表示镜像的媒体类型。

4. 输入输出

用户在部署应用时，往往需要传入一些参数，以完成应用的配置。使用 parameters 字段可以指定参数列表，示例如下。

```json
{
    "parameters": {
      "backend_port": {
        "applyTo": [
          "install",
          "action1",
          "action2"
        ],
        "definition": "http_port",
```

```
    "description": "The port that the backend will listen on",
    "destination": {
      "env": "MY_ENV_VAR",
      "path": "/my/destination/path"
    },
    "required": true
  }
},
"outputs": {
  "clientCert": {
    "applyTo": [
      "install",
      "action2"
    ],
    "definition": "x509Certificate",
    "path": "/cnab/app/outputs/clientCert"
  },
  "hostName": {
    "definition": "string",
    "path": "/cnab/app/outputs/hostname"
  },
  "port": {
    "definition": "port",
    "path": "/cnab/app/outputs/port"
  }
}
}
```

每个参数由一个键值对定义，如上述参数的名称为 backend_port，参数的属性可由如下字段定义。

❑ applyTo：定义参数适用的应用管理操作，如 install、upgrade 等。

❑ definition：必选项，定义参数的校验规则。

❑ description：参数的说明。

❑ destination：必选项，定义注入参数的方式，可使用的选项如下。

  ● env：指定一个环境变量的名称，将参数值以环境变量的形式注入。

  ● path：指定一个文件路径，将参数值写入该文件。

❑ required：该参数是否为必填，默认值为 false。

完成应用的部署、更新等操作后，有时需要输出应用的状态、运行时产生的数据等信息，使用 outputs 字段可以达到这样的效果。

```
{
  "outputs": {
    "clientCert": {
      "applyTo": [
        "install",
        "action2"
      ],
```

```
        "definition": "x509Certificate",
        "path": "/cnab/app/outputs/clientCert"
      },
      "hostName": {
        "definition": "string",
        "path": "/cnab/app/outputs/hostname"
      },
      "port": {
        "definition": "port",
        "path": "/cnab/app/outputs/port"
      }
    }
  }
}
```

outputs 的定义形式与 parameters 类似，我们也可以使用 applyTo、definition、description 等字段，但 outputs 的输出采用文件形式，需要使用 path 指定一个路径，由调用镜像保证在相关操作指定完毕后，将输出的值写入该文件中。

上述 parameters 和 outputs 列表中的每一个参数都需要显示指定一个校验规则，如上述示例中的 string、port、x509Certificate 等。这些校验规则需要在 definitions 字段下，以 JSONSchema 方式进行定义。

```
{
  "definitions": {
    "http_port": {
      "default": 80,
      "maximum": 10240,
      "minimum": 10,
      "type": "integer"
    },
    "port": {
      "maximum": 65535,
      "minimum": 1024,
      "type": "integer"
    },
    "string": {
      "type": "string"
    },
    "x509Certificate": {
      "contentEncoding": "base64",
      "contentMediaType": "application/x-x509-user-cert",
      "type": "string",
      "writeOnly": true
    }
  }
}
```

JSONSchema 是一种标注和校验 JSON 数据类型和格式的描述形式，详情可以参考：https://json-schema.org/。

5. 凭据管理

在部署应用时，常常需要使用一些凭据或密钥，比如云平台的 Access Key、Kubernetes 集群的访问凭据等。这些凭据不应该打包到应用安装包中，而是要在部署应用时提供。使用 credentials 字段可以定义获取凭据的方式，示例如下。

```
{
  "credentials": {
    "hostkey": {
      "env": "HOST_KEY",
      "path": "/etc/hostkey.txt"
    },
    "image_token": {
      "env": "AZ_IMAGE_TOKEN",
      "required": true
    },
    "kubeconfig": {
      "path": "/home/.kube/config"
    }
  }
}
```

每项凭据可以由如下字段定义。

❑ path：指定调用镜像获取凭据的绝对路径。

❑ env：存储凭据内容的环境变量的名称，与 path 只能二选一。

❑ description：凭据的说明。

❑ required：是否必须提供凭据，默认值是 false。

6. 自定义操作

每一个 CNAB 标准的实现都必须支持 3 种基本的应用管理操作：install、upgrade、uninstall。但在 bundle.json 中也可以使用 actions 字段进行自定义操作，示例例如。

```
{
  "actions": {
    "io.cnab.dry-run": {
      "description": "prints what install would do with the given parameters values",
      "modifies": false,
      "stateless": true
    },
    "io.cnab.migrate": {
      "modifies": false
    },
    "io.cnab.status": {
      "description": "retrieves the status of an installation",
      "modifies": false
    }
  }
}
```

该字段仅仅描述了这些自定义操作，具体操作的实现需要由调用镜像来完成。

9.3.2　调用镜像

调用镜像是 CNAB 应用管理的主角，每一个 CNAB 应用安装包都需要指定至少一个调用镜像，所有的 CNAB 应用管理操作都需要在调用镜像中实现。因此 CNAB 标准中也包含了调用镜像的详细规范。

1. 调用镜像的组成部分

一个完整的调用镜像需要包含如下几个部分。

❑ 一个符合特定要求的文件系统结构。

❑ 一个可执行的运行入口（称为 run tool），完成应用管理操作（install、upgrade 等）。

❑ 运行时元数据（如 Helm Charts、Terraform 模板等）。

❑ 可用于复制调用镜像的资源（如 Dockerfile 或者 packer.json）。

2. 文件系统结构

调用镜像的文件系统必须包含一个 /cnab 目录，目录结构如下。

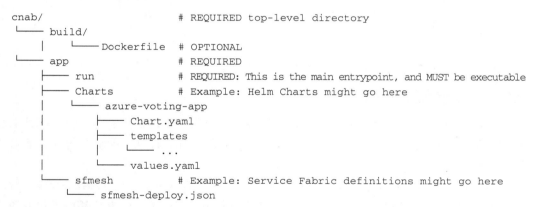

```
cnab/                         # REQUIRED top-level directory
└── build/
│       └── Dockerfile       # OPTIONAL
└── app                       # REQUIRED
    ├── run                   # REQUIRED: This is the main entrypoint, and MUST be executable
    ├── Charts                # Example: Helm Charts might go here
    │    └── azure-voting-app
    │        ├── Chart.yaml
    │        ├── templates
    │        │   └── ...
    │        └── values.yaml
    └── sfmesh                # Example: Service Fabric definitions might go here
        └── sfmesh-deploy.json
```

cnab 目录下必须包含一个 App 子目录，其中放置调用镜像的运行入口文件。App 目录下的其他文件没有强制性的要求，一般来说会包含应用部署所需的资源，比如 Helm Charts 等。

cnab 目录下还可以包含一个 build 目录，用来存放构建调用镜像本身所使用的文件，比如：

❑ Dockerfile；

❑ 其他不同用途的 Dockerfile，比如 Dockerfile.arm64；

❑ packer.json：Packer 配置文件；

❑ 其他构建镜像使用的文件。

cnab 目录下还可以放置一个 README.txt 或者 README.md，用于介绍应用信息，以及一个 LICENSE 文件。除此之外，其他文件都不能直接放置在 cnab 目录下。

3. 运行入口

运行入口必须是一个可执行文件，放置在 /cnab/app/run 下，可以通过环境变量 CNAB_ ACTION 来获取当前要执行的操作。

运行入口文件可以使用任意语言来实现，比如使用 shell 脚本。

```sh
#!/bin/sh

action=$CNAB_ACTION
name=$CNAB_INSTALLATION_NAME

case $action in
  install)
  echo "Install action"
  ;;
  uninstall)
  echo "uninstall action"
  ;;
  upgrade)
  echo "Upgrade action"
  ;;
  *)
  echo "No action for $action"
  ;;
esac
echo "Action $action complete for $name"
```

9.3.3 应用包运行规范

当我们准备好了符合上文要求的 bundle.json 和调用镜像，下一步需要通过工具来运行调用镜像，执行实际的应用管理操作。这样一些符合 CNAB 标准，能够运行调用镜像的工具，被称为 CNAB 运行时。

应用包运行时规范描述了如何运行调用镜像，以及如何在运行时把管理操作所需的数据注入镜像。CNAB 工具的开发者需要详细了解这部分规范，而作为 CNAB 应用的打包者和使用者，并不需要了解全部细节。因此，下文我们将更多地从 CNAB 使用者的角度进行介绍。

1. 运行入口

运行调用镜像时，CNAB 运行时必须执行 /cnab/app/run 入口文件，同时，运行时会遵循如下规范。

❑ 为入口文件设置执行参数。

❑ 退出码 0 视为运行成功、没有错误，非 0 的退出码代表不同的错误结果。

❑ 错误信息全部输出到 STDERR。

2. 应用包定义

/cnab/bundle.json 将会被挂载到调用镜像容器的 /cnab/bundle.json。

3. 环境变量

在执行入口文件 **/cnab/app/run** 时，对于所有操作，运行时都将提供如下 3 个环境变量。

```
CNAB_INSTALLATION_NAME=my_installation
CNAB_BUNDLE_NAME=helloworld
CNAB_ACTION=install
```

在执行 upgrade 和 uninstall 操作时，还会提供如下环境变量。

```
CNAB_REVISION=01ARZ3NDEKTSV4RRFFQ69G5FAV
CNAB_LAST_REVISION=01BX5ZZKBKACTAV9WEVGEMMVS0
```

其中：

❑ CNAB_INSTALLATION_NAME：提供一个对应本次部署的名称，它和应用包的名称不同，一个应用多次部署时，应用包的名称不变，但部署名称不同。

❑ CNAB_BUNDLE_NAME：应用包的名称，即 Bundle.json 中 name 字段的值。

❑ CNAB_ACTION：当前执行的操作。

❑ CNAB_REVISION：应用当前部署的版本序列号，在执行 upgrade 和 uninstall 操作时一定会提供该序列号，应用初次部署和每次更新时，都会生成新的版本序列号。

❑ CNAB_LAST_REVISION：在执行 upgrade 和 uninstall 操作时还会提供上一次部署的版本序列号。

4. 参数注入

如 9.3.2 节所述，应用的参数、凭据都可以在运行时注入调用镜像，我们可以选择如下注入方式。

❑ 环境变量：不能使用 CNAB_ 开头的环境变量名。

❑ 写入文件：数据会在执行入口文件之前写入指定的文件。

运行时会按照 bundle.json 中 definitions 指定的规则对参数值进行校验，此处不再赘述。

9.3.4　包格式规范

不同的使用场景对应用打包、分发的格式往往有着不同的要求。某些场景下，我们希望以尽可能轻量化的方式打包应用，应用依赖的资源都根据元数据从外部获取；另外一些场景下，比如离线环境中，我们需要在不依赖任何外部资源的条件下部署应用，此时就需要打包应用所需的全部资源，包括镜像等。

为了适应不同的需求，在 CNAB 规范中定义了两种应用包的格式：瘦应用包（Thin Bundles）和胖应用包（Thick Bundles），两者根据所包含的内容不同进行区分。

1. 瘦应用包

瘦应用包仅包含应用的元数据描述文件，即上文提到的 bundle.json，直接使用 JSON 格式文件进行分发。

2. 胖应用包

胖应用包需要打包应用所需的所有镜像，包含如下信息。

（1）应用的元数据描述文件 bundle.json，这部分和瘦应用包相同。

（2）bundle.json 的 invocationImages 字段中引用的所有镜像。

（3）bundle.json 的 images 字段中引用的所有镜像。

所有镜像存放在 artifacts/layout 目录下，并遵循 OCI 镜像文件布局规范。包的目录结构示例如下。

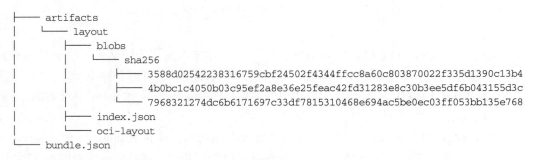

```
├── artifacts
│    └── layout
│          ├── blobs
│          │    └── sha256
│          │          ├── 3588d02542238316759cbf24502f4344ffcc8a60c803870022f335d1390c13b4
│          │          ├── 4b0bc1c4050b03c95ef2a8e36e25feac42fd31283e8c30b3ee5df6b043155d3c
│          │          └── 7968321274dc6b6171697c33df7815310468e694ac5be0ec03ff053bb135e768
│          ├── index.json
│          └── oci-layout
└── bundle.json
```

以上目录结构最终需要打包为 gzip 压缩的 TAR 包。

9.4   Duffle 和 Porter

我们在 9.1 节中已经对 Duffle 和 Porter 进行了简要介绍，它们都是社区提供的 CNAB 应用管理工具，那么两者有何不同呢？在实际使用中，我们应该如何选择？本节我们以打包一个 Wordpress 应用为例，介绍 Duffle 和 Porter 的区别。

9.4.1   使用 Duffle 打包 Wordpress

通过前两节的介绍，我们已经知道，CNAB 应用包需要至少包含 bundle.json 和调用镜像。如果使用 Duffle 来制作一个 Wordpress 应用包，那么这些都需要用户自己来制作，Duffle 几乎不能提供任何帮助。

首先，我们需要构建一个调用镜像，调用镜像中核心的入口文件可以使用 shell 脚本实现，如下所示。

```
#!/bin/sh
set -e

action=$CNAB_ACTION
name=$CNAB_INSTALLATION_NAME
myChart="stable/wordpress"

case $action in
```

```
install)
   echo "Configuring helm..."
   helm init --client-only

   echo "Installing remote Chart..."
   helm install -n $name $myChart --set externalDatabase.host=$mysql_host,
externalDatabase.user=$MYSQL_USER@$MYSQL_DB_SERVICE_NAME,externalDatabase.password=
$MYSQL_PASSWORD,mariadb.enabled=false

   echo "Congratulations! Enjoy your new wordpress application!"

   ;;
uninstall)
   echo "uninstall action"
   helm delete --purge $name
   ;;
upgrade)
   echo "Upgrade action"
   helm upgrade $name $myChart
   ;;
status)
   echo "Status action"
   helm status $name
   #TODO: check on mysql instance health
   ;;
*)
   echo "No action for $action"
   ;;
esac
echo "Action $action complete for $name"
```

然后我们使用如下 Dockerfile 来构建一个调用镜像。

```
FROM alpine:latest

ENV HELM_LATEST_VERSION="v2.10.0"

# install helm
RUN apk add --update ca-certificates \
 && apk add --update -t deps wget \
 && wget https://storage.googleapis.com/Kubernetes-helm/helm-${HELM_LATEST_
VERSION}-linux-amd64.tar.gz \
 && tar -xvf helm-${HELM_LATEST_VERSION}-linux-amd64.tar.gz \
 && mv linux-amd64/helm /usr/local/bin \
 && rm -f /helm-${HELM_LATEST_VERSION}-linux-amd64.tar.gz \
 && apk del --purge deps \
 && rm /var/cache/apk/*

COPY app/run /cnab/app/run
COPY Dockerfile cnab/Dockerfile

CMD [ "/cnab/app/run" ]
```

9.4.2 使用 Porter 打包 Wordpress

使用 Porter 打包一个 Wordpress 应用则要简单很多，不需要自己编写 shell 脚本和 Dockerfile，也不需要掌握 bundle.json 的格式，只需要使用一个 yaml 文件描述应用。

```yaml
name: wordpress
version: 0.1.0
invocationImage: deislabs/wordpress:latest

mixins:
  - helm

credentials:
  - name: kubeconfig
    path: /root/.kube/config

parameters:
  - name: wordpress_name
    type: string
    default: mywordpress

install:
  - helm:
      description: "Install mysql"
      name: mywordpress-mysql
      Chart: stable/mysql
      set:
        mysqlDatabase: wordpress
      outputs:
        - name: dbhost
          secret: mywordpress-mysql
          key: mysql-host
        - name: dbuser
          secret: mywordpress-mysql
          key: mysql-user
        - name: dbpassword
          secret: mywordpress-mysql
          key: mysql-password
  - helm:
      description: "Install Wordpress"
      name: "{{ bundle.parameters.wordpress-name }}"
      Chart: stable/wordpress
      parameters:
        externalDatabase.database: wordpress
        externalDatabase.host: "{{ bundle.outputs.dbhost }}"
        externalDatabase.user: "{{ bundle.outputs.dbuser }}"
        externalDatabase.password: "{{ bundle.outputs.dbpassword }}"

uninstall:
  - helm:
```

```
description: "Uninstall Wordpress Helm Chart"
releases:
- "{{ bundle.parameters.wordpress-name }}"
```

然后，执行 porter build 命令即可构建一个 CNAB 应用包。

9.4.3　使用 Duffle 还是 Porter

既然 Duffle 和 Porter 都可以用来打包和管理 CNAB 应用，那在实际应用中应该如何选择呢？

Duffle 秉承着 CNAB 核心规范的思路，只规定了应用包的基本结构，而将应用管理逻辑的控制权完全交给用户，这带来了极大的自由度，但是也大大增加了打包应用的复杂性。

Porter 则不同，它采用一种声明式的语法来定义应用包，用户在一个 yaml 文件中描述应用管理的行为，以及所需的参数、凭据、输出等信息。使用 Porter 虽然也需要用户掌握它的描述文件语法，但学习成本远低于手工编写 bundle.json 和构建调用镜像。因此，用户不需要去了解 CNAB 规范的细节，就能使用 Porter 构建出 CNAB 应用包，这是 Porter 对比 Duffle 最大的优势。

同时，Porter 还引入了 mixin 概念，通过 mixin 封装了在 CNAB 应用中使用一些常见服务的细节，比如 Helm、Terraform、Azure 等。制作 CNAB 应用包时引入这些 mixin，就可以在应用管理操作中直接使用这些服务，背后复杂的准备工作全部由 Porter 在构建和运行时自动完成。mixin 的引入为应用包的制作带来了极大的便利。

Duffle 和 Porter 的主要区别体现在应用包的构建阶段，对于制作完成的 CNAB 应用包，Duffle 可以使用任意兼容 CNAB 规范的工具进行部署。

从如上的对比可以看出，Porter 学习成本更低，更适合用户快速构建 CNAB 应用包，官方也建议普通用户使用 Porter。而 Duffle 则作为 CNAB 规范的验证工具，供 CNAB 规范的开发者使用。

9.5　本章小结

本章首先对 CNAB 的推出背景和发展现状进行了介绍。作为一种全新的应用管理规范，CNAB 引入了应用包、bundle.json、调用镜像和运行时等概念，并制定了一套完整的标准，对应用的定义、打包、分发和部署等各个方面进行了规范。CNAB 本身并不包含具体的工具实现，开源社区可以按照其规范开发应用管理工具。目前，社区提供了两种主要的 CNAB 实现：Duffle 和 Porter。这两个工具的应用场景不同，开发者需要根据自己的实际需求进行选择。对于大多数 CNAB 应用包的使用者而言，Porter 的使用更为便捷。

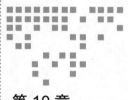

Porter 使用详解

通过 9.4 节的对比我们可以看到，Porter 更适合普通用户作为 CNAB 应用的打包和部署工具。本章将对 Porter 的基本概念和使用方法进行详细介绍。

10.1　Porter 快速上手

下面我们通过一个简单的示例了解 Porter 的使用方式。首先使用 Porter 制作一个简单的 CNAB 应用包，然后进行部署、更新和卸载等操作。

10.1.1　安装 Porter

Porter 提供了一键安装脚本，执行如下命令即可自动下载安装 Porter 的稳定版本，其中包含 Porter 核心组件以及预置的 mixin 扩展。

```
Linux:
curl https://cdn.deislabs.io/porter/latest/install-linux.sh | bash
MacOS:
curl https://cdn.deislabs.io/porter/latest/install-mac.sh | bash
```

Windows 系统用户需要在 PowerShell 中执行以下命令。

```
iwr "https://cdn.deislabs.io/porter/latest/install-windows.ps1" -UseBasicParsing | iex
```

安装完成后，根据提示将 Porter 添加到 PATH 中（示例为 MacOS 系统）。

```
export PATH=$PATH:~/.porter
```

如上操作完成后，执行如下命令即可验证安装是否成功。

```
# porter version
porter v0.12.0-beta.1 (d2c2520)
```

10.1.2　创建应用包

使用 porter create 命令可以创建一个样例应用包。

```
mkdir -p my-bundle/ && cd my-bundle/
porter create
creating porter configuration in the current directory
```

Porter 将会自动生成如下文件。

```
my-bundle
├── .dockerignore
├── .gitignore
├── Dockerfile.tmpl
├── README.md
└── porter.yaml
```

其中的 porter.yaml 是应用包的核心描述文件，我们使用如下样例内容。

```
name: my-bundle
version: 0.1.0
description: "this application is extremely important"

invocationImage: my-bundle:latest

mixins:
  - exec

install:
- exec:
    description: "Install Hello World"
    command: bash
    arguments:
      - -c
      - echo Hello World

upgrade:
  - exec:
    description: "World 2.0"
    command: bash
    arguments:
      - -c
      - echo World 2.0

uninstall:
  - exec:
```

```
description: "Uninstall Hello World"
command: bash
arguments:
  - -c
  - echo Goodbye World
```

这个 porter.yaml 样例内容非常简单，包含如下几部分内容。

❏ name、version、description：应用包的名称、版本和描述信息。

❏ invocationImage：定义了调用镜像采用的名称和 tag。

❏ mixins：应用包使用的 mixin 扩展列表。本节样例应用使用了 exec 扩展，它的功能是执行一个 shell 命令。

❏ install、upgrade、uninstall：分别定义了应用部署、更新和卸载时要执行的操作，这里实际的操作使用 exec 扩展来实现，通过传入参数指定要执行的命令。这里的 3 项操作都只是在命令行上打印了一些信息。

接下来，我们执行 porter build 命令构建应用包。

```
# porter build
Copying porter runtime ===>
Copying mixins ===>
Copying mixin exec ===>

Generating Dockerfile =======>

Writing Dockerfile =======>

Starting Invocation Image Build =======>

Generating Bundle File with Invocation Image my-bundle:latest =======>
Generating parameter definition porter-debug ====>
```

构建成功后，Porter 建立了 .cnab 目录，其中的内容就是 Porter 帮助我们生成的符合 CNAB 标准的相关资源。

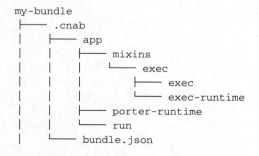

```
my-bundle
├──── .cnab
│    ├──── app
│    │    ├──── mixins
│    │    │    └──── exec
│    │    │          ├──── exec
│    │    │          └──── exec-runtime
│    │    ├──── porter-runtime
│    │    └──── run
│    └──── bundle.json
```

10.1.3　部署应用

构建好应用包之后，我们可以直接使用 Porter 部署应用。

```
# porter install my-porter-app
installing my-porter-app...
executing install action from my-bundle (bundle instance: my-porter-app)
defined in /cnab/app/porter.yaml
Install Hello World
Hello World
execution completed successfully!
```

如预期一样，安装应用后，命令行输出了在 porter.yaml 中定义的信息。

10.1.4　更新和卸载应用

使用 porter upgrade 命令更新应用。

```
# porter upgrade my-porter-app
upgrading my-porter-app...
executing upgrade action from my-bundle (bundle instance: my-porter-app)
defined in /cnab/app/porter.yaml
World 2.0
World 2.0
execution completed successfully!
```

使用 porter uninstall 命令卸载应用。

```
# porter uninstall my-porter-app
uninstalling my-porter-app...
executing uninstall action from my-bundle (bundle instance: my-porter-app)
defined in /cnab/app/porter.yaml
Uninstall Hello World
Goodbye World
execution completed successfully!
```

10.2　创建应用包

10.1 节已经介绍了 Porter 的基本用法，其中，帮助用户创建 CNAB 应用包是 Porter 最主要的功能。用户可以通过创建一个 porter.yaml 清单文件来描述应用，本节将对 porter. yaml 文件的格式进行详细的介绍，一个完整的 porter.yaml 文件示例如下。

```
name: porter-azure-wordpress
version: 0.1.0
invocationImage: deislabs/porter-azure-wordpress:latest
tag: deislabs/porter-azure-wordpress-bundle:v0.1.0

mixins:
- azure
- helm

credentials:
```

```
  - name: SUBSCRIPTION_ID
    env: AZURE_SUBSCRIPTION_ID
  - name: CLIENT_ID
    env: AZURE_CLIENT_ID
  - name: TENANT_ID
    env: AZURE_TENANT_ID
  - name: CLIENT_SECRET
    env: AZURE_CLIENT_SECRET
  - name: kubeconfig
    path: /root/.kube/config

parameters:
- name: mysql_user
  type: string
  default: azureuser
- name: mysql_password
  type: string
  sensitive: true
- name: database_name
  type: string
  default: "wordpress"
- name: server_name
  type: string

install:
  - azure:
      description: "Create Azure mysql"
      type: mysql
      name: mysql-azure-porter-demo-wordpress
      resourceGroup: "porter-test"
      parameters:
        administratorLogin: "{{ bundle.parameters.mysql_user }}"
        administratorLoginPassword: "{{ bundle.parameters.mysql_password }}"
        location: "eastus"
        serverName: "{{ bundle.parameters.server_name }}"
        version: "5.7"
        sslEnforcement: "Disabled"
        databaseName: "{{ bundle.parameters.database_name }}"
      outputs:
        - name: "MYSQL_HOST"
          key: "MYSQL_HOST"

  - helm:
      description: "Helm Install Wordpress"
      name: porter-ci-wordpress
      Chart: stable/wordpress
      replace: true
      set:
        mariadb.enabled: "false"
        externalDatabase.port: 3306
```

```
            readinessProbe.initialDelaySeconds: 120
            externalDatabase.host: "{{ bundle.outputs.MYSQL_HOST }}"
            externalDatabase.user: "{{ bundle.parameters.mysql_user }}"
            externalDatabase.password: "{{ bundle.parameters.mysql_password }}"
            externalDatabase.database: "{{ bundle.parameters.database_name }}"

uninstall:
  - helm:
      description: "Helm Uninstall Wordpress"
      purge: true
      releases:
        - "porter-ci-wordpress"
```

10.2.1 应用包元数据

```
name: porter-azure-wordpress
description: Install Wordpress on Azure
version: 0.1.0
invocationImage: deislabs/porter-azure-wordpress:v0.1.0
tag: deislabs/porter-azure-wordpress-bundle:v0.1.0
dockerfile: dockerfile.tmpl
```

应用包元数据中包含了 CNAB 规范定义的字段，除此之外，Porter 也定义了一些自身特有的字段，用于帮助用户描述应用。上例中的字段含义如下所示。

❑ name：应用包名称。

❑ description：应用包描述。

❑ version：应用包版本，使用语义版本号。

❑ invocationImage：调用镜像构建完成后需要打上的 tag，且必须是 REGISTRY/IMAGE:TAG 的形式。执行 porter publish 命令时，Porter 也会把构建镜像推送到这里指定的仓库。因此，如果需要发布该应用包，那么此处必须使用一个用户具有推送权限的镜像仓库。

❑ tag：应用包本身被发布到 OCI 仓库时所使用的 tag，格式同样是 REGISTRY/IMAGE:TAG，其中的 tag 采用应用包的语义版本号。

❑ dockerfile：可选项。指定一个 Dockerfile 文件作为 porter build 命令执行时使用的模板。如果不指定，Porter 在构建应用包时会自动生成一个基本的 Dockerfile，并将当前目录下的所有文件复制到调用镜像的 $BUNDLE_DIR 中。如果用户需要更多自定义逻辑，那么可以指定一个 Dockerfile，但是必须保证使用符合要求的基础镜像，比如，基础镜像内必须安装 SSL 根证书。同时也需要自行把所需的文件复制到镜像中。

10.2.2 mixin

```
mixin:
- exec
- helm
```

mixin 是 Porter 的一种插件，通过引入 mixin，可以直接在应用包部署操作中以配置化的方式使用一些已有的工具，比如 Helm、AWS CLI、Terraform 等。在 Porter 描述文件中引入一个 mixin 时，Porter 会自动将所需的所有相关资源打包在调用镜像中。用户只需要在porter.yaml 中添加一些参数，即可调用 mixin 提供的工具。

在上述示例中，引入了两个 mixin：exec 和 helm。目前 Porter 内置的 mixin 包括 helm等应用部署工具和 Azure CLI 等云服务管理工具，我们将在 10.3 节对 mixin 进行详细介绍。

10.2.3 参数

```
parameters:
- name: namespace
  type: string
  default: wordpress
- name: mysql_user
  type: string
  default: azureuser
- name: mysql_password
  type: string
  sensitive: true
- name: database_name
  type: string
  default: "wordpress"
  destination:
    env: MYSQL_DATABASE
```

很多应用的配置并不能固化在应用包中，而是需要在部署应用实例时由用户提供，参数就提供了这样的机制。与 CNAB 规范中描述的参数相同，porter.yaml 中也可以定义一系列配置参数，参数值由用户在部署应用包时传入，并注入运行调用镜像的容器中。每一个参数值可以有如下属性。

❑ name：参数名。

❑ type：参数的数据类型，可以使用 string、integer、number、boolean 其中之一。

❑ destination：参数的注入形式，默认以环境变量注入。

   ● env：使用环境变量注入，默认使用的环境变量名是大写的参数名。

   ● path：将参数值写入指定的文件中。

❑ sensitive：可选项，值为 true 时表示参数值是敏感项，在命令行输出中将会被隐藏。

定义参数之后，在 porter.yaml 的应用包操作部分，可以使用模板语法引用参数值，例如下面的 yaml 片段中，通过 {{ bundle.parameters.namespace }} 使用用户输入的 namespace参数值。

```
install:
  - helm:
```

```
    description: "Helm Install Wordpress"
    name: porter-wordpress
    Chart: https://apphub.aliyuncs.com/Charts/wordpress-8.0.1.tgz
    namespace: "{{ bundle.parameters.namespace }}"
```

模板语法非常灵活，也可以在同一个字符串中组合多个变量。

```
install:
- helm:
    name: app
    Chart: stable/wordpress
    set:
        jdbc_url: "jdbc:mysql://{{ bundle.outputs.mysql_host }}:{{ bundle.
outputs. mysql_port }}/{{ bundle.parameters.database_name }}"
```

在执行应用部署操作时，参数值可以通过 Porter 命令的参数或者文件传入，比如：

```
$ porter install --param-file base-values.txt --param-file dev-values.txt
--param test-mode=true --param header-color=blue
```

相关的命令将在 10.4 节详细介绍。

10.2.4　输出

```
outputs:
  - name: mysql_password
    type: string
    description: "mysql password"
    applyTo:
      - "install"
      - "upgrade"
```

```
install:
- helm:
    description: "Helm Install mysql"
    name: porter-mysql
    Chart: https://apphub.aliyuncs.com/Charts/mysql-6.5.1.tgz
    namespace: "{{ bundle.parameters.namespace }}"
    replace: true
    set:
      db.name: wordpress
      db.user: wordpress
    outputs:
    - name: mysql_user
      secret: porter-mysql
      key: mysql-user
    - name: mysql_password
      secret: porter-mysql
      key: mysql-password
```

输出可以用于定义一些在应用包执行阶段产生的数据。输出有两种类型，分别对应不同的用途。

一种是某个特定操作的输出，定义在某个应用包操作的步骤中，比如上述例子中 install 操作下的两个输出 mysql_user 和 mysql_password。这样的输出是由 mixin 执行具体的操作之后产生的，最终得到什么值由 mixin 决定，比如示例中的 helm mixin 可以从 Kubernetes 的 secret 中提取数据作为输出。

同一个应用操作中，后续的步骤可以引用之前步骤的输出，这就为多个步骤配合完成任务创造了便利，后文将做详细说明。

另一种是应用包全局输出，定义在 porter.yaml 的顶层，比如上述例子中开头的部分。这些输出不能独立存在，只能引用应用包操作中输出的同名变量。例如上述 mysql_password 就是引用 helm 操作输出的 mysql_password 值。应用包操作执行完成之后，全局输出会被 Porter 记录下来，作为这个应用实例的输出，后续可以使用 porter instances output 命令查看。

每一个输出值可包含的属性如下所示。

❑ name：输出参数名。

❑ type：参数的数据类型，可以使用 string、integer、number boolean 其中之一。

❑ applyTo：定义该输出值在哪些应用包操作中生效，如果省略，就表示对所有操作生效。

❑ sensitive：可选项，值为 true 时表示参数值是敏感项，在命令行输出中将会被隐藏。

10.2.5 校验规则

根据 CNAB 规范，可以使用 JSON Schema 来定义参数和输出值的校验规则，Porter 目前还没有完全实现上述规范，但可以使用如下属性来定义校验规则。

❑ default：字段的默认值，如果未提供该默认值，那么下面的 required 字段将会默认为 true。

❑ required：执行应用包操作时是否必须提供该字段。

❑ enum：该字段允许值的列表。

❑ 数值范围：可使用 minimum、maximum、exclusiveMinimum、exclusiveMaximum 属性定义。

❑ 字符串长度：可使用 minLength 和 maxLength 定义。

10.2.6 凭据

```
credentials:
- name: SUBSCRIPTION_ID
  env: AZURE_SUBSCRIPTION_ID
- name: CLIENT_ID
  env: AZURE_CLIENT_ID
```

```
  - name: TENANT_ID
    env: AZURE_TENANT_ID
  - name: CLIENT_SECRET
    env: AZURE_CLIENT_SECRET
  - name: kubeconfig
    path: /root/.kube/config
```

　　一些敏感的数据，如密码、配置文件等，可以通过凭据的方式传递给应用包。当应用包执行时，这些凭据的值会被写入执行容器的环境变量或文件内。出于安全考虑，在命令行输出时，这些凭据的值都会被隐藏。定义凭据的属性如下所示。

　　❑ name：凭据的名称。

　　❑ env：凭据值注入容器的环境变量名。

　　❑ path：凭据值注入容器的文件路径。

　　凭据的值需要在部署应用实例时给定，Porter 的要求是，在部署应用前，需要先生成一个凭据集，其中可以包含多个凭据的值，然后在执行应用操作时引用这个凭据集。相关命令将在 10.4 节详细介绍。

```
$ porter credential generate kubeconfig
$ porter install wordpress-cnab --cred kubeconfig
```

10.2.7　应用包操作

```
install:
- description: "Print message"
      exec:
    command: bash
    arguments:
      - -c
      - echo Start Installing
- description: "Install mysql"
  helm:
    name: mydb
    Chart: stable/mysql
    version: 0.10.2
    set:
      mysqlDatabase: "{{ bundle.parameters.database-name }}"
      mysqlUser: "{{ bundle.parameters.mysql-user }}"
  outputs:
  - name: mysql-root-password
    secret: mydb-creds
    key: mysql-root-password
```

　　应用包操作是 porter.yaml 定义的核心部分。Porter 支持 3 种 CNAB 应用操作：install、upgrade 和 uninstall。对于每种操作，Porter 需要按顺序定义一系列操作步骤，每个步骤的属性如下所示。

　　❑ description：步骤的描述。

❑ mixin：该操作所使用的 mixin，以及该 mixin 所要求提供的一系列属性。根据 mixin 的不同，这部分的定义完全不同，如上述示例中两个步骤分别使用了 exec mixin 和 helm mixin。

❑ outputs：该操作产生的输出。每一个输出值都需要有一个 name 属性，其余的属性由操作所使用的 mixin 决定，如上述示例中，两个输出值由 helm mixin 提供，引用了 Kubernetes 集群中的 secret 值。

一个复杂应用的部署往往需要多个操作步骤，比如先部署一个 Kubernetes 集群，然后使用 Helm 安装几个 Chart。通过 Porter 的输出和参数机制，可以实现步骤之间参数的传递。一个步骤中的输出，在后续步骤中可以使用 bundle.outputs 变量引用，例如：

```
install:
- helm:
    description: "Helm Install mysql"
    name: porter-mysql
    Chart: https://apphub.aliyuncs.com/Charts/mysql-6.5.1.tgz
    namespace: "{{ bundle.parameters.namespace }}"
    replace: true
    set:
      db.name: wordpress
      db.user: wordpress
    outputs:
    - name: mysql-password
      secret: porter-mysql
      key: mysql-password

- helm:
    description: "Helm Install Wordpress"
    name: porter-wordpress
    Chart: https://apphub.aliyuncs.com/Charts/wordpress-8.0.1.tgz
    namespace: "{{ bundle.parameters.namespace }}"
    replace: true
    set:
      wordpressPassword: "{{ bundle.parameters.wordpress_password }}"
      mariadb.enabled: false
      externalDatabase.host: porter-mysql
      externalDatabase.database: wordpress
      externalDatabase.user: wordpress
      externalDatabase.password: "{{ bundle.outputs.mysql-password }}"
      externalDatabase.port: 3306
      service.type: NodePort
      service.nodePorts.http: "{{ bundle.parameters.port }}"
      persistence.enabled: false
```

在上例中，install 操作的第一步使用 Helm mixin 安装了 mysql Chart，并将 mysql 密码作为输出。第二步安装 wordpress Chart 时，即可使用 {{ bundle.outputs.mysql-password }} 引用 mysql 密码，作为 Chart 的参数。

需要注意的是，输出的传递和引用仅在同一个操作的步骤中起效，无法跨步骤传递。每一次应用包操作都是独立的，upgrade 操作中无法引用上一次 install 操作产生的输出。这也是目前 Porter 应用管理的一个短板，如果想要对某次应用包操作中产生的数据进行持久化以供下次操作使用，比如云资源的 ID、随机生成的应用实例名称等，应用包作者则必须自行寻找存储方式，Porter 并未提供相关的机制。

10.2.8 自定义操作

```
customActions:
  myhelp:
    description: "Print a special help message"
    stateless: true
    modifies: false
```

除了上述 CNAB 规范定义的标准操作，还可以在 porter.yaml 中实现自定义操作，比如 status 或者 dry-run 等，定义操作步骤的方式完全相同，大部分 mixin 都可以在自定义操作中使用。除此之外可以定义如下属性。

❑ description：操作描述。

❑ stateless：定义该操作是否仅提供提示说明，而不产生其他结果。如果设置为 true，Porter 执行该操作时就不会注入凭据，也不会记录这个操作的执行历史。

❑ modifies：定义该操作是否会修改由应用包管理的资源。

上述示例中，定义了一个名为 myhelp 的操作，它仅输出一些帮助信息，不更改资源，所以设置 stateless 为 true，modifies 为 false。

10.2.9 依赖

```
dependencies:
  mysql:
    tag: deislabs/porter-wordpress-bundle:v0.1.0
    parameters:
      database_name: wordpress
      mysql_user: wordpress
```

应用包依赖是在 CNAB 核心规范基础上扩展的一项能力，能够帮助用户复用另外一个应用包的能力。可定义的属性如下所示。

❑ tag：依赖项在 OCI 仓库中的名称和 tag，格式如 REGISTRY/NAME:TAG。

❑ parameters：提供给依赖项的参数。

10.2.10 镜像

```
images:
  nginx:
    description: "Nginx docker image"
```

```
      imageType: "docker"
      repository: "registry.cn-hangzhou.aliyuncs.com/cnab/nginx"
      digest: "sha256:787e5020b03260c7661bab8674c562dfba6036332702018692bb7d2e716bbe6d"
  mysql:
    description: "mysql docker image"
    imageType: "docker"
    repository: "mysql"
    tag: 5.7
```

遵循 CNAB 规范，在 porter.yaml 中也可以定义镜像列表，一般来说，应该把应用包中要用到的所有镜像都放到这个列表中，包括应用本身的镜像以及部署应用使用的辅助镜像，这样做有如下两方面的用途。

- ❑ 使用 Porter 将应用包发布到 OCI 仓库中时，Porter 会将 images 列表中的所有镜像也复制到同一仓库中，这样，对于使用该应用包的用户，只需要拥有这一个仓库的拉取权限，就可以顺利部署整个应用。
- ❑ Porter 可以将整个应用包导出为一个本地文件包，其中也包括 images 列表中的所有镜像。使用这个文件包，可以直接将应用部署在离线环境中，而无须访问镜像仓库。

Porter 在复制镜像或者导出应用包时，镜像的拉取地址会发生改变，比如示例中的mysql 镜像，应用原本会从 Docker Hub 拉取 mysql:5.7，但如果将应用包发布到 registry. cn-hangzhou.aliyuncs.com/cnab，则 Porter 会将 mysql 镜像也推送到 registry.cn-hangzhou. aliyuncs.com/cnab/mysql:5.7。此时，应用依赖的拉取地址也需要改变。因此，应用依赖的镜像地址应该动态注入，Porter 提供了对应的模板渲染参数来帮助注入镜像地址，例如：

```
install:
- helm:
    name: porter-mysql
    Chart: stable/mysql
    namespace: "{{ bundle.parameters.namespace }}"
    set:
      image.repository: "{{ bundle.images.mysql.repository }}"
      image.tag: "{{ bundle.images.mysql.tag }}"
```

上述 helm mixin 设置的参数中，使用 bundle.images.mysql.repository 和 bundle.images. mysql.tag 引用 images 列表中定义的镜像。这样无论应用包被发布到哪个仓库，应用镜像都能正常拉取。

10.2.11　自定义 Dockerfile

通常情况下，Porter 用于构建调用镜像的 Dockerfile 是在如下基础模板上生成的。

```
FROM debian:stretch
ARG BUNDLE_DIR
RUN apt-get update && apt-get install -y ca-certificates
```

Porter 会在这个模板基础上添加 mixin 构建部分，以及 WORKDIR、CMD 等指令，生成一个完成的 Dockerfile。如果想要了解更多细节，可以参考 12.3 节的 Porter 源码解析。

默认的 Dockerfile 足以满足项目大部分需求，但如果应用包的作者有更多定制化的需求，比如更换自己熟悉的 base 镜像、安装自己需要的工具等，Porter 也允许用户自定义 Dockerfile，下面介绍具体流程。

首先需要编写一个 Dockerfile 模板，存储在应用包目录下。

```
Dockerfile.tmpl:
FROM debian:stretch
ARG BUNDLE_DIR

RUN apt-get update && apt-get install -y ca-certificates curl tar
RUN curl "https://aliyuncli.alicdn.com/aliyun-cli-linux-3.0.30-amd64.tgz" -o
"/tmp/aliyun-cli.tgz"
RUN tar zxf /tmp/aliyun-cli.tgz -C /tmp
RUN mv /tmp/aliyun /usr/local/bin/aliyun

# PORTER_MIXINS

COPY config.json $BUNDLE_DIR
```

在模板中，可以使用 BUNDLE_DIR 变量，向调用镜像的 /cnab 目录复制文件。模板中不需要包含 WORKDIR、CMD 等指令，Porter 会自动添加这些内容。

在向 Dockerfile 插入 mixin 生成的部分时，Porter 会首先寻找模板 # PORTER_MIXINS 标记，如果标记存在，那么 mixin 的内容就会被插入到这个位置，否则会在模板最后追加。因为 Dockerfile 中 mixin 相关的部分事实上很少改变，所以可以把这个标记放在模板靠前的位置，把经常改变的部分放在后边，利用 Docker 分层构建的特点来节约重新构建调用镜像的时间。

接着在 porter.yaml 中指定模板文件即可。

```
dockerfile: Dockerfile.tmpl
```

使用自定义 Dockerfile 时，应用包作者就需要自己保证 Dockerfile 模板的正确性和其中基础镜像的可用性。

10.3　mixin

CNAB 规范旨在整合各种各样的应用部署方式，但这样的设计付出的代价是用户必须在调用镜像中自行实现所有的逻辑。即便可以使用 Helm 等工具，用户还是需要打包相应的客户端，编写 shell 脚本来运行命令，这给普通用户的使用带来了极大的不便。

Porter 引入了 mixin 的概念，在 CNAB 规范的基础上，将一些常用的应用部署工具、基础设施管理工具、云服务进行封装，用户可以在 porter.yaml 配置文件中引入相应的 mixin，通过配置的方式使用这些工具。目前，Porter 社区已经提供 helm、Kubernetes、terraform 等常用的 mixin。

通过这样的分层抽象，由应用部署工具的开发者、云服务提供者或者开源社区提供 mixin，普通用户可以直接安装使用 mixin，降低了打包 CNAB 应用的难度。

10.3.1　安装 mixin

在安装 Porter 时，已经默认安装了部分稳定版本的 mixin，使用 porter mixins list 命令可以查看当前安装的 mixin 列表。

```
# porter mixins list
Name            Version           Author
aws             v0.1.2-beta.1     DeisLabs
az              v0.3.2-beta.1     DeisLabs
azure           v0.7.1-beta.1     DeisLabs
exec            v0.20.0-beta.1    DeisLabs
gcloud          v0.2.1-beta.1     DeisLabs
helm            v0.8.1-beta.1     DeisLabs
Kubernetes      v0.20.0-beta.1    DeisLabs
terraform       v0.4.1-beta.1     DeisLabs
```

除此之外，还可以通过命令手动安装或者更新一个 mixin，例如：

```
# porter mixins install terraform
installed terraform mixin
terraform v0.4.1-beta.1 (2b7aa6e) by DeisLabs
```

或者卸载一个 mixin：

```
# porter mixins uninstall az
Uninstalled az mixin
```

10.3.2　常用 mixin 介绍

1. exec

exec 是功能最为简单的一个 mixin，使用它可以执行 shell 命令或脚本，先来看一个示例。

```
exec:
  description: "Description of the command"
  command: cmd
  arguments:
  - arg1
  - arg2
  flags:
    a: flag-value
    long-flag: true
    repeated-flag:
```

```
- flag-value1
- flag-value2
```

其中，command 是必须提供的属性，arguments 和 flags 是可选项，上述配置相当于执行如下 shell 命令。

```
cmd arg1 arg2 -a flag-value --long-flag true --repeated-flag flag-value1
--repeated-flag flag-value2
```

也可以使用 exec 来执行一个脚本。

```
exec:
  description: "Install Hello World"
  command: bash
  arguments:
  - ./install-world.sh
```

如果想要获取 exec 执行的结果，可以指定 outputs 属性。exec 内置了一些方法来简化输出结果的解析和获取，包括：JSON 路径、正则表达式、文件路径。

（1）JSON 路径

```
outputs:
- name: NAME
  jsonPath: JSONPATH
```

当一个输出项指定了 jsonPath 属性时，exec 会以 JSON 格式解析命令执行时输出到 stdout 的内容中，然后使用指定的 jsonPath 提取结果。例如，对于如下命令输出，配置 jsonPath: $[*].id，最终得到的输出结果为：["1085517466897181794"]。

```
[
  {
    "id": "1085517466897181794",
    "name": "my-vm"
  }
]
```

（2）正则表达式

```
outputs:
- name: NAME
  regex: GOLANG_REGULAR_EXPRESSION
```

如果输出项通过 regex 属性指定一个正则表达式，exec 将会使用该正则表达式匹配命令 stdout 输出的每一行，然后将所有匹配到的捕获组作为结果输出。

例如，对于下列命令输出，配置 regex: --- FAIL: (.*) \(.*\):

```
--- FAIL: TestMixin_Install (0.00s)
stuff
things
```

```
--- FAIL: TestMixin_Upgrade (0.00s)
more
logs
```

最终得到的输出值如下。

```
TestMixin_Install
TestMixin_Upgrade
```

（3）文件路径

```
outputs:
- name: kubeconfig
  path: /root/.kube/config
```

使用 path 指定一个文件路径时，exec 将会把该文件的内容作为最终的输出值。

2. helm

使用 helm mixin 可以通过配置的方式安装、更新或者卸载 Helm 应用，而不需要用户手动配置 Helm 客户端。Helm 的基本概念和使用方式可以通过本书第 1 章进行了解。这里通过如下 3 个示例介绍 helm mixin 的使用。

（1）安装 Helm 应用

```
install:
- helm:
    description: "Install mysql"
    name: mydb
    Chart: stable/mysql
    version: 0.10.2
    namespace: mydb
    replace: true
    wait: true
    set:
      mysqlDatabase: wordpress
      mysqlUser: wordpress
    outputs:
      - name: mysql-root-password
        secret: mydb-mysql
        key: mysql-root-password
      - name: mysql-password
        secret: mydb-mysql
        key: mysql-password
```

使用上述配置会通过 Helm 部署一个 mysql 应用。其中，Chart 指定了安装的应用包，set 设置了需要传入的参数，name、namespace、replace、wait 等属性与对应的 helm install 命令参数完全相同，此处不再赘述。以上配置相当于执行如下 Helm 命令：

```
helm install stable/mysql:0.10.2 --name mydb --namespace mydb --set mysqlDatab
ase=wordpress,mysqlUser=wordpress --replace --wait
```

与 Helm 命令行客户端不同的是，该 mixin 支持在 outputs 中读取 Kubernetes 集群的 secret 资源，如上述配置中指定了从 mydb-mysql 中取得 mysql-root-password 和 mysql-password 两个键作为输出。

（2）更新 Helm 应用

```
upgrade:
- helm:
    description: "Upgrade mysql"
    name: porter-ci-mysql
    Chart: stable/mysql
    version: 0.10.2
    wait: true
    resetValues: true
    reuseValues: false
    set:
      mysqlDatabase: mydb
      mysqlUser: myuser
      livenessProbe.initialDelaySeconds: 30
      persistence.enabled: true
```

更新 Helm 应用的配置方式与安装方式基本相同，其中，设置 reuseValues 为 true 可以保留上次发布所使用的参数，设置 resetValues 为 true 会将所有参数重置为 Chart 中的默认值，以上配置相当于执行如下 Helm 命令。

```
helm upgrade porter-ci-mysql stable/mysql:0.10.2 --wait --reset-values --set
mysqlDatabase=mydb,mysqlUser=myuser,livenessProbe.initialDelaySeconds=30,persisten
ce.enabled=true
```

（3）卸载 Helm 应用

```
uninstall:
- helm:
    description: "Uninstall mysql"
    purge: true
    releases:
      - mydb
```

卸载 Helm 应用的命令非常简单，helm mixin 支持同时删除多个 Release，直接在 releases 中指定即可，以上配置相当于执行如下 Helm 命令。

```
helm delete mydb --purge
```

3. Kubernetes

使用 Kubernetes mixin 可以直接在 Kubernetes 集群中部署资源，配置方式非常简单，在 manifests 属性中指定 yaml 文件即可。

```
install:
  - Kubernetes:
```

```
    description: "Install Hello World App"
    manifests:
      - ./manifests/hello
    wait: true
```

4. aws

```
aws:
  description: "Description of the command"
  service: SERVICE
  operation: OP
  arguments:
  - arg1
  - arg2
  flags:
    FLAGNAME: FLAGVALUE
    REPEATED_FLAG:
    - FLAGVALUE1
    - FLAGVALUE2
  outputs:
  - name: NAME
    jsonPath: JSONPATH
```

使用 aws mixin 可以直接调用 AWS 服务的 API，其中，service 和 operation 属性分别指定了服务名称和调用的 API，其余属性类似于 exec mixin。例如，创建一个 EC2 实例：

```
aws:
  description: "Provision VM"
  service: ec2
  operation: run-instances
  flags:
    image-id: ami-xxxxxxxx
    instance-type: t2.micro
```

实际上相当于使用 AWS 命令行工具执行：

```
aws ec2 run-instances --image-id ami-xxxxxxxx --instance-type t2.micro
```

10.4 Porter 命令详解

Porter 构建、管理 CNAB 应用的操作全部通过命令行完成，目前支持的命令较为简单，本节将对其中常用的命令进行介绍。

需要注意的是，Porter 目前处于 beta 测试阶段，还未发布正式版本，一些命令的使用方式可能会在未来发生变化，本书写作时 Porter 的最新版本是 v0.20.2-beta.1。

1. porter create

在当前目录下创建 Porter 应用包模板。

```
$ porter create
creating porter configuration in the current directory
```

Porter 将在当前目录下生成如下文件。

```
.dockerignore
.gitignore
Dockerfile.tmpl
README.md
porter.yaml
```

其中，porter.yaml 是定义应用包的核心清单文件，本章前两节已经对其进行了详细介绍。

Dockerfile.tmpl 是 Porter 自动生成的构建调用镜像的 Dockerfile 模板。如果 Porter 提供的 mixin 能够满足应用管理的需求，那么只需要定义 porter.yaml 即可，无须修改 Dockerfile.tmpl。但如果用户需要自定义更复杂的逻辑，那么可以通过修改 Dockerfile.tmpl 来定制调用镜像的构建过程。

2. porter build

使用当前目录下的清单文件，构建 CNAB 应用包。在 porter build 执行过程中，Porter 会生成符合 CNAB 规范的 bundle.json，生成调用镜像的 Dockerfile 并完成镜像构建。

```
$ porter build
Copying porter runtime ===>
Copying mixins ===>
Copying mixin exec ===>

Generating Dockerfile =======>

Writing Dockerfile =======>

Starting Invocation Image Build =======>
```

可以看到，Porter 已经在 .cnab 目录下生成了一个标准的 CNAB 调用镜像所需的文件。

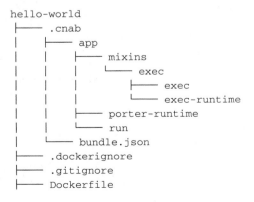

```
hello-world
├── .cnab
│   ├── app
│   │   ├── mixins
│   │   │   └── exec
│   │   │       ├── exec
│   │   │       └── exec-runtime
│   │   ├── porter-runtime
│   │   └── run
│   └── bundle.json
├── .dockerignore
├── .gitignore
├── Dockerfile
```

```
├──── Dockerfile.tmpl
├──── README.md
└──── porter.yaml
```

相应的调用镜像 Dockerfile 内容如下所示。

```
FROM debian:stretch

ARG BUNDLE_DIR

RUN apt-get update && apt-get install -y ca-certificates

COPY .cnab /cnab
COPY . $BUNDLE_DIR
RUN rm -fr $BUNDLE_DIR/.cnab
# exec mixin has no buildtime dependencies

WORKDIR $BUNDLE_DIR
CMD ["/cnab/app/run"]
```

Porter 使用 Docker 完成镜像构建，因此需要在本地环境中配置好 Docker。porter build 成功后，也可以通过 Docker 命令查看调用镜像。

```
$ docker image ls
REPOSITORY            TAG            IMAGE ID          CREATED          SIZE
porter-hello          latest         395ef5cc0111      6 minutes ago    276MB
```

3. porter inspect
检查应用包的基本信息，主要输出应用包的调用镜像以及引用的所有镜像。

```
porter inspect [flags]
```

支持参数如下所示。

❑ --cnab-file：指定一个 CNAB 标准 bundle.json 文件。

❑ -f,--file：指定一个 porter.yaml 清单文件，默认使用当前目录下的应用包。

❑ -t,--tag：通过 tag 指定一个远程的 CNAB 应用包。

❑ -o,--output：指定输出格式，可以是 table、json 或 yaml。

下面以查看一个发布到镜像仓库中的 CNAB 应用包为例进行说明。

```
$ porter inspect registry.cn-hangzhou.aliyuncs.com/cnab/porter-hello-
bundle:0.2.0
    Name: HELLO
    Description: An example Porter configuration
    Version: 0.2.0


    Invocation Images:
    Image                                                    Type   Digest  Original Image
```

```
registry.cn-hangzhou.aliyuncs.com/cnab/porter-hello:0.2.0  docker

Images:
Name     Type     Image                                          Digest  Original Image
webapp   docker   registry.cn-hangzhou.aliyuncs.com/zhibei/nginx:1.13
```

4. porter explain

查看一个应用包的定义，包括参数、凭据、输出、自定义操作等，使用方法和参数与 porter inspect 基本相同。

```
porter explain
Name: wordpress
Description: A wordpress bundle made by Porter
Version: 0.2.0

Credentials:
Name            Description     Required
kubeconfig                      true

Parameters:
Name                    Description
         Type           Default              Required    Applies To
mariadb_root_password
         string         my-mariadb-password  false       All Actions
namespace
         string         wordpress            false       All Actions
port
         integer        30030                false       All Actions
porter-debug            Print debug information from Porter when executing the bundle
         boolean        false                false       All Actions
wordpress_password
         string         <nil>                true        All Actions

No outputs defined

No custom actions defined
```

5. porter install

使用如下方式部署指定的应用包，也就是执行 CNAB 应用中定义的 install 动作。其中第一个参数为部署的应用实例的名称，可以省略，默认值将直接使用应用包的名称。

```
porter install [INSTANCE] [flags]
```

其他选项如下所示。

❑ --cnab-file：指定一个 bundle.json 文件，不使用当前目录下的 bundle.json。

❑ -c,--cred：指定部署时使用的凭据，可以是一个文件路径，也可以是一个凭据集的名称。凭据集是 Porter 用来管理一组凭据的工具。

- ❏ -f,--file：指定一个 porter.yaml 清单文件，默认值是使用当前目录下的应用包。
- ❏ --param：设置部署时使用的参数，采用 NAME=VALUE 的形式，可以多次调用指定多个参数。
- ❏ --param-file：指定参数文件，该文件中每一行采用 NAME=VALUE 的形式设置一个参数。如果 param-file 和 param 选项设置了同一个参数的值，那么 param-file 中的值将会被覆盖。
- ❏ -t,--tag：指定一个 tag，部署该 tag 对应的 OCI 仓库中的应用包。
- ❏ --insecure：允许部署非受信的应用包，默认值为 true。
- ❏ --insecure-registry：跳过镜像仓库的 TLS 认证。
- ❏ --force：强制拉取应用包的最新版本以及所有的依赖。
- ❏ -d,--driver：指定调用镜像的运行时驱动，默认值是 docker，即使用 docker 来运行调用镜像容器，还可以指定为 debug。

下面通过几个例子来说明常见选项的使用方式。

- ❏ 使用 param-file 和 param 选项来指定部署应用包时的参数。

```
porter install --param-file base-values.txt --param-file dev-values.txt
--param test-mode=true --param header-color=blue
```

- ❏ 指定一个 porter.yaml 清单文件，并为部署的应用实例指定一个名称 MyAppInDev。
  porter install MyAppInDev --file myapp/porter.yaml。
- ❏ 从 OCI 仓库中安装指定 tag 的 CNAB 应用，同时使用 cred 选项指定安装过程中使用的凭据集。

```
porter install MyAppFromTag --tag deislabs/porter-kube-bundle:v1.0
--cred azure
```

以上述我们使用 porter build 打包的应用为例，使用 porter install 安装如下应用。

```
$ porter install my-hello-world-app
installing my-hello-world-app...
executing install action from HELLO (bundle instance: my-hello-world-app)
defined in /cnab/app/porter.yaml
Install Hello World
Hello World
execution completed successfully!
```

6. porter upgrade

更新已部署的 CNAB 应用，也就是执行应用包中定义的 upgrade 操作。upgrade 操作的选项与 install 基本相同。

```
porter upgrade [INSTANCE] [flags]
```

下面依然以 hello-world 应用为例，执行 porter upgrade。

```
$ porter upgrade my-hello-world-app
upgrading my-hello-world-app...
executing upgrade action from HELLO (bundle instance: my-hello-world-app)
defined in /cnab/app/porter.yaml
World 2.0
World 2.0
execution completed successfully!
```

7. porter uninstall

卸载已部署的 CNAB 应用，也就是执行应用包中定义的 uninstall 操作。

```
porter uninstall [INSTANCE] [flags]
```

对 hello-world 应用执行 porter uninstall 如下。

```
$ porter uninstall my-hello-world-app
uninstalling my-hello-world-app...
executing uninstall action from HELLO (bundle instance: my-hello-world-app)
defined in /cnab/app/porter.yaml
Uninstall Hello World
Goodbye World
execution completed successfully!
```

8. porter invoke

前文已经介绍过，除了 install、upgrade、uninstall 这 3 个标准操作之外，还可以在
CNAB 应用包中自定义操作。porter invoke 就是用来执行这些自定义操作的命令。它的使用
方式与上文 3 个标准操作无异，只需要通过 action 选项指定操作名称即可。

```
porter invoke [INSTANCE] --action ACTION [flags]
```

9. porter list

使用 porter list 可以列出当前所有通过 porter 已经安装的 CNAB 应用：

```
$ porter list
NAME                   CREATED       MODIFIED      LAST ACTION   LAST STATUS
my-hello-world-app     1 minute ago  1 minute ago  install       success
```

10. porter show

详细查看一个已部署的应用实例的信息。

```
$ porter show my-hello-world-app
Name: my-hello-world-app
Created: 2 minutes ago
Modified: 1 minute ago
```

```
Last Action: upgrade
Last Status: success
```

10.5　OCI 仓库与应用分发

在 CNAB 规范中，应用包的存储、分发都基于 OCI 标准仓库来进行。对于接触过容器技术和云原生领域的读者，Docker 镜像仓库应该是非常熟悉了，但是 OCI 标准仓库则是一个不那么流行的名词。那么什么是 OCI 仓库？它与 Docker 镜像仓库之间有什么关系？本节将解答上述问题，并以此为基础介绍 CNAB 应用包的分发机制，以及一些相关的社区项目。

2013 年 Docker 推出并火爆技术社区之后，业界迎来了容器技术的大爆发，各种技术相继诞生，其中就包括各类容器运行时和镜像打包技术。容器技术社区异常繁荣，但是也面临着激烈的竞争和分裂，比如 CoreOS 公司也推出了类似于 Docker 的工具 rkt。不同厂商之间缺乏统一的标准。

为了减少无序竞争，避免社区分裂，2015 年 6 月，Docker、CoreOS、Microsoft、IBM、Google 等公司联合发起了 OCI（Open Container Initiative，开放容器计划），旨在制定容器技术领域的标准，保证各个厂商技术之间的兼容性。

OCI 成立之后，Docker 等厂商积极推动技术规范的建立与完善。2016 年，Docker 向 OCI 贡献了从 libcontainer 项目发展而来的容器运行时 runC。2017 年 7 月，容器运行时规范（OCI Runtime Specification）1.0 版本正式发布，runC 也成为 OCI 容器运行时规范的参考实现。

除了容器运行时之外，OCI 带来的另一个主要标准就是镜像格式规范（OCI Image Format，https://github.com/opencontainers/image-spec）。这一规范也起源于 Docker。镜像的构建、打包过程可以说是 Docker 早期版本的一大创新，随着 Docker 的火爆，这一镜像格式也成为通用标准。2016 年 4 月，Docker 将 V2 镜像格式贡献给 OCI，在此基础上，发展出了 OCI 镜像格式规范。

对于容器技术生态而言，镜像的分发机制同样非常重要。Docker 在推出时就建立了拉取（Pull）和推送（Push）镜像的概念，并让这个概念深入人心。同时 Docker 制定了一个私有的镜像拉取 / 推送协议，实现了 Image Registry 项目，用来进行镜像的存储和分发。在 Image Registry 基础上，Docker Hub 诞生了，成为广泛使用的公共镜像仓库。这个最早期版本的协议被称为 Docker Registry API V1。Image Registry 项目后来也开源为 Docker Registry。

但是 Docker Registry API V1 的设计相对来说还是比较简单的，随着用户大规模的使用，其弊端逐渐暴露出来。其中主要的问题包括：Registry API V1 中用于标识一个镜像 layer 的 ID 是随机生成的，与镜像内容无关，相同的镜像内容打包之后也会得到不同的标识符，难以通过标识符来判断镜像 layer 是否相同，也很难比较从不同镜像仓库拉取的镜像。同时，镜像标识符存在碰撞的可能性，这就带来了安全问题。因此，Docker 对 Regsitry API

进行了重新设计，通过镜像内容摘要解决了上述问题，同时在鉴权、性能等方面做了诸多改进。

2016 年随着 Docker 1.6 支持了 Docker Registry API 2.0。新的镜像仓库实现也以 Docker Distribution 项目开源。

2018 年 4 月，Docker 将 Registry API V2 贡献给 OCI，并发展成为 OCI 镜像分发规范（OCI Distribution Specification）。

时至今日，镜像仓库已经成为云原生应用生态中一个非常重要的环节，串联起了应用的开发、部署和运维等环节，主要的云服务提供商都实现了兼容 Docker Distribution 的镜像仓库服务，比如 AWS ECR、阿里云容器镜像服务等。

镜像仓库解决了单一容器镜像的分发问题，但是如今采用云原生技术部署的应用早已超越了单镜像、单容器的简单形态，由此诞生了各种云原生应用管理工具，比如本书介绍的 Helm、CNAB 等，这些工具也需要通过资源文件描述应用信息，比如 Helm Chart、CNAB 应用包等。那么，是否可以用镜像仓库来统一存储和管理这些云原生应用资源呢？

答案是肯定的，OCI 分发规范并未将分发的资源类型限定在镜像，而是考虑了对不同资源类型的支持。同时现有镜像仓库提供的成熟的资源管理、版本控制机制、安全能力以及兼容性，也为使用镜像仓库管理云原生应用资源带来了很好的支持。除了云厂商的支持，很多公司也在生成环境中维护着自己的私有镜像仓库，相比为 Helm Chart、CNAB 应用包等资源再维护一套存储系统，直接在镜像仓库的基础上实现支持显然是成本更低的选择。

因此，云原生技术社区逐渐认同 OCI 标准的镜像仓库在未来可以进化为一种云原生的文件系统，统一管理各类云原生应用资源。至此，虽然目前这些镜像仓库还是以存储镜像为主，但称之为"镜像仓库"似乎已不再准确，本书将其统称为 OCI 仓库。

社区对于 OCI 仓库的设想非常长远，但目前对大多数人来说，这还是一个新鲜事物，业界对 OCI 分发规范的实现和对多种资源类型的支持还处在比较早期的阶段，下面我们对几个相关的开源项目进行简单的介绍。

1. ORAS

ORAS[一]（OCI Registry As Storage）与 CNAB 和 Helm 同源，都来自微软旗下的 Deislabs。ORAS 主要提供了一个客户端库，使用这个库可以将任意的资源推送到兼容 OCI 镜像格式的镜像仓库中。也就是说，通过 ORAS 可以利用现在已有的镜像仓库管理新的资源类型。ORAS 使用 Go 语言开发，提供了 Go Module 供其他工具引入。

2. CNAB to OCI

CNAB to OCI[二]由 Docker 开发，能够将 CNAB 应用包存储到 OCI 兼容镜像仓库，或者从仓库拉取 CNAB 应用包。Porter 使用 OCI 仓库的相关能力就是通过 CNAB to OCI 库实现

　㊀　相关链接：https://github.com/deislabs/oras
　㊁　相关链接：https://github.com/docker/cnab-to-oci

的。CNAB to OCI 同样使用 Golang 开发，其他 Golang 项目可以轻松进行调用。

　　主要的云服务提供商已经开始逐渐跟进镜像仓库对其他云原生应用资源的支持，截至 2019 年底，阿里云镜像服务、Azure ACR 都已经提供了对 Helm Charts 存储和分发的支持。

10.6　使用 Porter 分发 CNAB 应用

　　CNAB 规范中阐述了 CNAB 应用包使用 OCI 仓库进行分发，Porter 实现了相关功能，同时，Porter 也可以将 CNAB 应用存储为本地应用包，便于线下分发。本节对 Porter 相关命令和使用方式进行介绍。

10.6.1　发布应用包

　　在之前对 Porter 应用编写的介绍中，我们已经提到，在 porter.yaml 中需要定义两个 tag，一个是应用包本身的 tag，另一个是调用镜像的 tag，例如：

```
name: HELLO
version: 0.2.0
description: "An example Porter configuration"
invocationImage: registry.cn-hangzhou.aliyuncs.com/cnab/porter-hello:0.2.0
tag: registry.cn-hangzhou.aliyuncs.com/cnab/porter-hello-bundle:0.2.0
```

　　这两个 tag 将作为应用包最终发布到 OCI 仓库之后的身份标识，其他用户可以通过应用包的 tag 拉取并安装这个应用。和普通的 Docker 镜像类似，这两个 tag 也建议采用语意化版本号。同时，二者最好指向同一个镜像仓库，这样能够简化应用包用户的权限管理工作。

　　在应用编写完成后，首先需要执行一次 porter build，完成应用包的构建。接下来就可以使用 porter publish 命令进行应用的发布。

```
$ porter publish
Pushing CNAB invocation image...
The push refers to repository [registry.cn-hangzhou.aliyuncs.com/cnab/porter-hello]
28c4c278f967: Preparing
49314438d641: Preparing
7ce781665212: Preparing
32a547e46e18: Preparing
f73e7e79899a: Preparing
f73e7e79899a: Layer already exists
28c4c278f967: Pushed
32a547e46e18: Pushed
49314438d641: Pushed
7ce781665212: Pushed
0.2.0: digest: sha256:cef0cc145ac025932c1effdff2084fa9475eb139e298558409324a6e163146c9
size: 1372

Rewriting CNAB bundle.json...
Starting to copy image registry.cn-hangzhou.aliyuncs.com/cnab/porter-hello:0.2.0...
```

```
Completed image registry.cn-hangzhou.aliyuncs.com/cnab/porter-hello:0.2.0 copy
Bundle tag registry.cn-hangzhou.aliyuncs.com/cnab/porter-hello-bundle:0.2.0
pushed successfully, with digest "sha256:575a4616ed615a603de691cdfe67d780ca70d7b43
cd44ea3d537c7fdd81efbb8"
```

Porter 会先将调用镜像推送到仓库中，然后使用调用镜像的 tag 改写 bundle.json，生成新的 CNAB 应用包，最后将它推送到镜像仓库中，应用包的 tag 为 registry.cn-hangzhou. aliyuncs.com/cnab/porter-hello-bundle:0.2.0。

应用包发布后，即可使用 porter install 命令进行验证，指定 tag 从仓库中拉取并安装应用。

```
$ porter install -t registry.cn-hangzhou.aliyuncs.com/cnab/porter-hello-bundle:0.2.0
installing HELLO...
Unable to find image 'registry.cn-hangzhou.aliyuncs.com/cnab/porter-hello-
bundle@sha256:cef0cc145ac025932c1effdff2084fa9475eb139e298558409324a6e163146c9'
locally
    sha256:cef0cc145ac025932c1effdff2084fa9475eb139e298558409324a6e163146c9:
Pulling from cnab/porter-hello-bundle
    Digest: sha256:cef0cc145ac025932c1effdff2084fa9475eb139e298558409324a6e163146c9
    Status: Downloaded newer image for registry.cn-hangzhou.aliyuncs.com/cnab/
porter-hello-bundle@sha256:cef0cc145ac025932c1effdff2084fa9475eb139e298558409324a6
e163146c9
    executing install action from HELLO (bundle instance: HELLO) defined in /cnab/
app/porter.yaml
    Install Hello World
    Hello World
    execution completed successfully!
```

可以看到，执行结果与本地应用包无异，只是多了拉取应用包的过程。需要注意的是，和 Docker 镜像一样，tag 代表的应用版本是不固定的，可以向同一个 tag 重复推送不同版本的应用包。如果需要精确指定应用包的版本，可以使用 SHA256 值来安装：

```
$ porter install -t registry.cn-hangzhou.aliyuncs.com/cnab/porter-hello-
bundle@sha256:cef0cc145ac025932c1effdff2084fa9475eb139e298558409324a6e163146c9
```

对于 porter.yaml 中 images 部分引用的镜像，Porter 会拉取这些镜像，并将它们重新推送到与应用包相同的镜像仓库中。这样做的目的是简化应用包的访问控制和应用的相关资源管理，即只要授予用户一个镜像仓库的权限，就能够顺利完成应用包和所有相关镜像的拉取。

```
$ porter publish
Pushing CNAB invocation image...
The push refers to repository [registry.cn-hangzhou.aliyuncs.com/cnab/porter-
hello]
    0.2.0: digest: sha256:01a1d353513c01656d6123f709282f7fc8d068cab7cfc40fbd45bb2a59a2ea80
size: 1372

    Rewriting CNAB bundle.json...
```

```
Starting to copy image registry.cn-hangzhou.aliyuncs.com/cnab/porter-hello:
0.2.0...
Completed image registry.cn-hangzhou.aliyuncs.com/cnab/porter-hello:0.2.0 copy
Starting to copy image registry.cn-hangzhou.aliyuncs.com/zhibei/nginx:1.13...
Completed image registry.cn-hangzhou.aliyuncs.com/zhibei/nginx:1.13 copy
Bundle tag registry.cn-hangzhou.aliyuncs.com/cnab/porter-hello-bundle:0.2.0
pushed successfully, with digest "sha256:dc81cba986ab0801abda0aea978f7a82d86fbc760
5dee37eb94327f2955a17aa"
```

使用 porter inspect 命令可以查看应用包中涉及的镜像：

```
$ porter inspect registry.cn-hangzhou.aliyuncs.com/cnab/porter-hello-bundle:0.2.0
Name: HELLO
Description: An example Porter configuration
Version: 0.2.0

Invocation Images:
Image                                                      Type    Digest  Original Image
registry.cn-hangzhou.aliyuncs.com/cnab/porter-hello:0.2.0  docker

Images:
Name    Type    Image                                              Digest  Original Image
webapp  docker  registry.cn-hangzhou.aliyuncs.com/zhibei/nginx:1.13
```

10.6.2 复制应用包

如果一个应用的 CNAB 应用包以及所有应用镜像都存储在某一个镜像仓库中，当想要把它复制到另外一个镜像仓库时，手工迁移所有的镜像会非常麻烦。此时使用 porter copy 命令可以轻松实现应用包的复制。

```
porter copy [flags]
```

这里需要指定如下两个参数。

❑ --source：应用包复制的来源，可以用 tag 指定，也可以是仓库地址加 SHA256 摘要。

❑ --destination：复制的目的地，可以是完成的 tag，也可以仅指定仓库地址，或仓库 +repo，Porter 会自动使用原 tag。

另外还可以通过 --insecure-registry 参数关闭对镜像仓库的 TLS 校验。

```
$ porter copy --source registry.cn-hangzhou.aliyuncs.com/cnab/porter-hello-
bundle:0.2.0 --destination registry.cn-hangzhou.aliyuncs.com/cnab-porter
Beginning bundle copy to registry.cn-hangzhou.aliyuncs.com/cnab-porter/porter-
hello-bundle:0.2.0. This may take some time.
Starting to copy image registry.cn-hangzhou.aliyuncs.com/cnab/porter-
hello:0.2.0...
Completed image registry.cn-hangzhou.aliyuncs.com/cnab/porter-hello:0.2.0 copy
Starting to copy image registry.cn-hangzhou.aliyuncs.com/zhibei/nginx:1.13...
Completed image registry.cn-hangzhou.aliyuncs.com/zhibei/nginx:1.13 copy
Bundle tag registry.cn-hangzhou.aliyuncs.com/cnab-porter/porter-hello-
```

```
bundle:0.2.0 pushed successfully, with digest "sha256:dc81cba986ab0801abda0aea978f
7a82d86fbc7605dee37eb94327f2955a17aa"

$ porter install -t registry.cn-hangzhou.aliyuncs.com/cnab-porter/porter-
hello-bundle:0.2.0
installing HELLO...
Unable to find image 'registry.cn-hangzhou.aliyuncs.com/cnab-porter/porter-
hello-bundle@sha256:01a1d353513c01656d6123f709282f7fc8d068cab7cfc40fbd45bb2a59a2
ea80' locally
sha256:01a1d353513c01656d6123f709282f7fc8d068cab7cfc40fbd45bb2a59a2ea80:
Pulling from cnab-porter/porter-hello-bundle
Digest: sha256:01a1d353513c01656d6123f709282f7fc8d068cab7cfc40fbd45bb2a59a2ea80
Status: Downloaded newer image for registry.cn-hangzhou.aliyuncs.com/cnab-
porter/porter-hello-bundle@sha256:01a1d353513c01656d6123f709282f7fc8d068cab7cfc40f
bd45bb2a59a2ea80
executing install action from HELLO (bundle instance: HELLO) defined in /cnab/
app/porter.yaml
Install Hello World
Hello World
execution completed successfully!
```

10.6.3　导出应用包

上述应用包的分发方法都是基于镜像仓库的。在某些场景下，我们需要在离线环境下安装应用。此时可以将 CNAB 应用包导出为一个本地文件，使用一个文件完成应用的部署。Porter archive 命令可以完成这项任务。

```
porter archive [flags] [FILENAME]
```

porter archive 可以打包本地应用包，与 porter install 等命令类似，使用 --cnab-file 指定 bundle.json 文件，使用 --file 指定 porter.yaml 文件，或者默认打包当前目录下的应用。也可以打包已发布到镜像仓库中的应用包，使用 --tag 指定 tag 即可。另外还需要指定打包后的文件名。例如：

```
$ porter archive -t registry.cn-hangzhou.aliyuncs.com/cnab/porter-hello-
bundle:0.2.0 porter-hello.tgz
```

打包后的文件实际上就是 CNAB 规范中定义的胖应用包，其中包含了应用包的元数据文件，以及所有相关镜像的导出文件，我们可以解开 tgz 包查看它的结构。

```
porter-hello
├── artifacts
│   └── layout
│       ├── blobs
│       │   └── sha256
│       │       ├── 01a1d353513c01656d6123f709282f7fc8d068cab7cfc40fbd45bb2a59a2ea80
│       │       ├── 1d1d37885ace241c83feee738db0d3e9f3ce56cd1d356235957175fd214ea947
│       │       ├── 278fefc722ffe1c36f6dd64052758258d441dcdb5e1bbbed0670485af2413c9f
```

```
│           │          ├── 40960efd7b8f44ed5cafee61c189a8f4db39838848d41861898f56c29565266e
│           │          ├── 71e26f8d6c34f3978ded77ad90ba263d91d7b3bfbfa52b0cb9099234bbf7c347
│           │          ├── 887c0878d644db8db59a880a9b840fdd423f32ec7e16055e81334afd5890e58c
│           │          ├── 99e4ea6a1137e9a5648e51481d12b3a3be6655d3907f84a05f47e2c8c6e31a85
│           │          ├── 9bda7d5afd399f51550422c49172f8c9169fc3ffdef2748b13cfbf6467661ac5
│           │          ├── 9cc2ad81d40d54dcae7fa5e8e17d9c34e8bba3b7c2cc7e26fb22734608bda32e
│           │          ├── a21d9ee25fc3dcef76028536e7191e44554a8088250d4c3ec884af23cef4f02a
│           │          ├── b3501cd04342d0e908620cec6e409690ea3c2180a01e1c391879313da6b077f4
│           │          └── bc95e04b23c06ba1b9bf092d07d1493177b218e0340bd2ed49dac351c1e34313
│           ├── index.json
│           └── oci-layout
└── bundle.json
```

应用包导出之后依然可以用 porter publish 重新发布，此时需要指定一个 tag，例如：

```
$ porter publish -a porter-hello.tgz -t registry.cn-hangzhou.aliyuncs.com/
cnab/porter-hello-bundle:0.3.0
Beginning bundle publish to registry.cn-hangzhou.aliyuncs.com/cnab/porter-
hello-bundle:0.3.0. This may take some time.
Starting to copy image registry.cn-hangzhou.aliyuncs.com/cnab/porter-hello@sha
256:01a1d353513c01656d6123f709282f7fc8d068cab7cfc40fbd45bb2a59a2ea80...
Completed image registry.cn-hangzhou.aliyuncs.com/cnab/porter-hello@sha256:01a
1d353513c01656d6123f709282f7fc8d068cab7cfc40fbd45bb2a59a2ea80 copy
Starting to copy image registry.cn-hangzhou.aliyuncs.com/cnab/nginx@sha256:278
fefc722ffe1c36f6dd64052758258d441dcdb5e1bbbed0670485af2413c9f...
Completed image registry.cn-hangzhou.aliyuncs.com/cnab/nginx@sha256:278fefc722
ffe1c36f6dd64052758258d441dcdb5e1bbbed0670485af2413c9f copy
Bundle tag registry.cn-hangzhou.aliyuncs.com/cnab/porter-hello-bundle:0.3.0
pushed successfully, with digest "sha256:6bab9542144f3541cb8420a4ff875fd30dcf9ce23
3900e2b1c725dcf6de06b5c"
```

10.7　本章小结

　　作为一个面向普通用户的 CNAB 实现，Porter 极大地简化了 CNAB 应用包的制作过程，用户不需要了解 CNAB 规范中复杂的 bundle.json 文件格式，只需要通过更为简单的 porter.yaml 文件即可声明 CNAB 应用包。同时，Porter 引入了 mixin 的概念，将一些常用的应用部署工具、基础设施管理工具、云服务进行封装，在 porter.yaml 中声明和配置即可使用。Porter 也实现了 CNAB 规范中的应用分发能力，可以直接通过命令行打包、发布和导出应用。

第 11 章 *Chapter 11*

Porter 实战

在第 10 章我们详细介绍了 Porter 清单文件的结构、mixin 的使用方式和常见的 Porter 的命令。本节我们将从实践出发，以在 Kubernetes 集群中部署 Wordpress 为例，从零开始，使用 Porter 打包一个 CNAB 版本的 Wordpress 应用。

11.1 创建基本的应用框架

11.1.1 环境准备

本节的目标是构建在 Kubernetes 环境下使用的 CNAB 应用包，因此需要一个可用的 Kubernetes 集群，为了简单起见，我们可以使用 Minikube 创建一个本地运行的 Kubernetes 集群。以 MacOS 为例，可以使用 Homebrew 安装 Minikube。

```
brew install minikube
```

其他操作系统的安装方法可以参照官方文档，在此不赘述。

由于 Minikube 生成的 kubeconfig 文件默认采用文件路径的方式引入证书，当 kubeconfig 文件被打包到 CNAB 应用包中后，文件引用会失效，因此，为了配合 Porter 的使用，我们需要先对 Minikube 进行一项配置。

```
minikube config set embed-certs true
```

该配置会将 Minikube 集群的证书文件签入 kubeconfig 中。配置完成后，即可执行命令启动本地集群，国内用户可以使用 --registry-mirror 参数指定一个 Docker 镜像仓库地址，以加快镜像拉取速度：

```
minikube start --Kubernetes-version='v1.14.8' --registry-mirror "https://
rvjrhsxo.mirror.aliyuncs.com"
```

集群启动完成后，Minikube 会自动将 kubeconfig 文件写入 /{home}/.kube/config，使用
kubectl 命令验证集群即可正常访问。

```
$ kubectl get node
NAME        STATUS    ROLES     AGE       VERSION
minikube    Ready     master    4m29s     v1.14.8
```

部署 Helm 应用还需要在 Kubernetes 集群内安装 Tiller，Minikube 提供了一键部署的
方式：

```
minikube addons enable helm-Tiller
```

安装 Tiller 之后，如果本地安装了 Helm 客户端，可以使用如下命令进行验证。

```
$ helm version
Client: &version.Version{SemVer:"v2.14.3", GitCommit:"0e7f3b6637f7af8fcfddb3d2
941fcc7cbebb0085", GitTreeState:"clean"}
Server: &version.Version{SemVer:"v2.14.3", GitCommit:"0e7f3b6637f7af8fcfddb3d2
941fcc7cbebb0085", GitTreeState:"clean"}
```

11.1.2　创建基本的应用框架

首先我们使用 porter create 创建应用包模板文件。

```
$ mkdir wordpress && cd wordpress
$ porter create
creating porter configuration in the current directory
$ ls -al
total 40
drwxr-xr-x  7 jonas    staff    224 Nov 17 21:47 .
drwxr-xr-x  6 jonas    staff    192 Nov 17 21:46 ..
-rw-r--r--  1 jonas    staff    181 Nov 17 21:47 .dockerignore
-rw-r--r--  1 jonas    staff     18 Nov 17 21:47 .gitignore
-rw-r--r--  1 jonas    staff    669 Nov 17 21:47 Dockerfile.tmpl
-rw-r--r--  1 jonas    staff   1522 Nov 17 21:47 README.md
-rw-r--r--  1 jonas    staff   1207 Nov 17 21:47 porter.yaml
```

打开 porter.yaml 清单文件，编辑应用包的元数据。

```
name: wordpress
version: 0.1.0
description: "A wordpress bundle made by Porter"
invocationImage: porter-wordpress:0.1.0
```

目前我们只在本地使用该应用包，不需要将它推送到镜像仓库中，因此可以暂时略去

tag 的定义。在 Kubernetes 集群中部署 Wordpress，最便捷的方式当然是使用 Helm，因此我们引入 helm mixin。

```
mixins:
  - helm
```

接下来是对应用包进行定义，对于安装、卸载操作，使用 helm mixin 即可完成。Helm 社区提供了 stable/wordpress 的 Chart，其中打包了 MariaDB 的实现，因此我们只需安装这一个 Chart 就可以运行 Wordpress。需要传给 Helm 的参数如下所示。

```
install:
  - helm:
      description: "Helm Install Wordpress"
      name: porter-wordpress
      Chart: https://apphub.aliyuncs.com/Charts/wordpress-8.0.1.tgz
      namespace: wordpress
      replace: true
      set:
        wordpressPassword: my-wordpress-pwd
        mariadb.enabled: true
        mariadb.rootUser.password: my-mariadb-password
        mariadb.master.persistence.enabled: false
        service.type: NodePort
        service.nodePorts.http: 30081
        persistence.enabled: false
```

卸载操作更为简单，传入 Release 名称即可。

```
uninstall:
  - helm:
      description: "Helm Uninstall Wordpress"
      purge: true
      releases:
        - porter-wordpress
```

Helm mixin 在部署应用时需要使用 Kubernetes 集群的访问凭据，我们需要将集群的 KubeConfig 挂载到 /root/.kube/config，KubeConfig 这样需要保密的信息显然需要使用凭据来提供，因此，我们在 porter.yaml 中增加 credentials 定义。

```
credentials:
- name: kubeconfig
  path: /root/.kube/config
```

至此，一个最基本的 Wordpress 应用包就完成了，我们使用 porter build 命令进行构建。

```
$ porter build
Copying porter runtime ===>
Copying mixins ===>
```

```
Copying mixin helm ===>

Generating Dockerfile =======>

Writing Dockerfile =======>

Starting Invocation Image Build =======>
```

构建成功后，使用 porter inspect 命令查看应用包。

```
$ porter inspect
Name: wordpress
Description: A wordpress bundle made by Porter
Version: 0.1.0

Invocation Images:
Image                    Type      Digest    Original Image
porter-wordpress:0.1.0   docker

Images:
No images defined
```

接下来就可以安装这个应用包了，由于我们定义了一个凭据，需要在安装时提供，因此首先要使用 porter credential 命令生成一个凭据集，名称设置为 kubeconfig。

```
$ porter credential generate kubeconfig
Generating new credential kubeconfig from bundle wordpress
==> 1 credentials required for bundle wordpress
? How would you like to set credential "kubeconfig" file path
? Enter the path that will be used to set credential "kubeconfig" /Users/
jonas/.kube/config
Saving credential to /Users/jonas/.porter/credentials/kubeconfig.yaml
```

然后使用 porter install 命令安装应用，指定实例名称为 wordpress-cnab，并使用刚刚创建的 kubeconfig 凭据集。

```
$ porter install wordpress-cnab --cred kubeconfig
installing wordpress-cnab...
executing install action from wordpress (bundle instance: wordpress-cnab)
defined in /cnab/app/porter.yaml
Helm Install Wordpress
/usr/local/bin/helm helm install --name porter-wordpress https://apphub.
aliyuncs.com/Charts/wordpress-8.0.1.tgz --namespace wordpress --replace --set
mariadb.enabled=true --set mariadb.master.persistence.enabled=false --set
mariadb.rootUser.password=my-mariadb-password --set persistence.enabled=false
--set service.nodePorts.http=30081 --set service.type=NodePort --set
wordpressPassword=my-wordpress-pwd
NAME:   porter-wordpress
LAST DEPLOYED: Sat Dec  7 13:31:07 2019
NAMESPACE: wordpress
```

```
STATUS: DEPLOYED

RESOURCES:
==> v1/ConfigMap
NAME                             DATA   AGE
porter-wordpress-mariadb         1      0s
porter-wordpress-mariadb-tests   1      0s

==> v1/Deployment
NAME               READY   UP-TO-DATE   AVAILABLE   AGE
porter-wordpress   0/1     1            0           0s

==> v1/Pod(related)
NAME                                   READY   STATUS             RESTARTS   AGE
porter-wordpress-5b9dbcbb65-86p7k      0/1     ContainerCreating  0          0s
porter-wordpress-mariadb-0             0/1     ContainerCreating  0          0s

==> v1/Secret
NAME                       TYPE     DATA   AGE
porter-wordpress           Opaque   1      0s
porter-wordpress-mariadb   Opaque   2      0s

==> v1/Service
NAME                       TYPE        CLUSTER-IP       EXTERNAL-IP   PORT(S)                      AGE
porter-wordpress           NodePort    10.103.122.189   <none>        80:30081/TCP,443:30746/TCP   0s
porter-wordpress-mariadb   ClusterIP   10.105.122.33    <none>        3306/TCP                     0s

==> v1/StatefulSet
NAME                       READY   AGE
porter-wordpress-mariadb   0/1     0s


NOTES:
1. Get the WordPress URL:

    export NODE_PORT=$(kubectl get --namespace wordpress -o jsonpath="{.spec.
ports[0].nodePort}" services porter-wordpress)
    export NODE_IP=$(kubectl get nodes --namespace wordpress -o jsonpath="{.items[0].
status.addresses[0].address}")
    echo "WordPress URL: http://$NODE_IP:$NODE_PORT/"
    echo "WordPress Admin URL: http://$NODE_IP:$NODE_PORT/admin"

2. Login with the following credentials to see your blog

    echo Username: user
    echo Password: $(kubectl get secret --namespace wordpress porter-wordpress -o
jsonpath="{.data.wordpress-password}" | base64 --decode)

execution completed successfully!
```

安装成功后，Helm 输出了相关的部署信息，可以通过 kubectl 来查看部署情况。

```
$ kubectl get pod -n wordpress
NAME                                 READY    STATUS     RESTARTS    AGE
porter-wordpress-5b9dbcbb65-86p7k    1/1      Running    0           21m
porter-wordpress-mariadb-0           1/1      Running    0           21m
$ kubectl get svc -n wordpress
NAME                       TYPE        CLUSTER-IP       EXTERNAL-IP    PORT(S)                       AGE
porter-wordpress           NodePort    10.103.122.189   <none>         80:30081/TCP,443:30746/TCP    23m
porter-wordpress-mariadb   ClusterIP   10.105.122.33    <none>         3306/TCP                      23m
```

Wordpress 通过 NodePort 对外暴露了服务，我们可以通过 Minikube 在本地快速访问这个服务。

```
$ minikube service porter-wordpress -n wordpress
|-----------|------------------|-------------|----------------------------------------------|
| NAMESPACE |      NAME        | TARGET PORT |                     URL                      |
|-----------|------------------|-------------|----------------------------------------------|
| wordpress | porter-wordpress |             | http://192.168.64.4:30081                    |
|           |                  |             | http://192.168.64.4:30746                    |
|-----------|------------------|-------------|----------------------------------------------|
Opening service wordpress/porter-wordpress in default browser...
```

打开浏览器，即可查看 Wordpress 的 Web 页面。

验证 Wordpress 安装完成后，我们接下来执行 porter uninstall 命令卸载应用包，为下一迭代做好准备。

```
$ porter uninstall wordpress-cnab -c kubeconfig
uninstalling wordpress-cnab...
executing uninstall action from wordpress (bundle instance: wordpress-cnab)
defined in /cnab/app/porter.yaml
Helm Uninstall Wordpress
/usr/local/bin/helm helm delete --purge porter-wordpress
release "porter-wordpress" deleted
execution completed successfully!
```

11.2 支持参数和输出

我们在 11.1 节创建了一个可用的 Wordpress 应用包，但其中 Wordpress 使用的一些配置项，都是硬编码在 porter.yaml 中的，这就意味着应用包制作完成后不能再去修改这些配置。在现实中我们每次部署应用包时，可能都需要指定不同的配置，因此在本节中，我们加入对参数的支持。

首先更改元数据，创建一个新的应用包版本。

```
name: wordpress
version: 0.2.0
```

```
description: "A wordpress bundle made by Porter"
invocationImage: porter-wordpress:0.2.0
tag: porter-wordpress-bundle:0.2.0
```

接下来在 porter.yaml 中增加 parameters 模块，这里我们定义如下 3 个参数：Wordpress 安装的命名空间、暴露服务的端口号，以及 MariaDB 的 root 密码，其中密码参数都开启了 sensitive 属性。定义如下：

```
parameters:
- name: namespace
  type: string
  default: wordpress
- name: mariadb_root_password
  type: string
  sensitive: true
  default: my-mariadb-password
- name: port
  type: integer
  default: 30030
```

接下来修改 Helm mixin 的配置选项，使用模板语法引用这些参数。

```
install:
- helm:
    description: "Helm Install Wordpress"
    name: porter-wordpress
    Chart: https://apphub.aliyuncs.com/Charts/wordpress-8.0.1.tgz
    namespace: "{{ bundle.parameters.namespace }}"
    replace: true
    set:
      wordpressPassword: "{{ bundle.parameters.wordpress_password }}"
      mariadb.enabled: true
      mariadb.rootUser.password: "{{ bundle.parameters.mariadb_root_password }}"
      mariadb.master.persistence.enabled: false
      service.type: NodePort
      service.nodePorts.http: "{{ bundle.parameters.port }}"
      persistence.enabled: false
    outputs:
    - name: wordpress_password
      secret: porter-wordpress
      key: wordpress-password
```

之前已经介绍过，Helm mixin 允许从 Kubernetes 集群的 secret 中提取数据作为操作的输出，此处，Wordpress 的应用密码在 Chart 安装过程中自动生成并存储在 porter-wordpress 这一 secret 中。我们增加 outputs 定义，将密码存储在 wordpress_password 输出项中。

想要在应用安装完成后查看 wordpress_password，还需要在应用包层面定义一个同名的输出项，引用 wordpress_password。在 porter.yaml 顶层增加如下声明：

```
outputs:
```

```
  - name: wordpress_password
    type: string
    applyTo:
      - install
```

porter.yaml 文件修改完成后，使用 porter build 命令构建应用包。构建成功后，可以看到一个生成了新版本的调用镜像：

```
$ docker image ls | grep wordpress
porter-wordpress          0.2.0       f314214b93c9    45 hours ago    543MB
porter-wordpress          0.1.0       45e31a674a3d    4 days ago      543MB
```

接下来部署应用包，这次必须使用 --param 选项传入参数的值，这里我们传入 3 个参数值，对于指定了默认值的参数，比如 mariadbrootpassword，可以省略，Porter 将会使用默认值。

```
$ porter install wordpress-cnab-v2 \
  --cred kubeconfig \
  --param namespace=default \
  --param port=30088
installing wordpress-cnab-v2...
executing install action from wordpress (bundle instance: wordpress-cnab-v2)
defined in /cnab/app/porter.yaml
  Helm Install Wordpress
  /usr/local/bin/helm helm install --name porter-wordpress https://apphub.
aliyuncs.com/Charts/wordpress-8.0.1.tgz --namespace default --replace --set
mariadb.enabled=true --set mariadb.master.persistence.enabled=false --set mariadb.
rootUser.password=******* --set persistence.enabled=false --set service.nodePorts.
http=30088 --set service.type=NodePort
```

可以看到，我们传入的参数已经被设置为 Chart 的安装参数。以服务的 NodePort 为例，已经设置为我们指定的 30088。

```
$ kubectl get svc
NAME                        TYPE        CLUSTER-IP      EXTERNAL-IP
PORT(S)                     AGE
  Kubernetes                ClusterIP   10.96.0.1       <none>
443/TCP                     37m
  porter-wordpress          NodePort    10.107.252.23   <none>
80:30088/TCP,443:31006/TCP  2m40s
  porter-wordpress-mariadb  ClusterIP   10.100.247.108  <none>
3306/TCP                    2m40s
```

同样可以在浏览器中打开 Wordpress 首页进行验证。对于应用自动生成的 Wordpress 密码，可以使用 porter instances output 命令查看。

```
$ porter instances output list -i wordpress-cnab-v2
-----------------------------------------------------
  Name                Type    Value (Path if sensitive)
-----------------------------------------------------
  wordpress_password  string  wJIAO1tE8a
```

完成后，执行 porter uninstall 卸载应用包。

11.3　定义多个操作步骤

本章的前两节在应用包的 install 操作中都只定义了一个步骤，即使用 helm mixin 安装一个 Chart。但实际上 Porter 允许在一个应用包操作中包含任意多个步骤。现实中，一个复杂应用的部署往往也需要由多个阶段组成。本次迭代我们以安装多个 Helm Chart 为例，实践 Porter 执行多步操作的能力。

首先更新应用包的元数据，创建一个新的版本。

```
name: wordpress
version: 0.3.0
description: "A wordpress bundle made by Porter"
invocationImage: porter-wordpress:0.3.0
```

上文使用了 Wordpress Chart 内置的 MariaDB 数据库，本次迭代我们在集群中部署一个 MySQL 数据库，作为 Wordpress 的外部数据库。因此，部署应用的操作分为如下两步：

❑ 安装 mysql Chart，并获得 mysql 密码；

❑ 安装 wordpress Chart。

值得注意的是，在每一步操作中，可以定义一些输出值，在此之后的操作步骤都可以引用这些输出值，通过这种机制就完成了操作步骤间的结果传递。具体到每个步骤可以输出什么样的值，是由所使用的 mixin 决定的，在 10.3 节中已经进行了介绍。我们这里使用 helm mixin 可以读取 secret 中的值作为输出。

对于 mysql Chart，设置如下的参数和输出，指定数据库用户为 wordpress，对应的密码会自动生成并存入 porter-mysql 中。

```
set:
  db.name: wordpress
  db.user: wordpress
outputs:
- name: mysql-password
  secret: porter-mysql
  key: mysql-password
```

定义了该输出项之后，在后续步骤中即可使用 bundle.outputs.mysql-password 引用该变量。修改后的 install 操作定义如下。

```
install:
- helm:
    description: "Helm Install mysql"
    name: porter-mysql
    chart: https://apphub.aliyuncs.com/charts/mysql-6.5.1.tgz
    namespace: "{{ bundle.parameters.namespace }}"
```

```
      replace: true
      set:
        db.name: wordpress
        db.user: wordpress
      outputs:
      - name: mysql-password
        secret: porter-mysql
        key: mysql-password

- helm:
      description: "Helm Install Wordpress"
      name: porter-wordpress
      chart: https://apphub.aliyuncs.com/charts/wordpress-8.0.1.tgz
      namespace: "{{ bundle.parameters.namespace }}"
      replace: true
      set:
        wordpressPassword: "{{ bundle.parameters.wordpress_password }}"
        mariadb.enabled: false
        externalDatabase.host: porter-mysql
        externalDatabase.database: wordpress
        externalDatabase.user: wordpress
        externalDatabase.password: "{{ bundle.outputs.mysql-password }}"
        externalDatabase.port: 3306
        service.type: NodePort
        service.nodePorts.http: "{{ bundle.parameters.port }}"
        persistence.enabled: false
```

同样，在卸载应用包时，也需要将两个 Chart 全部删除。

```
uninstall:
  - helm:
      description: "Helm Uninstall Wordpress"
      purge: true
      releases:
        - porter-mysql
        - porter-wordpress
```

构建应用包并部署：

```
porter install wordpress-cnab-v3 \
  --cred kubeconfig \
  --param namespace=default \
  --param wordpress_password=my-wordpress-pwd
installing wordpress-cnab-v3...
executing install action from wordpress (bundle instance: wordpress-cnab-v3)
defined in /cnab/app/porter.yaml
  Helm Install mysql
  /usr/local/bin/helm helm install --name porter-mysql https://apphub.aliyuncs.
com/charts/mysql-6.5.1.tgz --namespace default --replace --set db.name=wordpress
--set db.user=wordpress
```

```
NAME:   porter-mysql
LAST DEPLOYED: Mon Dec  9 13:23:06 2019
NAMESPACE: default
STATUS: DEPLOYED

RESOURCES:
==> v1/ConfigMap
NAME                   DATA  AGE
porter-mysql-master    1     0s
porter-mysql-slave     1     0s

==> v1/Pod(related)
NAME                  READY  STATUS            RESTARTS  AGE
porter-mysql-master-0  0/1   ContainerCreating  0         0s
porter-mysql-slave-0   0/1   ContainerCreating  0         0s

==> v1/Secret
NAME          TYPE    DATA  AGE
porter-mysql  Opaque  3     0s

==> v1/Service
NAME                 TYPE       CLUSTER-IP     EXTERNAL-IP  PORT(S)    AGE
porter-mysql         ClusterIP  10.96.188.89   <none>       3306/TCP   0s
porter-mysql-slave   ClusterIP  10.100.97.86   <none>       3306/TCP   0s

==> v1/StatefulSet
NAME                 READY  AGE
porter-mysql-master  0/1    0s
porter-mysql-slave   0/1    0s


NOTES:

Please be patient while the Chart is being deployed

Tip:

    Watch the deployment status using the command: kubectl get pods -w --namespace
default

Services:

   echo Master: porter-mysql.default.svc.cluster.local:3306
   echo Slave:  porter-mysql-slave.default.svc.cluster.local:3306

Administrator credentials:

   echo Username: root
   echo Password : $(kubectl get secret --namespace default porter-mysql -o jsonpath=
```

```
"{.data.mysql-root-password}" | base64 --decode)

    To connect to your database:

    1. Run a pod that you can use as a client:

        kubectl run porter-mysql-client --rm --tty -i --restart='Never' --image
docker.io/bitnami/mysql:8.0.18-debian-9-r21 --namespace default --command -- bash

    2. To connect to master service (read/write):

        mysql -h porter-mysql.default.svc.cluster.local -uroot -p wordpress

    3. To connect to slave service (read-only):

        mysql -h porter-mysql-slave.default.svc.cluster.local -uroot -p wordpress

    To upgrade this helm Chart:

    1. Obtain the password as described on the 'Administrator credentials'
section and set the 'root.password' parameter as shown below:

        ROOT_PASSWORD=$(kubectl get secret --namespace default porter-mysql -o
jsonpath="{.data.mysql-root-password}" | base64 --decode)
        helm upgrade porter-mysql bitnami/mysql --set root.password=$ROOT_PASSWORD


    Helm Install Wordpress
    /usr/local/bin/helm helm install --name porter-wordpress https://apphub.
aliyuncs.com/Charts/wordpress-8.0.1.tgz --namespace default --replace --set
externalDatabase.database=wordpress --set externalDatabase.host=porter-mysql
--set externalDatabase.password=******* --set externalDatabase.port=3306 --set
externalDatabase.user=wordpress --set mariadb.enabled=false --set persistence.
enabled=false --set service.nodePorts.http=30030 --set service.type=NodePort --set
wordpressPassword=*******
    NAME:  porter-wordpress
    LAST DEPLOYED: Mon Dec  9 13:23:09 2019
    NAMESPACE: default
    STATUS: DEPLOYED

    RESOURCES:
    ==> v1/Deployment
    NAME              READY  UP-TO-DATE  AVAILABLE  AGE
    porter-wordpress  0/1    1           0          2s

    ==> v1/Pod(related)
    NAME                                 READY  STATUS            RESTARTS  AGE
    porter-wordpress-6c9b48f564-d44z5    0/1    ContainerCreating  0        1s

    ==> v1/Secret
    NAME              TYPE    DATA  AGE
    porter-wordpress  Opaque  1     2s
```

```
porter-wordpress-externaldb  Opaque  1     2s

==> v1/Service
NAME                TYPE      CLUSTER-IP     EXTERNAL-IP    PORT(S)                    AGE
porter-wordpress    NodePort  10.111.167.52  <none>         80:30030/TCP,443:31739/TCP  2s


NOTES:
1. Get the WordPress URL:

   export NODE_PORT=$(kubectl get --namespace default -o jsonpath="{.spec.
ports[0].nodePort}" services porter-wordpress)
   export NODE_IP=$(kubectl get nodes --namespace default -o jsonpath="{.items[0].
status.addresses[0].address}")
   echo "WordPress URL: http://$NODE_IP:$NODE_PORT/"
   echo "WordPress Admin URL: http://$NODE_IP:$NODE_PORT/admin"

2. Login with the following credentials to see your blog

   echo Username: user
   echo Password: $(kubectl get secret --namespace default porter-wordpress -o
jsonpath="{.data.wordpress-password}" | base64 --decode)

execution completed successfully!
```

11.4　发布应用包

应用包的发布是 CNAB 规范定义的一项重要功能，Porter 也已经支持发布应用包，本节将创建一个 mysql 应用包，并将它发布到镜像仓库。

与之前我们构建的只在本地测试的应用包不同，如果要分发应用包，那么调用镜像和应用包本身的 tag 都必须是一个合法的镜像仓库地址，此处我们采用阿里云镜像服务作为示例，读者可以更换为自己使用的镜像仓库。应用包的元数据如下。

```
invocationImage: egistry.cn-hangzhou.aliyuncs.com/cnab/porter-mysql:0.1.0
tag: egistry.cn-hangzhou.aliyuncs.com/cnab/porter-mysql-bundle:0.1.0
```

在第 10 章我们提到过，为了简化应用包分发时镜像的权限管理，最好将应用使用到的所有镜像在 porter.yaml 中进行声明，此处添加 mysql 的镜像。

```
images:
  mysql:
    description: "mysql docker image"
    imageType: "docker"
    repository: "mysql"
    tag: 8.0.18
```

然后在 install 操作中，引用上述镜像，作为 helm mixin 的参数传入，完成的 porter.

yaml 如下所示。

```
name: mysql
version: 0.1.0
description: "A mysql CNAB bundle"
invocationImage: registry.cn-hangzhou.aliyuncs.com/cnab/porter-mysql:0.1.0
tag: registry.cn-hangzhou.aliyuncs.com/cnab/porter-mysql-bundle:0.1.0

images:
  mysql:
    description: "mysql docker image"
    imageType: "docker"
    repository: "mysql"
    tag: 8.0.18

mixins:
  - helm

parameters:
  - name: namespace
    type: string
    default: mysql
  - name: db_name
    type: string
  - name: db_user
    type: string

credentials:
  - name: kubeconfig
    path: /root/.kube/config

outputs:
  - name: mysql_password
    type: string

install:
  - helm:
      description: "Helm Install mysql"
      name: porter-mysql
      Chart: https://apphub.aliyuncs.com/Charts/mysql-6.5.1.tgz
      namespace: "{{ bundle.parameters.namespace }}"
      replace: true
      set:
        replication.enabled: false
        master.persistence.enabled: false
        db.name: "{{ bundle.parameters.db_name }}"
        db.user: "{{ bundle.parameters.db_user }}"
        image.repository: "{{ bundle.images.mysql.repository }}"
        image.tag: "{{ bundle.images.mysql.tag }}"
      outputs:
```

```
      - name: mysql_password
        secret: porter-mysql
        key: mysql-password

uninstall:
  - helm:
      description: "Helm Uninstall mysql"
      purge: true
      releases:
        - porter-mysql
```

编写完成后，首先在本地构建、部署并测试。

```
$ porter build

Copying porter runtime ===>
Copying mixins ===>
Copying mixin helm ===>
Generating Dockerfile =======>
Writing Dockerfile =======>
Starting Invocation Image Build =======>

$ porter install porter-mysql -c kubeconfig --param db_name=db --param db_
user=user
    installing porter-mysql...
    executing install action from mysql (bundle instance: porter-mysql) defined in
/cnab/app/porter.yaml
    Helm Install mysql
    /usr/local/bin/helm helm install --name porter-mysql https://apphub.aliyuncs.
com/Charts/mysql-6.5.1.tgz --namespace mysql --replace --set db.name=db --set
db.user=user --set image.repository=bitnami/mysql --set image.tag=8.0.18-debian-
9-r21 --set master.persistence.enabled=false --set replication.enabled=false
    NAME:   porter-mysql
    LAST DEPLOYED: Tue Dec 24 14:42:26 2019
    NAMESPACE: mysql
    STATUS: DEPLOYED
```

验证应用包的正确性后即可发布，必须保证当前具有应用包所使用的镜像仓库的推送权限，然后执行 porter publish。

```
$ porter publish
Pushing CNAB invocation image...
The push refers to repository [registry.cn-hangzhou.aliyuncs.com/cnab/porter-mysql]
25ad4097859d: Pushed
024cfaa22043: Pushed
1eda8672acfe: Pushed
718811305542: Pushed
ea4ab391609a: Pushed
e11b0b1bb02f: Pushed
b3563a732f8d: Pushed
e4b20fcc48f4: Pushed
```

```
    0.1.0: digest: sha256:7f69d0fb2fb2f9d00fda500f2378bee540fc186a5c3945871151411b
788a486d size: 2006

    Rewriting CNAB bundle.json...
    Starting to copy image registry.cn-hangzhou.aliyuncs.com/cnab/porter-
mysql:0.1.0...
    Completed image registry.cn-hangzhou.aliyuncs.com/cnab/porter-mysql:0.1.0 copy
    Starting to copy image mysql:8.0.18...
    Completed image mysql:8.0.18 copy
    Bundle tag registry.cn-hangzhou.aliyuncs.com/cnab/porter-mysql-bundle:0.1.0
pushed successfully, with digest "sha256:f818c5582f85b78812eebcef91141c1f8ce7cc6d8
038121ef07f2e2c6051b947"
```

在这个过程中，Porter 会推送 3 个镜像到镜像仓库：调用镜像、images 列表中声明的 mysql 镜像和应用包本身。使用 porter explain 可以拉取并验证远端的应用包。

```
$ porter explain -t registry.cn-hangzhou.aliyuncs.com/cnab/porter-mysql-
bundle:0.1.0
    Name: mysql
    Description: A mysql CNAB bundle
    Version: 0.1.0

    Credentials:
    Name            Description     Required
    kubeconfig                      true

    Parameters:
    Name            Description
Type        Default     Required     Applies To
    db_name
string      <nil>       true         All Actions
    db_user
string      <nil>       true         All Actions
    namespace
string      mysql       false        All Actions
    porter-debug    Print debug information from Porter when executing the bundle
boolean     false       false        All Actions

    Outputs:
    Name            Description     Type        Applies To
    mysql_password                  string      All Actions

    No custom actions defined
```

11.5 使用应用包依赖

作为一种应用分发手段，理想中的状况是，社区能够提供一些基础的应用包，当开发者构建上层应用时，直接依赖这些基础组件即可。Porter 的应用包依赖就是实现这一开发方式的手段。之前我们在一个应用包中分两步安装了 MySQL 和 Wordpress，而事实上，我们可以利用 11.4 节构建的 MySQL 应用包，将它作为依赖，完成 Wordpress 应用的部署。相应的 porter.yaml 文件如下。

```
name: wordpress
version: 0.4.0
description: "A wordpress bundle made by Porter"
invocationImage: registry.cn-hangzhou.aliyuncs.com/cnab/porter-wordpress:0.4.0
tag: registry.cn-hangzhou.aliyuncs.com/cnab/porter-wordpress-bundle:0.4.0

mixins:
  - helm

dependencies:
  mysql:
    tag: registry.cn-hangzhou.aliyuncs.com/cnab/porter-mysql-bundle:0.1.0
    parameters:
      namespace: wordpress
      db_name: wordpress
      db_user: wordpress

parameters:
  - name: namespace
    type: string
    default: wordpress
  - name: wordpress_password
    type: string
    sensitive: true
  - name: port
    type: integer
    default: 30030

credentials:
  - name: kubeconfig
    path: /root/.kube/config

outputs:
  - name: mysql-password
    type: string

install:
  - helm:
      description: "Helm Install Wordpress"
      name: porter-wordpress
      Chart: https://apphub.aliyuncs.com/Charts/wordpress-8.0.1.tgz
      namespace: "{{ bundle.parameters.namespace }}"
      replace: true
      set:
        wordpressPassword: "{{ bundle.parameters.wordpress_password }}"
        mariadb.enabled: false
```

```
        externalDatabase.host: porter-mysql
        externalDatabase.database: wordpress
        externalDatabase.user: wordpress
        externalDatabase.password: "{{ bundle.dependencies.mysql.outputs.mysql_
password }}"
        externalDatabase.port: 3306
        service.type: NodePort
        service.nodePorts.http: "{{ bundle.parameters.port }}"
        persistence.enabled: false

uninstall:
  - helm:
      description: "Helm Uninstall Wordpress"
      purge: true
      releases:
        - porter-wordpress
```

部署后的结果与 11.3 节类似，此处不再赘述。

11.6　本章小结

本章从实践出发，首先使用 Porter 创建一个包含最基础功能的 Wordpress CNAB 应用包，通过 4 次迭代，逐步加入参数和输出，添加多操作步骤以及应用包依赖等能力，并将应用包发布到 OCI 镜像仓库中。在 Porter 打包和部署应用的过程中，mixin 是最为重要的能力，也是日常使用中接触最多的部分。

第 12 章 *Chapter 12*

Porter mixin 开发和源码解析

Porter mixin 为 CNAB 应用的打包提供了极大的便利,但是 Porter 目前提供的 mixin 数量有限,如果需要对 Porter 进行扩展,可以自行开发 mixin。Porter 设计了合理的 mixin 调用架构,并提供了 mixin 开发框架,本章首先介绍 mixin 的实现原理,并以一个简单的 mixin 为例,讲解 mixin 开发过程。对于想要了解 Porter 底层运作原理的读者,本章后半部分将对 Porter 的部分关键源码进行解析。

12.1 mixin 实现原理

在 Porter 的设计理念中,应用包清单文件 porter.yaml 中定义的应用管理操作最终是由 Porter 运行时执行的,但为了提供更好的开放性和平台无关性,Porter 运行时本身并不实现执行这些操作的逻辑,而是把它们交由 mixin 来完成。

在第 11 章的介绍中,我们已经了解到 Porter 社区目前提供的 mixin 还比较少。如果需要封装一些针对特定平台的应用部署操作,很可能需要自行开发 mixin。所幸 Porter mixin 的开发比较简单,社区也提供了相应的开发框架,本节就对 mixin 的开发进行详细介绍。

12.1.1 mixin 调用机制

mixin 作为 Porter 核心功能的扩展,Porter 并不关心 mixin 的具体实现细节,而是通过约定的 API 来与 mixin 进行交互。具体来说,每一个已安装的 mixin 都会提供一个可执行文件,在需要调用 mixin 时,Porter 会执行相应的可执行文件,完成如下调用过程。

❑ Porter 执行 mixin 程序,以当前操作作为命令参数,并将 porter.yaml 中对应 mixin 和操作步骤的部分从 stdin 传入。

❑ mixin 程序接受 yaml 作为输入，并执行自定义的操作。

❑ mixin 执行完成后，将执行结果作为输出提供给 Porter。

❑ mixin 将控制权交还 Porter。

Porter 与 mixin 约定的 API 实际上就是 mixin 在执行时可以接受的命令行参数以及输入输出格式。Porter 具备构建和执行 CNAB 应用包两方面的功能，mixin 也需要参与到这两个流程中，因此，Porter 对 mixin 的调用会在如下两个阶段进行。

❑ 构建阶段：Porter 向 mixin 提供应用包定义中与该 mixin 有关的全部内容，调用 mixin，mixin 返回它要向调用镜像 Dockerfile 中添加的全部内容。

❑ 运行阶段：根据不同的应用部署操作，Porter 使用相应的参数调用 mixin，并向 mixin 提供当前操作中定义的 mixin 配置，mixin 完成相应的操作，并返回结果。

Porter 和 mixin 之间的数据传递通过 stdin 和 stdout 进行。mixin 需要提供一份 JSON Schema 来描述它能够接受的输入数据结构，并对输入数据进行校验。

以 helm mixin 为例，在命令行下直接调用它的可执行文件，可以看到它支持的参数。

```
$ ~/.porter/mixins/helm/helm
A helm mixin for porter

Usage:
  helm [command]

Available Commands:
  build       Generate Dockerfile lines for the bundle invocation image
  help        Help about any command
  install     Execute the install functionality of this mixin
  schema      Print the json schema for the mixin
  status      Print the status of the helm components in the bundle
  uninstall   Execute the uninstall functionality of this mixin
  upgrade     Execute the upgrade functionality of this mixin
  version     Print the mixin version

Flags:
      --debug   Enable debug logging
  -h, --help    help for helm

Use "helm [command] --help" for more information about a command.
```

12.1.2　mixin API

目前，Porter 约定了 7 个 mixin API，其中 5 个是必须实现的 API。

❑ build

❑ schema

❑ install

❏ upgrade

❏ uninstall

根据实际情况，如果 mixin 在某项操作中不需要执行任何动作，可以不添加任何逻辑，但 mixin 必须能够支持这些命令，并正常返回结果。

可选的 API 包括：

❏ invoke

❏ version

1. build

在构建应用包时，mixin 往往也需要在调用镜像中加入一些资源，以便在运行时使用。build 接口就赋予了 mixin 参与调用镜像构建过程的能力，Porter 将 porter.yaml 定义的应用包操作中所有与该 mixin 相关的部分从 stdin 传入。mixin 需要根据这些内容生成 Dockerfile 指令，比如安装工具、下载静态资源等。

以使用了 helm mixin 的应用包为例，Porter 调用 helm build，并在 stdin 传入如下内容。

```
install:
  - helm:
      description: "Helm Install Wordpress"
      name: porter-wordpress
      chart: https://apphub.aliyuncs.com/charts/wordpress-8.0.1.tgz
      namespace: wordpress
      replace: true
      set:
        wordpressPassword: my-wordpress-pwd
        service.type: NodePort
        service.nodePorts.http: 30081

uninstall:
  - helm:
      description: "Helm Uninstall Wordpress"
      purge: true
      releases:
        - porter-wordpress
```

helm mixin 需要将 Helm 客户端添加到构建镜像中，因此，调用 helm build 之后输出。

```
RUN apt-get update && \
    apt-get install -y curl && \
    curl -o helm.tgz https://storage.googleapis.com/kubernetes-helm/helm-v2.11.0-
linux-amd64.tar.gz && \
    tar -xzf helm.tgz && \
    mv linux-amd64/helm /usr/local/bin && \
    rm helm.tgz
RUN helm init --client-only
```

可以看到，helm mixin 输出了两条指令，在调用镜像中安装 curl，下载 Helm 客户端，并完成客户端初始化。

当然，并不是所有 mixin 都需要在调用镜像的 Dockerfile 中添加内容，比如 exec mixin 就仅执行 shell 命令，在构建阶段它不需要做任何事。

2. install

在执行 porter install（或 porter bundle install）时，Porter 将按操作步骤定义的顺序逐个调用 mixin 的 install 接口，并传入当前步骤下的 mixin 配置。Porter 并不关心该过程中 mixin 具体要执行的动作。mixin 需要自行完成任务，并将 outputs 中定义的输出项写入容器的 /cnab/app/porter/outputs/ 目录下，以输出值的名称作为文件名。

以 helm mixin 为例，Porter 从 stdin 输入。

```
install:
- helm:
    description: "Install mysql"
    name: porter-ci-mysql
    chart: stable/mysql
    outputs:
      - name: mysql-root-password
        secret: "{{ bundle.parameters.mysql-name }}"
        key: mysql-root-password
      - name: mysql-password
        secret: "{{ bundle.parameters.mysql-name }}"
        key: mysql-password
```

helm mixin 执行后，将写入两个文件。

```
/cnab/app/porter/outputs/mysql-root-password
topsecret

/cnab/app/porter/outputs/mysql-password
alsotopsecret
```

3. upgrade

在执行 porter upgrade（或 porter bundle upgrade）时调用该接口，其他约定与 install 相同。

4. uninstall

在执行 porter uninstall（或 porter bundle uninstall）时调用该接口，一般无须提供输出值。

5. invoke

invoke 支持自定义的应用包操作，在执行 porter invoke（或 porter bundle invoke）时调用该接口。该接口的实现是可选的，但一般建议 mixin 能够实现该命令。

6. schema

schema 向 Porter 提供 porter.yaml 中 mixin 的配置格式，使用 JSON Schema 的形式定

义。执行 porter build、porter run 等命令时都会调用该接口。

在解析用户提供的 porter.yaml 时，Porter 会读取其中使用的每个 mixin 的 schema，结合其他字段的格式定义，形成一个完整的 JSON Schema 定义，用于校验 porter.yaml 格式的合法性。

以 exec mixin 为例，它提供的 JSON Schema 如下所示。

```
{
  "definitions": {
    "installStep": {
      "type": "object",
      "properties": {
        "exec": {
          "type": "object",
          "properties": {
            "description": {
              "type": "string",
              "minLength": 1
            },
            "command": {
              "type": "string"
            },
            "arguments": {
              "type": "array",
              "items": {
                "type": "string",
                "minItems": 1
              }
            }
          },
          "additionalProperties": false,
          "required": [
            "description",
            "command"
          ]
        }
      },
      "additionalProperties": false,
      "required": [
        "exec"
      ]
    }
  },
  "type": "object",
  "properties": {
    "install": {
      "type": "array",
      "items": {
        "$ref": "#/definitions/installStep"
      }
```

```
    }
  },
  "additionalProperties": false
}
```

7. version

在使用 porter mixins list 列出全部 mixin 时，porter 会调用 version 接口来获取 mixin 的元数据。该命令需要支持参数 --output，值为 plaintext 或 json。

```
$ ~/.porter/mixins/helm/helm version
helm v0.8.1-beta.1 (d0ecc50) by DeisLabs

$ ~/.porter/mixins/helm/helm version --output json
{
  "name": "helm",
  "version": "v0.8.1-beta.1",
  "commit": "d0ecc50",
  "author": "DeisLabs"
}
```

12.2 mixin 开发

在 12.1 节中我们了解到，Porter mixin 本质上是一个可执行的命令行程序，并需要按照 Porter 约定的规范实现一些接口。有过命令行工具开发经验的读者应该知道，在这个过程中会有很多烦琐的工作需要完成。同时，遵循 Porter 的接口规范就意味着每个 mixin 都要重复实现一些基础的功能，比如输入输出的解析、错误处理等，这些功能实际上是可以进行抽象和封装的。因此，为了简化 mixin 的开发，Porter 团队推出了一个 mixin 的开发框架 porter-skeletor。以这一框架为基础，只需几步，即可开发一个基础的 Porter mixin。

12.2.1 创建 mixin 项目

首先，我们可以直接使用 GitHub "使用模板创建项目" 功能，以 porter-skeletor 为模板，在自己的 GitHub 账号下创建一个代码仓库，然后将该项目复制到本地，项目主要文件如下。

```
porter-aliyun
├── Gopkg.toml
├── LICENSE
├── Makefile
├── README.md
├── azure-pipelines.yml
├── build
│   └── atom-template.xml
├── cmd
│   └── skeletor
```

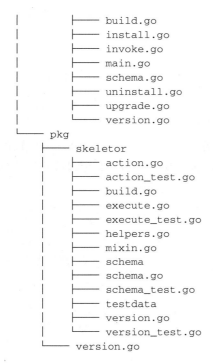

```
│          ├───── build.go
│          ├───── install.go
│          ├───── invoke.go
│          ├───── main.go
│          ├───── schema.go
│          ├───── uninstall.go
│          ├───── upgrade.go
│          └───── version.go
└───── pkg
    ├───── skeletor
    │      ├───── action.go
    │      ├───── action_test.go
    │      ├───── build.go
    │      ├───── execute.go
    │      ├───── execute_test.go
    │      ├───── helpers.go
    │      ├───── mixin.go
    │      ├───── schema
    │      ├───── schema.go
    │      ├───── schema_test.go
    │      ├───── testdata
    │      ├───── version.go
    │      └───── version_test.go
    └───── version.go
```

在进一步开发之前，需要在本地配置 Go 语言开发环境，这里建议使用 Go 1.12 版本。

接下来，需要使用自己开发的 mixin 名称重命名 pkg/skeletor 和 cmd/skeletor 这两个目录，这里修改为 pkg/aliyun 和 cmd/aliyun。

对于项目中导入的包 get.porter.sh/mixin/skeletor/pkg/skeletor，也需要修改为新的包名称，可以在项目中全局搜索，并替换为 github.com/jqlu/porter-aliyun/pkg/aliyun。对于项目代码中其他对 skeletor 的引用，也需要全部修改为 aliyun。

pkg/aliyun/version.go 文件中定义了 mixin 的作者信息，可以将其中的占位符 YOURNAME 修改为作者名字，pkg/aliyun/version_test.go 中的 YOURNAME 也需要进行同步修改。

以上操作完成后，代码层面的修改暂时告一段落。下面执行 dep ensure 安装项目依赖，并将生成的 Gopkg.lock 和 vendor 目录提交到 Git 中。

接下来就可以尝试进行构建，来验证 mixin 基本框架是否搭建完成，执行如下命令。

```
$ make build xbuild test
go generate ./...
mkdir -p bin/mixins/aliyun
go build -ldflags '-w -X get.porter.sh/mixin/aliyun/pkg.Version=v0 -X get.
porter.sh/mixin/aliyun/pkg.Commit=43c9cbe' -o bin/mixins/aliyun/aliyun ./cmd/aliyun
mkdir -p bin/mixins/aliyun
GOARCH=amd64 GOOS=linux go build -ldflags '-w -X get.porter.sh/mixin/aliyun/
pkg.Version=v0 -X get.porter.sh/mixin/aliyun/pkg.Commit=43c9cbe' -o bin/mixins/
aliyun/aliyun-runtime ./cmd/aliyun
```

```
cd pkg/aliyun && packr2 clean
make: Nothing to be done for `xbuild'.
go test ./...
?       github.com/jqlu/porter-aliyun/cmd/aliyun        [no test files]
?       github.com/jqlu/porter-aliyun/pkg               [no test files]
ok      github.com/jqlu/porter-aliyun/pkg/aliyun        0.205s
bin/mixins/aliyun/aliyun version
aliyun  () by jqlu
```

如上述输出所示，构建和测试都通过之后，意味着一个符合 Porter 规范的 mixin 已经可以正常运行了，虽然目前我们还没有为它增加任何实质性的功能，但已经可以将它安装到本地的 Porter 目录中，供 Porter 调用。执行以下命令即可安装该 mixin。

```
$ make install
mkdir -p /Users/jonas/.porter/mixins/aliyun
install bin/mixins/aliyun/aliyun /Users/jonas/.porter/mixins/aliyun/aliyun
install bin/mixins/aliyun/aliyun-runtime /Users/jonas/.porter/mixins/aliyun/
aliyun-runtime
```

使用 porter mixins list 命令可以查看刚刚安装的 mixin。

```
$ porter mixins list
Name            Version         Author
aliyun                          jqlu
aws             v0.1.2-beta.1   DeisLabs
azure           v0.7.1-beta.1   DeisLabs
exec            v0.20.0-beta.1  DeisLabs
gcloud          v0.2.1-beta.1   DeisLabs
helm            v0.8.1-beta.1   DeisLabs
Kubernetes      v0.20.0-beta.1  DeisLabs
terraform       v0.4.1-beta.1   DeisLabs
```

12.2.2　mixin 代码概览

在开始 mixin 开发前，我们先熟悉一下 porter-skeletor 开发框架提供的代码，了解其主要结构和逻辑，为下一步开发做好准备。

为了简化命令行程序的搭建，porter-skeletor 使用了 spf13/cobra 库，这是一个 Go 语言社区非常流行的 CLI 程序开发库。cmd 目录下的文件使用 cobra 库定义了 mixin 的各个命令。

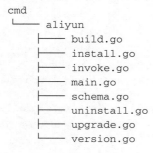

```
cmd
└── aliyun
    ├── build.go
    ├── install.go
    ├── invoke.go
    ├── main.go
    ├── schema.go
    ├── uninstall.go
    ├── upgrade.go
    └── version.go
```

除 main.go 之外，其他文件分别实现了 12.2.1 节介绍的 mixin 命令入口。
如下以 build.go 为例。

```
package main

import (
  "github.com/jqlu/porter-aliyun/pkg/aliyun"
  "github.com/spf13/cobra"
)

func buildBuildCommand(m *aliyun.Mixin) *cobra.Command {
  cmd := &cobra.Command{
    Use:   "build",
    Short: "Generate Dockerfile lines for the bundle invocation image",
    RunE: func(cmd *cobra.Command, args []string) error {
      return m.Build()
    },
  }
  return cmd
}
```

其中定义了命令的关键字和描述信息，而实际的执行逻辑则调用 aliyun.mixin 的 build
方法。如果没有特殊需要，cmd 目录下的命令定义不需要做任何改动，我们只需要修改 pkg
目录下 aliyun 包的内容，在其中实现 mixin 的操作逻辑即可，pkg 目录包含如下内容。

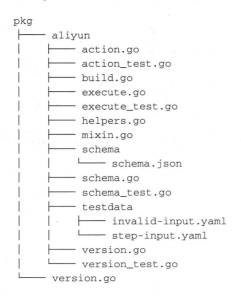

```
pkg
├── aliyun
│   ├── action.go
│   ├── action_test.go
│   ├── build.go
│   ├── execute.go
│   ├── execute_test.go
│   ├── helpers.go
│   ├── mixin.go
│   ├── schema
│   │   └── schema.json
│   ├── schema.go
│   ├── schema_test.go
│   ├── testdata
│   │   ├── invalid-input.yaml
│   │   └── step-input.yaml
│   ├── version.go
│   └── version_test.go
└── version.go
```

1. mixin.go
mixin.go 定义了 mixin 结构，作为 mixin 操作的执行主体。

```
type Mixin struct {
```

```
    *context.Context
    // add whatever other context/state is needed here
}
```

2. build.go

实现 mixin.build 方法，输出的 mixin 要添加到 Dockerfile 的内容中。

3. execute.go

实现 Execute 方法。在 porter-skeletor 框架默认的实现中，install、upgrade、uninstall、invoke 这 4 个命令调用的都是 Execute 方法，对于内部仅仅调用一个命令行工具的 mixin 来说，不同的应用包操作在本质上没有区别，因此，指引默认实现能够满足大部分需要。Execute 方法的定义如下所示。

```
func (m *Mixin) loadAction() (*Action, error) {
  var action Action
  err := builder.LoadAction(m.Context, "", func(contents []byte) (interface{},
error) {
    err := yaml.Unmarshal(contents, &action)
    return &action, err
  })
  return &action, err
}

func (m *Mixin) Execute() error {
  action, err := m.loadAction()
  if err != nil {
    return err
  }

  _, err = builder.ExecuteSingleStepAction(m.Context, action)
  return err
}
```

其中的 Action 结构定义在 action.go 中，它实现了 get.porter.sh/porter/pkg/exec/builder 包中定义的 ExecutableAction 接口。

```
type ExecutableAction interface {
  GetSteps() []ExecutableStep
}

type ExecutableStep interface {
  GetCommand() string
  GetArguments() []string
  GetFlags() Flags
}
```

Action 结构相关的部分定义如下所示。

```
var _ builder.ExecutableAction = Action{}
```

```
type Action struct {
  Steps []Steps
}

func (a Action) GetSteps() []builder.ExecutableStep {

  // 因为 Go 并没有提供泛型工具, 所以这里逻辑暂时如下所示
  steps := make([]builder.ExecutableStep, len(a.Steps))
  for i := range a.Steps {
    steps[i] = a.Steps[i]
  }

  return steps
}

type Steps struct {
  Step `yaml:"aliyun"`
}

var _ builder.ExecutableStep = Step{}
var _ builder.StepWithOutputs = Step{}

type Step struct {
  Name        string       `yaml:"name"`
  Description string       `yaml:"description"`
  Arguments   []string     `yaml:"arguments,omitempty"`
  Flags       builder.Flags `yaml:"flags,omitempty"`
  Outputs     []Output     `yaml:"outputs,omitempty"`
}

func (s Step) GetCommand() string {
  return "aliyun"
}

func (s Step) GetArguments() []string {
  return s.Arguments
}
```

只需要改写 Step 结构体的定义，以及 GetCommand、GetArguments 等函数，即可适配不同的命令行程序，完成 mixin 内部对任意命令行工具的调用。

4. schema.go
实现 PrintSchema 方法，输出 schema/schema.json 文件中定义的用于提供 mixin 配置格式的 JSON Schema。

5. version.go
实现 PrintVersion 方法，输出 mixin 的版本信息。
对于我们要开发的 aliyun mixin，我们希望直接调用 aliyun-cli 完成应用管理操作，因

此，只需要完成如下 3 件事。

❑ 实现 build 命令，将 aliyun-cli 的可执行文件打包到调用镜像中。

❑ 修改 schema/schema.json，定义要接收的配置格式。

❑ 改写 action.go 中组装 CLI 指令的相关方法，供 Execute 方法使用，以实现 install、upgrade、uninstall、invoke 这 4 种操作。

12.2.3　实现 build 命令

在构建阶段，只需要将 aliyun-cli 的命令行工具打包到构建镜像中即可，因此在 Dockerfile 中需要添加如下命令。

```
RUN apt-get update && apt-get install -y curl tar
RUN curl "https://aliyuncli.alicdn.com/aliyun-cli-linux-3.0.30-amd64.tgz" -o
"/tmp/aliyun-cli.tgz"
RUN tar zxf /tmp/aliyun-cli.tgz -C /tmp
RUN mv /tmp/aliyun /usr/local/bin/aliyun
```

此处不需要接收、处理任何参数，直接输出固定的字符串即可，因此我们修改 pkg/aliyun/build.go 文件，将 build 函数修改为：

```
func (m *Mixin) Build() error {
    const dockerfileLines = `RUN apt-get update && apt-get install -y curl tar
RUN curl "https://aliyuncli.alicdn.com/aliyun-cli-linux-3.0.30-amd64.tgz" -o
"/tmp/aliyun-cli.tgz"
RUN tar zxf /tmp/aliyun-cli.tgz -C /tmp
RUN mv /tmp/aliyun /usr/local/bin/aliyun
`

    fmt.Fprintf(m.Out, "%v", dockerfileLines)
    return nil
}
```

修改完成后，下一步进行构建和测试。

```
$ make build
go generate ./...
mkdir -p bin/mixins/aliyun
go build -ldflags '-w -X get.porter.sh/mixin/aliyun/pkg.Version=v0 -X get.
porter.sh/mixin/aliyun/pkg.Commit=43c9cbe' -o bin/mixins/aliyun/aliyun ./cmd/aliyun
mkdir -p bin/mixins/aliyun
GOARCH=amd64 GOOS=linux go build -ldflags '-w -X get.porter.sh/mixin/aliyun/
pkg.Version=v0 -X get.porter.sh/mixin/aliyun/pkg.Commit=43c9cbe' -o bin/mixins/
aliyun/aliyun-runtime ./cmd/aliyun
cd pkg/aliyun && packr2 clean

$ bin/mixins/aliyun/aliyun build
RUN apt-get update && apt-get install -y curl tar
RUN curl "https://aliyuncli.alicdn.com/aliyun-cli-linux-3.0.30-amd64.tgz" -o
```

```
"/tmp/aliyun-cli.tgz"
    RUN tar zxf /tmp/aliyun-cli.tgz -C /tmp
    RUN mv /tmp/aliyun /usr/local/bin/aliyun
```

使用 aliyun build 命令执行 mixin 时，程序正确输出了我们期望的 Dockerfile 内容，这意味着已经完成了 build 接口的实现。

12.2.4　定义 JSON Schema

aliyun mixin 的配置格式可以参考 aliyun-cli 的使用方法。

```
$ aliyun
Usage:
  aliyun <product> <operation> [--parameter1 value1 --parameter2 value2 ...]
```

product 和 operation 是两个必选的命令行参数，因此我们将这两者作为配置项，而其他可选的命令行参数可以保持与 exec mixin 相同的方式，使用 arguments 和 flags 两个配置传入。

因此，只需要在 JSON Schema 的 definition.aliyun.properties 部分增加如下内容。

```
"product": {
  "type": "string"
},
"operation": {
  "type": "string"
},
```

同时将 definition.aliyun.required 修改为：

```
"required": [
  "description",
  "product",
  "operation"
]
```

最终的 JSON Schema 如下所示。

```
{
  "$schema": "http://json-schema.org/draft-07/schema#",
  "definitions": {
    "installStep": {
      "type": "object",
      "properties": {
        "aliyun": {"$ref": "#/definitions/aliyun"}
      },
      "required": [
        "aliyun"
      ],
      "additionalProperties": false
    },
```

```
      "upgradeStep": {
        "type": "object",
        "properties": {
          "aliyun": {"$ref": "#/definitions/aliyun"}
        },
        "required": [
          "aliyun"
        ],
        "additionalProperties": false
      },
      "invokeStep": {
        "type": "object",
        "properties": {
          "aliyun": {"$ref": "#/definitions/aliyun"}
        },
        "required": [
          "aliyun"
        ],
        "additionalProperties": false
      },
      "uninstallStep": {
        "type": "object",
        "properties": {
          "aliyun": {"$ref": "#/definitions/aliyun"}
        },
        "required": [
          "aliyun"
        ],
        "additionalProperties": false
      },
      "stepDescription": {
        "type": "string",
        "minLength": 1
      },
      "outputs": {
        "type": "array",
        "items": {
          "type": "object",
          "properties": {
            "name": {
              "type": "string"
            },
            "jsonPath": {
              "type": "string"
            },
            "regex": {
              "type": "string"
            },
            "path": {
              "type": "string"
            }
```

```
      },
      "additionalProperties": false,
      "required": [
        "name"
      ],
      "oneOf": [
        { "required": [ "jsonPath" ] },
        { "required": [ "regex" ] },
        { "required": [ "path" ] }
      ]
    }
  }
},
"aliyun": {
  "type": "object",
  "properties": {
    "description": {
      "$ref": "#/definitions/stepDescription"
    },
    "product": {
      "type": "string"
    },
    "operation": {
      "type": "string"
    },
    "arguments": {
      "type": "array",
      "items": {
        "type": "string"
      }
    },
    "flags": {
      "type": "object",
      "additionalProperties": {
        "type": ["null","boolean","number","string"]
      }
    },
    "outputs": {
      "$ref": "#/definitions/outputs"
    }
  },
  "additionalProperties": false,
  "required": [
    "description",
    "product",
    "operation"
  ]
}
},
"type": "object",
"properties": {
```

```
    "install": {
      "type": "array",
      "items": {
        "$ref": "#/definitions/installStep"
      }
    },
    "upgrade": {
      "type": "array",
      "items": {
        "$ref": "#/definitions/upgradeStep"
      }
    },
    "uninstall": {
      "type": "array",
      "items": {
        "$ref": "#/definitions/uninstallStep"
      }
    }
  },
  "patternProperties": {
    ".*": {
      "type": "array",
      "items": {
        "$ref": "#/definitions/invokeStep"
      }
    }
  },
  "additionalProperties": false
}
```

12.2.5　实现参数组装逻辑

在前面的代码概览中我们了解到，porter-skeletor 框架本身已经实现了执行 CLI 命令的能力，我们只需要改写实现 ExecutableAction 和 ExecutableStep 两个接口的代码，就可以自定义命令，相关代码在 pkg/aliyun/action.go 中。

首先修改 Steps 和 Step 结构体，对应上一部分确定的数据结构。

❑ 整个执行步骤在 yaml 中使用名称 aliyun。

❑ 每一个步骤增加两个参数：product 和 operation。

```
type Steps struct {
  Step `yaml:"aliyun"`
}

type Step struct {
  Name        string        `yaml:"name"`
  Product     string        `yaml:"product"`
  Operation   string        `yaml:"operation"`
  Description string        `yaml:"description"`
```

```
    Arguments    []string    `yaml:"arguments,omitempty"`
    Flags        builder.Flags `yaml:"flags,omitempty"`
    Outputs      []Output      `yaml:"outputs,omitempty"`
}
```

然后更改 GetCommand 和 GetArguments 函数。GetCommand 返回固定的值，GetArguments 将上述 Product 和 Operation 放到参数表的开头。

```
func (s Step) GetCommand() string {
    return "aliyun"
}

func (s Step) GetArguments() []string {
    args := make([]string, 0, len(s.Arguments)+2)

    args = append(args, s.Product)
    args = append(args, s.Operation)

    args = append(args, s.Arguments...)

    return args
}
```

框架本身提供了 JSON 路径、文件、正则表达式 3 种输出方式，如果 mixin 不需要，可以在 Output 结构体中去掉相应的成员，并移除对应的 Get 方法，这里只保留 JsonPath。

```
type Output struct {
    Name string `yaml:"name"`
    JsonPath string `yaml:"jsonPath,omitempty"`
}
```

这样所有的修改就完成了，接下来还需要完善一下测试，在 pkg/aliyun/testdata/step-input.yaml 中加入输入测试数据。

```
install:
  - aliyun:
      description: "Create VPC"
      product: vpc
      operation: CreateVpc
      flags:
        RegionId: "cn-hangzhou"
      outputs:
        - name: "vpc-id"
          jsonPath: "$.VpcId"
```

接下来在 pkg/aliyun/action_test.go 中编写测试用例。

```
func TestMixin_UnmarshalStep(t *testing.T) {
    b, err := ioutil.ReadFile("testdata/step-input.yaml")
    require.NoError(t, err)
```

```
    var action Action
    err = yaml.Unmarshal(b, &action)
    require.NoError(t, err)
    require.Len(t, action.Steps, 1)

    require.Equal(t, 1, len(action.Steps))
    step := action.Steps[0]

    assert.Equal(t, "Create VPC", step.Description)
    require.NotEmpty(t, step.Outputs)
    assert.Equal(t, Output{"vpc-id", "$.VpcId"}, step.Outputs[0])

    assert.Equal(t, "vpc", step.Product)
    assert.Equal(t, "CreateVpc", step.Operation)

    sort.Sort(step.Flags)
    assert.Equal(t, builder.Flags{
        builder.NewFlag("RegionId", "cn-hangzhou")}, step.Flags)
}
```

完成后即可构建、测试 mixin 并将其安装到本地。

```
$ make build xbuild test && make install
```

至此，一个利用 porter-skeletor 框架，调用 aliyun-cli 的 Porter mixin 就开发完成了。在 porter.yaml 中使用这个 mixin，就可以在应用包部署的过程中创建、修改、查询阿里云的各项服务，完成从基础设施到上层应用部署的整个过程。下面我们编写一个 Porter 应用包，以调用阿里云的 VPC 服务为例，简单测试一下刚刚开发的 mixin。

由于 aliyun-cli 默认会读取 '/.aliyun/config.json 中的配置，以获取访问阿里云 API 的凭据，可以在 porter.yaml 中定义 credentials 来实现配置文件的注入。应用包操作的定义与上述测试用例类似。完整的 porter.yaml 如下所示。

```
name: porter-aliyun
version: 0.1.0
description: "An example Porter bundle with aliyun mixin"
invocationImage: porter-aliyun:latest
tag: porter-aliyun:latest

mixins:
  - aliyun
  - exec

credentials:
  - name: aliyun_config
    path: /root/.aliyun/config.json

outputs:
  - name: vpcId
```

```
      type: string

install:
  - aliyun:
      description: "Create VPC"
      product: vpc
      operation: CreateVpc
      flags:
        RegionId: cn-hangzhou
        CidrBlock: "192.168.0.0/16"
        VpcName: aliyun-vpc
      outputs:
        - name: vpcId
          jsonPath: "$.VpcId"

upgrade:
  - exec:
      description: "Perform an upgrade"
      command: "bash"
      arguments:
      - "-c"
      - "echo Not implemented yet"

uninstall:
  - exec:
      description: "Perform an upgrade"
      command: "bash"
      arguments:
      - "-c"
      - "echo Not implemented yet"
```

在部署应用包之前，如果当前用户没有 aliyun-cli 的配置文件，需要先生成配置。

```
$ aliyun configure

Configuring profile 'default' in 'AK' authenticate mode...
Access Key Id:
Access Key Secret:
Default Region Id [cn-hangzhou]:
Default Output Format [json]: json (Only support json)
Default Language [zh|en] zh:
Saving profile[default] ...Done.

Configure Done!!!
```

接着生成凭据集并安装应用包。

```
$ porter credential generate aliyun
Generating new credential aliyun from bundle porter-aliyun
==> 1 credentials required for bundle porter-aliyun
? How would you like to set credential "aliyun_config" file path
? Enter the path that will be used to set credential "aliyun_config" /Users/
```

```
jonas/.aliyun/config.json
    Saving credential to /Users/jonas/.porter/credentials/aliyun.yaml

    $ porter install -c aliyun
    installing porter-aliyun...
    executing install action from porter-aliyun (bundle instance: porter-aliyun)
defined in /cnab/app/porter.yaml
    Create VPC
    {
            "ResourceGroupId": "rg-acfmz7jdbhsyhdy",
            "RequestId": "A508C91C-438A-4548-93AA-EC34128BCE85",
            "RouteTableId": "vtb-bp1nr17n16jv95q4p2mvp",
            "VRouterId": "vrt-bp1ozdzph79h257xmwtw4",
            "VpcId": "vpc-bp1age7jtrh947unfh74j"
    }
    execution completed successfully!
```

Porter 成功执行了我们定义的创建阿里云 VPC 操作，继续查看上述操作的输出。

```
$ porter instances output list
-----------------------------------------
  Name    Type     Value (Path if sensitive)
-----------------------------------------
  vpcId   string   vpc-bp1age7jtrh947unfh74j
```

经过上述测试，aliyun mixin 可以正常调用阿里云服务，并输出给定的值。上述 mixin 的开发过程是最简单的一种形式，我们只是对命令行程序进行了封装，没有做任何针对性的增强。事实上，开发者可以在 mixin 中完成任何操作，比如：

❑ 引入 aliyun-go-sdk 来精细化操作阿里云 API；

❑ 使用 client-go 提供定制化的 Kubernetes 管理接口。

mixin 为 Porter 和 CNAB 应用包提供了无限的扩展性，但遗憾的是，目前 Porter 的社区尚未成熟，贡献 mixin 的开发者较少，后续前景如何，让我们拭目以待。

12.3　Porter build 源码解析

Porter 是一个典型的命令行应用，同样使用了 spf13/cobra 库，命令的入口定义在 cmd/porter/main.go 中。

```
p := porter.New()

cmd := &cobra.Command{
  Use:   "porter",
  Short: "I am porter, the friendly neighborhood CNAB authoring tool",
  Example: "",
  PersistentPreRunE: func(cmd *cobra.Command, args []string) error {
    p.Config.DataLoader = datastore.FromFlagsThenEnvVarsThenConfigFile(cmd)
```

```
    err := p.LoadData()
    if err != nil {
      return err
    }

    // Enable swapping out stdout/stderr for testing
    // 给标准输出开启缓存
    p.Out = cmd.OutOrStdout()
    p.Err = cmd.OutOrStderr()

    return nil
  },
  SilenceUsage: true,
}

cmd.AddCommand(buildBundleCommands(p))
```

命令入口首先创建了一个 Porter 实例，作为全局的上下文。

```
func New() *Porter {
  c := config.New()
  cache := cache.New(c)
  instanceStorage := instancestorage.NewPluggableInstanceStorage(c)
  return &Porter{
    Config:          c,
    Cache:           cache,
    InstanceStorage: instanceStorage,
    Registry:        cnabtooci.NewRegistry(c.Context),
    Templates:       templates.NewTemplates(),
    Builder:         buildprovider.NewDockerBuilder(c.Context),
    Mixins:          mixinprovider.NewFileSystem(c),
    CNAB:            cnabprovider.NewRuntime(c, instanceStorage),
  }
}
```

其他操作比较简单，主要是完成一些全局的配置加载工作，FromFlagsThenEnvVarsThenConfigFile 函数调用 buildDataLoader，返回一个 DataStoreLoaderFunc，其中实现了配置加载的逻辑，配置加载的优先级顺序如下：

❑ 命令行指定的参数标志；
❑ 参数标志对应的以 PORTER 开头的环境变量；
❑ PORTER_HOME 目录下保存的配置文件，默认为 {home}/.porter。

```
func FromFlagsThenEnvVarsThenConfigFile(cmd *cobra.Command) config.
DataStoreLoaderFunc {
    return buildDataLoader(func(v *viper.Viper) {
      v.SetEnvPrefix("PORTER")
      v.AutomaticEnv()

      // Apply the configuration file value to the flag when the flag is not set
```

```
      // 将所有用户传递的参数均配置到结构体中
  cmd.Flags().VisitAll(func(f *pflag.Flag) {
    if !f.Changed && v.IsSet(f.Name) {
      val := v.Get(f.Name)
      cmd.Flags().Set(f.Name, fmt.Sprintf("%v", val))
    }
  })
})
}

func buildDataLoader(viperCfg func(v *viper.Viper)) config.DataStoreLoaderFunc {
  return func(cfg *config.Config) error {
    home, _ := cfg.GetHomeDir()

    v := viper.New()
    v.SetFs(cfg.FileSystem)
    v.AddConfigPath(home)
    err := v.ReadInConfig()

    if viperCfg != nil {
      viperCfg(v)
    }

    var data config.Data
    if err != nil {
      if _, ok := err.(viper.ConfigFileNotFoundError); ok {
        data = DefaultDataStore()
      } else {
        return errors.Wrapf(err, "error reading config file at %q", v.ConfigFileUsed())
      }
    } else {
      err = v.Unmarshal(&data)
      if err != nil {
        return errors.Wrapf(err, "error unmarshaling config at %q", v.ConfigFileUsed())
      }
    }

    cfg.Data = &data

    return nil
  }
}
```

Porter 为 bundles 相关的命令都定义了别名，例如，porter build 是 porter bundles build
的别名，所有这些操作应用包相关的命令都定义在 cmd/porter/bundle.go 文件中。Porter
build 命令定义如下。

```
cmd := &cobra.Command{
  Use:   "build",
  Short: "Build a bundle",
```

```
    Long:  "Builds the bundle in the current directory by generating a Dockerfile
and a CNAB bundle.json, and then building the invocation image.",
    RunE: func(cmd *cobra.Command, args []string) error {
      return p.Build(opts)
    },
  }
```

其中没有额外的前置操作，直接调用 pkg/porter/build.go 中的 build 函数完成应用包的构建。

```
func (p *Porter) Build(opts BuildOptions) error {
  opts.Apply(p.Context)

  err := p.LoadManifest()
  if err != nil {
    return err
  }

  generator := build.NewDockerfileGenerator(p.Config, p.Manifest, p.Templates,
p.Mixins)

  if err := generator.PrepareFilesystem(); err != nil {
    return fmt.Errorf("unable to copy mixins: %s", err)
  }
  if err := generator.GenerateDockerFile(); err != nil {
    return fmt.Errorf("unable to generate Dockerfile: %s", err)
  }
  if err := p.Builder.BuildInvocationImage(p.Manifest); err != nil {
    return errors.Wrap(err, "unable to build CNAB invocation image")
  }

  return p.buildBundle(p.Manifest.Image, "")
}
```

整体构建流程非常清晰，我们下面分步介绍。

首先读取当前目录下的应用包清单文件，即 porter.yaml，将其解析为 Manifest 结构体，并进行校验，相关字段的含义我们在第 11 章中已经做了详细介绍。

```
type Manifest struct {
  ManifestPath string `yaml:"-"`

  Name        string `yaml:"name,omitempty"`
  Description string `yaml:"description,omitempty"`
  Version     string `yaml:"version,omitempty"`

  Image string `yaml:"invocationImage,omitempty"`

  BundleTag string `yaml:"tag"`

  Dockerfile string `yaml:"dockerfile,omitempty"`
```

```
    Mixins []MixinDeclaration `yaml:"mixins,omitempty"`

    Install   Steps `yaml:"install"`
    Uninstall Steps `yaml:"uninstall"`
    Upgrade   Steps `yaml:"upgrade"`

    CustomActions            map[string]Steps              `yaml:"-"`
    CustomActionDefinitions map[string]CustomActionDefinition `yaml:"customActio
ns,omitempty"`

    Parameters   []ParameterDefinition  `yaml:"parameters,omitempty"`
    Credentials  []CredentialDefinition `yaml:"credentials,omitempty"`
    Dependencies map[string]Dependency  `yaml:"dependencies,omitempty"`
    Outputs      []OutputDefinition     `yaml:"outputs,omitempty"`

    ImageMap map[string]MappedImage `yaml:"images,omitempty"`
}
```

接下来生成一个 DockerfileGenerator，使用它完成后续操作。首先调用 PrepareFilesystem 函数，在当前目录下生成 .cnab 的目录结构，这个目录会被打包到每个调用镜像中，具体工作包括如下几项。

❑ 清理已有的 Dockerfile 和 .cnab 目录。

❑ 如果用户在 porter.yaml 中自定义了调用镜像的入口脚本 run，把它复制到 .cnab/app/run。

❑ 复制 porter-runtime 可执行文件到 .cnab/app/porter-runtime。

❑ 读取 Manifest.Mixins 中使用的所有 mixin，把它们的可执行文件复制到 .cnab/app/mixins 目录下。

接着生成 Dockerfile，GenerateDockerFile 函数调用了 buildDockerfile：

```
func (g *DockerfileGenerator) buildDockerfile() ([]string, error) {
    fmt.Fprintf(g.Out, "\nGenerating Dockerfile =======>\n")

    lines, err := g.getBaseDockerfile()
    if err != nil {
      return nil, err
    }

    mixinLines, err := g.buildMixinsSection()
    if err != nil {
      return nil, errors.Wrap(err, "error generating Dockefile content for mixins")
    }

    mixinsTokenIndex := g.getIndexOfPorterMixinsToken(lines)
    if mixinsTokenIndex == -1 {
      lines = append(lines, mixinLines...)
    } else {
      pretoken := make([]string, mixinsTokenIndex)
```

```
    copy(pretoken, lines)
    posttoken := lines[mixinsTokenIndex+1:]
    lines = append(pretoken, append(mixinLines, posttoken...)...)
}

    //Dockerfile 的模板文件默认拷贝所有的字段，如果用户提供了对应的字段，那么使用用户
    //提供的信息覆盖默认字段
if g.Manifest.Dockerfile != "" {
    lines = append(lines, g.buildCNABSection()...)
    lines = append(lines, g.buildPorterSection()...)
}
lines = append(lines, g.buildWORKDIRSection())
lines = append(lines, g.buildCMDSection())

if g.IsVerbose() {
    for _, line := range lines {
        fmt.Fprintln(g.Out, line)
    }
}

return lines, nil
}
```

这部分是 Porter build 命令的核心逻辑，我们分步进行解读。

❑ 首先通过 getBaseDockerfile 生成一个基础 Dockerfile 模板，如果用户在清单文件中指定了调用镜像的 Dockerfile 模板，那么它会使用用户自定义的版本，否则将生成一个默认模板。

```
    FROM debian:stretch

    ARG BUNDLE_DIR

    RUN apt-get update && apt-get install -y ca-certificates

    # PORTER_MIXINS

    COPY .cnab /cnab
    COPY . $BUNDLE_DIR
    RUN rm -fr $BUNDLE_DIR/.cnab
```

❑ 通过 buildMixinsSection 函数获取所有 mixin 要插入 Dockerfile 的内容。它会遍历配置中引用的每个 mixin，分别使用 build 命令调用这些 mixin 的可执行文件，得到要插入的文本，这个交互过程在本章前两节中已经进行了介绍。

```
    func (g *DockerfileGenerator) buildMixinsSection() ([]string, error) {
        lines := make([]string, 0)
        for _, m := range g.Manifest.Mixins {
            //从已经存在的上下文内容中，拷贝对应的信息到标准输出
            mixinStdout := &bytes.Buffer{}
```

```
            var mixinContext context.Context
            mixinContext = *g.Context
            mixinContext.Out = mixinStdout   //mixin stdout -> dockerfile lines
            mixinContext.Err = g.Context.Out //mixin stderr -> logs

            inputB, err := yaml.Marshal(g.getMixinBuildInput(m.Name))
            if err != nil {
               return nil, errors.Wrapf(err, "could not marshal mixin build input
    for %s", m.Name)
            }

            cmd := mixin.CommandOptions{
               Command: "build",
               Input:   string(inputB),
            }
            err = g.MixinProvider.Run(&mixinContext, m.Name, cmd)
            if err != nil {
               return nil, err
            }

            l := strings.Split(mixinStdout.String(), "\n")
            lines = append(lines, l...)
         }
       return lines, nil
    }
```

❑ 接下来寻找 Dockerfile 中插入 mixin 部分的标识位，即第 1 步默认模板中的 #
PORTER_MIXINS，然后将上一步获得的内容插入到这个位置。

❑ 如果用户提供了自定义的 Dockerfile 模板，Porter 会在其末尾加上如下两行 COPY
指令，以保证 porter.yaml 和 .cnab 目录打包到调用镜像中。

```
COPY .cnab/ /cnab/
COPY porter.yaml $BUNDLE_DIR/porter.yaml
```

❑ 最后，指定镜像的 WORKDIR 和入口文件。

```
WORKDIR $BUNDLE_DIR
CMD ["/cnab/app/run"]
```

完成上述所有步骤之后，Dockerfile 就生成完毕了，Porter 会将它写入当前目录。接下
来就开始调用镜像的构建工作，通过 BuildInvocationImage 来完成。

```
func (b *DockerBuilder) BuildInvocationImage(manifest *manifest.Manifest) error {
  fmt.Fprintf(b.Out, "\nStarting Invocation Image Build =======> \n")
  path, err := os.Getwd()
  if err != nil {
    return errors.Wrap(err, "could not get current working directory")
  }
  buildOptions := types.ImageBuildOptions{
    SuppressOutput: false,
```

```
      PullParent:      false,
      Tags:            []string{manifest.Image},
      Dockerfile:      "Dockerfile",
      BuildArgs: map[string]*string{
        "BUNDLE_DIR": &build.BUNDLE_DIR,
      },
    }
    tar, err := archive.TarWithOptions(path, &archive.TarOptions{})
    if err != nil {
      return err
    }

    cli, err := command.NewDockerCli()
    if err != nil {
      return errors.Wrap(err, "could not create new docker client")
    }
    if err := cli.Initialize(cliflags.NewClientOptions()); err != nil {
      return err
    }

    response, err := cli.Client().ImageBuild(context.Background(), tar, buildOptions)
    if err != nil {
      return err
    }

    dockerOutput := ioutil.Discard
    if b.IsVerbose() {
      dockerOutput = b.Out
    }

    termFd, _ := term.GetFdInfo(dockerOutput)
    isTerm := false
    err = jsonmessage.DisplayJSONMessagesStream(response.Body, dockerOutput, termFd,
isTerm, nil)
    if err != nil {
      return errors.Wrap(err, "failed to stream docker build output")
    }
    return nil
  }
```

这个过程比较简单，主要通过调用 Docker CLI 库来完成。

❑ 指定镜像构建的参数，比如镜像的 tag。

❑ 创建一个 DockerCli 并初始化。

❑ 调用 ImageBuild 完成构建。

成功得到调用镜像之后，最后一步就是构建应用包，其中的主要任务是生成一个符合
CNAB 规范的 bundle.json 描述文件。

```
func (p *Porter) buildBundle(invocationImage string, digest string) error {
```

```
    imageDigests := map[string]string{invocationImage: digest}

    mixins, err := p.getUsedMixins()

    if err != nil {
      return err
    }

    converter := configadapter.NewManifestConverter(p.Context, p.Manifest, imageDigests,
mixins)
    bun := converter.ToBundle()
    return p.writeBundle(bun)
}
```

ManifestConverter 的 ToBundle 方法将前述 Manifest 结构转换为一个 Bundle 结构。

```
func (c *ManifestConverter) ToBundle() *bundle.Bundle {
  b := &bundle.Bundle{
    SchemaVersion: SchemaVersion,
    Name:          c.Manifest.Name,
    Description:   c.Manifest.Description,
    Version:       c.Manifest.Version,
    Custom:        make(map[string]interface{}, 1),
  }
  image := bundle.InvocationImage{
    BaseImage: bundle.BaseImage{
      Image:     c.Manifest.Image,
      ImageType: "docker",
      Digest:    c.ImageDigests[c.Manifest.Image],
    },
  }

  b.Actions = c.generateCustomActionDefinitions()
  b.Definitions = make(definition.Definitions, len(c.Manifest.Parameters)+
len(c.Manifest.Outputs))
  b.InvocationImages = []bundle.InvocationImage{image}
  b.Parameters = c.generateBundleParameters(&b.Definitions)
  b.Outputs = c.generateBundleOutputs(&b.Definitions)
  b.Credentials = c.generateBundleCredentials()
  b.Images = c.generateBundleImages()
  b.Custom[config.CustomBundleKey] = c.GenerateStamp()

  b.Custom[extensions.DependenciesKey] = c.generateDependencies()
  if len(c.Manifest.Dependencies) > 0 {
    b.RequiredExtensions = []string{extensions.DependenciesKey}
  }

  return b
}
```

最终，Porter 将 Bundle 结构序列化后写入 .cnab/bundle.json 文件。整个 Porter 应用包的构建过程就完成了。

12.4　Porter install 源码解析

12.3 节对 Porter 构建应用包过程的源码进行了详细分析，执行应用包操作是 Porter 的另一大功能，对 Porter 而言，无论是 install、upgrade 和 uninstall，或者自定义的应用管理操作，本质上都是类似的，因此我们以 Porter install 为例进行源码解读。

Porter install 的命令入口定义如下。

```
cmd := &cobra.Command{
  Use:   "install [INSTANCE]",
  Short: "Install a new instance of a bundle",
  Long: "",
  PreRunE: func(cmd *cobra.Command, args []string) error {
    return opts.Validate(args, p.Context)
  },
  RunE: func(cmd *cobra.Command, args []string) error {
    return p.InstallBundle(opts)
  },
}
```

与 Porter bundle 的入口相比，增加了 PreRunE 函数进行命令行参数的校验，包括 param、param-file、driver 等参数，唯一值得注意的是，Porter install 可以指定一个 tag，这里会校验它是否是一个合法的 OCI 仓库 tag。

```
if o.Tag != "" {
  // 如果设置了 tag，那么就忽略其他的属性值
  o.File = ""
  o.CNABFile = ""

  return o.validateTag()
}
```

InstallBundle 是真正执行 install 的逻辑，操作步骤比较清晰，大致可以分为如下 3 个部分。

❑ 准备应用包。
❑ 解析和执行依赖应用包的 install 操作。
❑ 执行当前应用包的 install 操作。

```
func (p *Porter) InstallBundle(opts InstallOptions) error {
  // 根据 tag 从镜像仓库中拉取应用包
  err := p.prepullBundleByTag(&opts.BundleLifecycleOpts)
  if err != nil {
```

```
    return errors.Wrap(err, "unable to pull bundle before installation")
  }

  // 补充默认选项
  err = p.applyDefaultOptions(&opts.sharedOptions)
  if err != nil {
    return err
  }

  // 检查本地应用包的 porter.yaml 是否有变更
  err = p.ensureLocalBundleIsUpToDate(opts.bundleFileOptions)
  if err != nil {
    return err
  }

  // 解析依赖的应用包
  deperator := newDependencyExecutioner(p)
  err = deperator.Prepare(opts.BundleLifecycleOpts, p.CNAB.Install)
  if err != nil {
    return err
  }

  // 完成依赖应用包的执行
  err = deperator.Execute(manifest.ActionInstall)
  if err != nil {
    return err
  }

  fmt.Fprintf(p.Out, "installing %s...\n", opts.Name)

  // 执行应用包的 install 操作
  return p.CNAB.Install(opts.ToActionArgs(deperator))
}
```

12.4.1 准备应用包

Porter 首先需要获取应用包，如果用户指定了远程仓库的 tag，那么 Porter 需要根据 tag
拉取对应版本的应用包，这个过程类似拉取一个 Docker 镜像，主要是与远程仓库的交互。
Porter 在本地也进行了应用包的缓存，默认会存储在 {home}/.porter/cache 目录下。

PullBundle 函数定义在 pkg/cnab/cnab-to-oci/registry.go 中，其中从远端拉取的逻辑通过
调用 github.com/docker/cnab-to-oci/remotes 包来实现。

```
func (r *Registry) PullBundle(tag string, insecureRegistry bool) (*bundle.Bundle,
relocation.ImageRelocationMap, error) {
    ref, err := reference.ParseNormalizedNamed(tag)
    if err != nil {
      return nil, nil, errors.Wrap(err, "invalid bundle tag format, expected REGISTRY/
name:tag")
    }
```

```
    var insecureRegistries []string
    if insecureRegistry {
      reg := reference.Domain(ref)
      insecureRegistries = append(insecureRegistries, reg)
    }

    bun, reloMap, err := remotes.Pull(context.Background(), ref, r.createResolver
(insecureRegistries))
    if err != nil {
      return nil, nil, errors.Wrap(err, "unable to pull remote bundle")
    }
    return bun, reloMap, nil
}
```

拉取到应用包之后，会得到两个文件，Porter 会据此解析应用包的元数据。

❑ bundle.json：标准的 CNAB 应用包定义。

❑ relocation-mapping.json：镜像地址重映射数据。

以上操作是针对远端应用包的，如果没有指定 tag，Porter 会先检查是否用 file 参数指定了 bundle.json 的位置，然后尝试在当前目录寻找 bundle.json。得到可用的 bundle.json 路径后，需要解析该文件并进行校验，最终将应用元数据存入 Porter 实例结构的 Manifest 成员中。

```
func LoadManifestFrom(cxt *context.Context, file string) (*Manifest, error) {
  m, err := ReadManifest(cxt, file)
  if err != nil {
    return nil, err
  }

  err = m.Validate()
  if err != nil {
    return nil, err
  }

  return m, nil
}
```

除此之外，还需要检查用户是否指定了应用实例的名称，如果没有则默认使用应用包的名称。

接下来，对于本地应用包，Porter 会校验应用包是否已经完成构建，以及上一次执行 porter build 之后，porter.yaml 是否被修改过。如果没有构建，或者应用有变更，则会触发一次应用包构建。这就是我们在修改完 porter.yaml 之后，可以直接执行 porter install 安装最新版本的原因。

想要判断校验应用是否已经构建得足够简单，检查应用包目录下是否存在 .cnab/bundle.json 即可。而校验应用定义是否有变更，则是通过在每次构建时为应用清单数据生成一个 SHA256 摘要，存储在 bundle.json 如下字段。

```
    "custom": {
      "io.cnab.dependencies": null,
      "sh.porter": {
        "manifestDigest": "e166f2f3a1c95af7511990756a59cdc6d48daf5be343c0a3ba121b4502a99ce3"
      }
    }
```

每次执行时，只需要重新计算摘要并与上述结果比较即可，完整过程如下所示。

```go
// pkg/porter/stamp.go
func (p *Porter) IsBundleUpToDate(opts bundleFileOptions) (bool, error) {
  // 检查 .cnab/bundle.json 是否存在
  if exists, _ := p.FileSystem.Exists(opts.CNABFile); exists {
    bunData, err := p.FileSystem.ReadFile(opts.CNABFile)
    if err != nil {
      return false, errors.Wrapf(err, "could not read data from %s", opts.CNABFile)
    }

    bun, err := bundle.Unmarshal(bunData)
    if err != nil {
      return false, errors.Wrapf(err, "could not marshal data from %s", opts.CNABFile)
    }

    // 读取 bundle.json 中存储的 SHA256 摘要
    oldStamp, err := configadapter.LoadStamp(bun)
    if err != nil {
      return false, errors.Wrapf(err, "could not load stamp from %s", opts.CNABFile)
    }

    mixins, err := p.getUsedMixins()
    if err != nil {
      return false, errors.Wrapf(err, "error while listing used mixins")
    }

    converter := configadapter.NewManifestConverter(p.Context, p.Manifest, nil, mixins)
    // 计算当前应用包定义的摘要
    newStamp := converter.GenerateStamp()
    return oldStamp.ManifestDigest == newStamp.ManifestDigest, nil
  }

  return false, nil
}
```

至此，应用包已经准备就绪，接下来到了执行依赖的阶段。

12.4.2　准备和执行依赖

应用包的依赖也是若干个子应用包，执行依赖的过程大致可以分为如下几步。

1. 生成一个 dependencyExecutioner 实例，接下来的执行由这个实例完成。

```
type dependencyExecutioner struct {
  *context.Context
  Resolver         BundleResolver
  CNAB             CNABProvider
  InstanceStorage instancestorage.StorageProvider

  // 这些资源先预填充，待出现不可恢复的错误时再调用
  parentOpts BundleLifecycleOpts
  action     cnabAction
  deps       []*queuedDependency
}
```

2. 从主应用包的 bundle.json 中解析依赖，通过 dependencyExecutioner 的 Prepare 方法实现。

```
func (e *dependencyExecutioner) Prepare(parentOpts BundleLifecycleOpts, action
cnabAction) error {
  e.parentOpts = parentOpts
  e.action = action

  err := e.identifyDependencies()
  if err != nil {
    return err
  }

  for _, dep := range e.deps {
    err := e.prepareDependency(dep)
    if err != nil {
      return err
    }
  }

  return nil
}
```

Prepare 方法的参数中传入了一个 cnabAction 类型的函数，后续依赖项的真正执行过程将由它来实际完成。

```
type cnabAction func(cnabprovider.ActionArguments) error
```

Porter 将依赖项存储在 bundle.json 自定义字段 custom 的 io.cnab.dependencies 之下，格式如下所示。

```
"custom": {
  "io.cnab.dependencies": {
    "requires": {
      "mysql": {
        "bundle": "registry.cn-hangzhou.aliyuncs.com/cnab/porter-mysql-bundle:0.1.0"
      }
    }
  }
}
```

identifyDependencies 的任务就是从这个字段解析依赖项，并存入 dependencyExecutioner 的 deps 成员变量中。接下来，prepareDependency 会逐个处理这些依赖。

```go
func (e *dependencyExecutioner) prepareDependency(dep *queuedDependency) error {
  // 拉取依赖项
  var err error
  pullOpts := BundlePullOptions{
    Tag:               dep.Tag,
    InsecureRegistry: e.parentOpts.InsecureRegistry,
    Force:             e.parentOpts.Force,
  }
  dep.CNABFile, dep.RelocationMapping, err = e.Resolver.Resolve(pullOpts)
  if err != nil {
    return errors.Wrapf(err, "error pulling dependency %s", dep.Alias)
  }

  // 加载数据后再校验资源
  depBun, err := e.CNAB.LoadBundle(dep.CNABFile, e.parentOpts.Insecure)
  if err != nil {
    return errors.Wrapf(err, "could not load bundle %s", dep.Alias)
  }

  err = depBun.Validate()
  if err != nil {
    return errors.Wrapf(err, "invalid bundle %s", dep.Alias)
  }

  // 将 bundle.json 文件缓存下来，为后面使用做准备
  dep.cnabFileContents, err = e.FileSystem.ReadFile(dep.CNABFile)
  if err != nil {
    return errors.Wrapf(err, "error reading %s", dep.CNABFile)
  }

  // 重新查询一下依赖的 bundle 里面一共有哪些参数
  depParams := map[string]struct{}{}
  for paramName := range depBun.Parameters {
    depParams[paramName] = struct{}{}
  }

  // 将命令行指定的参数覆盖默认参数
  // --param DEP#PARAM=VALUE
  for key, value := range e.parentOpts.combinedParameters {
    parts := strings.Split(key, "#")
    if len(parts) > 1 && parts[0] == dep.Alias {
      paramName := parts[1]

      // 确保这些参数在 bundlez 中定义完毕
      if _, ok := depParams[paramName]; !ok {
        return errors.Errorf("invalid --param %s, %s is not a parameter defined
in the bundle %s", key, paramName, dep.Alias)
```

```
    }

    if dep.Parameters == nil {
      dep.Parameters = make(map[string]string, 1)
    }
    dep.Parameters[paramName] = value
    delete(e.parentOpts.combinedParameters, key)
  }
}

  return nil
}
```

这个过程类似执行主应用包的预处理，首先会根据 tag 来拉取依赖应用包，得到 bundle.json，校验其合法性，并从中解析需要传给该应用包的参数。

最后，也是最重要的一步，从命令行传入的 param 参数中，寻找赋值给该依赖的参数，将它们一一解析，存入 dep.Parameters 中。

上述准备工作完成后，就进入了依赖的执行阶段。

3. 执行依赖。由于目前 Porter 只支持直接依赖，不存在多层依赖问题，因此，只需要按顺序遍历 dependencyExecutioner.deps，对每个依赖调用 executeDependency 函数。

```
func (e *dependencyExecutioner) executeDependency(dep *queuedDependency,
parentArgs cnabprovider.ActionArguments, action manifest.Action) error {
    depArgs := cnabprovider.ActionArguments{
      Insecure:          parentArgs.Insecure,
      BundlePath:        dep.CNABFile,
      Claim:             fmt.Sprintf("%s-%s", parentArgs.Claim, dep.Alias),
      Driver:            parentArgs.Driver,
      Params:            dep.Parameters,
      RelocationMapping: dep.RelocationMapping,

    // 假设给此资源提供与父类相同的凭证
    CredentialIdentifiers: parentArgs.CredentialIdentifiers,
}
fmt.Fprintf(e.Out, "Executing dependency %s...\n", dep.Alias)
err := e.action(depArgs)
if err != nil {
  return errors.Wrapf(err, "error executing dependency %s", dep.Alias)
}

// 如果没有安装任何 action，那么 Claim 就不会调用
if action != manifest.ActionUninstall {
  // 通过 Claim 输出来收集期望的数据
  c, err := e.InstanceStorage.Read(depArgs.Claim)
  if err != nil {
    return err
  }
```

```
    dep.outputs = c.Outputs
  }

  return nil
}
```

执行时使用的参数 Params、RelocationMapping 等在之前已经准备完毕，而 CredentialIdentifiers 目前则是直接使用主应用包的凭据集，不需要单独为依赖设置。接下来为依赖项调用之前传入的 action 函数，执行依赖应用包操作，这部分的详细过程与主应用包相同，随后进行介绍。每个依赖执行完成后，获取并存储它的输出。

12.4.3 执行主应用包操作

经过以上 3 步，依赖项的处理工作就全部完成了。接下来进入真正的主应用包操作执行阶段，以本节介绍的 Porter install 为例，也就是执行 Install 操作。

```
p.CNAB.Install(opts.ToActionArgs(deperator))
```

此处的 CNAB 是一个 CNABProvider 接口的实例，我们来看一下它的定义。

```
type CNABProvider interface {
  LoadBundle(bundleFile string, insecure bool) (*bundle.Bundle, error)
  Install(arguments cnabprovider.ActionArguments) error
  Upgrade(arguments cnabprovider.ActionArguments) error
  Invoke(action string, arguments cnabprovider.ActionArguments) error
  Uninstall(arguments cnabprovider.ActionArguments) error
}
```

Porter 的 Runtime 实例实现了这个接口，根据用户执行的应用操作不同，调用相应的方法，此处是 Install 方法。

```
func (d *Runtime) Install(args ActionArguments) error
```

该方法比较长，我们分段进行介绍。

1）首先创建一个 Claim 实例。

```
c, err := claim.New(args.Claim)
```

Claim 代表应用包部署后的一个实例，用来存储这个实例的元数据，包含如下字段。

```
type Claim struct {
  Name       string                 `json:"name"`
  Revision   string                 `json:"revision"`
  Created    time.Time              `json:"created"`
  Modified   time.Time              `json:"modified"`
  Bundle     *bundle.Bundle         `json:"bundle"`
  Result     Result                 `json:"result,omitempty"`
  Parameters map[string]interface{} `json:"parameters,omitempty"`
  Outputs    map[string]interface{} `json:"outputs,omitempty"`
```

```
    Custom      interface{}                      `json:"custom,omitempty"`
}
```

2）接着解析应用包定义，并进行校验。

```
b, err := d.LoadBundle(args.BundlePath, args.Insecure)
if err != nil {
  return err
}

err = b.Validate()
if err != nil {
  return errors.Wrap(err, "invalid bundle")
}
c.Bundle = b
```

3）解析参数，主要是合并命令行传入的参数和应用包的默认参数。

```
params, err := d.loadParameters(c, args.Params, string(manifest.ActionInstall))
if err != nil {
  return errors.Wrap(err, "invalid parameters")
}
c.Parameters = params
```

4）查找并实例化运行调用镜像的驱动。

```
dvr, err := d.newDriver(args.Driver, c.Name, args)
if err != nil {
  return errors.Wrap(err, "unable to instantiate driver")
}
i := action.Install{
  Driver: dvr,
}
```

之前我们在介绍 porter install 命令时提到，可以使用 --driver 参数指定一个运行时驱动，newDriver 会根据 driver 参数返回对应的 Driver 实例。目前 Porter 实现了 Docker、Kubernetes 两种驱动，以及一个用于测试的 debug 驱动。

```
func (d *Runtime) newDriver(driverName string, claimName string, args ActionArguments)
(driver.Driver, error) {
    driverImpl, err := lookup.Lookup(driverName)
    if err != nil {
      return driverImpl, err
    }

    if configurable, ok := driverImpl.(driver.Configurable); ok {
      driverCfg := make(map[string]string)
      // 从环境变量中加载指定的配置数据
      for env := range configurable.Config() {
        if val, ok := os.LookupEnv(env); ok {
```

```
            driverCfg[env] = val
        }
    }

    configurable.SetConfig(driverCfg)
    }

    return driverImpl, err
}
```

每种驱动需要实现 cnab-go 中定义的 Driver 接口。

```
type Driver interface {
    Run(*Operation) (OperationResult, error)
    // Handles receives an ImageType* and answers whether this driver supports that type
    Handles(string) bool
}
```

我们以默认的 Docker 驱动为例，定义如下。其中最重要的是 Run 函数，负责调用镜像的执行过程。

```
type Driver struct {
    config map[string]string
    // 本属性如果为 true，那么就不会使用 docker 运行
    Simulate                    bool
    dockerCli                   command.Cli
    dockerConfigurationOptions  []ConfigurationOption
    containerOut                io.Writer
    containerErr                io.Writer
}

// Run executes the Docker driver
func (d *Driver) Run(op *driver.Operation) (driver.OperationResult, error) {
    return d.exec(op)
}
// Handles 函数当前支持 OCI 和 Docker 两种驱动
func (d *Driver) Handles(dt string) bool {
    return dt == driver.ImageTypeDocker || dt == driver.ImageTypeOCI
}
```

5）读取并解析凭据集。

```
creds, err := d.loadCredentials(b, args.CredentialIdentifiers)
```

由于命令行参数传入的只是凭据集的名称，需要在 {home}/.porter/credentials 目录下查找同名的 yaml 文件，以我们之前多次使用的 kubeconfig 凭据集为例，它的定义文件如下所示。

```
name: kubeconfig
credentials:
- name: kubeconfig
  source:
    path: /Users/jonas/.kube/config
```

然后 Porter 会根据凭据值的来源，加载文件内容，或者读取环境变量等。

6）完成所有准备工作之后，调用运行时驱动的 Run 方法，得到运行结果，填充 Claim 实例的元数据，并将其序列化存储到 {home}/.porter/claims 目录下，供后续的命令行操作使用。

```
var result *multierror.Error
// 安装并捕获对应的错误信息
err = i.Run(c, creds, d.ApplyConfig(args)...)
if err != nil {
  result = multierror.Append(result, errors.Wrap(err, "failed to install the bundle"))
}

err = d.instanceStorage.Store(*c)
if err != nil {
  result = multierror.Append(result, errors.Wrap(err, "failed to record the installation
for the bundle"))
}

return result.ErrorOrNil()
```

12.4.4　Docker 驱动的运行过程

对于每一个运行时驱动，Run 函数都有不同的逻辑，本节我们就来看一下 Docker 驱动的运行过程。

之前我们已经看到 Docker 驱动的 Run 函数调用了 exec 函数。

```
func (d *Driver) exec(op *driver.Operation) (driver.OperationResult, error)
```

逻辑上它的操作并不复杂，主要过程就是装配 Docker 容器的参数，然后调用 Docker SDK 运行容器并等待结果，源码注解如下。

```
func (d *Driver) exec(op *driver.Operation) (driver.OperationResult, error) {
  ctx := context.Background()

  // 初始化 Docker 客户端
  cli, err := d.initializeDockerCli()
  if err != nil {
    return driver.OperationResult{}, err
  }

  if d.Simulate {
    return driver.OperationResult{}, nil
```

```
  }
  if d.config["PULL_ALWAYS"] == "1" {
    if err := pullImage(ctx, cli, op.Image.Image); err != nil {
      return driver.OperationResult{}, err
    }
  }
  var env []string
  for k, v := range op.Environment {
    env = append(env, fmt.Sprintf("%s=%v", k, v))
  }

  // 配置容器运行的基本参数
  cfg := &container.Config{
    Image:        op.Image.Image,
    Env:          env,
    Entrypoint:   strslice.StrSlice{"/cnab/app/run"},
    AttachStderr: true,
    AttachStdout: true,
  }

  hostCfg := &container.HostConfig{}
  for _, opt := range d.dockerConfigurationOptions {
    if err := opt(cfg, hostCfg); err != nil {
      return driver.OperationResult{}, err
    }
  }

  // 创建容器并处理异常
  resp, err := cli.Client().ContainerCreate(ctx, cfg, hostCfg, nil, "")
  switch {
  case client.IsErrNotFound(err):
    fmt.Fprintf(cli.Err(), "Unable to find image '%s' locally\n", op.Image.Image)
    if err := pullImage(ctx, cli, op.Image.Image); err != nil {
      return driver.OperationResult{}, err
    }
    if resp, err = cli.Client().ContainerCreate(ctx, cfg, hostCfg, nil, ""); err
!= nil {
      return driver.OperationResult{}, fmt.Errorf("cannot create container: %v", err)
    }
  case err != nil:
    return driver.OperationResult{}, fmt.Errorf("cannot create container: %v", err)
  }

  if d.config["CLEANUP_CONTAINERS"] == "true" {
    defer cli.Client().ContainerRemove(ctx, resp.ID, types.ContainerRemoveOptions{})
  }

  // 将应用包复制到容器中
  tarContent, err := generateTar(op.Files)
  if err != nil {
```

```
        return driver.OperationResult{}, fmt.Errorf("error staging files: %s", err)
    }
    options := types.CopyToContainerOptions{
        AllowOverwriteDirWithFile: false,
    }
    err = cli.Client().CopyToContainer(ctx, resp.ID, "/", tarContent, options)
    if err != nil {
        return driver.OperationResult{}, fmt.Errorf("error copying to / in container:
%s", err)
    }

    // attach 到容器，以便执行命令，接收输出
    attach, err := cli.Client().ContainerAttach(ctx, resp.ID, types.ContainerAttachOptions{
        Stream: true,
        Stdout: true,
        Stderr: true,
        Logs:   true,
    })
    if err != nil {
        return driver.OperationResult{}, fmt.Errorf("unable to retrieve logs: %v", err)
    }
    var (
        stdout io.Writer = os.Stdout
        stderr io.Writer = os.Stderr
    )
    if d.containerOut != nil {
        stdout = d.containerOut
    }
    if d.containerErr != nil {
        stderr = d.containerErr
    }
    go func() {
        defer attach.Close()
        for {
            _, err := stdcopy.StdCopy(stdout, stderr, attach.Reader)
            if err != nil {
                break
            }
        }
    }()

    // 运行容器并等待执行结果
    statusc, errc := cli.Client().ContainerWait(ctx, resp.ID, container.
WaitConditionNextExit)
    if err = cli.Client().ContainerStart(ctx, resp.ID, types.ContainerStartOptions{});
err != nil {
        return driver.OperationResult{}, fmt.Errorf("cannot start container: %v", err)
    }
    select {
    case err := <-errc:
```

```
      if err != nil {
        opResult, fetchErr := d.fetchOutputs(ctx, resp.ID, op)
        return opResult, containerError("error in container", err, fetchErr)
      }
    case s := <-statusc:
      if s.StatusCode == 0 {
        return d.fetchOutputs(ctx, resp.ID, op)
      }
      if s.Error != nil {
        opResult, fetchErr := d.fetchOutputs(ctx, resp.ID, op)
        return opResult, containerError(fmt.Sprintf("container exit code: %d, message",
s.StatusCode), err, fetchErr)
      }
      opResult, fetchErr := d.fetchOutputs(ctx, resp.ID, op)
      return opResult, containerError(fmt.Sprintf("container exit code: %d, message",
s.StatusCode), err, fetchErr)
    }
    opResult, fetchErr := d.fetchOutputs(ctx, resp.ID, op)
    if fetchErr != nil {
      return opResult, fmt.Errorf("fetching outputs failed: %s", fetchErr)
    }
    return opResult, err
  }
```

12.5 Porter 运行时源码解析

本书 11、12 章介绍的都是用户在使用 Porter 命令行时的执行流程，除此之外，Porter 还会在调用镜像中打包一个 Porter 运行时，来完成应用管理操作在容器中的执行。Porter 生成的调用镜像 Dockerfile 中都定义了如下所示的入口命令。

```
CMD ["/cnab/app/run"]
```

/cnab/app/run 是一个 shell 脚本，内容如下：

```
#!/usr/bin/env bash
exec /cnab/app/porter-runtime run -f /cnab/app/porter.yaml
```

这里执行的 porter-runtime 就是我们所说的 Porter 运行时。本节对这部分源码进行简要介绍。

porter-runtime 与 Porter 命令行工具实际上是同一个程序，只是执行的命令入口不同，以运行时的角色调用时，使用的是 run 命令。

```
opts := porter.NewRunOptions(p.Config)
cmd := &cobra.Command{
  Use:   "run",
  Short: "Execute runtime bundle instructions",
   Long:  "Execute the runtime bundle instructions contained in a porter
```

```
configuration file",
      PreRunE: func(cmd *cobra.Command, args []string) error {
        return opts.Validate()
      },
      RunE: func(cmd *cobra.Command, args []string) error {
        return p.Run(opts)
      },
      Hidden: true,
  }

    cmd.Flags().StringVarP(&opts.File, "file", "f", "porter.yaml", "The porter
configuration file (Defaults to porter.yaml)")
    cmd.Flags().StringVar(&opts.Action, "action", "", "The bundle action to
execute (Defaults to CNAB_ACTION)")
```

Run 命令会通过 -f 参数接收 porter.yaml 的路径。参数 action 可以不传入，依照 CNAB
规范默认通过环境变量 CNAB_ACTION 获取当前的应用操作。

命令运行的主体是 Run 函数：

```
func (p *Porter) Run(opts RunOptions) error {
  err := p.LoadManifestFrom(opts.File)
  if err != nil {
    return err
  }

  runtimeManifest := runtime.NewRuntimeManifest(p.Context, opts.parsedAction,
p.Manifest)
  r := runtime.NewPorterRuntime(p.Context, p.Mixins)
  return r.Execute(runtimeManifest)
}
```

LoadManifestFrom 与 12.4 节 Porter install 中加载应用包的操作完全相同，此处不再赘
述。接下来，创建一个 RuntimeManifest 实例和 PorterRuntime 实例。

```
type RuntimeManifest struct {
  *context.Context
  *manifest.Manifest

  Action manifest.Action

  bundles map[string]bundle.Bundle

  steps           manifest.Steps
  outputs         map[string]string
  sensitiveValues []string
}

type PorterRuntime struct {
  *context.Context
```

```
    mixins          mixin.MixinProvider
    RuntimeManifest *RuntimeManifest
}
```

接着执行 Execute 方法。

```
func (r *PorterRuntime) Execute(rm *RuntimeManifest) error
```

Execute 的具体操作如下所示。

首先做准备工作，最主要的是调用 RuntimeManifest.Prepare 进行参数的处理。

```
r.RuntimeManifest = rm

claimName := os.Getenv(config.EnvClaimName)
bundleName := os.Getenv(config.EnvBundleName)
fmt.Fprintf(r.Out, "executing %s action from %s (bundle instance: %s)\n",
r.RuntimeManifest.Action, bundleName, claimName)

err := r.RuntimeManifest.Validate()
if err != nil {
  return err
}

// 在步骤执行之前，Prepare 准备运行时环境
// 例如，对于"文件"类型的参数，我们可能需要在执行操作之前解码文件系统上的文件内容
err = r.RuntimeManifest.Prepare()
if err != nil {
  return err
}
```

由于应用包的参数可以选择环境变量或者文件这两种注入方式，对于文件，Porter 运行时需要确认文件存在并读取其内容。

处理镜像的主要工作是根据镜像重映射表得到每个镜像真正的地址，更新 RuntimeManifest 的 ImageMap 字段存储的镜像列表。

```
// 使用 bundle.json 和重定位映射（如果存在）更新 runtimeManifest 映像
rtb, reloMap, err := r.getImageMappingFiles()
if err != nil {
  return err
}

err = r.RuntimeManifest.ResolveImages(rtb, reloMap)
if err != nil {
  return errors.Wrap(err, "unable to resolve bundle images")
}
```

创建 mixin 存储输出文件的目录：/cnab/app/porter/outputs。

```
err = r.FileSystem.MkdirAll(context.MixinOutputsDir, 0755)
```

```
if err != nil {
    return errors.Wrapf(err, "could not create outputs directory %s", context.
MixinOutputsDir)
}
```

完成以上准备工作后，开始按顺序执行各个操作步骤。

```
for _, step := range r.RuntimeManifest.GetSteps() {
    if step != nil {
        // step
    }
}
```

各个操作步骤都包含如下流程。

1）解析当前步骤的 yaml 配置，并进行模板变量渲染。

```
err := r.RuntimeManifest.ResolveStep(step)
```

其核心是使用 Mustache 模板库渲染 yaml 字符串，替换其中引用的 parameters、outputs 等变量。

2）输出描述信息，处理标记为敏感字段的变量。

```
description, _ := step.GetDescription()
fmt.Fprintln(r.Out, description)

// 在上下文输出流中移交需要屏蔽的值
r.Context.SetSensitiveValues(r.RuntimeManifest.GetSensitiveValues())
```

3）调用 mixin 完成操作的执行过程。

```
input := &ActionInput{
    action: r.RuntimeManifest.Action,
    Steps:  []*manifest.Step{step},
}
inputBytes, _ := yaml.Marshal(input)
cmd := mixin.CommandOptions{
    Command: string(r.RuntimeManifest.Action),
    Input:   string(inputBytes),
    Runtime: true,
}
err = r.mixins.Run(r.Context, step.GetMixinName(), cmd)
if err != nil {
    return errors.Wrap(err, "mixin execution failed")
}
```

4）读取 mixin 的输出。

```
outputs, err := r.readMixinOutputs()
if err != nil {
    return errors.Wrap(err, "could not read step outputs")
```

```
}

err = r.RuntimeManifest.ApplyStepOutputs(step, outputs)
if err != nil {
  return err
}

// 提交在此步骤中声明的任何捆绑输出
err = r.applyStepOutputsToBundle(outputs)
if err != nil {
  return err
}
```

按照规范，mixin 会将每个输出值写到 /cnab/app/porter/outputs 目录下同名的文件中。Porter 运行时会读取这些值，保存在 RuntimeManifest 的 outputs 键值对中，以供下一个操作步骤读取使用。

12.6　本章小结

本章首先介绍了 Porter mixin 的实现原理，讲解了 Porter 与 mixin 的交互过程，接着我们使用 Porter 提供的 mixin 开发框架，开发了一个简单的阿里云 mixin。最后对 Porter build、install 以及运行时等主要流程的源码进行了解析。mixin 机制是 Porter 实现扩展性的关键，也是想要参与 Porter 社区开发的读者需要了解的内容。

第 13 章 *Chapter 13*

全面了解 Operator

基于 Kubernetes 平台，我们可以轻松搭建一些简单的无状态应用，比如对于一些常见的 Web Apps 或是移动端后台程序，开发者甚至不用十分了解 Kubernetes 就可以利用 Deployment、Service 这些基本单元模型构建出自己的应用拓扑并暴露相应的服务。由于无状态应用的特性支持其在任意时刻进行部署、迁移、升级等操作，Kubernetes 现有的 ReplicaSets、ReplicationControllers、Services 等元素已经足够支撑起无状态应用对于自动扩缩容、实例间负载均衡等基本需求。

在管理简单的有状态应用时，我们可以利用社区原生的 StatefulSet 和 PV 模型来构建基础的应用拓扑，帮助实现相应的持久化存储、按顺序部署、顺序扩容、顺序滚动更新等特性。

而随着 Kubernetes 的蓬勃发展，在数据分析、机器学习等领域相继出现了一些场景更为复杂的分布式应用系统，这也给社区和相关应用的开发运维人员提出了新的挑战。

- □ 不同场景下的分布式系统通常维护了一套自身的模型定义规范，如何在 Kubernetes 平台中表达或兼容出应用原先的模型定义？
- □ 当应用系统发生扩缩容或升级时，如何保证当前已有实例服务的可用性；如何保证它们之间的可连通性？
- □ 如何重新配置或定义复杂的分布式应用；是否需要大量的专业模板定义和复杂的命令操作；是否可以向无状态应用那样用一条 kubectl 命令就完成应用的更新？
- □ 如何备份和管理系统状态和应用数据？如何协调系统集群各成员间在不同生命周期的应用状态？

上述这些正是 Operator 希望解决的问题，本章我们先来了解 Operator 是什么，之后逐步了解 Operator 的生态建设，以及 Operator 的关键组件及其基本的工作原理，下面我们来一探究竟吧。

13.1 初识 Operator

首先我们一起看看什么是 Operator，了解它的诞生和发展历程。

13.1.1 什么是 Operator

CoreOS 在 2016 年底提出了 Operator 的概念，当时的一段官方定义如下。

"An Operator represents human operational knowledge in software, to reliably manage an application."

"Operator 可以通过软件的方式定义人类的运维操作，并可靠地管理应用。"

对于普通的应用开发者或是大多数的应用 SRE 人员来说，在他们的日常开发运维工作中，都需要基于自身的应用背景和领域知识构建相应的自动化任务，以满足业务应用的管理、监控、运维等需求。在这个过程中，Kubernetes 自身的基础模型元素已经无法支撑不同业务领域下复杂的自动化场景。与此同时，在云原生的大背景下，生态系统已经是衡量一个平台成功与否的重要标准，而广大的应用开发者作为 Kubernetes 最直接的用户和服务推广者，满足他们的业务需求就是 Kubernetes 的生命线。于是，谷歌率先提出了 Third Party Resource 概念，允许开发者根据业务需求以插件化形式扩展出相应的 k8s API 对象模型，同时提出了自定义 controller 的概念，用于编写面向领域知识的业务控制逻辑。基于 Third Party Resource，Kubernetes 社区在 1.7 版本中提出了 custom resources and controllers 的概念，这正是 Operator 的核心概念。

基于 custom resources 和相应的自定义资源控制器，我们可以自定义扩展 Kubernetes 原生的模型元素，这样的自定义模型可以如同原生模型一样被 Kubernetes API 管理，支持 kubectl 命令行；同时 Operator 开发者可以像使用原生 API 进行应用管理一样，通过声明式的方式定义一组业务应用的期望终态，并且根据业务应用的自身特点进行相应控制器逻辑编写，以此完成对应用运行时刻生命周期的管理，并持续维护与期望终态的一致性。这样的设计范式使得应用部署者只需要专注于配置自身应用的期望运行状态，而无须再投入大量的精力在手工部署或是业务在运行时刻的烦琐运维操作中。

简单来看，Operator 定义了一组在 Kubernetes 集群中打包和部署复杂业务应用的方法，它可以方便地在不同集群中部署并在不同的客户间传播共享；同时 Operator 还提供了一套应用在运行时刻的监控管理方法，应用领域专家通过将业务关联的运维逻辑编写融入到 Operator 自身控制器中，而运行中的 Operator 就像一个 7×24 不间断工作的优秀运维团队，它可以时刻监控应用自身状态和该应用在 Kubernetes 集群中的关注事件，并在毫秒级基于期望终态做出对监听事件的处理，比如对应用的自动化容灾响应或是滚动升级等高级运维操作。

进一步讲，Operator 的设计和实现并不是千篇一律的，开发者可以根据自身业务需求，不断演进应用的自定义模型，同时面向具体的自动化场景在控制器中扩展相应的业务逻辑。很多 Operator 的出现都源于一些相对简单的部署和配置需求，并在后续演进中不断完善补充对复杂运维需求的自动化处理。

13.1.2　Operator 的发展

时至今日，Kubernetes 已经确立了自己在云原生领域平台层开源软件中的绝对地位，我们可以说 Kubernetes 就是当今容器编排的实施标准。而在 Kubernetes 项目的强大影响下，越来越多的企业级分布式应用选择拥抱云原生并开始自己的容器化道路，而 Operator 的出现无疑极大加速了这些传统的复杂分布式应用的"上云"过程。无论在生态领域还是生产领域，Operator 都是容器应用部署上云过程中广受欢迎的实现规范，本节我们一起回顾 Operator 的诞生和发展历史。

2014 年到 2015 年，Docker 无疑是容器领域的绝对霸主，容器技术自身敏捷、弹性和可移植性等优势使其迅速成为当时的焦点。在这个过程中，虽然市场上涌现了大量应用镜像和技术分享，我们却很难在企业生产级别的分布式系统中寻找到容器应用的成功案例。容器技术的本质是提供主机虚拟层之上的隔离，这样的隔离虽然给容器带来了敏捷和弹性的优势，但同时也给容器和外部世界的交互增加了一层障碍；尤其是面向复杂分布式系统，在处理自身以及不同容器间状态的依赖和维护问题上，往往需要大量的额外工作和依赖组件。这也成为容器技术在云原生应用生产化道路上的一个阻碍。

与此同时，谷歌于 2014 年基于其内部的分布式底层框架 Borg 推出了 Kubernetes 并完成了第一次代码提交。2015 年，Kubernetes v1.0 版本正式发布，同时云原生计算基金会（Cloud Native Computing Foundation，CNCF）正式成立。基于云原生这个大背景，CNCF 致力于维护和集成优秀开源技术以支撑编排容器化微服务架构应用。

2016 年是 Kubernetes 进入云原生主干道并蓬勃发展的一年。这一年的社区，开发者们从最初的种种疑虑转为对 Kubernetes 的大力追捧，无论从 commit 数量还是个人贡献者数量上看，都有了显著增长。同时，越来越多的企业选择 Kubernetes 作为生产系统容器集群的编排引擎，而以 Kubernetes 为核心，构建企业内部的容器生态已经逐渐成为云原生大背景下业界的共识。也正是在 2016 年，CoreOS 正式推出了 Operator，旨在通过扩展 Kubernetes 原生 API 的方式为 Kubernetes 应用提供创建、配置以及运行时刻生命周期管理能力。与此同时，用户可以利用 Operator 方便地对应用模型进行更新、备份、扩缩容及监控等多种复杂运维操作。

在 Kubernetes 实现容器编排的核心思想中，会使用控制器（Controller）模式对 etcd 里的 API 模型对象变化保持不断监听（Watch），并在控制器中对指定事件进行响应处理，针对不同的 API 模型，可以在对应的控制器中添加相应的业务逻辑，通过这种方式完成应用编排中各阶段的事件处理。而 Operator 正是基于控制器模式，允许应用开发者通过扩展

Kubernetes API 对象的方式，将复杂的分布式应用集群抽象为一个自定义的 API 对象，通过对自定义 API 模型的请求，实现基本的运维操作。而在 Controller 中，开发者可以专注实现应用在运行时刻管理中遇到的相关复杂逻辑。在当时，率先提出这种扩展原生 API 对象进行应用集群定义框架的并不是 CoreOS，而是当时还在谷歌的 Kubernetes 创始人 Brendan Burns。正是 Brendan 早在 1.0 版本发布前就意识到了 Kubernetes API 可扩展性对 Kubernetes 生态系统及其平台自身的重要性，所以构建了相应的 API 扩展框架，谷歌将其命名为 Third Party Resource，简称 TPR。

CoreOS 是最早的一批基于 Kubernetes 平台提供企业级容器服务解决方案的厂商，他们敏锐地捕捉到了 TPR 和控制器模式对企业级应用开发者的重要价值，并很快由邓洪超等人基于 TPR 实现了历史上第一个 Operator——etcd-operator。etcd-operator 可以让用户通过短短几条命令快速部署一个 etcd 集群，使得一个普通的开发者就可以基于 kubectl 命令行实现 etcd 集群滚动更新、灾备、备份恢复等复杂的运维操作，极大降低了 etcd 集群的使用门槛，在很短的时间内便成为当时 K8S 社区关注的焦点项目。与此同时，Operator 以其插件化、自由化的模式特性，迅速吸引了大批的应用开发者，一时间很多市场上主流的分布式应用均出现了对应的 Operator 开源项目。而云厂商也迅速跟进，纷纷提出基于 Operator 进行应用上云的解决方案。Operator 在 Kubernetes 应用开发者中的热度大有星火燎原之势。

虽然 Operator 的出现受到了大量应用开发者的追捧，但是它的发展之路并不是一帆风顺的。对于谷歌团队而言，Controller 和控制器模式一直以来是作为其 API 体系内部实现的核心，从未暴露给终端应用开发者，Kubernetes 社区关注的焦点也更多集中在 PaaS 平台层面的核心能力。而 Operator 的出现打破了社区传统的格局，对于谷歌团队而言，Controller 作为 Kubernetes 原生 API 的核心机制，应该交由系统内部的 Controller Manager 组件进行管理，并且遵从统一的设计开发模式，而不是像 Operator 那样交由应用开发者自由地进行 Controller 代码的编写。另外，Operator 作为 Kubernetes 生态系统中与终端用户建立连接的桥梁，作为 Kubernetes 项目的设计和捐赠者，谷歌当然也不希望错失其中的主导权。同时 Brendan Burns 突然宣布加盟微软的消息，也进一步加剧了谷歌团队与 Operator 项目之间的矛盾。

于是，2017 年开始，谷歌和 Red Hat 在社区推广 Aggregated API Servers，应用开发者需要按照标准的社区规范编写一个自定义的 API Server，同时定义自身应用的 API 模型。通过原生 API Server 的配置修改，扩展 API Server 会随着原生组件一同部署，并且限制自定义 API 在系统管理组件下进行统一管理。之后，谷歌和 Red Hat 开始在社区大力推广使用聚合层扩展 Kubernetes API，同时建议废弃 TPR 相关功能。

然而，巨大的压力并没有让 Operator 昙花一现，就此消失。相反，社区大量的 Operator 开发者和使用者仍旧贯彻 Operator 清晰自由的设计理念，继续维护推进着自己的应用项目；同时很多云服务提供商也没有放弃 Operator。Operator 简洁的部署方式以及易复制、自由开放的代码实现方式使其维护住了大量忠实粉丝。在用户的选择面前，强如谷歌、Red Hat 这样的巨头也不得不做出退让。最终，TPR 并没有被彻底废弃，而是由 Custom

Resource Definition（简称 CRD）这个如今广为人知的资源模型范式代替。CoreOS 官方博客也在第一时间发出了回应文章，指导用户尽快从 TPR 迁移到 CRD。

2018 年初，Red Hat 完成了对 CoreOS 的收购，并在几个月后发布了 Operator Framework，通过提供 SDK 等管理工具进一步降低了应用开发与 Kubernetes 底层 API 知识体系间的依赖。至此，Operator 进一步巩固了其在 Kubernetes 应用开发领域的重要地位。

13.1.3　Operator 的社区与生态

Operator 的开放式设计模式使开发者可以根据自身业务自由定义服务模型和相应的控制逻辑，可以说一经推出就在社区引起了巨大的反响。一时间，涌现了一大批基于不同种类业务应用的优秀开源 Operator 项目，例如对于运维要求较高的数据库集群，我们可以从中找到像 etcd、MySQL、PostgreSQL、Redis、Cassandra 等很多主流数据库应用对应的 Operator 项目，这些 Operator 的推出有效简化了数据库应用在 Kubernetes 集群上的部署和运维工作。

在监控方面，CoreOS 开发的 prometheus-operator 早已成为社区的明星项目，Jaeger、FluentD、Grafana 等主流监控应用也由官方或开发者迅速推出相应的 Operator 并持续演进；在安全领域，Aqua、Twistlock、Sysdig 等各大容器安全厂商也不甘落后，通过 Operator 的形式简化了相对门槛较高的容器安全应用配置。另外，社区中像 cert-manager、vault-operator 这些热门项目也在很多生产环境上得到了广泛应用。可以说 Operator 在很短的时间内就成为了分布式应用在 Kubernetes 集群中部署的事实标准。同时，Operator 应用如此广泛的覆盖面也使它超过了分布式应用这个原始的范畴，成为整个 Kubernetes 云原生应用下一个重要的存在。

随着 Operator 的持续发展，已有的社区共享模式渐渐不能满足广大开发者和 K8S 集群管理员的需求，如何快速寻找到业务需要的可用 Operator；如何给生态中大量的 Operator 定义一个统一的质量标准，这些都成了刚刚完成收购的 Red Hat 眼中亟待解决的问题。于是我们看到 Red Hat 在 2019 年初联合 AWS、谷歌、微软等大厂推出了 OperatorHub.io，希望其作为 Kubernetes 社区的延伸，向广大 Operator 用户提供一个集中式的公共仓库，用户可以在仓库网站上轻松搜索与自己业务应用对应的 Operator，并在向导页的指导下完成实例安装。同时，开发者还可以基于 Operator Framework 开发自己的 Operator 并上传分享至仓库中。图 13-1 为一个 Operator 项目从开发到开源再到被使用的全生命周期流程。

主要流程包括如下几项。

❑ 开发者首先使用 Operator SDK 创建一个 Operator 项目。

❑ 利用 SDK 生成 Operator 对应的脚手架代码，然后扩展相应业务模型和 API，最后实现业务逻辑，完成一个 Operator 的代码编写。

❑ 参考社区测试指南进行业务逻辑的本地测试以及打包和发布格式的本地校验。

❑ 在完成测试后根据规定格式向社区提交 PR，会有专人进行审阅。

❑ 待社区审核通过完成 merge 后，终端用户就可以在 OperatorHub.io 页面上找到业务对应的 Operator。

❑ 用户可以在 OperatorHub.io 上找到业务 Operator 对应的说明文档和安装指南，通过简单的命令行操作即可在目标集群上完成 Operator 实例的安装。

❑ Operator 实例会根据配置创建所需的业务应用，OLM 和 Operator Metering 等组件可以帮助用户完成业务应用对应的运维和监控采集等管理操作。

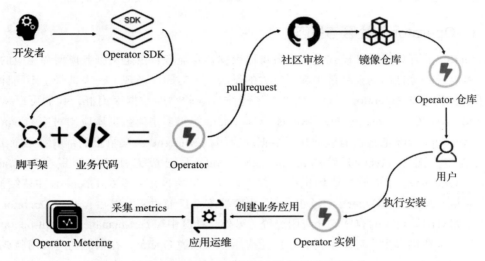

图 13-1　Operator 开源生命周期流程图

13.2　Operator Framework

Operator Framework 是 Red Hat 和 Kubernetes 社区共同推出的开源项目框架，旨在帮助开发者高效快速地开发自身业务对应的 Operator。本节我们来了解一下 Operator Framework 的组成和基本使用场景。

之前我们了解到，Operator 是 CoreOs 在 2016 年推出的 Kubernetes 应用开发范式，通过扩展 Kubernetes API 和基于 controller 的面向终态不断调谐演进过程，帮助业务应用实现一系列自动化部署和运维操作。Operator 在 Kubernetes 应用领域的迅速普及和发展需要一个统一标准的定义，帮助开发者屏蔽一些成熟 Operator 的复杂业务逻辑以及 Kubernetes 集群自身的一些复杂业务模型定义，降低学习成本。于是，Operator Framework 出现了，它可以帮助 Operator 用户迅速找到开发的切入点并按照标准实现符合自身需求的 Operator 原型。

在 Red Hat 的官方定义中，Operator Framework 是一组用于快速开发 Operator 的开源工具集，它主要包含了如下 3 个组件。

（1）Operator SDK

Operator SDK 提供了一组用于构建、测试和打包 Operator 的工具，一个 Operator 开发者可以利用 SDK 方便地生成一套具备基础框架的 Operator 脚手架代码，并不需要了解如何扩展复杂的 Kubernetes API 模型和具体的 controller 框架，开发者只需要按需完成如伸缩、升级或者灾备这样的业务强相关逻辑即可（见图 13-2）。SDK 中集成了很多 Operator 框架中可以共享的优秀实践和模式范本，也节省了重复造轮子的时间成本。

图 13-2　使用 Operator SDK 的构建和测试迭代过程

（2）Operator Lifecycle Manager

当开发者使用 SDK 构建好自己的 Operator 后，我们可以使用 Operator Lifecycle Manager（以下简称 OLM）将其部署到对应的 Kubernetes 集群中。通过 OLM，集群管理员可以控制 Operator 部署在哪些 namespaces 中，又有哪些合法用户或团队可以与已经运行的 Operator 实例进行交互。除此以外，OLM 还负责在 Operator 实例运行的生命周期中进行相应的管理工作，比如 Operator 和其依赖资源的自动化更新等运维操作。

简单来说，OLM 同样利用 Kubernetes CRD 扩展出了一套业务应用 Operator 的安装、管理和升级标准。这套标准约束开发者使用 Kubernetes 声明式的 API 来定义和控制 Operator 自身及其依赖资源的安装和运维升级，这样的约束也使得终端用户可以更友好地使用 kubectl 完成上述 Operator 的相关操作。

（3）Operator Metering

应用的监控计量一直是用户关心的问题，Operator Metering 用于监控 Operator 实例中的应用资源使用率，除了常用的 CPU 和内存使用率外，用户还可以自定义其他的 Metering 目标；同时 Operator Metering 还封装了相应的监控报告（Report）模型，方便用户定义报告的输出形式、存储目标和采集方案等具体信息。

在 Kubernetes 被广泛应用的自动扩缩容或是混合云部署等业务场景下，资源计量是应用消费者的重要需求。同时它也是业务应用计量计费的依据。另外，对于大规模分布式的 Operator 应用场景，metering 也是聚合统计资源和服务使用情况的有效手段之一。

图 13-3 是利用 Operator Framework 进行 Operator 开发、打包、部署以及基于 Operator 实例进行云原生应用创建、管理和运维的标准流程。首先 Operator 开发者利用 SDK 命令生成框架代码并填写业务逻辑，同时可以基于 SDK 完成本地和集群测试后进行 Operator

的打包发布。

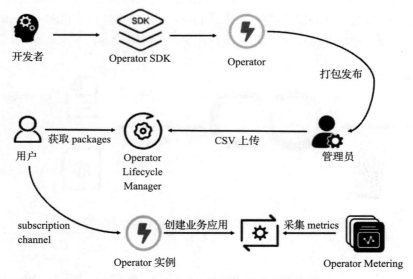

图 13-3　Operator Framework 的应用流程

应用集群管理员根据业务的需要选择 Operator 以 OLM 规定方式进行 Operator package 的上传。

此时具有权限的集群用户可以通过 OLM 指定接口获取可供部署使用的 Operator 列表，并基于 OLM 提供的标准接口进行 Operator 指定版本实例的部署，同时利用 OLM 标准接口和 Operator Metering 的计量能力进行业务应用实例的运维操作。

可以说 Operator Framework 为基于 Kubernetes 的云原生应用的构建和运维提供了一个更简便、有效的统一标准。原先一些企业 IT 运维部门在业务上云的过程中，很大的一个顾虑就是不希望自身不同业务部门的应用需要使用五花八门的工具进行如审计、监控计量、升级等操作，这对他们来说有很高的负担和风险，而 Operator Framework 使得不同部门的业务应用可以在一个统一的规范下进行构建和运维，从而很好地节约企业的运维人力成本。对于应用消费者来说，Operator Framework 能够从用户需求的角度出发，满足消费者对云原生应用自动更新、安全稳定等基本要求。

上面我们了解了 Operator Framework 的基本组件构成，在第 14 章我们会具体介绍每个组件的功能和使用方式。

13.3　Operator 工作原理

上文我们已经了解到 Custom Resource 和基于业务逻辑的自定义控制器（controller）是

Operator 的两个重要组成部分，而一个完整的 Operator 通常需要包含如下元素。

❑ 应用业务逻辑抽象出的扩展资源定义（CRD）、对应的扩展 Kubernetes API 及应用运
行期望终态的定义标准。

❑ 用于监控应用运行状态的自定义控制器（custom controller）。

❑ 控制器中的自定义业务运维逻辑，即面向 CR 期望终态不断进行调谐（reconcile）的
业务代码。

❑ Operator 中自定义控制器的管理逻辑。

❑ 封装 Operator 和 CR 的部署模型，比如 k8s deployment。

那么具备了上述的基本元素后，一个 Operator 具体是如何工作的呢？

图 13-4 展示了一个 Operator 在 Kubernetes 集群中工作的具体流程。

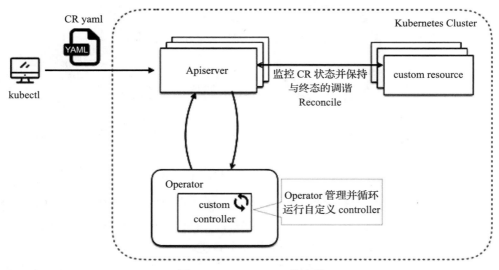

图 13-4 Operator 工作流程

首先我们需要根据业务逻辑抽象出什么是我们需要监听的应用模型，以此定制业务资
源模型定义 CRD 和相应的 Kubernetes API。这里我们可以通过之前介绍的 Operator SDK
辅助完成，通过简单的 CLI 操作即可为开发者生成符合规范的扩展接口定义和相应的
controller 框架。

在完成了上面的 CRD 和扩展 API 的定义后，我们就可以使用 kubectl 中熟悉的 K8S
原生 API 操作命令完成相应业务模型 CR 的部署和查看了，同时我们需要把一个封装了
Operator 对象的 deployment 部署运行起来，这里可以利用 OLM 来完成 Operator 的安装部
署和运维，下文将详细介绍 Operator SDK 和 OLM 的使用。

在完成了上述 CR 模型和 Operator 的部署后，Operator 框架会启动自定义 controller
并循环运行其中的业务运维逻辑，而这里就不得不提所有自定义 controller 的基础——k8s

client-go 的 informer 机制，可以说这里所有循环运行的业务逻辑都是围绕着 informer 的 ListWatch 机制展开的。

如图 13-5 所示，Operator 中的自定义控制器通过 informer 不断监听扩展 API 对象的变化。

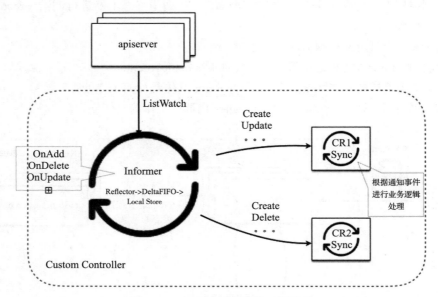

图 13-5　Operator 控制器工作原理

通常来说，Controller 中会配置一个 FIFO 的工作队列来缓存捕获的事件，同时根据事件类型进行并发处理，当 Controller 接收到扩展资源（CR）的创建和更新等事件时，会根据目标业务对象定义的期望终态进行相应业务逻辑的调整。

这里我们以 etcd operator 为例进行说明，假如我们有一个使用 etcd operator 创建和维护的业务集群，有一天某运维人员因为操作失误删除了集群中的一个 pod，此时 operator 会通过 informer 的机制实时捕捉到该删除事件，并通过与 EtcdCluster 中定义的集群期望状态进行分析比较，快速触发集群恢复的业务逻辑，进行期望版本集群 pod 的重新创建，保证业务的稳定性。当某一天运维管理员需要对 etcd 集群升级时，只需要修改该 etcd 集群对应的扩展模型 spec 中的期望版本，Operator 会同时收到业务更新的事件请求，并自动安排运行对应的业务升级逻辑。

概括一下 Operator 的整个工作流程，就是一个从观察到分析再到处理的简单流程，而每个 Operator 会在自己的生命周期中不断循环往复这个基本的工作流程，好像一个从不停歇的运维专家，时刻守护着目标业务。

在进行上面的分析之前，也许你有这个疑问，同样是对状态应用进行管理，Operator 和 Kubernetes 原生的 StatefulSet 有什么区别呢？

首先，StatefulSet 通过为节点分配有序的 DNS 名称来保持集群的拓扑结构，同时通过 Pod 和 PV 绑定的方式提供业务数据的持久化方案。通过上文的原理介绍，可以看到 Operator 在对业务逻辑的运维管理能力上更加灵活，且编程友好度高。比如当一个集群扩容时，我们希望的往往不只是单纯的增加集群容量，也希望将已有的业务数据及时同步到新增节点上，这时我们可以通过在 Operator 控制器中定义相应的数据迁移逻辑，进而方便地实现这样的需求。

另外，Operator 和 StatefulSet 本身是并不冲突的，在 Operator 自定义的 Controller 中，我们可以根据业务逻辑需求指定其管理的模型，不仅是示例中的 pod，创建和管理 StatefulSet 也同样可行。

13.4　本章小结

本章首先回顾了 Operator 的基本概念和发展历史，对 Operator 社区生态的现状和开源一个 Operator 项目的基本流程进行了简单地介绍。然后了解了 Red Hat 官方推出的 Operator Framework 的基本构成和组件定义。最后学习了 Operator 工作的基本原理。

通过阅读本章，读者应该对 Operator 框架有了一个基本的理解，在下面的章节中，我们将深入了解 Operator Framework 的使用方法，同时实战开发、管理一个自己的 Operator 实例。

Operator Framework 功能详解

第 13 章已经介绍了 Operator Framework 的组成和基本的使用场景，本章我们来了解一下 Operator Framework 中主要项目的基本架构和功能介绍。

14.1 Operator SDK

14.1.1 安装 Operator SDK CLI

要想使用 Operator SDK，首先需要安装其 CLI 工具，安装方式有如下 3 种。

1. Homebrew 一键安装

如果我们使用的是 MacOS 系统的主机，可以通过 Homebrew 使用如下命令完成一键式安装。

```
$ brew install operator-sdk
```

2. 安装 GitHub 上的官方 release 版本

我们也可以根据所需版本使用如下命令进行下载。

```
# Set the release version variable
$ RELEASE_VERSION=v0.12.0
# Linux
$ curl -OJL https://github.com/operator-framework/operator-sdk/releases/
download/${RELEASE_VERSION}/operator-sdk-${RELEASE_VERSION}-x86_64-linux-gnu
# macOS
$ curl -OJL https://github.com/operator-framework/operator-sdk/releases/
download/${RELEASE_VERSION}/operator-sdk-${RELEASE_VERSION}-x86_64-apple-darwin
```

如需校验已下载发布包的可靠性和完整性，首先需要下载发布包对应的签名文件。

```
# Linux
$ curl -OJL https://github.com/operator-framework/operator-sdk/releases/
download/${RELEASE_VERSION}/operator-sdk-${RELEASE_VERSION}-x86_64-linux-gnu.asc
# macOS
$ curl -OJL https://github.com/operator-framework/operator-sdk/releases/
download/${RELEASE_VERSION}/operator-sdk-${RELEASE_VERSION}-x86_64-apple-darwin.
asc
```

然后将已下载的发布包和相应的 asc 文件放置在同一目录下，使用如下 gpg verify 命令进行签名的验证。

```
# Linux
$ gpg --verify operator-sdk-${RELEASE_VERSION}-x86_64-linux-gnu.asc
# macOS
$ gpg --verify operator-sdk-${RELEASE_VERSION}-x86_64-apple-darwin.asc
```

此时如果本地还未保存验证所需公钥，则会有如下报错。

```
$ gpg --verify operator-sdk-${RELEASE_VERSION}-x86_64-apple-darwin.asc
$ gpg: assuming signed data in 'operator-sdk-${RELEASE_VERSION}-x86_64-apple-darwin'
$ gpg: Signature made Fri Apr  5 20:03:22 2019 CEST
$ gpg:                    using RSA key <KEY_ID>
$ gpg: Can't check signature: No public key
```

这时需要根据报错中的秘钥 ID 到相应的服务端获取公钥，使用上述报错信息中的秘钥 ID 替换下列命令中的 $KEY_ID。

```
$ gpg --keyserver keyserver.ubuntu.com --recv-key "$KEY_ID"
```

这样就可以完成发布包文件的可靠性和完整性校验了。

3. 本地编译并安装

除了上述两种安装方式外，我们还可以通过本地编译源代码的形式完成 CLI 的安装，安装前请先确认本地环境已安装了如下版本的指定软件。

❑ git

❑ mercurial version 3.9+

❑ bazaar version 2.7.0+

❑ go version v1.12+.

```
$ go get -d github.com/operator-framework/operator-sdk # This will download
the git repository and not install it
$ cd $GOPATH/src/github.com/operator-framework/operator-sdk
$ git checkout master
$ make tidy
$ make install
```

14.1.2 使用 Operator SDK CLI

在完成了 CLI 的安装后，我们就可以利用它来生成一个 Operator 项目的基础脚手架代码了。本节让我们来了解一下 Operator SDK CLI 的常用操作。

1. new

首先我们来看 new 命令，它是用于新建 Operator 项目的框架代码，通过第一个参数指定项目名称，其他支持的配置如下所示。

❑ --type：初始化 Operator 的类型，支持 ansible、helm、go 类型的 Operator 创建（默认类型是 "go"），当创建 ansible 或 helm 类型的 Operator 时需要显示指定 --type 配置。

❑ --api-version：对应业务 CRD 模型中的 APIVersion 参数，格式为 $GROUP_NAME/ $VERSION（例如 app.example.com/v1alpha1）。

❑ --kind：对应业务 CRD 模型中的 Kind 字段（比如 AppService）。

❑ --generate-playbook：生成 playbook 架构（仅当 --type ansible 时生效）。

❑ --helm-Chart：通过该参数指定的 Helm Chart 初始化 Operator，格式为 <URL>, <repo>/ <name>，或一个指定的本地路径。

❑ --helm-Chart-repo：指定 Helm Chart 的仓库地址。

❑ --helm-Chart-version：指定 Helm Chart 的版本（默认为 latest）。

❑ --header-file：自动生成 Go 文件头部信息的模板文件路径，文件会复制到项目中的 hack/boilerplate.go.txt 路径下。

❑ --repo：当 operator 为 go 且 dep-manager 为 modules 时，使用该参数指定 go 项目的 import 仓库路径，当引用路径不在 $GOPATH/src 范围内时需要指定该参数。

❑ --git-init：初始化新项目为 git repository（默认为 false）。

❑ --vendor：使用 vendor 目录为依赖路径，该参数仅当 --dep-manager=modules 时生效。

❑ --skip-validation：不校验生成项目的结构和依赖库（仅当 --type go 时生效）。

❑ -h,--help：获取帮助信息。

示例：

go 类型

```
$ mkdir $HOME/projects/test/
$ cd $HOME/projects/test/
$ operator-sdk new test-operator
```

helm 类型

```
$ operator-sdk new app-operator --type=helm \
  --api-version=app.example.com/v1alpha1 \
  --kind=AppService \
  --helm-Chart=myrepo/app
```

```
$ operator-sdk new app-operator --type=helm \
  --helm-Chart=app \
  --helm-Chart-repo=https://Charts.cloud.com/ \
  --helm-Chart-version=1.2.3

$ operator-sdk new app-operator --type=helm \
  --helm-Chart=/path/to/local/Chart/app-1.2.3.tgz
```

2. add api

使用 add api 命令可以在 pkg/apis 目录下帮助用户生成自定义业务模型的相关定义文件，同时在 depoy/crds/... 目录下生成 CRD 和 CR 相关模板文件。自动生成 Kubernetes deecopy 和新接口在 OpenAPIv3 校验规范下的相关模板定义，add 命令支持的参数配置如下所示。

❑ --api-version：CRD 的 APIVersion，格式为 $GROUP_NAME/$VERSION（比如 app.example.com/v1alpha1）。

❑ `--kind：CRD 类型（比如 AppService）。

示例：

```
$ operator-sdk add api --api-version app.example.com/v1alpha1 --kind AppService
INFO[0000] Generating api version app.example.com/v1alpha1 for kind AppService.
INFO[0000] Created pkg/apis/app/v1alpha1/appservice_types.go
INFO[0000] Created pkg/apis/addtoscheme_app_v1alpha1.go
INFO[0000] Created pkg/apis/app/v1alpha1/register.go
INFO[0000] Created pkg/apis/app/v1alpha1/doc.go
INFO[0000] Created deploy/crds/app_v1alpha1_appservice_cr.yaml
INFO[0000] Created deploy/crds/app_v1alpha1_appservice_crd.yaml
INFO[0001] Running deepcopy code-generation for Custom Resource group versions:
[app:[v1alpha1], ]
INFO[0002] Code-generation complete.
INFO[0002] Running OpenAPI code-generation for Custom Resource group versions:
[app:[v1alpha1], ]
INFO[0004] Created deploy/crds/app_v1alpha1_appservice_crd.yaml
INFO[0004] Code-generation complete.
INFO[0004] API generation complete.
```

3. controller

在 pkg/controller/<kind>/... 目录下生成新的 controller，该控制器默认调谐通过 apiversion 和 kind 参数指定的自定义扩展资源，controller 命令支持的参数配置如下所示。

❑ --api-version：CRD APIVersion，格式为 $GROUP_NAME/$VERSION（如 app.example.com/v1alpha1）。

❑ --kind：CRD Kind.（如 AppService）。

❑ --custom-api-import：外部 Kubernetes 资源 import 路径，格式 "host.com/repo/path[=import*identifier]". import*identifier 为可选参数。

示例：

```
$ operator-sdk add controller --api-version app.example.com/v1alpha1 --kind
```

```
AppService
    Created pkg/controller/appservice/appservice_controller.go
    Created pkg/controller/add_appservice.go
```

4. crd

生成指定 api-version 和 kind 的 CRD 和 CR 文件，crd 命令支持的参数配置如下所示。

❑ --api-version：指定 CRD APIVersion，格式为 $GROUP_NAME/$VERSION（如 app.example.com/v1alpha1）。

❑ --kind：指定 CRD Kind（如 AppService）。

示例：

```
$ operator-sdk add crd --api-version app.example.com/v1alpha1 --kind AppService
Generating custom resource definition (CRD) files
Created deploy/crds/app_v1alpha1_appservice_crd.yaml
Created deploy/crds/app_v1alpha1_appservice_cr.yaml
```

5. up

使用 operator-sdk up local 命令会在本地主机上启动 Operator 并支持通过 kubeconfig 访问目标集群，同时会为开发者设置好 operator 在集群中运行所需的环境变量。对于 go 类型的 operator，up local 命令会在本地编译并运行编译成功的二进制文件。对于非 go 类型的 operator，命令会将 operator-sdk 的二进制文件作为目标 operator 启动运行，up 命令支持的参数配置如下所示。

❑ --enable-delve：布尔型参数，表示是否在本地开启 delve 调试器并监听 2345 端口。

❑ --go-ldflags：设置 Go linker 参数选项。

❑ --kubeconfig：连接 Kubernetes 集群的 kubeconfig 文件路径，默认为 $HOME/.kube/config。

❑ --namespace：operator 监听运行的指定命名空间，默认为 "default"。

❑ --operator-flags：本地运行 operator 所需的配置参数。

❑ -h,--help：获取帮助信息。

示例：

```
$ operator-sdk up local --kubeconfig "mycluster.kubecfg" --namespace "default"
--operator-flags "--flag1 value1 --flag2=value2"
```

当我们需要改变 operator 监听 CR 模型的默认 default 命名空间时，需要将 --namespace 参数设置为指定的目标命名空间。同时在我们的 operator 中必须通过获取 WATCH_NAMESPACE 环境变量并在启动时进行配置指定，这里可以使用 sdk k8sutil 包中的 k8sutil.GetWatchNamespace 方法获取。

通过 up local 进行 operator 开发的本地调试，可以有效减少重新编译过程中制作 Docker 镜像的时间。同时会通过 {home}/.kube/config 路径下或是 KUBECONFIG 环境变量中指定的 kubeconfig 连接指定集群，实现了 operator 在集群外的调试运行和日志查看。

这里我们只列举几个常用的 CLI 命令，详细的 CLI 使用说明请参见官方文档[⊖]。

14.1.3　Operator 的作用域

SDK 生成的 operator 既可以监听和管理单个命名空间内的资源，也可以监听全集群所有命名空间的资源。这里我们优先选择命名空间维度的 operator，因为相较于全集群范围的 operator，基于 namespace 的监控和管理显然具有更好的灵活性。我们可以为不同命名空间的 operator 制定解耦的升级、容灾和监控方案，同时也可以在不同命名空间下扩展相应的 API 定义。

当然，同样也存在适合集群维度 operator 的应用场景，比如我们后续将要介绍的 cert-manager 就是一个典型的全集群作用域 operator，因为需要签发和管理全集群的证书凭证，通常它的部署都会配置集群维度的访问权限。

SDK 默认生成的 operator 代码框架是以命名空间为作用域的，这里需要进行如下修改以适配整个集群范围的工作域。

❑ deploy/operator.yaml：
  - 设置 WATCH_NAMESPACE="" 为空以监听所有 namespaces。
❑ deploy/role.yaml：
  - 使用 ClusterRole 替代命名空间资源 Role。
❑ deploy/role_binding.yaml：
  - 使用 ClusterRoleBinding 替换 RoleBinding。
  - 在集群绑定的 roleRef 字段中使用 ClusterRole 替换 Role。
  - 如果 subject 中的 namespace 字段不为空，需要将其值设定为 operator 被部署的指定命名空间。

业务扩展出的 CRD 也可以被指定为全集群作用域，此时 CRD 在集群中只会有一个指定名称的运行实例存在。

🔍注意　Helm 类型的 operator 并不支持整个集群维度的 CRD 定义，虽然我们可以使用 Helm 部署集群维度的资源，但是 Helm 在设计上要求我们的部署必须有指定的 namespace。同样因为 Helm 类型的 operator 需要在 Helm 部署和 CR 实例之间执行维护一对一的映射关系，我们需要保证 Helm 类型的 operator 在 namespace 维度上的 CR 定义。

如果需要将 Operator CRD 定义为集群维度，则可以对如下指定 manifest 文件进行修改。
❑ deploy/crds/<group>_<version>_<kind>_crd.yaml
  - 设置 spec.scope: Cluster。

如果需要生成的 CRD 一直具有集群维度定义 scope: Cluster，可以通过在 CRD 的类型定义文件 pkg/apis/<group>/<version>/<kind>_types.go 上添加标签 //+genclient:nonNamespaced 来实现。

下面来看看集群维度的 operator 模板定义示例。

❑ deploy/operator.yaml：

```
apiVersion: apps/v1
kind: Deployment
...
spec:
  ...
  template:
    ...
    spec:
      ...
      serviceAccountName: memcached-operator
      containers:
      - name: memcached-operator
        ...
        env:
        - name: WATCH_NAMESPACE
          value: ""
```

❑ deploy/role.yaml：

```
apiVersion: rbac.authorization.k8s.io/v1
kind: ClusterRole
metadata:
  name: memcached-operator
...
```

❑ deploy/role_binding.yaml：

```
kind: ClusterRoleBinding
apiVersion: rbac.authorization.k8s.io/v1
metadata:
  name: memcached-operator
subjects:
- kind: ServiceAccount
  name: memcached-operator
  namespace: <operator-namespace>
roleRef:
  kind: ClusterRole
  name: memcached-operator
  apiGroup: rbac.authorization.k8s.io
```

❑ deploy/crds/cache_v1alpha1_memcached_crd.yaml

```
apiVersion: apiextensions.k8s.io/v1beta1
kind: CustomResourceDefinition
```

```
metadata:
  name: memcacheds.cache.example.com
spec:
  group: cache.example.com
  ...
  scope: Cluster
```

❑ pkg/apis/cache/v1alpha1/memcached_types.go

```
// +k8s:deepcopy-gen:interfaces=k8s.io/apimachinery/pkg/runtime.Object

// Memcached is the Schema for the memcacheds API
// +k8s:openapi-gen=true
// +genclient:nonNamespaced
type Memcached struct {
    metav1.TypeMeta   `json:",inline"`
    metav1.ObjectMeta `json:"metadata,omitempty"`

    Spec   MemcachedSpec   `json:"spec,omitempty"`
    Status MemcachedStatus `json:"status,omitempty"`
}
```

14.1.4　Operator SDK 生成的代码框架

在上述内容中，我们已经了解了基本的 SDK CLI 使用方法，而 Operator SDK 存在的目的就是减少 Operator 开发者的工作量，为用户自动化生成 Operator 编写中一些共性且重复的代码。因此这里我们并不打算去剖析 Operator SDK 本身的代码逻辑，Operator SDK 的最终用户应该关注的是如何基于 SDK 生成的代码框架完成业务模型 CRD 的定义和 Operator 中应用逻辑的编写。在本节中，我们先介绍 Operator SDK 能生成哪些代码框架以及各部分代码的基本功能，我们使用 SDK CLI 在本地新建的 Operator 项目纲要目录如下所示。

```
▶ operator-sdk new myapp-operator
▶ cd myapp-operator
▶ operator-sdk add api --api-version=myapp.test.com/v1alpha1 --kind=MyApp
▶ operator-sdk add controller  --api-version=myapp.test.com/v1alpha1
--kind=MyApp
▶ tree -L 3
myapp-operator
├── build
│   ├── Dockerfile
│   └── bin
│       ├── entrypoint
│       └── user_setup
├── cmd
│   └── manager
│       └── main.go
├── deploy
│   ├── operator.yaml
│   ├── role.yaml
```

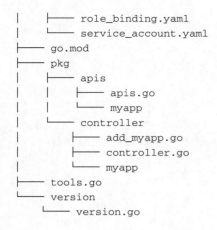

```
|       ├──── role_binding.yaml
|       └──── service_account.yaml
├──── go.mod
├──── pkg
|     ├──── apis
|     |     ├──── apis.go
|     |     └──── myapp
|     └──── controller
|           ├──── add_myapp.go
|           ├──── controller.go
|           └──── myapp
├──── tools.go
└──── version
      └──── version.go
```

```
11 directories, 14 files
```

当使用 SDK 的 new 命令完成一个 Operator 项目的创建后，项目中会包含上文所示的若干目录和文件，下面让我们来了解一下使用 SDK 新建 Operator 的纲要内容。

❏ cmd：目录包含了 Operator 的入口 manager/main.go，其中通过初始化 manager 结构体来注册所有 pkg/apis/... 中的 custom resource，同时启动所有 pkg/controllers/... 中的控制器。

❏ deploy：目录包含了 Operator 在 Kubernetes 集群中部署相关的对应模板，包括 CRD 注册模板，建立 RBAC 角色和绑定的模板，以及 Operator 部署模板。

❏ Gopkg.toml Gopkg.lock 或 go.mod go.sum：根据前文提到的 new 命令中所指定的依赖管理类型，用来描述 Operator 外部依赖库的 Go mod 或 Go Dep 对应的 manifest 文件。

❏ pkg/apis：目录包含了 CRD 对应的 API 接口定义，用户需要在指定的 pkg/apis/<group>/<version>/<kind>_types.go 文件中为每个应用资源类型进行相应的 API 定义，同时需要通过在控制器中引用这些目录来完成对指定应用资源的监听。

❏ pkg/controller：目录包含了 controller 的对应实现，用户需要通过编辑 pkg/controller/<kind>/<kind>_controller.go 中控制器的调谐逻辑来实现对指定应用资源类型的业务逻辑处理。

❏ build：包含了构建 Operator 所需的 Dockerfile 和构建脚本。

❏ vendor：Golang 的 vendor 目录，包含了 Operator 项目所有外部依赖包的本地复制，如果使用的是 Go modules 类型的依赖管理，只有在初始化项目时使用了 --vendor 参数或是在项目根目录下执行了 go mod vendor 切回了 godep 模式时，vendor 目录才会存在。

以上是对 SDK 新建 Operator 框架的纲要性介绍，在下文中我们会具体介绍如何将这些已有代码构建和扩展为满足业务需求的 Operator 项目。

14.1.5　controller-runtime

controller-runtime 是 operator-sdk 依赖的基础包，同时也是 Kubernetes 官方 sig apimachinery 下 kube-builder 的一个子项目，kube-builder 和 operator-sdk 的作用很相似，它们都可以通过命令行的方式帮助开发者快速构建和发布自己的业务 Operator。在 Operator 的实现过程中，开发者需要使用至少一个 controller 去实现集群内的运维操作，通过一定的机制去监听集群内资源的增、删、改、查，依据业务需求完成资源的调谐逻辑，同时维护线程安全的工作队列，kube-builder 抽象了这其中的共性部分构成 controller-runtime 库，主要包括如下几个与集群交互的接口框架。

- ❑ client.Client：封装了与 Kubernetes 集群交互的 CRUD 接口操作。
- ❑ manager.Manager：管理 Caches、Clients 等依赖组件。
- ❑ reconcile.Reconciler：调谐逻辑接口，通过比较当前集群资源状态与期望状态，基于 Client 接口完成集群业务状态的更新。

下面我们来看下各个部分的使用方式。

1. 客户端

SDK 通过 manager.Manager 创建的 client.Client，client 的接口中定义了在 reconcile. Reconciler 调谐函数中使用的 Create、Update、Delete、Get 和 List 等方法。当我们使用 SDK 创建一个新 Operator 项目时，会自动生成对应的 Manager 对象，其中包含了 Cache 和 Client 用于封装 CRUD 操作与集群 API server 的交互。默认情况下，当我们生成 controller 时，其中的 reconciler 会在 pkg/controller/<kind>/<kind>_controller.go 中使用 Manager 默认的客户端，它的结构定义可以参见 split-client，reconciler 中的 client 封装定义如下。

```
func newReconciler(mgr manager.Manager) reconcile.Reconciler {
  return &ReconcileKind{client: mgr.GetClient(), scheme: mgr.GetScheme()}
}

type ReconcileKind struct {
  client client.Client
  scheme *runtime.Scheme
}
```

split client 会从 Cache 中进行 Get 和 List 的读操作，同时负责 Create、Update、Delete 等向 API Server 的写操作。Cache 的读取方式可以显著降低 API Server 的压力，同时有效保证数据一致性。

除了默认的客户端外，用户也可以创建自定义的 Client 从 API Server 读取数据，controller-runtime 为开发者提供了相应的构建函数。

```
func New(config *rest.Config, options client.Options) (client.Client, error)
```

其中参数 client.Options 定义了 Client 与 API server 的交互方式，Options 的结构定义

如下。

```
type Options struct {
  Scheme *runtime.Scheme

  Mapper meta.RESTMapper
}
```

下面是一个自定义 Client 的构建示例。

```
import (
  "sigs.k8s.io/controller-runtime/pkg/client/config"
  "sigs.k8s.io/controller-runtime/pkg/client"
)

cfg, err := config.GetConfig()
...
c, err := client.New(cfg, client.Options{})
...
```

注意，如果在 client.New 中传入的 Options 为空，controller-runtime 会使用默认的 scheme 注册，其中只包含了 core 下的 API 资源，调用者必须向 Client 设定一个包含了其 Operator 中的自定义资源类型的 schme 进行注册。通常情况下，我们不推荐开发者创建自定义的 Client，SDK 默认使用的 Client 已经能满足大多数场景的使用。

2. Reconcile 和 Client API

开发者需要在 Reconciler 中实现 Reconcile 方法，该方法也包含了真正的业务运维逻辑。一个 Kind 资源对应的 controller 可以加入多个 reconciler，而 reconciler 用于集群内外部指定事件 reconcile.Request 的响应，完成对集群状态的读写操作，并返回操作结果 reconcile.Result。开发者可以在 reconciler 中直接使用 Clinet 中的接口方法，从而完成对 Kubernetes API 的调用。需要注意的是，老版本 SDK 生成的 Operator 架构使用的是 Handle 方法接收资源事件并进行调谐处理，支持多种资源类型的处理。而在 SDK 迁移并使用如今的 controller-runtime 框架后，我们在一个 Reconcile 处只能接收并处理一种资源类型的事件请求。

SDK 自动生成的 reconcile 方法定义示例如下所示，其中 Reconcile 的资源类型结构体中包含了请求 API server 接口的 Client 和自定义 API 模型对应的 Scheme。

```
type ReconcileKind struct {
  client client.Client

  scheme *runtime.Scheme
}

func (r *ReconcileKind) Reconcile(request reconcile.Request) (reconcile.Result, error)
```

下面来看看在 Reconcile 函数里进行的具体业务逻辑。首先是 Get 方法，我们可以通过如下示例代码从 API server 获取目标资源（以 namespace 和资源名称为索引）的资源模型元数据。

```go
import (
  "context"
  "github.com/example-org/app-operator/pkg/apis/cache/v1alpha1"
  "sigs.k8s.io/controller-runtime/pkg/reconcile"
)

func (r *ReconcileApp) Reconcile(request reconcile.Request) (reconcile.Result, error) {
  ...

  app := &v1alpha1.App{}
  ctx := context.TODO()
  err := r.client.Get(ctx, request.NamespacedName, app)

  ...
}
```

List 接口定义如下所示，其中，ListOption 中的用户可以选择使用 MatchingLabels、MatchingFields、InNamespace 等 controller-runtime 提供的策略选项。

```go
func (c Client) List(ctx context.Context, list runtime.Object, opts ...client.ListOption) error
```

示例代码如下。

```go
import (
  "context"
  "fmt"
  "k8s.io/api/core/v1"
  "sigs.k8s.io/controller-runtime/pkg/client"
  "sigs.k8s.io/controller-runtime/pkg/reconcile"
)

func (r *ReconcileApp) Reconcile(request reconcile.Request) (reconcile.Result, error) {
  ...

  podList := &v1.PodList{}
  opts := []client.ListOption{
    client.InNamespace(request.NamespacedName.Namespace),
    client.MatchingLabels{"app", request.NamespacedName.Name},
    client.MatchingFields{"status.phase": "Running"},
  }
  ctx := context.TODO()
  err := r.client.List(ctx, podList, opts...)

  ...
}
```

Create 接口定义如下所示，在 CreateOption 中可以指定如 DryRunAll（在模型变更持久化前执行所有校验）、ForceOwnership（当变更和服务端请求冲突时，保证本客户端请求获取冲突的变更权限）等策略选项，通常用户可以不指定 options。

```
func (c Client) Create(ctx context.Context, obj runtime.Object, opts ...client.
CreateOption) error
```

示例代码如下。

```
import (
  "context"
  "k8s.io/api/apps/v1"
  "sigs.k8s.io/controller-runtime/pkg/reconcile"
)

func (r *ReconcileApp) Reconcile(request reconcile.Request) (reconcile.Result, error) {
  ...

  app := &v1.Deployment{    ...
  }
  ctx := context.TODO()
  err := r.client.Create(ctx, app)

  ...
}
```

Update 接口定义如下，和 Create 接口相似，用户可以在 UpdateOption 中选择指定的更新策略选项。

```
func (c Client) Update(ctx context.Context, obj runtime.Object, opts ...client.
UpdateOption) error
```

示例代码如下。

```
import (
  "context"
  "k8s.io/api/apps/v1"
  "sigs.k8s.io/controller-runtime/pkg/reconcile"
)

func (r *ReconcileApp) Reconcile(request reconcile.Request) (reconcile.Result, error) {
  ...

  dep := &v1.Deployment{}
  err := r.client.Get(context.TODO(), request.NamespacedName, dep)

  ...

  ctx := context.TODO()
  dep.Spec.Selector.MatchLabels["is_running"] = "true"
  err := r.client.Update(ctx, dep)
```

```
    ...
}
```

Patch 接口定义如下，同样，用户可以指定 PatchOptions 作为策略参数。

```
func (c Client) Patch(ctx context.Context, obj runtime.Object, patch client.
Patch, opts ...client.UpdateOption) error
```

示例代码如下。

```
import (
  "context"
  "k8s.io/api/apps/v1"
  "sigs.k8s.io/controller-runtime/pkg/client"
  "sigs.k8s.io/controller-runtime/pkg/reconcile"
)

func (r *ReconcileApp) Reconcile(request reconcile.Request) (reconcile.Result, error) {
  ...

  dep := &v1.Deployment{}
  err := r.client.Get(context.TODO(), request.NamespacedName, dep)

  ...

  ctx := context.TODO()
  dep.Spec.Selector.MatchLabels["is_running"] = "true"
  patch := client.MergeFrom(dep)
  err := r.client.Patch(ctx, dep, patch)

  ...
}
```

当用户需要通过 Client 更新 status subresource 时，可以通过 runtime 库中的 StatusWriter 实现。status subresources 可以通过 Status() 方法获取并通过 StatusWriter 中的 Update() 或 Patch() 方法进行更新。Status 的接口和示例方法如下所示。

```
func (c Client) Status() (client.StatusWriter, error)
import (
  "context"
  cachev1alpha1 "github.com/example-inc/memcached-operator/pkg/apis/cache/
v1alpha1"
  "sigs.k8s.io/controller-runtime/pkg/reconcile"
)

func (r *ReconcileApp) Reconcile(request reconcile.Request) (reconcile.Result, error) {
  ...

  ctx := context.TODO()
  mem := &cachev1alpha1.Memcached{}
```

```
   err := r.client.Get(ctx, request.NamespacedName, mem)

   ...

   // Update
   mem.Status.Nodes = []string{"pod1", "pod2"}
   err := r.client.Status().Update(ctx, mem)

   ...

   // Patch
   patch := client.MergeFrom(mem)
   err := r.client.Status().Patch(ctx, mem, patch)

   ...
}
```

Delete 方法接口定义如下所示，同样在 DeleteOptions 中用户可以通过 runtime 库封装的一些策略选项指定删除策略，比如 GracePeriodSeconds（优雅删除的时延）、Preconditions（删除前置条件）或 PropagationPolicy（对应的垃圾回收策略）。

```
func (c Client) Delete(ctx context.Context, obj runtime.Object, opts ...
client.DeleteOption) error
```

删除方法的示例代码如下所示。

```
import (
  "context"
  "k8s.io/api/core/v1"
  "sigs.k8s.io/controller-runtime/pkg/client"
  "sigs.k8s.io/controller-runtime/pkg/reconcile"
)

func (r *ReconcileApp) Reconcile(request reconcile.Request) (reconcile.Result, error) {
  ...

  pod := &v1.Pod{}
  err := r.client.Get(context.TODO(), request.NamespacedName, pod)

  ...

  ctx := context.TODO()
  if pod.Status.Phase == v1.PodUnknown {
      err := r.client.Delete(ctx, pod, client.GracePeriodSeconds(5))
    ...
  }

  ...
}
```

DeleteAllOf 接口定义如下，其中 DeleteAllOfOption 选项中封装了 ListOption 和 DeleteOption 供开发者组合使用。

```
func (c Client) DeleteAllOf(ctx context.Context, obj runtime.Object, opts ...
client.DeleteAllOfOption) error
```

示例代码如下。

```
import (
  "context"
  "fmt"
  "k8s.io/api/core/v1"
  "sigs.k8s.io/controller-runtime/pkg/client"
  "sigs.k8s.io/controller-runtime/pkg/reconcile"
)

func (r *ReconcileApp) Reconcile(request reconcile.Request) (reconcile.Result, error) {
  ...

  pod := &v1.Pod{}
  opts := []client.DeleteAllOfOption{
    client.InNamespace(request.NamespacedName.Namespace),
    client.MatchingLabels{"app", request.NamespacedName.Name},
    client.MatchingFields{"status.phase": "Failed"},
    client.GracePeriodSeconds(5),
  }
  ctx := context.TODO()
  err := r.client.DeleteAllOf(ctx, pod, opts...)

  ...
}
```

至此，我们大概了解了 Reconcile 函数几种常见的 Client 接口方法，在实际的 Operator 业务代码编写中，开发者可以利用如上接口函数组合实现不同的业务运维逻辑。下面是 Reconcile 函数的一段官方示例，其中包含了应用实例状态获取、状态检查失败后的应用重建恢复、应用状态（包括实例个数、元数据信息等）的调谐更新等常见的运维操作，是一段不错的开发者入门示例代码。

```
import (
  "context"
  "reflect"

  appv1alpha1 "github.com/example-org/app-operator/pkg/apis/app/v1alpha1"

  appsv1 "k8s.io/api/apps/v1"
  corev1 "k8s.io/api/core/v1"
  "k8s.io/apimachinery/pkg/api/errors"
  metav1 "k8s.io/apimachinery/pkg/apis/meta/v1"
  "k8s.io/apimachinery/pkg/labels"
```

```
    "k8s.io/apimachinery/pkg/runtime"
    "k8s.io/apimachinery/pkg/types"
    "sigs.k8s.io/controller-runtime/pkg/client"
    "sigs.k8s.io/controller-runtime/pkg/controller/controllerutil"
    "sigs.k8s.io/controller-runtime/pkg/reconcile"
)

type ReconcileApp struct {
  client client.Client
  scheme *runtime.Scheme
}

func (r *ReconcileApp) Reconcile(request reconcile.Request) (reconcile.Result, error) {

  app := &appv1alpha1.App{}
  err := r.client.Get(context.TODO(), request.NamespacedName, app)
  if err != nil {
    if errors.IsNotFound(err) {
      return reconcile.Result{}, nil
    }
    return reconcile.Result{}, err
  }

  found := &appsv1.Deployment{}
  err = r.client.Get(context.TODO(), types.NamespacedName{Name: app.Name, Namespace:
app.Namespace}, found)
  if err != nil {
      if errors.IsNotFound(err) {
        dep := r.deploymentForApp(app)
        if err = r.client.Create(context.TODO(), dep); err != nil {
          return reconcile.Result{}, err
        }
        return reconcile.Result{Requeue: true}, nil
      } else {
        return reconcile.Result{}, err
      }
  }

  size := app.Spec.Size
  if *found.Spec.Replicas != size {
    found.Spec.Replicas = &size
    if err = r.client.Update(context.TODO(), found); err != nil {
      return reconcile.Result{}, err
    }
    return reconcile.Result{Requeue: true}, nil
  }

  podList := &corev1.PodList{}
  listOpts := []client.ListOption{
    client.InNamespace(app.Namespace),
```

```go
      client.MatchingLabels(labelsForApp(app.Name)),
  }
  if err = r.client.List(context.TODO(), podList, listOpts...); err != nil {
    return reconcile.Result{}, err
  }

  podNames := getPodNames(podList.Items)
  if !reflect.DeepEqual(podNames, app.Status.Nodes) {
    app.Status.Nodes = podNames
    if err := r.client.Status().Update(context.TODO(), app); err != nil {
      return reconcile.Result{}, err
    }
  }

  return reconcile.Result{}, nil
}

func (r *ReconcileKind) deploymentForApp(m *appv1alpha1.App) *appsv1.Deployment {
  lbls := labelsForApp(m.Name)
  replicas := m.Spec.Size

  dep := &appsv1.Deployment{
    ObjectMeta: metav1.ObjectMeta{
      Name:      m.Name,
      Namespace: m.Namespace,
    },
    Spec: appsv1.DeploymentSpec{
      Replicas: &replicas,
      Selector: &metav1.LabelSelector{
        MatchLabels: lbls,
      },
      Template: corev1.PodTemplateSpec{
        ObjectMeta: metav1.ObjectMeta{
          Labels: lbls,
        },
        Spec: corev1.PodSpec{
          Containers: []corev1.Container{{
            Image:   "app:alpine",
            Name:    "app",
            Command: []string{"app", "-a=64", "-b"},
            Ports: []corev1.ContainerPort{{
              ContainerPort: 10000,
              Name:          "app",
            }},
          }},
        },
      },
    },
  }

  controllerutil.SetControllerReference(m, dep, r.scheme)
```

```
  return dep
}

func labelsForApp(name string) map[string]string {
  return map[string]string{"app_name": "app", "app_cr": name}
}
```

3. Manager 以及 controller 的运行机制

上文我们了解了 controller-runtime 中 Client 包含的接口函数及其在 Reconcile 调谐函数中的使用，此时我们已经可以基于 SDK 的命令行操作完成 Operator 的基础开发，在本节中我们将简单介绍 Manager 及 controller 的运行机制，虽然 SDK 可以帮助我们自动完成本节代码的生成，但是作为 Operator 的核心组件，理解 Manager 和 controller 有助于我们更好地掌握 Operator 整个工作流程。

下面首先看看 Operator 项目 cmd 包中如下这段逻辑，这是 SDK 为我们自动生成的逻辑，其中 controller-runtime 库中的 manager.New 方法会创建一个 Manager 实例，实例中包含了与 API server 交互所需的 Client、Cache、restMapper 的构建，以及 EventRecorder、MetricServer 等组件的初始化。之后 apis.AddToScheme 方法完成 CRD 扩展 API 的注册，接着通过 controller.AddToManager 方法完成项目中所有 controller 的安装，最后进行 CR 模型 metric 接口的注册等资源监控初始化工作。

```
mgr, err := manager.New(cfg, manager.Options{
  Namespace:          namespace,
  MapperProvider:     restmapper.NewDynamicRESTMapper,
  MetricsBindAddress: fmt.Sprintf("%s:%d", metricsHost, metricsPort),
})
if err != nil {
  log.Error(err, "")
  os.Exit(1)
}

log.Info("Registering Components.")

if err := apis.AddToScheme(mgr.GetScheme()); err != nil {
  log.Error(err, "")
  os.Exit(1)
}

if err := controller.AddToManager(mgr); err != nil {
  log.Error(err, "")
  os.Exit(1)
}

if err = serveCRMetrics(cfg); err != nil {
  log.Info("Could not generate and serve custom resource metrics", "error",
err.Error())
}
```

在完成了上述 Manager 实例的初始化工作后，Manager 实例会通过 mgr.Start 方法启动所有其管理的 controller 和 webhook。

```go
func (cm *controllerManager) Start(stop <-chan struct{}) error {
  defer close(cm.internalStopper)

  if cm.metricsListener != nil {
    go cm.serveMetrics(cm.internalStop)
  }

  go cm.startNonLeaderElectionRunnables()

  if cm.resourceLock != nil {
    err := cm.startLeaderElection()
    if err != nil {
      return err
    }
  } else {
    go cm.startLeaderElectionRunnables()
  }

  select {
  case <-stop:
      return nil
  case err := <-cm.errChan:

      return err
  }
}
```

这其中就包含了之前 controller.AddToManager 方法添加到 manager 中的 controller 实例，controller 是通过 SDK 生成代码中的 controller.New 方法创建的。

```go
func New(name string, mgr manager.Manager, options Options) (Controller, error) {
  if options.Reconciler == nil {
    return nil, fmt.Errorf("must specify Reconciler")
  }

  if len(name) == 0 {
    return nil, fmt.Errorf("must specify Name for Controller")
  }

  if options.MaxConcurrentReconciles <= 0 {
    options.MaxConcurrentReconciles = 1
  }

  if err := mgr.SetFields(options.Reconciler); err != nil {
    return nil, err
  }

  c := &controller.Controller{
```

```
    Do:                         options.Reconciler,
    Cache:                      mgr.GetCache(),
    Config:                     mgr.GetConfig(),
    Scheme:                     mgr.GetScheme(),
    Client:                     mgr.GetClient(),
    Recorder:                   mgr.GetEventRecorderFor(name),
    Queue:                      workqueue.NewNamedRateLimitingQueue(workqueue.
DefaultControllerRateLimiter(), name),
    MaxConcurrentReconciles: options.MaxConcurrentReconciles,
    Name:                       name,
  }

  return c, mgr.Add(c)
}
```

其中结构体 Do 字段实现了调谐函数实例，对应实现也就是上一节中我们介绍过的
Reconcile 函数。此外我们重点关注 mgr.SetFields 方法，该方法采用依赖注入的方式将
Manager 实例中的 Cache、Client、Scheme 等元数据注入 reconciler 函数实例中，最后调用
Add 方法将初始化完成的 controller 实例加入 Manager 对应的工作队列中。实例的添加方法
如下所示。

```
func (cm *controllerManager) Add(r Runnable) error {
  cm.mu.Lock()
  defer cm.mu.Unlock()

  if err := cm.SetFields(r); err != nil {
    return err
  }

  var shouldStart bool

  if leRunnable, ok := r.(LeaderElectionRunnable); ok && !leRunnable.NeedLeaderElection() {
    shouldStart = cm.started
    cm.nonLeaderElectionRunnables = append(cm.nonLeaderElectionRunnables, r)
  } else {
    shouldStart = cm.startedLeader
    cm.leaderElectionRunnables = append(cm.leaderElectionRunnables, r)
  }

  if shouldStart {
    go func() {
      cm.errChan <- r.Start(cm.internalStop)
    }()
  }

  return nil
}
```

在 controller 实例完成创建流程后，我们再来看看 controller 是如何获取到 apiServer 到指定应用模型的请求。

```go
func (c *Controller) Watch(src source.Source, evthdler handler.EventHandler,
prct ...predicate.Predicate) error {
    c.mu.Lock()
    defer c.mu.Unlock()

    if err := c.SetFields(src); err != nil {
        return err
    }
    if err := c.SetFields(evthdler); err != nil {
        return err
    }
    for _, pr := range prct {
        if err := c.SetFields(pr); err != nil {
            return err
        }
    }

    log.Info("Starting EventSource", "controller", c.Name, "source", src)
    return src.Start(evthdler, c.Queue, prct...)
}
```

注意，这里的 SetFields 方法是之前提到的 Manager 实例中已经注入的方法，其逻辑如下。

```go
func (cm *controllerManager) SetFields(i interface{}) error {
    if _, err := inject.ConfigInto(cm.config, i); err != nil {
        return err
    }
    if _, err := inject.ClientInto(cm.client, i); err != nil {
        return err
    }
    if _, err := inject.APIReaderInto(cm.apiReader, i); err != nil {
        return err
    }
    if _, err := inject.SchemeInto(cm.scheme, i); err != nil {
        return err
    }
    if _, err := inject.CacheInto(cm.cache, i); err != nil {
        return err
    }
    if _, err := inject.InjectorInto(cm.SetFields, i); err != nil {
        return err
    }
    if _, err := inject.StopChannelInto(cm.internalStop, i); err != nil {
        return err
    }
    if _, err := inject.MapperInto(cm.mapper, i); err != nil {
```

```
      return err
  }
  return nil
}
```

该方法会逐项检查目标实例是否实现了如 Cache、Scheme 等指定函数，如果包含实现，便自动注入 controller 关注的 source 和 eventHandler 中。对于 Watch 方法，监听目标 source 模型的 Cache 机制和 eventHandler 队列中请求主体的 schema GroupKind 和 RESTMapper 对象都是在这里完成相应注册的。

最后监听主体通过 Start 方法将 eventHandler 注册到 cache 对应的通知器 Informer 中完成监听流程的启动。

```
func (ks *Kind) Start(handler handler.EventHandler, queue workqueue.
RateLimitingInterface,
   prct ...predicate.Predicate) error {


   if ks.Type == nil {
     return fmt.Errorf("must specify Kind.Type")
   }

   if ks.cache == nil {
     return fmt.Errorf("must call CacheInto on Kind before calling Start")
   }


   i, err := ks.cache.GetInformer(ks.Type)
   if err != nil {
     if kindMatchErr, ok := err.(*meta.NoKindMatchError); ok {
       log.Error(err, "if kind is a CRD, it should be installed before calling Start",
         "kind", kindMatchErr.GroupKind)
     }
     return err
   }
   i.AddEventHandler(internal.EventHandler{Queue: queue, EventHandler: handler,
Predicates: prct})
   return nil
}
```

通过上述分析，我们已经了解了 Manager 和 controller 的核心运行流程，当然，kubebuilder 作为 controller-runtime 的主体项目，我们很自然地会产生这样一个疑问：看上去 kubebuilder 的功能和 operator-sdk 很相似，它们之间有什么不同呢？的确，二者相较可能最显著的区别就是 operator-sdk 作为 RedHat Operator Framework 中的重要组成部分，同时提供了与 Operator Lifecycle Manager（OLM）和 Operator Metering 的集成，对于 Operator 实例的后续管理和升级有更好的体验；另外就是在 Ansible 和 Helm 等 Operator 的多形态构

建支持上，operator-sdk 具有一定优势。当然对于二者共同的核心组件，Operator Framework
团队也是积极投入在 controller-runtime 社区相关的工作上，形成紧密的合作。

14.1.6　使用 Predicates 过滤事件

我们知道在用户最终需要编写的 Reconcile 调谐函数中处理的是一个个 reconcile.
Request 实例，这些 Request 实例是由 14.1.5 节介绍的 controller Watch 函数调用 Start 方法
中注册 eventHandler 而来的，它不断接收处理 event 事件并转化为 Request 实例。而 event
是从 Start 方法的主体 Source 产生的（源代码在 controller-runtime 的 pkg/source 包中）。在
controller 实例的初始化过程中需要指定监听的目标模型并传递给 Source 实例，这里 Source
对应的事件源可以是指定监听模型的 Create/Update/Delete 等操作，也可以是源自集群外部
的用户自定义事件（比如 webhook 对应的回调函数），此时用户需要通过 GenericEvent 类型
封装自定义的外部事件，同时实例化 source 中的 Channel 进行外部 events 的接收。

在此基础上，controller-runtime 中的 Predicates 包面向 controller 提供了一种 eventHandler
接收事件的过滤机制。这对于 Reconcile 函数中进行的最终业务逻辑处理是非常有用的，因
为很多时候我们通常只希望处理几种特殊类型的事件，同时不被 apiServer 产生的大量无用
事件干扰。图 14-1 说明了 controller 在 Watch 过程事件从产生到最终被 reconcile 函数接收
处理的流程。

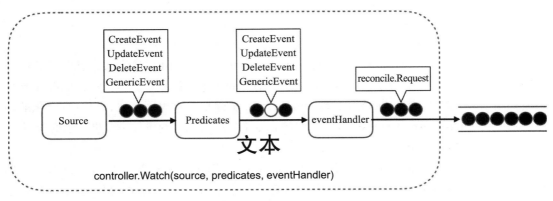

图 14-1　Watch 函数事件处理流程

下面我们来看看 Predicate 的具体实现。在使用 Predicate 时需要实现下列方法，在方法
中处理特定类型的 event 事件，如果事件经过过滤需要最终被 Reconcile 函数处理，则方法
返回 true。

```
type Predicate interface {
  Create(event.CreateEvent) bool
  Delete(event.DeleteEvent) bool
  Update(event.UpdateEvent) bool
```

```
      Generic(event.GenericEvent) bool
  }

  type Funcs struct {
    CreateFunc func(event.CreateEvent) bool
    DeleteFunc func(event.DeleteEvent) bool
    UpdateFunc func(event.UpdateEvent) bool
    GenericFunc func(event.GenericEvent) bool
  }
```

比如针对监听资源类型的所有创建事件会被传递到 Funcs.Create() 函数中，而函数返回 false 的事件将被过滤。如果我们没有针对某类型的事件注册相应的 Predicate 方法，则该类型的所有事件都不会被过滤。

所有类型的事件实例均会包含 Kubernetes 的 metadata 参数和其对应的 object 实体，Predicate 在逻辑中获取对应类型的状态判断是否过滤事件。对于更新事件 event.UpdateEvent，它的实例中会包含更新前后相应的 metadata 和 objects，事件定义如下。

```
  type UpdateEvent struct {
    MetaOld v1.Object

    ObjectOld runtime.Object

    MetaNew v1.Object

    ObjectNew runtime.Object
  }
```

除了增、删、改等固定事件类型对应的 Predicates 外，event 包的定义还包含了其他一些特定类型的 Predicates 定义，比如 ResourceVersionChangedPredicate 类型的 Predicates 会判断在更新过程中实体 metadata 的 resourceVersion 字段是否发生了变化，将没有变化的事件过滤。在 controller-runtime 关于 event 包的官方文档中可以找到事件类型更详细的介绍。

下面来具体看看如何在代码中使用 Predicates。

在 controller.Watch() 方法中，我们可以定义一组 Predicates 作为参数传递进来，只要有一个 Predicates 函数返回为 false，则其对应事件就会被过滤。下面是官方文档中关于 memcached-operator 的一段示例，方法中定义了关于删除事件的一个简单的过滤方法，控制器会接收所有的删除事件，但是最终 Reconcile 函数关心的只是目标资源还没有完成删除的相应事件。

```
  import (
    cachev1alpha1 "github.com/example-inc/app-operator/pkg/apis/cache/v1alpha1"

    corev1 "k8s.io/api/core/v1"
    "sigs.k8s.io/controller-runtime/pkg/controller"
    "sigs.k8s.io/controller-runtime/pkg/event"
```

```
    "sigs.k8s.io/controller-runtime/pkg/handler"
    "sigs.k8s.io/controller-runtime/pkg/manager"
    "sigs.k8s.io/controller-runtime/pkg/predicate"
    "sigs.k8s.io/controller-runtime/pkg/reconcile"
    "sigs.k8s.io/controller-runtime/pkg/source"
)

func add(mgr manager.Manager, r reconcile.Reconciler) error {
    c, err := controller.New("memcached-controller", mgr, controller.Options
{Reconciler: r})
    if err != nil {
      return err
    }

    ...

    src := &source.Kind{Type: &corev1.Pod{}}
      h := &handler.EnqueueRequestForOwner{
      IsController: true,
      OwnerType:     &cachev1alpha1.Memcached{},
    }
    pred := predicate.Funcs{
      UpdateFunc: func(e event.UpdateEvent) bool {
          return e.MetaOld.GetGeneration() != e.MetaNew.GetGeneration()
      },
      DeleteFunc: func(e event.DeleteEvent) bool {
            return !e.DeleteStateUnknown
      },
    }

    err = c.Watch(src, h, pred)
    if err != nil {
      return err
    }

    ...
}
```

对于 operators 来说，Predicates 不是必需的，它经常被用于处理大规模的 apiServer 事件，尤其是控制器监听的是一个集群维度的资源模型时，Predicates 的过滤就更加有用。

14.1.7　Operator SDK 的架构演进

本节来看 Operator SDK 发展过程中在架构上的一些演进。前文我们已经了解到 controller-runtime 是整个 Operator SDK 的核心，可以说 Operator SDK 是通过封装 controller-runtime，以及 Kubernetes 的代码生成器和一套 E2E 测试框架组成的合集。但在最初，其实 Operator SDK 项目中并没有依赖 controller-runtime 包，而是使用了自身在 client-go 的基础上扩展的 k8sclient 和 k8sutil 两个包，图 14-2 展示的是 Operator SDK 在演进到 controller-runtime 之前的架构图。

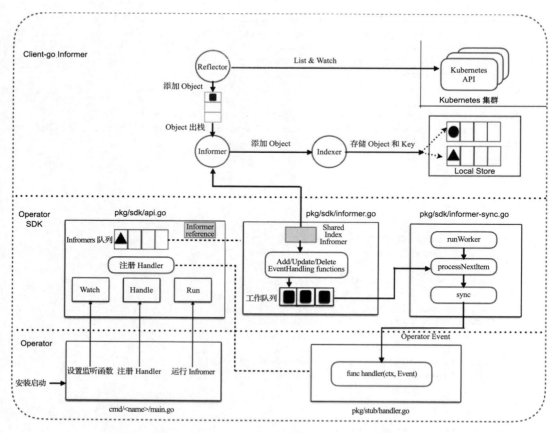

图 14-2 使用 controller-runtime 之前的 Operator SDK 架构图

从图 14-2 中我们可以看到，Operator SDK 的工作流程分为 3 部分：client-go 的 informer 机制，Operator-SDK 自身的扩展包以及使用 SDK 生成的自定义 Operator 框架。从这 3 部分的交互流程可以看出，client-go 的 informer 机制是整个 Operator 工作流程的基础，这里我们只对其关键组件进行简单介绍，有兴趣的读者可以阅读 client-go 相关源码进行详细分析。首先介绍如下几个组件。

❑ reflector：reflector 可以通过 ListAndWatch 方法对指定的 Kubernetes 资源进行监听，资源可以是 Kubernetes 内置的资源模型，也可以是用户扩展的 custom resource。当一个 reflector 收到新资源的创建通知时，会通过相应的 list API 获取对应资源模型并将其写入到一个 Delta FIFO 的工作队列中。

❑ informer：顾名思义，informer 作为通知器，会不断地从上述工作队列中获取 object。在实现上，informer 会通过 tools/cache/controller.go 中的方法实现一个基础控制器，并不断地从 Delta FIFO 队列中获取 objects，同时这个基础控制器会存储最新状态的 object，并通知相应的 controller 进行处理。

- □ indexer：indexer 的作用是对目标 object 生成相应的存储索引，在内部实现上，indexer 可以支持多种索引方式，同时利用一个线程安全的本地存储持久化对应的 object 和索引键，默认情况下 indexer 会使用 / 的组合形式作为目标 object 的索引键。
- □ sharedIndexInformer：该数据结构管理了一个共享的 Index，通过它可以在多个 Informers 之间使用共享的 Index 存储 Objects。
- □ lister：从本地 Index 中获取 Objects 的工作机制，可以在 client-go 中的 tools/cache 包中找到其具体实现。
- □ Client/ClientSet：提供了直接从 Kubernetes API Server 中获取 Objects 的机制，当然使用 Lister 从本地 Cache 中获取 Objects 的方法优先级会高于直接从 API Server 读取，以最大程度上减轻 API server 的负载。

上述组件为我们自定义 Controller 中监听目标 CRD 模型状态和事件提供了基础能力，也是 Operator SDK 整个架构所依赖的底层组件。在此基础上，老版本在自身 SDK 中使用了如下几个关键组件。

- □ Informer.go：在该类中封装了 Operator SDK 中关键的几个数据结构，包括上面提到的 SharedIndexInformer 和工作队列，其中 SharedIndexInformer 会定期通过 List/Watch 机制获取 Objects 变更。同时该类中还定义了不同的事件处理函数用于处理如 Add、Update、Delete 等事件，并通过解析 Object 的键值把事件加入对应的工作队列中进行处理。
- □ informer-sync.go：该类定义了从工作队列中获取 Ojbect Key 处理的相应函数。其中，processNextItem 函数获取队列中的目标键值，然后调用 sync 同步函数基于键值创建一个 Event 实例并调用用户在自定义的 operator 代码中实现的 Handle 方法。
- □ api.go：该类提供了一些用户会使用的公共 API，包括用户自定义 Handle 函数的注册方法，用户希望监听的业务 CRD 模型或 Kubernetes 原生资源模型的 Informers 创建函数，以及 Informers 对应的启动函数。

原版本架构在实现上比较简单，在用户自定义 Operator 项目中的 operator-sdk 依赖包也比较精简易懂，但是随着 Operator 的广泛应用和在使用上的不断深入，开发者们不断在社区提出对于 SDK 生成的 Operator 在能力上的一些新需求，同时社区的主要贡献者也意识到同期的 controller-runtime 能够弥补原有架构在处理很多棘手问题上的不足。

- □ 在处理监听事件时，我们认为 custom resource 是基础资源（primary resource），而在实际的业务场景中，我们在很多时候需要关注的是一些二级资源（secondary resource）的变更事件，比如由 CR 创建的 deployments 部署、service 服务等，或是在应用部署中需要依赖引用的 secret、configmap 等基础资源模型。在原版本 SDK 框架下，我们虽然可以通过修改代码获取这些二级资源的变更事件，但是却无法将这些事件作为一个基础资源应该获取并处理响应的事件插入其工作队列中，这在很多运维场景中是不可接受的。

❑ 原有架构缺少如前文介绍的 Predicates 这样的事件过滤机制。

❑ 原有架构在实现上存在一些弊端，比如在 k8sclient 包中通过 init 方法使用了多个整包可见的全局变量；在整个 SDK 中暴露了过多用户可见的公共方法等。

随着问题的不断积累，以及来自 kubebuilder 的竞争压力，从 SDK v0.1.0 版本开始，社区正式使用 controller-runtime 作为 SDK 的依赖框架替代了原有的 operator-sdk 依赖包。而在架构演进后，上述介绍的 client-go 中的 Informer 机制仍旧是整个 Watch 流程的基础。而 controller-runtime 作为 SDK 生成的代码框架所依赖的标准库，除了基于底层 client-go 的能力之外，它同样承载了用户公共接口的封装、event 事件的采集、队列维护和协同处理等能力，在本章前几节中我们对其中 manager 和 controller 的定义与运行机制已经有了一定的了解，这里只重点列出几个关键类，有兴趣的读者可以在 controller-runtime 的开源项目中阅读相关代码。

❑ controller：在底层封装了社区原生 custom controller 的控制器定义模式，同时包含了工作队列的定义，用于处理注册了 event handlers 的 Informers 提供的 Objects 实例。同时在控制器的定义中还包含了用户创建的 Reconcile 函数的引用。在控制器中会将事件对应 Objects 的键值存储在工作队列中，并最终作为参数传递给用户使用的 Reconcile 函数。

❑ manager：manager 用于维护和管理用户创建的 controller，同时在 manager 中还包含了资源模型监听和获取所依赖的 Client、Cache、Scheme 等关键模型。最后 manager 还包含了添加 controller 所需的公共接口。

❑ injector：injector 封装了关于 Client、Cache、Scheme 等模型的一组接口，通过实现对应方法控制器 manager 可以将 Cache 等模型注入事件处理过程中 Source、EventHandlers、Predicates、Reconcile 函数等关键流程。

图 14-3 所示是当前架构下 operator 事件的监听处理流程，用户通过创建 controller 针对目标模型建立相应的监听机制，在 Source 实例中产生不同类型的事件源，经过 Predicates 对

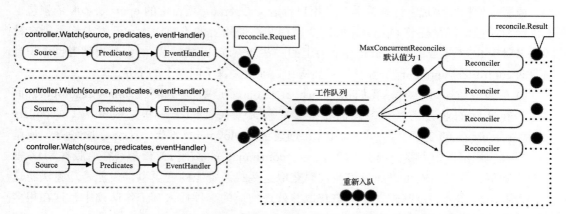

图 14-3　controller-runtime 架构下事件的监听处理流程

事件的过滤后，在 EventHandler 的实现中会将事件关联到所属 Objects 的键值上，并封装成 reconcile.Request 加入工作队列中。在默认情况下，只会有一个 Reconciler 从工作队列中读取调谐请求，并按用户在 controller 实例中注册的自定义 Reconcile 函数进行相应的业务处理，当然也可以通过设置 Controller 实例的 MaxConcurrentReconciles 参数设置 reconcile 函数处理的并发数量，最终产生调谐的结果 reconcile.Result，这里用户可以根据事件状态在 Result 实例中通过 Requeue 这个布尔变量设置是否需要将该请求重新入队处理。

最后，对于使用 v0.0.x 老版本 SDK 生成的 Operator 项目，官方也提供了适配新架构的相应迁移方案，老用户可参考官方文档[⊖]对 Operator 进行升级。

14.2　Operator Lifecycle Manager

OLM（Operator Lifecycle Manager）作为 Operator Framework 的一部分，可以帮助用户进行 Operator 的自动安装、升级及其生命周期的管理。同时 OLM 自身也是以 Operator 的形式进行安装部署的，可以说它的工作方式是以 Operators 来管理 Operators，而它面向 Operator 提供了声明式（declarative）的自动化管理能力也完全符合 Kubernetes 交互的设计理念。本节就让我们来了解一下 OLM 的基本架构和安装使用方法。

14.2.1　OLM 组件模型定义

OLM 可以帮助没有如大数据、云监控等领域知识的用户自助式地部署并管理像 etcd、大数据分析或监控服务等复杂的分布式应用。因此从它的设计目标来说，OLM 官方希望实现面向云原生应用提供如下几个方向上的通用管理能力。

- ❑ 生命周期管理：管理 Operator 自身以及监控资源模型的升级和生命周期。
- ❑ 服务发现：发现在集群中存在哪些 Operator，这些 Operators 管理了哪些资源模型以及又有哪些 Operators 是可以被安装在集群中的。
- ❑ 打包能力：提供一种标准模式用于 Operator 以及依赖组件的分发、安装和升级。
- ❑ 交互能力：在完成了上述能力的标准化后，还需要提供一种规范化的方式（如 CLI）与集群中用户定义的其他云服务进行交互。

上述设计中的目标可以归结为如下几个方向的需求。

- ❑ 命名空间部署：Operator 和其管理资源模型必须被命名空间限制部署，这也是在多个租户共用的环境下实现逻辑隔离和使用 RBAC 增强访问控制的必要手段。
- ❑ 使用自定义资源（CR）定义：使用 CR 模型是定义用户和 Operator 读写交互的首选方式；同时在一个 Operator 中也是通过 CRD 声明其自身或被其他 Operator 管理的资源模型；Operator 自身的行为模式配置也应当由 CRD 中的 fields 定义。

⊖　https://github.com/operator-framework/operator-sdk/blob/master/doc/migration/v0.1.0-migration-guide.md

- 依赖解析：Operator 在实现上只需要关心自身和其管理资源的打包，无须关注与运行集群的连接。同时在依赖上使用动态库定义。这里以 vault-operator 为例，其部署的同时需要创建一个 etcd 集群作为后端存储；这时我们在 vault-operator 中不应直接包含 etcd operator 对应容器，而是应该通过依赖声明的方法让 OLM 解析对应依赖。为此在 Operators 中需要有一套依赖相关的定义规范。
- 部署的幂等性：依赖解析和资源安装可以重复执行，同时在应用安装过程中的问题是可恢复的。
- 垃圾收集：原则上尽可能依赖 Kubernetes 原生的垃圾收集能力，在删除 OLM 自身的扩展模型 ClusterService 时需要同时清理其运行中的关联资源；同时需要保证其他 ClusterService 管理的资源不被删除。
- 支持标签和资源发现。

基于上述设计目标，OLM 在实现中面向 Operator 定义如下模型和组件。

首先，OLM 自身包含两个 Operator：OLM Operator 和 Catalog Operator。它们分别管理了如表 14-1 所示的几个 OLM 架构中扩展出的基础 CRD 模型。

表 14-1　OLM 基础 CRD 模型定义

资源名称	简称	所属 Operator	描述
ClusterServiceVersion	csv	OLM	业务应用的元数据，包括应用名称、版本、图标、依赖资源、安装方式等信息
InstallPlan	ip	Catalog	计算自动安装或升级 CSV 过程中需要创建的资源集
CatalogSource	catsrc	Catalog	用于定义应用的 CSV、CRD，或是安装包的仓库
Subscription	sub	Catalog	通过跟踪安装包中的 channel 保证 CSV 的版本更新
OperatorGroup	og	OLM	用于 Operators 安装过程中的多租配置，可以定义一组目标 namespaces 指定创建 Operators 所需的 RBAC 等资源配置

在 Operator 安装管理的生命周期中，Deployment、Serviceaccount、RBAC 相关的角色绑定是通过 OLM operator 创建的；Catalog Operator 负责 CRDs 和 CSVs 等资源的创建。

在介绍 OLM 的两个 Operator 之前，我们先来看下 ClusterServiceVersion 的定义。作为 OLM 工作流程中的基本元素，它定义了在 OLM 管理下用户业务应用的元数据和运行时刻信息的集合。

- 应用元数据（名称、描述、版本定义、链接、图标、标签等），在第 15 章的实战示例中我们会看到具体的定义。
- 安装策略，包括 Operator 安装过程中所需的部署集合和 service accounts、RBAC 角色和绑定等权限集合。
- CRD：包括 CRD 的类型、所属服务、Operator 交互的其他 Kubernetes 原生资源和 spec、status 这些包含了模型语义信息的 field 字段描述符等。

在对 ClusterServiceVersion 的概念有了基本了解后，接下来看看 OLM Operator。首先，OLM Operator 的工作会基于 ClusterServiceVersion，一旦 CSV 中声明的依赖资源都已经在

目标集群中注册成功，OLM Operator 就会去安装这些资源对应的应用实例。注意，这里的 OLM Operator 并不会关注 CSV 中声明依赖资源对应 CRD 模型的创建注册等工作，这些动作可以由用户的手工 kubectl 操作或是由 Catalog Opetator 来完成。这样的设计也给了用户一个逐步适应 OLM 架构并最终应用起来的过程。另外，OLM Operator 对依赖资源对应自定义模型的监听可以是全局 all namespaces 的，也可以只限定在指定的 namespace 下。

接着我们来认识一下 Catalog Operator，它主要负责解析 CSV 中声明的依赖资源定义，同时它通过监听 catalog 中安装包对应 channel 的版本定义完成 CSV 对应的版本更新。用户可以通过创建 Subscription 模型来设置 channel 中所需安装包和更新的拉取源，当一个可用更新被发现时，会在相应的 namespace 处创建一个对应的 InstallPlan 模型。当然用户也可以手动创建 InstallPlan，InstallPlan 实例中会包含目标 CSV 的定义和相关的 approval 审批策略，Catalog Operator 会创建相应的执行计划去创建 CSV 所需的依赖资源模型。

一旦用户完成审批，Catalog Operator 就会创建 InstallPlan 中的相关资源，此时刚才提及的 OLM Operator 关注的依赖资源条件就会得到满足，CSV 中定义的 Operator 实例会由 OLM Operator 完成创建。

14.2.2　OLM 结构介绍

在 14.2.1 节中我们了解了 OLM 的基本组件模型和相关定义，本节我们介绍一下它的基本架构，如图 14-4 所示。

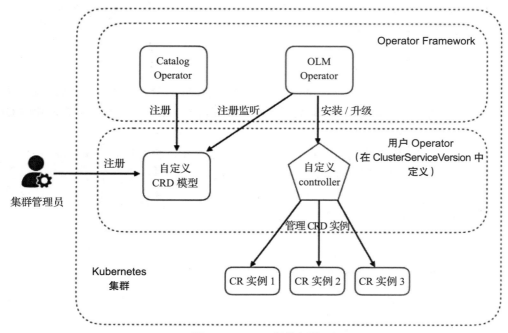

图 14-4　OLM 组件架构

首先在 Operator Framework 中提供了两个重要的元 Operator 和相应的扩展资源（如 14.2.1 节中介绍的 ClusterServiceVersion、InstallPlan 等）用于用户应用 Operator 的生命周期管理。在自定义的 CSV 模型中定义了用户部署 Operator 的各类资源组合，包括 Operator 是如何部署的，Operator 对应管理的自定义资源类型是什么，以及使用了哪些 Kubernetes 原生资源等。

在 14.2.1 节的相关介绍中可以了解到，OLM Operator 在安装对应的 Operator 实例前要求其管理的自定义资源模型已经被注册在目标安装集群中，这可以由集群管理员手动 kubectl 方式创建，也可以利用 Catalog Operator 完成，Catalog Operator 除了可以完成目标 CRD 模型的注册，还负责资源模型版本的自动升级工作，其工作流程如下所示。

❑ 保证 CRDs 和 CSVs 模型的 cache 和 index 机制，用于对应模型的版本控制和注册等动作。

❑ 监听用户创建的未解析 InstallPlans：
  ● 寻找满足依赖条件的 CSV 模型并将其加入到已解析资源中；
  ● 将所有被目标 Operator 管理或依赖的 CRD 模型加入解析资源中；
  ● 寻找并管理每种依赖 CRD 对应 CSV 模型。

❑ 监听所有被解析的 InstallPlans，在用户审批或自动审批完成后创建所有对应的依赖资源。

❑ 监听 CataologSources 和 Subscriptions 模型并基于其变更创建对应的 InstallPlans。

一旦 OLM Operator 监听到 CSV 模板中安装所需依赖资源已经注册或变更，就会启动应用 Operator 的安装和升级工作，并最终启动 Operator 自身的工作流程，在 Kubernetes 集群中创建和管理对应的自定义资源实例模型。

14.2.3 OLM 的安装

在了解了 OLM 的基础架构后，我们首先来看下 OLM 的安装。在社区代码中我们找到 OLM 各项部署资源对应的模板，用户可以方便地通过修改相应部署参数完成定制化的 OLM 安装。

在官方的发布公告中我们可以找到最新的发布版本和各版本对应的安装说明。这里以 0.13.0 版本为例，通过如下命令执行自动化安装脚本：

```
curl -L https://github.com/operator-framework/operator-lifecycle-manager/
releases/download/0.13.0/install.sh -o install.sh
chmod +x install.sh
./install.sh 0.13.0
```

手动安装 OLM 所需部署模板命令如下。

```
kubectl apply -f https://github.com/operator-framework/operator-lifecycle-
manager/releases/download/0.13.0/crds.yaml
kubectl apply -f https://github.com/operator-framework/operator-lifecycle-
manager/releases/download/0.13.0/olm.yaml
```

在通过克隆 OLM 代码仓库到本地后，用户可以执行 make run-local 命令启动 minikube，并通过 minikube 自带 docker daemon 在本地构建 OLM 镜像，同时该命令会基于仓库 deploy 目录下的 local-values.yaml 作为配置文件构建运行本地 OLM，通过 kubectl -n local get deployments 可以验证 OLM 各组件是否已经成功安装运行。

另外针对用户的定制化安装需求，OLM 支持通过配置如下模板指定参数来生成定制化的部署模板并安装，其支持配置的模板参数如下所示。

```
# sets the apiversion to use for rbac-resources. Change to `authorization.
openshift.io` for openshift
rbacApiVersion: rbac.authorization.k8s.io
# namespace is the namespace the operators will _run_
namespace: olm
# watchedNamespaces is a comma-separated list of namespaces the operators will
_watch_ for OLM resources.
# Omit to enable OLM in all namespaces
watchedNamespaces: olm
# catalog_namespace is the namespace where the catalog operator will look for
global catalogs.
# entries in global catalogs can be resolved in any watched namespace
catalog_namespace: olm
# operator_namespace is the namespace where the operator runs
operator_namespace: operators

# OLM operator run configuration
olm:
  # OLM operator doesn't do any leader election (yet), set to 1
  replicaCount: 1
  # The image to run. If not building a local image, use sha256 image references
  image:
    ref: quay.io/operator-framework/olm:local
    pullPolicy: IfNotPresent
  service:
    # port for readiness/liveness probes
    internalPort: 8080

# catalog operator run configuration
catalog:
  # Catalog operator doesn't do any leader election (yet), set to 1
  replicaCount: 1
  # The image to run. If not building a local image, use sha256 image references
  image:
    ref: quay.io/operator-framework/olm:local
    pullPolicy: IfNotPresent
  service:
    # port for readiness/liveness probes
    internalPort: 8080
```

用户可以通过如下方式进行模板的定制化开发和在指定集群中安装。

❑ 创建名为 my-values.yaml 的配置模板，用户可以参考上述模板配置所需参数。

❑ 基于上述配置好的 my-values.yaml 模板，使用 package_release.sh 生成指定部署模板。

```
# 第一个参数为系统兼容的 Helm Chart 目标版本
# 第二个参数为模板指定的输出目录
# 第三个参数为指定的配置文件路径
./scripts/package_release.sh 1.0.0-myolm ./my-olm-deployment my-values.yaml
```

❑ 部署指定目录下的模板文件，执行 kubectl apply.-f ./my-olm-deployment/templates/

最后，用户可以通过环境变量 GLOBAL_CATALOG_NAMESPACE 定义 catalog operator 监听全局 catalogs 的指定 namespace，默认情况下安装过程会创建 olm 命名空间并部署 catalog operator。

14.2.4　依赖解析和升级管理

如同 apt/dkpg 和 yum/rpm 对于系统组件包的管理，OLM 在管理 Operator 版本时也会遇到依赖解析和正在运行的 Operator 实例的升级管理问题。为了保证所有 Operators 运行时的可用性，OLM 在依赖解析和升级管理流程中需要保证：

❑ 不安装未注册依赖 APIs 的 Operator 实例；

❑ 如果对于某个 Operator 的升级操作会破坏其关联组件的依赖条件，不进行该升级操作。

下面我们通过一些示例来了解下 OLM 是如何处理版本迭代下的依赖解析的。

首先介绍 CRD 的升级。当一个待升级的 CRD 只属于单个 CSV 时，OLM 会立即对 CRD 进行升级；当 CRD 属于多个 CSV 时，升级 CRD 需要先满足如下条件。

❑ 所有当前 CRD 使用的服务版本需要包含在新的 CRD 中。

❑ 所有关联了 CRD 已有服务版本的 CR（Custom Resource）实例可以通过新 CRD schema 的校验。

当我们需要添加一个新版本的 CRD 时，官方推荐的步骤如下所示。

❑ 假如当前我们有一个正在使用的 CRD，它的版本是 v1alpha1，此时希望添加一个新版本 v1beta1 并且将其置为新的 storage 版本，可进行如下操作。

```
versions:
  - name: v1alpha1
    served: true
    storage: false
  - name: v1beta1
    served: true
    storage: true
```

❑ 如果你的 CSV 中需要使用新版本的 CRD，我们需要保证 CSV 中的 owned 字段所引用的 CRD 版本是新的，可进行如下操作。

```
customresourcedefinitions:
```

```
owned:
- name: cluster.example.com
  version: v1beta1
  kind: cluster
  displayName: Cluster
```

❏ 推送更新后的 CRD 和 CSV 放到指定的仓库目录中。

当我们需要弃用或删除一个 CRD 版本时，OLM 不允许立即删除一个正在使用的 CRD 版本，而是需要先将 CRD 中的 serverd 字段置为 false，弃用该版本，然后这个不被使用的版本才会在接下来的 CRD 升级过程中被删除。官方推荐的删除或弃用一个 CRD 指定版本的步骤如下所示。

❏ 将过期的弃用 CRD 版本对应的 serverd 字段置为 false，表示不再使用该版本，在下次升级时删除此版本。

```
versions:
  - name: v1alpha1
    served: false
    storage: true
```

❏ 如果当前即将过期的 CRD 版本中的 storage 字段为 true，需要在将其置为 false 的同时将新版本的 storage 对应字段置为 true。

```
versions:
  - name: v1alpha1
    served: false
    storage: false
  - name: v1beta1
    served: true
    storage: true
```

❏ 基于上述修改更新 CRD 模型。

❏ 在随后的升级过程中，不再服务的过期版本将会在 CRD 中完成删除，CRD 的版本终态如下所示。

```
versions:
  - name: v1beta1
    served: true
    storage: true
```

注意在删除指定版本的 CRD 过程中，我们需要保证该版本同时在 CRD status 中的 storedVersion 字段队列中被删除。当 OLM 发现某 storedversion 在新版本 CRD 中不再使用时，会帮助我们完成相应的删除动作。另外我们需要保证 CSV 中关联引用的 CRD 版本在老版本被删除时及时更新。

下面我们来看一下两个会引发升级失败的示例以及 OLM 的依赖解析逻辑。

示例 1：假如我们有 A 和 B 两个不同类型的 CRD：

❑ 使用 A 的 Operator 依赖 B。

❑ 使用 B 的 Operator 有一个订阅（Subscription）。

❑ 使用 B 的 Operator 升级到了新版本 C 同时弃用了老版本 B。

这样升级得到的结果是 B 对应的 CRD 版本没有了对应使用它的 Operator 或 APIService，同时依赖它的 A 也将无法工作。

示例 2：假如我们有 A 和 B 两个自定义 API：

❑ 使用 A 的 Operator 依赖 B。

❑ 使用 B 的 Operator 依赖 A。

❑ 使用 A 的 Operator 希望升级到 A2 版本同时弃用老版本 A，新的 A2 版本依赖 B2。

❑ 使用 B 的 Operator 希望升级到 B2 版本同时弃用老版本 B，新的 B2 版本依赖 A2。

此时如果我们只升级 A 而没有同步升级 B，即使系统可以找到适用的升级版本，也无法完成对应 Operator 的版本升级。

为了避免版本迭代出现上述问题，OLM 所采用的依赖解析逻辑如下所示。

假设我们有运行在某一个 namespace 下的一组 operator。

❑ 对于该 namespace 下的每一个 subscription 订阅，如果该 subscription 之前没有被检查过，OLM 会寻找订阅对应 source/package/channel 下的最新版本 CSV，并临时创建一个匹配新版本的 Operator；如果是已知订阅，OLM 会查询对应 source/package/channel 的更新。

❑ 对于 CSV 中依赖的每一个 API 版本，OLM 都会按照 sources 的优先级挑选一个对应的 Operator，之后临时添加该依赖版本的新 Operator，如果没有找到对应的 Operator 也会添加该依赖 API。

❑ 此时如果有不满足 source 依赖条件的 API，系统会对被依赖的 Operator 进行降级（回退到上一个版本）。为了满足最终的依赖条件，这个降级过程会持续进行，最坏的情况下，该 namespace 下所有的 Operator 仍旧保持原版本。

❑ 如果有新的 Operator 完成解析并满足了依赖条件，它会在集群中创建出来；同时会有一个相关的 subscription 去订阅发现它的 channel/package 或是 source 以继续查看是否有新版本的更新。

在了解了 OLM 的依赖解析和升级管理的基本原理后，下面来看看升级 OLM 相关的工作流程。

首先从上文中我们已经有所了解，ClusterServiceVersion、CatalogSource 和 Subscription 是 OLM 框架中和升级紧密相关的 3 种扩展模型。在 OLM 的生态系统中，我们通过 CatalogSource 存储如 CVS 这样的 Operator 元数据。OLM 会基于 CatalogSources 使用 Operator 仓库相关的 API 查询可用或可升级的 Operators。而在 CatalogSource 中，Operators 通过 channels 来标识封装好的不同版本安装包。

当用户希望升级某个 Operator 时，可以通过 Subscription 来订阅具体需要安装哪个

channel 中指定版本的软件包。如果订阅指定的包没有被安装在目标集群中，OLM 会安装在 catalog/package/channel 等下载源的最新版本 Operator。

在一个 CSV 定义中，我们可以通过 replace 字段声明需要替换的 Operator，OLM 在收到请求后会从不同的 channel 中寻找能够被安装的 CSV 定义并最终将它们构建出一个 DAG（有向无环图），在这个过程中，channel 可以被认为是更新 DAG 的入口。在升级过程中，如果 OLM 发现在可升级的最新版本和当前版本之间还有未安装的中间版本，会自动构建出一条升级路径并保证路径上安装中间版本。比如当前我们有一个正在运行的 Operator，它的运行版本是 0.1.1，此时 OLM 在收到更新请求后通过订阅的 channel 找到了 0.1.3 的最新可升级版本，同时还找到了 0.1.2 这个中间版本，此时 OLM 会首先安装 0.1.2 版本 CSV 中对应的 Operator 替换当前版本，最终安装 0.1.3 替换 0.1.2 版本。

当然在某些状况下，比如在遇到了一个存在严重安全漏洞的中间版本时，这样迭代升级每个版本的方式并不合理和安全。此时我们可以通过 skip 字段定制化安装路径以跳过指定的中间版本，如下所示。

```
apiVersion: operators.coreos.com/v1alpha1
kind: ClusterServiceVersion
metadata:
  name: etcdoperator.v0.9.2
  namespace: placeholder
  annotations:
spec:
    displayName: etcd
    description: Etcd Operator
    replaces: etcdoperator.v0.9.0
    skips:
    - etcdoperator.v0.9.1
```

如果需要忽略多个版本的安装，我们可以在 CSV 中使用如下定义：

```
olm.skipRange: <semver range>
```

其中版本范围的定义可参考 semver，一个 skipRange 的 CSV 示例如下：

```
apiVersion: operators.coreos.com/v1alpha1
kind: ClusterServiceVersion
metadata:
  name: elasticsearch-operator.v4.1.2
  namespace: placeholder
  annotations:
    olm.skipRange: '>=4.1.0 <4.1.2'
```

14.2.5　operator-registry

在 OLM 中，我们可以通过对 CatalogSource 模型来定义 InstallPlan 从哪里完成安装包的自动下载和依赖解析，同时 Subscription 通过对 channel 的订阅也可以从 CatalogSource 拉取最新版本的安装包。本节将以官方社区的 operator-registry 为例来介绍 CatalogSource 的安装和基本使用方法。

operator-registry 主要由如下 3 部分组成。

❑ initializer：负责接收用户上传的以目录为结构的 operator manifests，同时将数据导入到数据库中。

❑ registry-server：包含存取 operator manifests 相关的 sqlite 数据库服务，同时对外暴露 gRPC 协议接口的服务。

❑ configmap-server：负责向 registry-server 提供解析好的 operator manifest 相关 configmap（包含 operator bundle 相关的标签或 CRD 和 CSV 等配置元数据），并存入 sqlite 数据库中。

关于 operator manifes 的格式定义，在 operator-registry 中把在上传目录中包含的每一个 CSV 定义单元称为一个 "bundle"，每个典型的 bundle 由单个 CSV（ClusterServiceVersion）和包含其相关接口定义的单个或多个 CRD 组成，如下所示。

```
# bundle 示例
0.6.1
├── etcdcluster.crd.yaml
└── etcdoperator.clusterserviceversion.yaml
```

当导入 manifests 到数据库时会包含如下格式的校验。

❑ 每个 package 安装包都需要至少定义一个 channel。

❑ 每个 CSV 需要关联一个安装包中存在的 channel。

❑ 每个 bundle 目录有且仅有一个对应的 CSV 定义。

❑ 如果 CSV 中包含相关 CRD 定义，该 CRD 必须也存在于 bundle 所在目录中。

❑ 如果一个 CSV 在 replace 定义中被其他 CSV 取代，则对应的新旧 CSV 均需要存在于 package 中。

对于 manifests 中不同软件包对应的 bundle 目录格式，原则上最好保持一个清晰的目录结构，下面我们来看官方的一个 manifest 示例。

```
manifests
├── etcd
│   ├── 0.6.1
│   │   ├── etcdcluster.crd.yaml
│   │   └── etcdoperator.clusterserviceversion.yaml
│   ├── 0.9.0
│   │   ├── etcdbackup.crd.yaml
│   │   ├── etcdcluster.crd.yaml
│   │   ├── etcdoperator.v0.9.0.clusterserviceversion.yaml
│   │   └── etcdrestore.crd.yaml
│   ├── 0.9.2
│   │   ├── etcdbackup.crd.yaml
│   │   ├── etcdcluster.crd.yaml
```

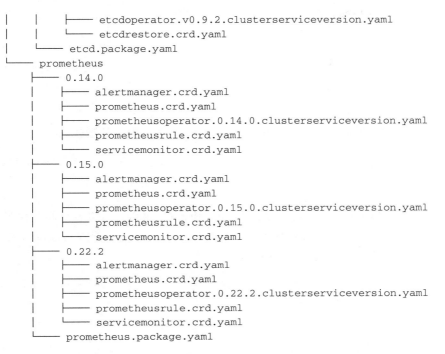

```
|     |     ├──── etcdoperator.v0.9.2.clusterserviceversion.yaml
|     |     └──── etcdrestore.crd.yaml
|     └──── etcd.package.yaml
└──── prometheus
      ├──── 0.14.0
      |     ├──── alertmanager.crd.yaml
      |     ├──── prometheus.crd.yaml
      |     ├──── prometheusoperator.0.14.0.clusterserviceversion.yaml
      |     ├──── prometheusrule.crd.yaml
      |     └──── servicemonitor.crd.yaml
      ├──── 0.15.0
      |     ├──── alertmanager.crd.yaml
      |     ├──── prometheus.crd.yaml
      |     ├──── prometheusoperator.0.15.0.clusterserviceversion.yaml
      |     ├──── prometheusrule.crd.yaml
      |     └──── servicemonitor.crd.yaml
      ├──── 0.22.2
      |     ├──── alertmanager.crd.yaml
      |     ├──── prometheus.crd.yaml
      |     ├──── prometheusoperator.0.22.2.clusterserviceversion.yaml
      |     ├──── prometheusrule.crd.yaml
      |     └──── servicemonitor.crd.yaml
      └──── prometheus.package.yaml
```

通过官方提供的 Dockerfile 我们可以构建一个包含了 initializer 和 registry-server 的最小集 operator-registry 镜像。

下面来看看 operator-registry 与 OLM 的集成。这里需要创建一个 CatalogSource 对象并指定使用我们 operator-registry 的对应镜像。

```
apiVersion: operators.coreos.com/v1alpha1
kind: CatalogSource
metadata:
  name: example-manifests
  namespace: default
spec:
  sourceType: grpc
  image: example-registry:latest
```

当上面的 example-manifest 完成启动后，我们可以通过 Pod 日志查看相应的 gRPC 后端服务是否已建立。

```
$ kubectl logs example-manifests-wfh5h -n default

time="2019-03-18T10:20:14Z" level=info msg="serving registry" database=bundles.
db port=50051
```

与此同时，一旦 catalog 完成加载，OLM 中 package-server 组件就会开始读取目录中定义好的 Operators 软件包，通过下面的命令我们可以监控当前可用的 Operator package。

```
$ watch kubectl get packagemanifests

[...]

NAME                    AGE
prometheus              13m
etcd                    27m
```

同时我们可以使用如下命令查看一个指定 Operator package 使用的默认 channel。

```
$ kubectl get packagemanifests etcd -o jsonpath='{.status.defaultChannel}'

alpha
```

通过上面获取的 Operator 软件包名称、channel 和运行 catalog 的命名空间等信息，我们可以通过创建上文介绍过的 OLM 订阅对象（Subscription）启动从指定 catalog 源中安装或升级 Operator，下边是一个 Subscription 示例。

```
apiVersion: operators.coreos.com/v1alpha1
kind: Subscription
metadata:
  name: etcd-subscription
  namespace: default
spec:
  channel: alpha
  name: etcd
  source: example-manifests
  sourceNamespace: default
```

另外，通过支持 gRPC 协议的命令行通信工具 gRPCurl，我们可以在本地向指定的 catalog 服务端发送请求，从而方便地进行软件包目录信息的查看。

14.3　Operator Metering

Operator Metering 是 CoreOS 继 Operator SDK 和 OLM 之后推出的又一个重要的开源项目，同时也是 Operator Framework 的重要组成部分。作为连接 SDK 和 OLM 的桥梁，Operator Metering 可以让用户更好地监控运行中 Operator 的资源使用情况，同时提供大规模集群伸缩或是混合云场景下资源成本或账单统计能力，从而帮助企业运维人员更加高效地管理 Operators。

本节我们会介绍 Operator Metering 的基本架构和核心组件。

14.3.1　Operator Metering 基本架构

Operator Metering 由如下 3 个重要组件构成。

❑ reporting-operator：其本身是一个 Kubernetes Operator，基于用户请求，通过自定义资源 CR 的方式生成自定义的监控报告。

❑ Presto：一个开源分布式 SQL 数据库，适合大数据场景下的分析式查询，同时支持关系型和非关系型数据源，在 Facebook、Netflix 等知名公司的应用场景中均有使用。

❑ Hive：知名数据仓库应用，用于管理和读写已存储于分布式数据存储中的数据。Hive 作为 Presto 的依赖组件，提供了 Presto 工作元数据的管理功能。

reporting-operator 的主要功能是基于 custom resources 设置收集目标监控源的数据，将目标 custom resources 上的变更解析为一个 event 事件，并作出事件相应的处理。Presto 会基于收集到的 Metering 数据使用 SQL 进行分析查询。在使用上，reporting-operator 会去查看几个特定类型自定义资源的变更，这些自定义资源用于配置如何获取、收集监控数据，又如何汇总报告甚至是在报告中进行一些相应的数据计算。我们会在本节后半部分详细介绍 Metering 相关的自定义资源的定义和使用。

当这些自定义资源实例被创建后，Operator 会根据目标资源在 Presto 中建立相应的表或视图，通过执行用户定义的 SQL 查询已经设置的目标采集数据源，并最终存储数据用于生成 CSV 或 JSON 格式的报告。

Operator Metering 在设计上的最终目标是提供 Presto 中支持存储的任何类型的 metering 计量数据的自定义报告能力。而当前它的主要能力还集中在与 Prometheus metrics 和一些特定云厂商账单数据的对接中。

下面我们来介绍一下 Operator Metering 架构中 6 个重要的自定义资源。

❑ StorageLocations：用于设置数据存储的目标位置，在其他自定义资源 ReportDataSources、Reports、HiveTables 和 PrestoTables 中均会被使用。StorageLocation 的作用相当于 Presto 中的 connector，它定义了 Presto 连接的后端存储，包括 Hive（HDFS）、S3 或是 ReadWriteMany 类型的 PVC。在 Operator Metering 的设计理念中，StorageLocation 的作用是尽可能的抽象后端连接的配置并暴露最少的配置必需项给用户。当我们完成 Operator Metering 的对应安装后，在其命名空间下会有一个默认的 StorageLocation 实例创建用于连接后端的 HDFS 集群，同时用户也可以通过对自定义资源实例的配置定制后端存储定义。

❑ PrestoTables：用于定义 Presto 中的表，当我们准备使用已经存在的表时，可以设置"unmanaged"，设置"managed"时 Operator 会在资源实例创建的同时在 Presto 中建立对应的表。

❑ HiveTables：用于在 Hive 中创建资源实例对应的表。

❑ ReportDataSources：用于管理报告对应的数据源，也就是在后端存储中的表对象。当前 Operator Metering 支持多种类型的数据源，使用最广泛的还是 PrometheusMetricsImporter 类型，配置该类型的 ReportDataSource 后，reporting-Operator 会在后端存储中创建对应的表用于存储 Pormetheus metric 数据，同时对导入的 metrics 数据进行指定处理。另外，ReportQueryView 类型的 ReportDataSource 会在 Presto 中创建对应的视图 View，而 PrestoTable 类型的 ReportDataSource 则使用一个已经存在的 PrestoTable 作为报告数据源。

❑ ReportQueries：用于控制如何查询 ReportDataSources 中定义的可用数据，当它被 Report 资源使用时，该字段定义了在报告执行时采集何种数据。当它在 ReportDataSource 中被引用时，会在 Presto 中基于查询目标创建对应的视图。当 reporting-operator 发现了在命名空间中一个新的 ReportQuery 实例时，会重新处理依赖它的 ReportDataSources 或 Reports，在 14.3.2 节中我们会详细介绍 ReportQuery 的定义和使用方法。

❑ Reports：基于 ReportQuery 实例中定义的目标配置生成对应的报告，它是终端用户直接交互的自定义资源，可以通过定时任务的方式执行。当一个 Report 实例被创建后，它会监听相应的创建事件，当收到创建指令时会执行如下动作。

- 获取 Report 指定的 ReportQuery 信息。
- 获取并校验 spec.inputs 字段中每一个 ReportQuery、ReportDataSource 和 Report 输入及其对应的依赖项。
- 更新 Report 实例状态为开始生成报告。
- 基于实例指定的 StartPeriod 和 EndPeriod 参数生成对应的 ReportQuery 模板。
- 在 Report StorageLocation 中指定的后端存储中创建 Report 实例 Hive 字段中声明的数据库表。
- 使用 Presto 引擎执行查询语句。
- 当所有处理成功执行后更新 Report 实例状态。

14.3.2　Operator Metering 核心组件

在 14.3.1 节中我们对 Operator Metering 的架构和组件定义有了一个基本的了解，本节来具体学习 Operator Metering 中各自定义资源的详细功能和使用方法。

1. Storage Locations

首先来看看 StorageLocation。它是用来设置 reporting-operator 中数据的存储源，其中数据包括从 Prometheus 收集到的监控数据，也包括 Report 等自定义资源产生的模型数据。

注意通常只有用户希望将上述数据存储到多个目标地址时才需要进行 StorageLocation 的配置。

在 StorageLocation 的 CR 模型定义中，Hive 字段表明在 reporting-operator 中会使用 Hive 在 Presto 中创建相应的表结构进行数据存储。它支持如下的配置定义。

❑ databaseName：目标数据库名称。

❑ unmanagedDatabase：如果设置为 true，则该存储位置定义不会被动态管理，同时系统会认为 databaseName 中定义的数据库已经默认存在于 Hive 中。如果字段设置为 false，则 reporting-operator 会自动在 Hive 中创建该数据库。

❏ location：可选配置，用于设置目标数据库在 Presto 和 Hive 管理过程中对应的文件系统 URL，格式为 hdfs:// 或 s3a://。

❏ defaultTableProperties：可选配置，包括 Hive 在建表过程中的配置选项，比如 Hive 中 fileFormat 和 rowFormat 的配置选项。

下面我们来看一个 StorageLocation 的示例模板，在该实例中我们指定了 PVC 作为数据目标存储，同时我们可以设置是否自动创建指定 PVC 以及配置对应的存储资源规格。

```
apiVersion: metering.openshift.io/v1
kind: StorageLocation
metadata:
  name: example-s3-storage
  labels:
    operator-metering: "true"
spec:
  hive:
    type: "sharedPVC"
    sharedPVC:
      claimName: "metering-nfs"
      # 如果需要在声明 PVC 时使用指定的 storageClass 可以取消下列注释
      # createPVC: true
      # storageClass: "my-nfs-storage-class"
      # size: 5Gi
```

更多的自定义存储目标设置我们可以参考官方配置示例进行了解，此处不再展开。

2. Reports

自定义资源 Report 资源用于管理 metering 报告的执行和其对应的状态，在报告中我们可以定义获取哪些 metering 数据用于后续的分析和过滤。

一个 Report 资源实例会根据用户设置的计划任务定时刷新报告数据。如果实例中定义了 spec.schedule 字段，则系统会根据用户设置的时间段持续收集数据并定时执行报告。如果实例中没有定义 schdule 计划任务，Report 实例会根据 reportingStart 和 reportingEnd 字段的设置一次性执行报告。默认情况下，报告的执行任务会等待 metering 数据从 ReportDataSources 中执行导入的任务。

下面我们来看一个 Report 资源定义示例，其中报告每小时执行一次，包含上一小时内每个 Pod 的 CPU 请求数据。

```
apiVersion: metering.openshift.io/v1
kind: Report
metadata:
  name: pod-cpu-request-hourly
spec:
  query: "pod-cpu-request"
  reportingStart: "2019-07-01T00:00:00Z"
  schedule:
```

```
        period: "hourly"
    hourly:
        minute: 0
        second: 0
```

下面是一次性报告的示例，包含了集群内 pods 7 月份的 CPU 请求数据。

```
apiVersion: metering.openshift.io/v1
kind: Report
metadata:
  name: pod-cpu-request-hourly
spec:
  query: "pod-cpu-request"
  reportingStart: "2019-07-01T00:00:00Z"
  reportingEnd: "2019-07-31T00:00:00Z"
```

上述示例中，query 字段的内容均来自 ReportQuery 中的实例名称，而选取哪种 ReportQuery 作为 query 内容也决定了报告中的内容以及后续的处理。注意，Report 实例中的 query 是必选字段，我们可以通过 kubectl -n $METERING_NAMESPACE get reportqueries 在指定的 metering 命名空间内查找有哪些可用的 reportqueries 实例。

```
kubectl -n $METERING_NAMESPACE get reportqueries
NAME                                           AGE
cluster-cpu-capacity                           23m
cluster-cpu-capacity-raw                       23m
cluster-cpu-usage                              23m
cluster-cpu-usage-raw                          23m
cluster-cpu-utilization                        23m
cluster-memory-capacity                        23m
cluster-memory-capacity-raw                    23m
cluster-memory-usage                           23m
cluster-memory-usage-raw                       23m
cluster-memory-utilization                     23m
....
```

其中名称以 -raw 结尾的 ReportQueries 实例是不能被直接使用在 report 中的，它们会被其他 ReportQueries 用来构建更为复杂的查询。

名称以 namespace- 开头的 ReportQueries 支持以命名空间为单位聚合其中 Pod 的 CPU/memory 请求，我们可以利用它查询一个命名空间集合中的资源请求总和。

名称以 pod- 开头的 ReportQueries 与上面 namespace- 的实例类似，支持聚合一系列 Pod 的资源请求信息，包括 Pod 的命名空间和节点信息。

名称以 node- 开头的 ReportQueries 支持查询每个集群节点的可用资源信息。

我们可以通过 kubectl 命令查看每一个 ReportQueries 实例的具体元信息，如下示例中的 columns 字段所示。

```
kubectl -n $METERING_NAMESPACE get reportqueries namespace-memory-request -o yaml
```

```
apiVersion: metering.openshift.io/v1
kind: ReportQuery
metadata:
  name: namespace-memory-request
  labels:
    operator-metering: "true"
spec:
  columns:
  - name: period_start
    type: timestamp
    unit: date
  - name: period_end
    type: timestamp
    unit: date
  - name: namespace
    type: varchar
    unit: Kubernetes_namespace
  - name: pod_request_memory_byte_seconds
    type: double
    unit: byte_seconds
```

　　下面我们再来看报告中的 schedule 字段，它定义了报告的执行时间。其中 period 是 schdule 实例中的主要字段，在 period 定义中可以通过 hourly、daily、weekly 和 monthly 这样的时间定义细粒度的报告执行时间。比如下面这个 schedule 示例，我们可以在每周上报的基础上定义具体的报告时间为每周三的下午一点。

```
...
  schedule:
    period: "weekly"
    weekly:
      dayOfWeek: "wednesday"
      hour: 13
```

　　我们可以通过 reportingStart 字段设置一个具体的报告起始时间，来实现报告之前一段时间内已经存在的 meterig 数据。此时如果我们定义一个很久之前的时间，reporting-operator 会以 period 字段中定义的时间间隔执行多次查询去报告 reportingStart 时间点到当前时间这个时间段内的数据。同样，通过设置 reportingEnd 字段我们可以定义报告的终止时间，如果不设置该字段，则报告会始终保持在运行状态。下面是一个定义了起始和终止时间点的报告实例。

```
apiVersion: metering.openshift.io/v1
kind: Report
metadata:
  name: pod-cpu-request-hourly
spec:
  query: "pod-cpu-request"
  schedule:
```

```
        period: "weekly"
    reportingStart: "2019-07-01T00:00:00Z"
    reportingEnd: "2019-07-31T00:00:00Z"
```

通过设置 runImmediately 字段为 true 可以立即运行报告而无视 reportingStart 和 reportingEnd 字段的限制，同时忽略报告周期的限制。

Report 的数据会和 metrics 数据一样存储在数据库中，因此我们可以进行报告的聚合或汇总操作。最常见的应用就是我们可能需要汇总一段时间的报告，比如将一个月内 daily 周期的日报汇总为一份月报。而在 ReportQuery 模板中支持函数处理能力，在第 16 章的实战环节中我们会具体介绍如何设置 reports 的汇总操作。

最后我们再来看下 Report 实例的状态字段 status，其中包含了两个字段定义：conditions 由一系列状态日志组成，包括当前报告计划的状态和 message 信息；lastReportTime 字段则表明了 Operator 对该报告上一次的采集时间。

3. Report Queries

自定义资源 ReportQuery 可以通过控制 SQL 查询逻辑来决定如何生成报告，在上文的 Report 实例定义中我们也有提到，在 Report 实例的 spec.query 字段的 metadata.name 中我们可以指定 reporting-operator 所在命名空间下的任何一个 ReportQuery 实例。

首先来看看 ReportQuery 模型中支持的字段。

❑ query：格式为一个 SQL select 查询语句，支持 go templates 格式并在此基础上添加了 Operator Metering 的定制函数，有兴趣的读者可以在官方文档中查询这些定制函数的具体定义。

❑ columns：定义查询结果返回中的 column 字段，column 的定义顺序必须与 select 查询语序的结果返回顺序一致。columns 中又包含了 name 字段对应于 select 查询中返回的 column 名称；type 字段对应于 Presto 中的 column 类型；unit 则表示了 column 对应的度量单位。

❑ inputs：定义了一组 report query 用于控制其查询动作的数据输入，inputs 中又包含了 name 字段用于 Report 或 ScheduledReport 实例中的引用，或是作为自身查询模板中的变量使用；type 字段定义了输入的数据类型，包括 string、time、int 等常见数据类型以及 ReportDataSource、ReportQuery 和 Report 这样的引用数据。

下面通过一个 ReportQuery 实例，更直观地了解它的定义。

```
apiVersion: metering.openshift.io/v1
kind: ReportQuery
metadata:
  name: pod-memory-request-raw
  labels:
    operator-metering: "true"
spec:
  columns:
```

```
      - name: pod
        type: varchar
        unit: Kubernetes_pod
      - name: namespace
        type: varchar
        unit: Kubernetes_namespace
  ...
      - name: pod_request_memory_byte_seconds
        type: double
        unit: byte_seconds
      - name: timestamp
        type: timestamp
        unit: date
      - name: dt
        type: varchar
    inputs:
    - name: PodRequestMemoryBytesDataSourceName
      type: ReportDataSource
      default: pod-request-memory-bytes
    query: |
      SELECT labels['pod'] as pod,
          labels['namespace'] as namespace,
          element_at(labels, 'node') as node,
          labels,
          amount as pod_request_memory_bytes,
          timeprecision,
          amount * timeprecision as pod_request_memory_byte_seconds,
          "timestamp",
          dt
      FROM {| dataSourceTableName .Report.Inputs.PodRequestMemoryBytesDataSourceName |}
      WHERE element_at(labels, 'node') IS NOT NULL
```

这个名为 pod-memory-request-raw 的示例是 Operator Metering 默认预置的 ReportQuery，从它的名称后缀 -raw 可以看出，它不会被直接用于 Reports 报告，而是会作为一个基础报告查询实例被其他 ReportQuery 重用。从它的模板定义可见，该实例会从 ReportDataSource 定义包含了 Prometheus metric 数据的数据库中读取 Pod 的 memory 请求数据，并且它使用了 Operator Metering 自定义的 dataSourceTableName 模板函数去获取对应的表名称。

4. Reportdatasources

自定义资源 ReportDataSource 用于定义如何存储 Metering 数据，同时也可以定义 Operator 如何去收集数据。

当前我们可以定义 4 种类型的 ReportDataSource，包括 prometheusMetricsImporter、awsBilling、reportQueryView 和 prestoTable 类型。每种类型的定义中都包含 spec 和 ReportDataSource 字段的相应配置。

ReportDataSource 的主要功能是令 metering operator 根据不同的 ReportDataSource 类型在 Presto 和 Hive 中完成建表和一些其他数据工作。比如对于 prometheusMetricsImporter 类

型的数据源，Operator 会定期采集 metrics 数据并将其入库。

对于 awsBilling 类型的数据源，Operator 会配置其表结构指向一个包含了 AWS 账户花费和使用报告的 S3 bucket，从而使相关的账单数据可以通过 Operator 连接的数据表进行展示。

这里我们只介绍使用最多的 prometheusMetricsImporter 类型的数据源。首先该类型的数据源会定期使用指定的查询语句从 Prometheus 中拉取相关 metrics 数据。它支持的字段定义如下所示。

❑ query：指定使用的 PromQL 查询语句。

❑ storage：指定数据存储对应的 StorageLocation 实例。

❑ prometheusConfig：指定使用该字段下 URL 中定义的 Prometheus 实例拉取 metrics 数据。

而 prometheusMetricsImporter ReportDataSource 实例对应的数据表中会包含如下的结构信息。

❑ timestamp：该数据列类型即为 timestamp，用于存储 metric 的采集时间。注意，timestamp 作为 Presto 中的保留字段，任何查询语句在查询该列时，都需要使用引号引用该列。

❑ timeprecision：该数据列类型为 double，用于记录从 Prometheus 查询 metric 数据的频度，该数据也代表了监控数据的精度，数值越大、精度越小，该数值由 Operator 控制。

❑ label：该数据列类型为 map(varchar, varchar)，记录了 Prometheus 中标签和 metric 数据的对应关系。

❑ amount：该数据列类型为 double，记录了在对应时间点的 metric 数据值。

下面是一个 Operator Metering 中默认安装的 ReportDataSource 实例。

```
apiVersion: metering.openshift.io/v1
kind: ReportDataSource
metadata:
  name: "pod-request-memory-bytes"
  labels:
    operator-metering: "true"
spec:
  prometheusMetricsImporter:
    query: |
      sum(kube_pod_container_resource_requests_memory_bytes) by (pod, namespace, node)
```

如果希望使用指定的非默认 Prometheus 实例，可以使用如下的 prometheusConfig 字段进行配置。

```
apiVersion: metering.openshift.io/v1
kind: ReportDataSource
metadata:
```

```
    name: "pod-request-memory-bytes"
    labels:
      operator-metering: "true"
spec:
  prometheusMetricsImporter:
    query: |
      sum(kube_pod_container_resource_requests_memory_bytes) by (pod, namespace, node)
    prometheusConfig:
      url: http://custom-prometheus-instance:9090
```

14.4　本章小结

　　本章我们分别介绍了 Operator Framework 中 3 个主要项目 Operator SDK、Operator Lifecycle Manager 和 Operator Metering 的基本架构、组件模型定义以及基本功能。

　　通过本章的学习，相信读者对 Operator Framework 的功能和使用已经有了一定了解，第 15 章将结合 Operator 相关的应用场景，在实战中加深对 Operator Framework 的理解和运用能力。

第 15 章

Operator 实战

在了解了 Operator Framework 各主要项目的基本架构和功能使用的基础上，本章让我们结合代码，更加直观地理解 Operator Framework 是如何帮助我们在实际的应用场景下快速地构建一个 Operator 项目的，又是如何利用 OLM 和 Operator Metering 去更好地管理和运维已经部署运行的 Operator 实例。

15.1 基于 Operator SDK 构建 Operator

15.1.1 生成第一个 Operator 项目

本节将结合代码，利用第 14 章中介绍的 Operator SDK CLI 工具和 controller-runtime 框架编写一个简单的 memcached-operator 实例。作为 SDK 官方文档中介绍的指导用例，这里我们的目的并不是深入解析业务应用的逻辑，而是希望通过这样一个简单的 Operator 应用来更加直观地理解如何基于框架自己动手构建一个 Operator，其中又能总结出哪些方法论帮助我们构建出符合自身业务逻辑需求的专属 Operator。

在开始编写 Operator 之前，我们首先需要确保环境已经安装了 Operator SDK CLI，而安装 CLI 的相关步骤在 14.1.1 节已经有过介绍。下面就开始动手编写代码。

第一步我们可以利用 SDK CLI 生成项目的脚手架代码，这里使用 SDK 的 new 命令。

```
$ mkdir -p $HOME/projects
$ cd $HOME/projects
$ operator-sdk new memcached-operator --repo=github.com/example-test/memcached-operator
$ cd memcached-operator
```

这里 new 命令的 repo 参数在 14.1.2 节中也介绍过，当 Operator 的 dep-manager 为 modules 时，可以使用该参数指定项目的 import 仓库路径，当引用路径不在 $GOPATH/src 范围内时需要指定该参数。当然，如果不喜欢 go mod 的缓存方式，这里也可以使用 --vendor 命令利用 vendor 目录进行依赖包的管理。

当上述命令成功执行后，我们可以在指定的目录下找到新生成的项目代码。在执行过程中，SDK 会帮助我们解析项目相关的依赖包并完成必要的下载。14.1.4 节介绍了 SDK 生成的代码框架，现在我们参照环境中生成的代码再回顾一下 SDK 为我们生成的项目纲要。

另外，默认情况下 SDK 生成的 Operator 的作用域是在指定的命名空间下，如果想生成一个集群维度的 Operator 实例，可以参考 14.1.3 节中的方法进行相应的模板参数调整。

在生成的代码框架中，我们首先来看入口 main.go，其中可以看到第 14 章重点介绍过的 Manager 实例在此完成初始化和运行的工作。Manager 实例会自动注册所有定义在 pkg/apis/... 目录中的自定义资源 scheme，并且运行所有在 pkg/controller/... 目录中的 controllers。在 Manager 中我们可以指定所有 controllers 在哪个命名空间中进行资源监听，代码如下。

```
mgr, err := manager.New(cfg, manager.Options{
  Namespace:          namespace,
  MapperProvider:     restmapper.NewDynamicRESTMapper,
  MetricsBindAddress: fmt.Sprintf("%s:%d", metricsHost, metricsPort),
})
```

默认情况下，指定监听的 namespace 即为 Operator 实例运行的命名空间，如果希望进行集群维度的监听，可以将 namespace 参数置为空。

```
mgr, err := manager.New(cfg, manager.Options{Namespace: ""})
```

这里我们也可以使用 controller-runtime 中封装的 MultiNamespacedCacheBuilder 类型去实现多命名空间资源的监听。

```
var namespaces []string

mgr, err := manager.New(cfg, manager.Options{
  NewCache: cache.MultiNamespacedCacheBuilder(namespaces),
  MapperProvider:     restmapper.NewDynamicRESTMapper,
  MetricsBindAddress: fmt.Sprintf("%s:%d", metricsHost, metricsPort),
})
```

默认情况下，入口程序会使用 deploy/operator.yaml 中定义的环境变量 WATCH_NAMESPACE 作为 manager 实例中 namespace 变量的参数定义。

15.1.2　创建自定义资源定义

在有了基本的项目框架和 Manager 实例后，接下来要做的就是定义业务应用对应的自定义资源模型。同样，我们可以借助 SDK CLI 完成基本代码的生成，命令如下。

```
operator-sdk add api --api-version=cache.example.com/v1alpha1 --kind=Memcached
```

根据我们指定的 api 版本生成的资源模型代码将放置在目录 pkg/apis/cache/v1alpha1/... 下。
接下来我们根据业务需求添加项目中自定义资源 Memcached 中的 spec 和 status 字段，代码
路径如下所示。

```
pkg/apis/cache/v1alpha1/memcached_types.go:
type MemcachedSpec struct {
  Size int32 `json:"size"`
}
type MemcachedStatus struct {
  Nodes []string `json:"nodes"`
}
```

当我们完成业务模型 *_types.go 文件的修改后，需要使用 generate k8s 命令及时更新模
型对应的 k8s generated 代码，这里注意不要忘记在命令行运行的终端环境中设置 GOROOT
变量：operator-sdk generate k8s。

Kubernetes 1.16 版本后，基于 OpenAPI3.0 schema 的 CRD 模型校验声明已经被标记为
稳定特性，通过在资源模型定义的 Marker 标记中设置指定字段开头的校验标签，我们可以
在 CR 模型的创建和更新时对其指定字段进行校验。如下示例中，我们可以校验 Alias 字段
内容是否在一个枚举的指定范围中。

```
// +kubebuilder:validation:Enum=Lion;Wolf;Dragon
type Alias string
```

有关 Marker 的使用说明我们可以在 kubebuilder 的官方文档中详细学习，另外基于
OpenAPIv3 版本的校验 markers 完整列表定义我们可以参考官方文档进行了解。

在完成了对自定义资源模型定义的更新后，我们可以通过 CLI 命令 operator-sdk generate
crds 完成项目中路径 deploy/crds/cache.example.com_memcacheds_crd.yaml 下 Memcached CRD
模板的相应更新，一段 validation 校验模板定义示例如下。

```
spec:
  validation:
    openAPIV3Schema:
      properties:
        spec:
          properties:
            size:
              format: int32
              type: integer
```

15.1.3　创建 Controller

在完成了自定义模型资源的定义后，我们可以开始编写核心逻辑 controller 和对应的
Reconcile 调谐调谐函数了。关于 Reconcile 函数和 controller 的工作机制，我们在 14.1.5 节
中已经进行了介绍，这里可以直接使用 CLI 完成 controller 框架代码的生成。

```
operator-sdk add controller --api-version=cache.example.com/v1alpha1 --kind=Memcached
```

命令执行成功后，我们可以在目录 pkg/controller/memcached/ 下看到新生成的 controller 实例 memcached_controller.go，这里我们可以使用官方的 memcachedcontroller[示例模板] 替换生成类中的基础代码，首先看看如何控制 controller 中监听的资源。

```
// 监听一类资源 Memcached 的变更
err = c.Watch(&source.Kind{Type: &cachev1alpha1.Memcached{}}, &handler.
EnqueueRequestForObject{})
if err != nil {
  return err
}

// 监听二类 pod 资源变更并将其所属的 Memcached 重新入队处理
err = c.Watch(&source.Kind{Type: &appsv1.Deployment{}}, &handler.
EnqueueRequestForOwner{
    IsController: true,
    OwnerType:    &cachev1alpha1.Memcached{},
})
if err != nil {
  return err
}
```

在上面的资源监听注册代码中，我们首先对一级资源 Memcached 的创建、更新和删除事件进行监听，监听到的事件会在 EventHandler 中最终封装为 reconcile.Request 实例进行入队并等待调谐处理。另外针对由 Memcached 创建的 Deployment 这样的二级资源，我们也可以通过示例代码中的第二个 Watch 函数进行监听注册。

在 controller 的初始化以及资源模型监听的声明过程中，有一些应用较多的实用配置如下所示。

❏ 通过在 controller 初始化时设置 MaxConcurrentReconciles 参数可以控制 Reconciles 函数的并发处理个数。

```
_, err := controller.New("memcached-controller", mgr, controller.Options{
    MaxConcurrentReconciles: 2,
    ...
})
```

❏ 当 Operator 处理大规模的 apiServer 事件时，使用 14.1.6 节中介绍的 Predicates 可以在事件入队处理前过滤掉大量无用事件。

❏ 可以使用 EventHandler 将监听事件在入队处理前转换为希望的 Reconcile 请求模型，对于一些复杂的运维关系模型，我们可以使用 EnqueueRequestsFromMapFunc 将事件转换为一组 Reconcile 请求模型。

最后我们来看下 controller 中的核心 Reconcile 函数，在每一个 controller 中都会有一个 Reconciler 实体，而 Reconcile 调谐函数正是该实体中实现的方法，在函数中会循环处理接收到的 Request 参数，参数中会有从 Cache 中读取的 Memcached 资源模型实例对应的 Namespace/Name 作为标识。

```
func (r *ReconcileMemcached) Reconcile(request reconcile.Request) (reconcile.
Result, error) {
    memcached := &cachev1alpha1.Memcached{}
    err := r.client.Get(context.TODO(), request.NamespacedName, memcached)
    ...
}
```

在时间请求的返回处理上，我们可以进行如下的选择。

```
// 调谐成功，不再入队处理
return reconcile.Result{}, nil
// 因为某种错误调谐失败，重新入队
return reconcile.Result{}, err
// 其他原因重新入队处理
return reconcile.Result{Requeue: true}, nil
```

另外我们还可以使用 Result.RequeueAfter 设置请求重新入队的时间间隔，如下所示。

```
import "time"

return reconcile.Result{RequeueAfter: time.Second*5}, nil
```

以上只是 controller 和 Reconcile 函数中的一些要点提示，有兴趣的读者可以通过阅读示例源码加深理解。

在完成了上述从 controller 的创建到监听注册，再到 Reconcile 函数的编写后，我们已经基本走通了一个 Operator 业务运维逻辑相关的主流程。最后再补充介绍一些 Operator 实现细节。

1. 三方资源注册

当我们用 SDK CLI 生成 Operator 代码框架时，在启动 main 函数中可以找到如下代码。

```
import (
  "github.com/example-inc/memcached-operator/pkg/apis"
  ...
)

// 安装所有资源类的 Scheme
if err := apis.AddToScheme(mgr.GetScheme()); err != nil {
  log.Error(err, "")
  os.Exit(1)
}
```

上述代码帮助我们将 pkg/apis 目录中的自定义资源模型 scheme 注册到对应的 Manager 实例中。而当我们需要在 Operator 中使用其他第三方资源类型时，同样需要使用 AddToScheme() 方法将对应的资源模型添加到 Manager 实例的 scheme 中去，注意资源模型的添加需要在 controller 的安装前完成，示例代码如下所示。

```
import (
  ....

  routev1 "github.com/openshift/api/route/v1"
)

func main() {
  ....

  // 添加三方资源模型 routev1
  if err := routev1.AddToScheme(mgr.GetScheme()); err != nil {
    log.Error(err, "")
    os.Exit(1)
  }

  ....

  // 安装所有 controllers
  if err := controller.AddToManager(mgr); err != nil {
    log.Error(err, "")
    os.Exit(1)
  }
}
```

2. 资源清理

在 Reconcile 函数中，我们时常需要进行资源的删除操作，而面对一些比较复杂的删除逻辑，比如我们在删除某个业务自定义资源实例时，很有可能需要确保删除一些依赖它的其他关联资源，这时我们可以使用 Finalizers。

controller 可以通过定义 Finalizers 实现删除前的异步 pre-delete hook，我们可以通过 SetFinalizers 方法在代码逻辑中添加 Finalizers，它可以是任意字符，而添加了 Finalizers 的资源实例是不能够被强制删除的。当设置了 Finalizers 的实例接收到删除请求的时候，它首先会设置一个 metadata.deletionTimestamp 字段并进入正在删除的阶段，在该阶段中我们只能对 Finalizers 列表进行删除操作。

当 metadata.deletionTimestamp 被设置后，controller 会以 metadata.deletionGracePeriodSeconds 字段中定义的间隔时间定期向监听资源发送更新请求并执行 Finalizers 列表中相应的资源清理逻辑。只有当所有 Finalizer 被执行且整个 Finalizers 列表被清空后，Operator 监听的资源模型实例才会被真正删除。注意这里删除 Finalizer 的任务是由 controller 来完成的。我们可以通过如下代码学习 Finalizers 的使用方法。

```
const memcachedFinalizer = "finalizer.cache.example.com"

func (r *ReconcileMemcached) Reconcile(request reconcile.Request) (reconcile.Result, error) {
```

```
    reqLogger := log.WithValues("Request.Namespace", request.Namespace,
"Request.Name", request.Name)
    reqLogger.Info("Reconciling Memcached")

    // 获取 Memcached 实例
    memcached := &cachev1alpha1.Memcached{}
    err := r.client.Get(context.TODO(), request.NamespacedName, memcached)
    if err != nil {
        // 如果找不到资源实例，说明所有 Finalizers 已经被删除，相应的资源也已被删除，直接返回
        if apierrors.IsNotFound(err) {
            return reconcile.Result{}, nil
        }
        return reconcile.Result{}, fmt.Errorf("could not fetch memcached instance: %s", err)
    }

    ...

    // 检查 Memcached 实例是否被设置了 deletionTimestamp 字段
    isMemcachedMarkedToBeDeleted := memcached.GetDeletionTimestamp() != nil
    if isMemcachedMarkedToBeDeleted {
        if contains(memcached.GetFinalizers(), memcachedFinalizer) {
            // 执行 memcachedFinalizer 中的相关清理逻辑，如果清理失败，不要删除对应的 Finalizer，
            // 在下次的调谐过程中该清理逻辑会执行重试
            if err := r.finalizeMemcached(reqLogger, memcached); err != nil {
                return reconcile.Result{}, err
            }

            // 删除 memcachedFinalizer，当 Finalizers 列表被清空时资源删除
            memcached.SetFinalizers(remove(memcached.GetFinalizers(), memcachedFinalizer))
            err := r.client.Update(context.TODO(), memcached)
            if err != nil {
                return reconcile.Result{}, err
            }
        }
        return reconcile.Result{}, nil
    }

    // 为业务资源模型添加 Finalizer
    if !contains(memcached.GetFinalizers(), memcachedFinalizer) {
        if err := r.addFinalizer(reqLogger, memcached); err != nil {
            return reconcile.Result{}, err
        }
    }

    ...

    return reconcile.Result{}, nil
}

func (r *ReconcileMemcached) finalizeMemcached(reqLogger logr.Logger, m
*cachev1alpha1.Memcached) error {
```

```
    // TODO：在此添加 CR 实例被删除前的对应清理逻辑，比如清理模型对应的 PVC 或是做清理前的备份工作
    reqLogger.Info("Successfully finalized memcached")
    return nil
}

func (r *ReconcileMemcached) addFinalizer(reqLogger logr.Logger, m *cachev1alpha1.
Memcached) error {
    reqLogger.Info("Adding Finalizer for the Memcached")
    m.SetFinalizers(append(m.GetFinalizers(), memcachedFinalizer))

    // 更新 CR
    err := r.client.Update(context.TODO(), m)
    if err != nil {
        reqLogger.Error(err, "Failed to update Memcached with finalizer")
        return err
    }
    return nil
}

func contains(list []string, s string) bool {
    for _, v := range list {
        if v == s {
            return true
        }
    }
    return false
}

func remove(list []string, s string) []string {
    for i, v := range list {
        if v == s {
            list = append(list[:i], list[i+1:]...)
        }
    }
    return list
}
```

3. leader 选举

在生产环境中，Operator 的高可用性部署是常见的需求，为此我们可以通过将 Operator 设置为多副本实例，同时通过 operator-framework/operator-sdk/pkg/leader 包中提供的选举封装方法，实现在多实例场景下同时只有一个 Operator 实例进行调谐处理，而另外的备选实例可以在 leader 失效时快速切换高可用需求。

这里 SDK 中的 leader 库为我们提供了如下两种 leader 选举方式。

❑ Leader-for-life：在该模式下只有当已经成为 leader 的实例被删除后才会开始新的 leader 选举，这样可以保证任何时刻都不会同时存在 1 个以上的 leader 实例，从而也避免了数据不一致问题的出现。但是假设 leader 实例所在的节点因为某些原因与集群失联，此时只有在经过 controller-manager 中 pod-eviction-timeout 参数设置的驱逐

超时时间（默认是 5min）后，新的 leader 实例才会被选举出来，在这个时间段我们的 Operator 服务将不可用。

❑ Leader-with-lease：在该模式下 leader 实例会定时对自己的租约进行续期，如果无法续期则会重新选举新的实例成为 leader。该模式可以保证在 leader 实例失联或故障时更快速地恢复服务，但是可能由于节点时钟不同步等原因，会造成特殊情况下的脑裂问题。

默认情况下 SDK 会使用 leader-for-life 模式，我们也可以根据实际的应用场景选择适合的选举方式。下面是两种模式在 operator 中不同的实现方式。

首先对于 leader-for-life 模式，通过调用 leader.Become() 方法会阻断 Operator 的运行直到它成为 leader 并创建一个名为 memcached-operator-lock 的 configmap，示例代码如下。

```
import (
  ...
  "github.com/operator-framework/operator-sdk/pkg/leader"
)

func main() {
  ...
  err = leader.Become(context.TODO(), "memcached-operator-lock")
  if err != nil {
    log.Error(err, "Failed to retry for leader lock")
    os.Exit(1)
  }
  ...
}
```

而对于 leader-with-lease 模式，需要在 Manager 实例的配置选项中设置相关的选举参数，代码如下。

```
import (
  ...
  "sigs.k8s.io/controller-runtime/pkg/manager"
)

func main() {
  ...
  opts := manager.Options{
    ...
    LeaderElection: true,
    LeaderElectionID: "memcached-operator-lock"
  }
  mgr, err := manager.New(cfg, opts)
  ...
}
```

15.1.4　Operator 的构建和运行

当完成了 Operator 代码编写后，作为开发人员首先要做的就是在本地编译和运行刚刚完成的 Operator。在运行前，首先要确保业务模型 CRD 已经注册到 apiServer 中，方法很简单，直接通过 kubectl 命令行执行如下命令即可。

```
$ kubectl create -f deploy/crds/cache.example.com_memcacheds_crd.yaml
```

在完成了 CRD 的创建后，我们有两种方式运行 Operator，一是将其以 Deployment 的形式部署在一个已经运行的 Kubernetes 集群中；另一种是在集群外通过目标集群的 kubeconfig 文件完成部署。

我们先看看在集群中的部署。第一步构建 memcached-operator 的镜像，然后将其推送到指定的镜像仓库中。这里请注意，如果我们在项目中使用了 vendor 目录，则在构建前需要执行 go mod vendor 将依赖包复制到 vendor 目录下。下面以阿里云镜像仓库作为构建镜像的目标仓库地址，命令如下。

```
$ operator-sdk build registry.cn-hangzhou.aliyuncs.com/example/memcached-operator:v0.0.1
$ sed -i 's|REPLACE_IMAGE|registry.cn-hangzhou.aliyuncs.com/example/memcached-operator:v0.0.1|g' deploy/operator.yaml
$ docker push registry.cn-hangzhou.aliyuncs.com/example/memcached-operator:v0.0.1
```

如果是在 OSX 环境执行上述命令，则其中的 sed 命令需要替换为：

```
$ sed -i "" 's|REPLACE_IMAGE|registry.cn-hangzhou.aliyuncs.com/example/memcached-operator:v0.0.1|g' deploy/operator.yaml
```

通过上面的命令，我们已经将项目中 Operator 部署模板文件 deploy/operator.yaml 中的镜像地址占位符替换为刚刚构建好的 Operator 镜像，下面我们可以通过如下命令完成 Operator 实例及相关 RBAC 配置的部署。

```
$ kubectl create -f deploy/service_account.yaml
$ kubectl create -f deploy/role.yaml
$ kubectl create -f deploy/role_binding.yaml
$ kubectl create -f deploy/operator.yaml
```

通过如下指令确认 memcached-operator 实例创建并启动成功。

```
$ kubectl get deployment
NAME                 DESIRED   CURRENT   UP-TO-DATE   AVAILABLE   AGE
memcached-operator   1         1         1            1           1m
```

如果我们希望本地完成 Operator 代码的调试后快速部署到指定集群，可以使用如下的本地运行方式。首先通过环境变量 OPERATOR_NAME 设置运行 Operator 的名称。

```
export OPERATOR_NAME=memcached-operator
```

然后通过 SDK CLI 的 up local 指令在本地完成构建后部署到 kubeconfig 中指定的集群上，这里我们可以通过参数 --kubeconfig=<path/to/kubeconfig> 设置指定的 kubeconfig 配置，如果不指定这个参数，就会在本地路径 $HOME/.kube/config 下寻找 kubeconfig 的配置信息。

当 memcached-operator 实例正常运行后，我们可以创建文件 deploy/crds/cache.example. com_v1alpha1_memcached_cr.yaml 对应的 Memcached CR 模型实例，操作如下。

```
$ cat deploy/crds/cache.example.com_v1alpha1_memcached_cr.yaml
apiVersion: "cache.example.com/v1alpha1"
kind: "Memcached"
metadata:
  name: "example-memcached"
spec:
  size: 3

$ kubectl apply -f deploy/crds/cache.example.com_v1alpha1_memcached_cr.yaml
```

通过如下指令查看 memcached-operator 是否创建了指定 CR 实例对应的 deployment。

```
$ kubectl get deployment
NAME                  DESIRED   CURRENT   UP-TO-DATE   AVAILABLE   AGE
memcached-operator    1         1         1            1           2m
example-memcached     3         3         3            3           1m
```

另外再查看一下新创建的 memcached pod 的名称并确认它们的运行状态。

```
$ kubectl get pods
NAME                                 READY   STATUS    RESTARTS   AGE
example-memcached-756c7bfcf8-299nx   1/1     Running   0          1m
example-memcached-756c7bfcf8-rq6p6   1/1     Running   0          1m
example-memcached-756c7bfcf8-nx4wq   1/1     Running   0          1m
memcached-operator-cc7d997bc-w8j9b   1/1     Running   0          12m

$ kubectl get memcached/example-memcached -o yaml
apiVersion: cache.example.com/v1alpha1
kind: Memcached
metadata:
  clusterName: ""
  creationTimestamp: 2019-12-12T08:58:47Z
  generation: 0
  name: example-memcached
  namespace: default
  resourceVersion: "34555"
  selfLink: /apis/cache.example.com/v1alpha1/namespaces/default/memcacheds/example-
memcached
  uid: 9bcd8a26-1cbd-11ea-87d3-00163e0ceb65
spec:
  size: 3
status:
  nodes:
  - example-memcached-756c7bfcf8-299nx
  - example-memcached-756c7bfcf8-rq6p6
```

```
  - example-memcached-756c7bfcf8-nx4wq
```

下面通过修改 CR 实例模板的 spec.size 字段将 size 从 3 调整到 4 并观察 example-memcached deployment 实例个数是否已经通过 Reconcile 处理得到扩容。

```
$ cat deploy/crds/cache.example.com_v1alpha1_memcached_cr.yaml
apiVersion: "cache.example.com/v1alpha1"
kind: "Memcached"
metadata:
  name: "example-memcached"
spec:
  size: 4

$ kubectl apply -f deploy/crds/cache.example.com_v1alpha1_memcached_cr.yaml

$ kubectl get deployment
NAME                    DESIRED    CURRENT    UP-TO-DATE    AVAILABLE    AGE
example-memcached       4          4          4             4            10m
```

最后可以通过如下指令清理集群中的示例相关资源。

```
$ kubectl delete -f deploy/crds/cache.example.com_v1alpha1_memcached_cr.yaml
$ kubectl delete -f deploy/operator.yaml
$ kubectl delete -f deploy/role_binding.yaml
$ kubectl delete -f deploy/role.yaml
$ kubectl delete -f deploy/service_account.yaml
```

15.2　使用 Operator Lifecycle Manager

15.2.1　构建一个 CSV

在 14.2 节中我们了解了 Operator Lifecycle Manager 的基本架构和组件模型定义，同时也对 OLM 的安装和使用原理有一个基本的了解。本节我们结合实际的 Operator 范例一同了解如何构建一个 OLM 中的基本管理单元——CSV（Cluster Service Version）。

首先来回顾一下 CSV 的定义。作为 OLM Operator 的管理单元，CSV 定义了 OLM 管理下用户业务应用的元数据和运行时刻的信息集合，包括 Operator 的名称、版本、描述、logo 图标等基本元信息，同时也包含了 Operator 安装过程中依赖的如 RBAC 权限配置和 CRD 等信息，当然也包含了安装其自身 CRD 所对应的模型定义。

在编写自己的 CSV 前，我们可以参考 Operator Framework 官方 OperatorHub.io 仓库中的示例。一个 CSV 的编写包括了如下几个部分。

- ❑ CSV 元信息：包括 CSV 对应的名称、命名空间、类别和描述等基本信息，其中 CSV 的名称由 Operator 名称和其对应的版本号组成，比如 twistlock-console-operator. v0.0.9，这里我们以容器安全 Twistlock 的 console Operator 为例展示一下其基本的 CSV metadata 定义。

```
apiVersion: operators.coreos.com/v1alpha1
kind: ClusterServiceVersion
metadata:
  annotations:
    alm-examples: '[{"apiVersion":"Charts.helm.k8s.io/v1alpha1","kind":
"TwistlockConsole","metadata":{"name":"example-
    ....
    to by Twistlock Support\\nDOCKER_TWISTLOCK_TAG=_19_03_317\\n\""}}]'
    capabilities: Basic Install
    categories: Security
    certified: 'false'
    containerImage: docker.io/twistlock/console-operator:0.0.9
    description: Deploy Twistlock cloud native security in Kubernetes.
    repository: https://github.com/twistlock/sample-code/tree/master/operators/
twistlock-console-helm-operator
    support: Twistlock
  name: twistlock-console-operator.v0.0.9
  namespace: placeholder
```

❑ 自身和依赖 CRD 定义：Operator 管理的 CRD 信息是整个 CSV 定义中最重要的部分，通过 CRD 的定义建立了 Operator 与其他包括 RBAC 权限配置，Kubernetes 原生的资源模型以及其他安装所依赖的 CRD 模型之间的联系。根据业务需求在一个 Operator 中定义多种 CRD 是常见的定义方式，而在 CSV 中每种 CRD 模型定义又是由 DisplayName、Kind、Name、Group 等 CRD 相关元信息组成的。

```
spec:
apiservicedefinitions: {}
customresourcedefinitions:
  owned:
  - description: Twistlock Console is installed first and provides policy,
API endpoints,
      GUI, and makes install of Defenders on each node easy through a daemonset.
    displayName: Twistlock Console
    kind: TwistlockConsole
    name: twistlockconsoles.Charts.helm.k8s.io
    version: v1alpha1
description: "This guide walks through using the Twistlock Console operator
\npowered\
    ....."
displayName: Twistlock Console Operator
```

除了自身包含的 CRD 定义，在某些端到端场景中可能需要多种 CRD 的组合定义，而对应的在 CSV 中也可以声明其依赖的 CRD 定义。

比如下面这个场景，在一个应用服务中我们需要使用 etcd Operator 中的 etcd cluster 来实现分布式锁，同时利用 Postgres Operator 中的 Postgres database 来定义数据存储服务，这时我们可以将 etcd cluster 对应的 CRD 作为依赖项进行如下定义。

```
required:
- name: etcdclusters.etcd.database.coreos.com
  version: v1beta2
  kind: EtcdCluster
  displayName: etcd Cluster
  description: Represents a cluster of etcd nodes.
```

❑ Operator 元数据：包括 Name、Version 等帮助用户快速了解 Operator 功能的元数据信息，比如用于界面查询的 Keywords 关键字、帮助文档、使用指南等相关网页链接、Operator 的维护者列表等，下面是一个具体示例，开发者可以根据自身业务 Operator 的实际情况参考实现。

```
installModes:
- supported: true
  type: OwnNamespace
- supported: true
  type: SingleNamespace
- supported: false
  type: MultiNamespace
- supported: true
  type: AllNamespaces
keywords:
- twistlock
- security
- monitoring
- scanning
- runtime-security
links:
- name: Source Code
  url: https://github.com/twistlock/sample-code/tree/master/operators/twistlock-
console-helm-operator
maintainers:
- email: jeremy@twistlock.com
  name: Jeremy Adams, Twistlock
maturity: alpha
provider:
  name: Twistlock
version: 0.0.9
```

　　其中 OLM 会基于 InstallModes 字段决定该 Operator 可以属于哪些 OperatorGroup，当 Operator 属于某一个具体的 OperatorGroup 时，OLM 会将对应的目标 namespaces 名称在 CSV 实例和其包含的 deployment 中以 annotation 的形式进行添加，deployments 可以基于 Downward API 将这些命名空间列表信息插入运行时刻的 pod 容器中。

❑ Operator 安装信息：CSV 中的 install 字段定义了 OLM 如何在集群中初始化目标 Operator。在 install 字段中的定义包括两部分，其中 deployments 字段描述了在指定命名空间下启动的 deployment 的具体元信息，permissions 字段则描述了运行

Operator 所必要的权限配置。基于最小化权限原则，原则上应该为 deployment 中不同的 serviceAccountName 创建其功能范围内最小的权限集合，从而保证对应的 serviceaccount 的使用安全。一个 install 字段示例如下所示。

```
install:
  spec:
    deployments:
    - name: twistlock-console-helm-operator
      spec:
        replicas: 1
        selector:
          matchLabels:
            name: twistlock-console-helm-operator
        strategy: {}
        template:
          metadata:
            labels:
              name: twistlock-console-helm-operator
          spec:
            containers:
            - env:
              - name: WATCH_NAMESPACE
                valueFrom:
                  fieldRef:
                    fieldPath: metadata.annotations['olm.targetNamespaces']
              - name: POD_NAME
                valueFrom:
                  fieldRef:
                    fieldPath: metadata.name
              - name: OPERATOR_NAME
                value: twistlock-console-helm-operator
              image: twistlock/console-operator:0.0.9
              imagePullPolicy: Always
              name: twistlock-console-helm-operator
              resources: {}
            serviceAccountName: twistlock-console-helm-operator
    permissions:
    - rules:
      - apiGroups:
        - ''
        resources:
        - pods
        - services
                  ...
      - apiGroups:
        - apps
        resourceNames:
        - twistlock-console-helm-operator
        resources:
```

```
            - deployments/finalizers
            verbs:
            - update
         - apiGroups:
            - Charts.helm.k8s.io
            resources:
            - '*'
            verbs:
            - '*'
         serviceAccountName: twistlock-console-helm-operator
      strategy: deployment
```

15.2.2　基于 Operator Lifecycle Manager 测试 Operator

本节将基于 OLM、operator-marketplace 等 Operator Framework 中的基础组件在 Kubernetes 集群中部署并管理指定的 Operator。

首先找到一台能够连接已创建的 Kubernetes 集群的计算机，并在环境上下载 OLM\operator-marketplace 对应的项目源码。

```
git clone https://github.com/operator-framework/operator-marketplace.git
git clone https://github.com/operator-framework/operator-lifecycle-manager.git
```

通过第 14 章介绍的 OLM 安装方式，在指定的 OLM 命名空间下部署 OLM 和其依赖的 CRD 组件模型。

```
kubectl apply -f https://github.com/operator-framework/operator-lifecycle-
manager/releases/download/0.13.0/crds.yaml
   kubectl apply -f https://github.com/operator-framework/operator-lifecycle-
manager/releases/download/0.13.0/olm.yaml
```

接下来部署 marketplace。

marketplace 主要用于在指定集群中部署线下的 Operator，它同样以一个 Operator 的形态部署在集群中。marketplace 主要用于管理两个指定 CRD：OperatorSource 和 CatalogSourceConfig。其中 OperatorSource 定义了存储 operator bundles 的外部仓库，OperatorSource 在创建成功后，一个 OLM 中的 CatalogSource 实例也会在 marketplace operator 运行的命名空间中被创建出来，这个 CatalogSource 会将 OperatorSource 中指定的 Operator 信息返回给 OLM 进行管理。而 CatalogSourceConfig 定义了用于生成 OLM CatalogSource 的相关配置。

注意当前 OperatorSource 中的存储类型还只支持红帽的 Quay，这里需要在测试前将用于测试的 test-operator 推送到 Quay 仓库中（指定 package 名称为 test-operator，quay namespace 为 test，版本为 1.0.0）。如果不想依赖 Quay 中的 Operator，还可以参照 14.2.5 节中介绍的 operator-registry 构建相应的 Operator 存储并创建对应的 OLM CatalogSource。

在了解了 Operator Marketplace 的基本构成后，我们在 marketplace 命名空间下使用之前下载的源码中的模板进行部署。

```
kubectl apply -f operator-marketplace/deploy/upstream/
```

然后基于下列模板创建 OperatorSource 实例，这里可以根据实际 Quay 仓库中的 Operator 信息替换 metadata.name 和 spec.registryNamespace 字段中的值，并最终将该模板以文件名 operator-source.yaml 进行保存。

```
apiVersion: operators.coreos.com/v1
kind: OperatorSource
metadata:
  name: test-operators
  namespace: marketplace
spec:
  type: appregistry
  endpoint: https://quay.io/cnr
  registryNamespace: test
```

在指定集群中添加 source。

```
kubectl apply -f operator-source.yaml
```

operator-marketplace 中的 controller 会成功处理该实例。

```
$ kubectl get operatorsource johndoe-operators -n marketplace
NAME                    TYPE             ENDPOINT             REGISTRY    DISPLAYNAME
PUBLISHER    STATUS      MESSAGE                                          AGE
    test-operators          appregistry      https://quay.io/cnr    test
Succeeded    The object has been successfully reconciled    55s
```

同时一个新的 OLM CatalogSource 实例会在 marketplace 命名空间下被创建。

```
$ kubectl get catalogsource -n marketplace
NAME                             NAME        TYPE    PUBLISHER    AGE
test-operators                   Custom      grpc    Custom       2m17s
[...]
```

当 OperatorSource 和 CatalogSource 成功部署后，使用如下命令查看可用状态的 Operators。

```
$ kubectl get opsrc test-operators  -o=custom-columns=NAME:.metadata.name,
PACKAGES:.status.packages -n marketplace
NAME                    PACKAGES
test-operators          test-operator
```

接下来创建 CSV 中所需的 OperatorGroup。OperatorGroup 用于指定 Operator 监听的 namespaces，它需要和 Operator 实例部署在相同的 namespace 中，这里以 marketplace 为例，模板如下所示。

```
apiVersion: operators.coreos.com/v1alpha2
kind: OperatorGroup
metadata:
```

```
  name: test-operatorgroup
  namespace: marketplace
spec:
  targetNamespaces:
  - marketplace
```

注意这里 targetNamespaces 的设置依赖于 Operator 中需要监听的命名空间，可以是单个的指定 namespace，也可以是集群维度的 all namespaces（在 CSV 的 spec.installModes 字段中也有指定）。如果希望监听所有命名空间，spec.installModes 字段仍需要定义，不过取值为空即可。我们将上述模板保存为 operator-group.yaml 的文件，通过下面的命令创建 OperatorGroup 资源。

```
kubectl apply -f operator-group.yaml
```

完成上述 OperatorGroup 实例的创建后，我们接下来创建 OLM 中的 Subscription 对象，首先以文件名 operator-subscription.yaml 保存如下模板。

```
apiVersion: operators.coreos.com/v1alpha1
kind: Subscription
metadata:
  name: test-operator-subsription
  namespace: marketplace
spec:
  channel: <channel-name>
  name: test-operator
  source: test-operators
  sourceNamespace: marketplace
```

注意，如果 Operator 需要监听所有的 namespaces，则需要替换上述 sourceNamespace 字段中的对应值为 operators，另外需要将 <channel-name> 替换为 operator bundle package.yaml 文件中 channel.name 字段定义的值。之后使用如下命令创建 Subscription 实例。

```
kubectl apply -f operator-subscription.yaml
```

在完成了上述所有操作后，OLM 会从 Operator Marketplace 我们指定的 catalog source 中获取 Operator bundle 并最终完成部署，我们可以使用如下命令查看 CSV 的部署状态。

```
$ kubectl get clusterserviceversion -n marketplace
NAME                  DISPLAY       VERSION   REPLACES   PHASE
test-operator.v1.0.0  My Operator   1.0.0                Succeeded
```

同时确认 Operator 在指定命名空间下对应的 deployment 部署状态。

```
kubectl get deployment -n marketplace
```

15.3　部署和使用 Operator Metering

第 14 章介绍了 Operator Metering 的基本架构和核心组件，本节就以定制化的 Prometheus

metrics 数据采集为例来体验一下 Operator Metering 的安装、扩展和使用。

Operator Metering 基 于 Kubernetes Custom Resources， 允 许 用 户 在 内 置 reports 和 metrics 的基础上灵活地进行定制化扩展。14.3.2 节介绍了自定义资源 ReportDataSource 和 ReportQuery 的定义，本节我们将定制一个 ReportDataSource 去查询和采集 Prometheus 中指定的 metrics 数据，然后在此基础上使用定制化的 ReportQuery 实例进行 metrics 数据的分析处理。

15.3.1 安装 Operator Metering

在进行自定义资源实例的定制化创建之前，我们首先需要完成 Operator Metering 的安装，这里简单介绍一下手动安装方式。首先使用 git clone 命令下载 Operator Metering 官方代码，指定安装目标命名空间对应的环境变量并执行一键化安装命令如下。

```
$ export METERING_NAMESPACE=metering-$USER
$ ./hack/install.sh
```

卸载命令同样简单。

```
$ export METERING_NAMESPACE=metering-$USER
$ ./hack/openshift-uninstall.sh
```

这里 Operator Metering 提供了一些定制化的安装参数，比如需要选择指定的镜像仓库或 tag 版本号时，我们可以先复制配置参数模板到指定路径。

```
$ cp manifests/metering-config/default.yaml metering-custom.yaml
```

然后参考官方的配置参数文档进行定制化修改后设置相应的环境变量。

```
$ export METERING_NAMESPACE=metering-$USER
$ export METERING_OPERATOR_IMAGE_REPO=xxxxx
$ export METERING_OPERATOR_IMAGE_TAG=0.13.0
$ export METERING_CR_FILE=metering-custom.yaml
```

之后再执行 ./hack/install.sh 脚本进行安装，如果环境中安装了 OLM，那么在设置好环境变量 METERING_NAMESPACE 和 METERING_CR_FILE 后可以通过 hack/olm-install.sh 和 hack/olm-uninstall.sh 脚本完成基于 OLM 的 metering 安装，此时的安装过程会自动使用 OLM 中最新的 metering 版本。

15.3.2 定制化 Prometheus Report Queries

在完成了 Metering 的安装后，下面开始 Prometheus Report Queries 的定制化工作。首先来看看如何在 Metering operator 之外请求 Prometheus metrics 数据。现在有一个前提是在目标集群中已经安装了 Prometheus 和 kube-state-metrics，如果我们选用的是 prometheus-operator，kube-state-metrics 是会默认共同安装的。如果想要收集 kube-state-metrics 中产生

的 kube_deployment_status_replicas_unavailable metrics 数据来统计某一时间段内不可用的 replicas 副本数量，我们可以使用 Prometheus 中的查询语法——sums，这样就可以同时在查询中指定 namespace 或 deployment 名称作为标签来限定查询范围，并过滤掉不关心的信息。如下所示是一个查询语法示例。

```
sum(kube_deployment_status_replicas_unavailable) by (namespace, deployment)
```

下面我们通过之前介绍过的 Metering 组件 ReportDataSource 中的 spec.prometheusMetrics-Importer 字段来声明想要使用的自定义 Prometheus 查询语句，将下面的模板保存为名称为 deployment-replicas-reportdatasource.yaml 的文件。

```
apiVersion: metering.openshift.io/v1
kind: ReportDataSource
metadata:
  name: unready-deployment-replicas
spec:
  prometheusMetricsImporter:
    query: |
      sum(kube_deployment_status_replicas_unavailable) by (namespace, deployment)
```

然后在指定的 metering 集群中创建对应的 reportdatasource 实例，命令如下所示。

```
kubectl create -n "$METERING_NAMESPACE" -f unready-deployment-replicas-
reportdatasource.yaml
```

完成 ReportDataSource 的创建后，就可以通过如下方法确认数据是否按计划的方式成功收集，首先可以通过下列命令获取 metering operator 的日志。

```
$ kubectl -n $METERING_NAMESPACE logs "$(kubectl -n $METERING_NAMESPACE get
pods -l app=reporting-operator -o name | cut -c 5-)" -c reporting-operator
```

在日志中可以查找刚刚创建的 ReportDataSource 的相关日志。

另一种方式是进入到 Presto pod 内部，然后使用 Presto-cli 建立与 Presto 交互的 session，建立 session 的指令如下所示。注意默认情况下 Presto 会开启 TLS 认证，另外 session 的建立会在 Presto pod 中启动额外的 Java 进程并占用内存，因此需要注意 pod 中 memory limits 的配置，进而保证足够的配额设置。

```
$ kubectl -n $METERING_NAMESPACE exec -it "$(kubectl -n $METERING_NAMESPACE
get pods -l app=presto,presto=coordinator -o name | cut -d/ -f2)"  -- /usr/local/
bin/presto-cli --server https://presto:8080 --catalog hive --schema default --user
root --keystore-path /opt/presto/tls/keystore.pem
```

如果通过 spec.tls.enabled 关闭了 TLS 认证，则命令如下。

```
$ kubectl -n $METERING_NAMESPACE exec -it "$(kubectl -n $METERING_NAMESPACE
get pods -l app=presto,presto=coordinator -o name | cut -d/ -f2)"  -- /usr/local/
bin/presto-cli --server localhost:8080 --catalog hive --schema default --user root
```

当 session 成功建立后，使用下列查询指令将 schema 设置为 metering 并列举 tables。

```
use metering;
show tables;
```

在返回的 tables 列表中，我们需要关注是否存在名称为 datasource_your_namespace_unready_deployment_replicas（将 your_namespace 替换为环境变量 $METERING_NAMESPACE 中 - 替换为 _ 的最终值）的 table，如果目标 table 不存在，则需要在 metering operator 的日志中查看相关错误；如果 table 已经建立，则采集数据的写入可能需要至少 5min（默认的采集间隔时间），我们可以通过如下 SELECT 语句查询采集到的 metering 数据。

```
SELECT * FROM datasource_your_namespace_unready_deployment_replicas LIMIT 10;
```

如果有至少一行的数据项返回，则说明之前添加的 ReportDataSource 实例工作正常，返回数据示例如下所示。

```
presto:metering> SELECT * FROM datasource_your_namespace_unready_deployment_
replicas LIMIT 10;
    amount |       timestamp       | timeprecision |
labels                                            |    dt
  --------+-----------------------+---------------+------------------------------
-------------------------------------+------------
       0.0 | 2019-12-21 19:21:00.000 |          60.0 | {namespace=telemeter-tschuy,
deployment=presto-worker}    | 2019-12-21
       0.0 | 2019-12-21 19:21:00.000 |          60.0 | {namespace=metering-emoss,
deployment=metering-operator}  | 2019-12-21
       0.0 | 2019-12-21 19:21:00.000 |          60.0 | {namespace=openshift-
monitoring, deployment=prometheus-operator} | 2019-12-21
    ...
```

在确认了 ReportDataSource 实例能够按我们希望的方式正常采集 metric 数据后，我们就可以基于采集到的数据编写相应的 Presto 查询语句。这里回到一开始的目标，即针对某一具体的 deployment 统计出其 replicas 副本出现 unready 状态的时间总和，或在一天中的平均 unready 时间，为此我们的查询需要考虑如下几个需求。

❏ 统计每一个时间戳下的 unready pod 个数和名称。

❏ 需要按照 pod 所属的 deployment 或 namespace 进行分组聚合。

❏ 针对每一个 deployment 中的 Pod 统计其在某一段时间内保持 unready 状态的平均时间和时间总和。

从第一条需求开始，从上述 DataSource 中收集到 metrics 数据中，我们可以在 amount 字段获取在某一个时间点的 unready pods 数量，同时在 timeprecision 字段得到相应的 unready 时长，通过将二者求积得到 unready 的具体时长；接着在第二条需求中，我们可以通过 GROUP BY 语句基于某一个具体的时间戳将指定命名空间下一个具体的 deployment 的相关数据进行聚类；最后再使用 avg() 和 sum() 这样的内置平均值和求合函数基于一个具体的 deployment 分组进行相应的聚合统计。最终我们可以使用如下所示的 SELECT 查询语句。

```
SELECT
  "timestamp",
  labels['namespace'] as namespace,
  labels['deployment'] as deployment,
  sum(amount * "timeprecision") AS total_replica_unready_seconds,
  avg(amount * "timeprecision") AS avg_replica_unready_seconds
FROM datasource_your_namespace_unready_deployment_replicas
GROUP BY "timestamp", labels['namespace'], labels['deployment']
ORDER BY total_replica_unready_seconds DESC, avg_replica_unready_seconds DESC,
namespace ASC, deployment ASC
  LIMIT 10;
```

有了上面最终的查询方法，接下来要做的就是将它应用到一个具体的 ReportQuery 实例中去。在第 14 章基本组件的概念介绍中，我们已经了解 ReportQuery 实例中包含了报告中数据查询所用的具体语句及其依赖的 ReportDataSources 等信息。

在下面的示例中，我们将 ReportQuery 实例中的 spec.ReportDataSources 字段设置为之前创建的 unready-deployment-replicas，在 spec.columns 字段中定义一组 SELECT 查询语句返回的数据列名称及相应的数据类型，metering operator 会基于 columns 的定义生成最终 report 的数据表结构。在填写实例 query 字段具体的查询语法时，我们可以将上面查询示例中的 FROM datasource_your_namespace_unready_deployment_replicas 替换为 {| dataSourceTableName.Report.Inputs.UnreadyDeploymentReplicasDataSourceName |}，这样的替换可以避免在查询语句中对表名称的硬编码，同时 Operator 会自动检查该依赖 ReportDataSource 中声明的数据表是否存在，保证实例中使用了正确的数据源表。另外在最终的 Report 报告中，我们更关心的是某一个时间段内的数据统计而不是针对一个时间点的 metric 数据，为此我们可以利用前文提过的 Report 中的 .Report.StartPeriod 和 .Report. EndPeriod 字段定义报告中的时间周期，同时配合下面的 WHERE 条件过滤指定时间段内的数据。

```
WHERE "timestamp" >= timestamp '{| default .Report.ReportingStart .Report.
Inputs.ReportingStart | prestoTimestamp |}'
  AND "timestamp" < timestamp '{| default .Report.ReportingEnd .Report.Inputs.
ReportingEnd | prestoTimestamp |}'
```

另外为了在报告数据中能够追溯数据的时间信息，我们需要在 SELECT 查询中增加两列 period_start 和 period_end，同时在 spec.input 中增加 ReportingStart 和 ReportingEnd 作为依赖的数据输入。上面的 SELECT 查询语句可以更新为：

```
query: |
  SELECT
    timestamp '{| default .Report.ReportingStart .Report.Inputs.ReportingStart |
prestoTimestamp |}' AS period_start,
    timestamp '{| default .Report.ReportingEnd .Report.Inputs.ReportingEnd |
```

```
prestoTimestamp |}' AS period_end,
       labels['namespace'] AS namespace,
       ...
```

下面是一个最终版本的 ReportQuery 示例模板，我们可以将其以文件名 unready-deployment-replicas-reportquery.yaml 进行保存。

```
apiVersion: metering.openshift.io/v1
kind: ReportQuery
metadata:
  name: "unready-deployment-replicas"
spec:
  columns:
  - name: period_start
    type: timestamp
  - name: period_end
    type: timestamp
  - name: namespace
    type: varchar
  - name: deployment
    type: varchar
  - name: total_replica_unready_seconds
    type: double
  - name: avg_replica_unready_seconds
    type: double
  inputs:
  - name: ReportingStart
    type: time
  - name: ReportingEnd
    type: time
  - name: UnreadyDeploymentReplicasDataSourceName
    type: ReportDataSource
    default: unready-deployment-replicas
  query: |
    SELECT
        timestamp '{| default .Report.ReportingStart .Report.Inputs.ReportingStart |
prestoTimestamp |}' AS period_start,
        timestamp '{| default .Report.ReportingEnd .Report.Inputs.ReportingEnd |
prestoTimestamp |}' AS period_end,
        labels['namespace'] AS namespace,
        labels['deployment'] AS deployment,
        sum(amount * "timeprecision") AS total_replica_unready_seconds,
        avg(amount * "timeprecision") AS avg_replica_unready_seconds
      FROM {| dataSourceTableName .Report.Inputs.UnreadyDeploymentReplicasDataSo
urceName |}
      WHERE "timestamp" >= timestamp '{| default .Report.ReportingStart .Report.
Inputs.ReportingStart | prestoTimestamp |}'
        AND "timestamp" < timestamp '{| default .Report.ReportingEnd .Report.
Inputs. ReportingEnd | prestoTimestamp |}'
      GROUP BY labels['namespace'], labels['deployment']
```

```
        ORDER BY total_replica_unready_seconds DESC, avg_replica_unready_seconds DESC,
namespace ASC, deployment ASC
```

之后通过如下命令创建 ReportQuery 实例。

```
kubectl create -n "$METERING_NAMESPACE" -f unready-deployment-replicas-
reportquery.yaml
```

最后创建最终的 Report 报告，首先创建如下的 Report 实例模板文件。

```
apiVersion: metering.openshift.io/v1
kind: Report
metadata:
  name: unready-deployment-replicas
spec:
  reportingStart: '2019-01-01T00:00:00Z'
  reportingEnd: '2019-12-31T23:59:59Z'
  query: "unready-deployment-replicas"
  runImmediately: true
```

之后创建 report 实例，命令如下所示。

```
kubectl create -n "$METERING_NAMESPACE" -f unready-deployment-replicas-report.yaml
```

注意，这里 Report 实例的创建需要一些时间，我们可以通过如下命令查看 Report 实例状态。

```
kubectl -n $METERING_NAMESPACE get report unready-deployment-replicas -o json
```

当实例状态为 Finished 时（根据集群节点规模和采集数据量，这个过程可能持续几分钟），我们可以通过 kubectl proxy 命令获取集群中 service 可访问的代理 URL，然后通过如下命令即可查看相应的 Report 信息。

```
http://127.0.0.1:8001/api/v1/namespaces/$METERING_NAMESPACE/services/http:reporting-
operator:api/proxy/api/v1/reports/get?name=[Report Name]&namespace=$METERING_
NAMESPACE&format=[Format]
```

其中 Report Name 为指定的 Report 实例名称，METERING_NAMESPACE 为 Metering Operator 所在命名空间，format 对应的报告输出格式可以为 csv、json 或 tab。

下面是最终的一个 CSV 格式的报告样例。

```
period_start,period_end,namespace,deployment,total_replica_unready_
seconds,avg_replica_unready_seconds
  2019-01-01 00:00:00 +0000 UTC,2019-12-31 23:59:59 +0000 UTC,kube-
system,Tiller-deploy,0.000000,0.000000
  2019-01-01 00:00:00 +0000 UTC,2019-12-31 23:59:59 +0000 UTC,metering-
chancez,metering-operator,120.000000,1.000000
  2019-01-01 00:00:00 +0000 UTC,2019-12-31 23:59:59 +0000 UTC,metering-
chancez,presto-coordinator,360.000000,3.050847
  2019-01-01 00:00:00 +0000 UTC,2019-12-31 23:59:59 +0000 UTC,metering-
```

```
chancez,presto-worker,0.000000,0.000000
  2019-01-01 00:00:00 +0000 UTC,2019-12-31 23:59:59 +0000 UTC,metering-
chancez,reporting-operator,1680.000000,14.237288
  ...
```

15.4　本章小结

本章我们针对 Operator Framework 中重要的 3 个项目 Operator SDK、OLM 和 Operator Metering 分别给出了相关的实践和分析。首先我们了解了如何基于 Operator SDK 快速地生成一个 Operator 项目，同时利用 SDK CLI 方便地创建业务应用所需的 CRD 模型并创建对应的 controller，在 controller 的代码编写过程中，我们又介绍了资源的监听注册、Reconcile 函数的编写要点、调谐过程中的资源清理、Operator 高可用方案的 leader 选举方式等相关实践经验。最后简单介绍了 Operator 构建和在指定集群运行的基本方法。

15.2 节首先介绍了如何构建一个 OLM 中的基本管理单元 CSV，之后以一个在 operator-marketplace 中存储的测试 Operator 为例，简要介绍了如何基于 OLM 创建对应的 CatalogSource、OperatorGroup 和 Subscription 实例完成对目标 Operator 的部署和管理。

15.3 节首先介绍了如何安装 Operator Metering，之后以一个定制化的 Prometheus metrics 数据采集为例一起体验了 Operator Metering 的扩展和使用方法。

第 16 章 *Chapter 16*

Operator 示例：cert-manager 源码解析

通过第 15 章的学习，相信大家已经对 Operator 的基本功能和工作原理有了一定的了解。通过使用 Operator Framework，我们也可以方便地实现自定义的 Operator。本章就以一个优秀的 Operator 项目——cert-manager 为例，通过解析这样一个典型 Operator 项目源码，更加深入地探究 Operator 的实现流程，同时加深对 Operator 工作机制的理解。

16.1　cert-manager 基本介绍

对于一个运行在 Kubernetes 集群中的业务应用，如何为应用中不同身份的主体签发证书并进行统一管理，又如何进行证书的自动轮转保证业务的稳定性，类似的问题很多 Kubernetes 集群的使用者都遇到过。而本章我们将要介绍的开源 Operator 项目 cert-manager 正是为解决此类挑战而存在的。

cert-manager 采用 Operator 的部署形式，通过将证书签发、证书内容的定义等相关操作封装为对应的 CRD 模型，使得应用开发者可以方便地根据业务需求进行相应的定制化配置，同时方便与不同的证书认证机构对接。cert-manager 支持的认证机构包括采用 ACME 协议的 Let's Encrypt、Venafi、Vault 以及自签发证书等。cert-manager 的用户可以根据业务需求进行相应 CRD 的配置对接。

在很多具体的 Kubernetes 应用场景下，cert-manager 都扮演了重要的角色，比如通过 cert-manager 中的 controller 组件 ingress-shim，我们可以监听集群中 Ingress 模型的 annotations，当发现指定标签后，会签发相应类型的 TLS 证书以保证 ingress 通信链路的安全。

另外在日趋火热的云原生服务网格 Istio 中，cert-manager 也已经成为默认安装组件，用于保证服务网关之间的 mTLS 安全认证。从其开源社区 4800 的 Star 数也可以感受到 cert-manager 在 Kubernetes 的应用爱好者中有着相当深厚的使用基础，感兴趣的读者可以从其官方文档中了解 cert-manager 更多的应用场景。

在 cert-manager 安装后会启动几个不同的自身组件，除了用于证书签发和管理的主要组件 cert-manager 外，还包括 cainjector 和 webhook 等相关组件。在组件的实现上，由于更多地关注证书相关的一级 CRD 资源模型的事件调谐以及一些实现上的历史原因，cert-manager 的实现并没有基于 controller-runtime。而 cainjector 需要基于不同的 CA 来源（如 CRD，指定的 secret 或 kubeconfig）给不同的 admission webhook 配置对应的 CA 以保证组件间通信的信任关系，为此 cainjector 在设计上基于 controller-runtime，为不同的 CA 来源和配置目标适配了相应的 source 和 injector 对象，方便在同一个 controller 实例完成 CA 添加的管理目标。在本章的后半部分，我们会分别介绍 cert-manager 和 cainjector 组件的架构和对应的源码分析，希望帮助读者进一步理解 Operator 的实现原理。

16.2　cert-manager 组件架构解析

本节我们首先来了解一下 cert-manager 组件的基本代码架构。虽然 cert-manager 组件在底层 Operator 架构的实现上更多的是依赖 client-go 中的 informer 机制，但是它的代码结构和之前我们使用 Operator SDK 生成的示例项目有着相似的框架，在 cmd 包中包含了不同组件的启动入口，pkg/apis 包中包含了各证书相关 CRD 模型的 schema 定义，而在 pkg/controller 包中我们可以找到包括证书请求、证书签发、CA 签发等十余种 controller，它们各自对接不同的认证机构并在证书或 CA 的签发和管理过程中扮演着不同的角色。这里我们不必急于了解每个 controller 的具体作用，更重要的是先来了解一下整个项目的代码架构和 Operator 中各 controller 的工作流程。

图 16-1 所示为 cert-manager 中各 controller 的注册流程。

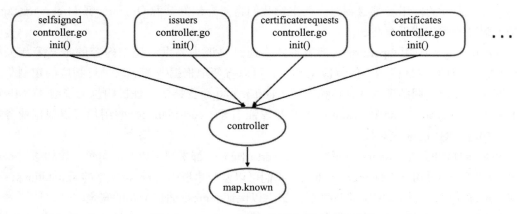

图 16-1　cert-manager 组件 controller 注册

每个 controller 会通过自身的 init 方法来调用注册函数，这里以其中一个 controller 为例，代码路径为 pkg/controller/certificates/controller.go。

```go
func init() {
    controllerpkg.Register(ControllerName, func(ctx *controllerpkg.Context)
(controllerpkg.Interface, error) {
        return controllerpkg.NewBuilder(ctx, ControllerName).
            For(&certificateRequestManager{}).
            Complete()
    })
}
```

在 cert-manger 中工作的每个 controller 都会通过这样的方式注册一个如下所示的 controller 实例。

```go
type controller struct {
    // controller 中的 Go 语言上下文
    ctx context.Context

    // 当有事件从工作队列出栈时调用该同步函数
    syncHandler func(ctx context.Context, key string) error

    // 在 controller 启动前必须完成同步的一组 informers
    mustSync []cache.InformerSynced

    // 在 controller 启动前必须执行的一组 informer 函数
    additionalInformers []RunFunc

    // 以固定间隔时间循环执行的一组任务
    runDurationFuncs []runDurationFunc

    // controller 的工作队列
    queue workqueue.RateLimitingInterface
}
```

之后统一调用 pkg/controller/register.go 中的注册方法 Register 将结构化的 controller 实例注册到一个公共的 map 实例 known 中，注册函数如下。

```go
var (
    known = make(map[string]Constructor, 0)
)

// 注册实例化后的 controller
func Register(name string, fn Constructor) {
    known[name] = fn
}
```

当所有 controller 在各自的 init 函数中完成注册后，我们再来看看 controller 是如何启动运行的。

图 16-2 概括了 cert-manager 代码框架中 controller 的工作流程。

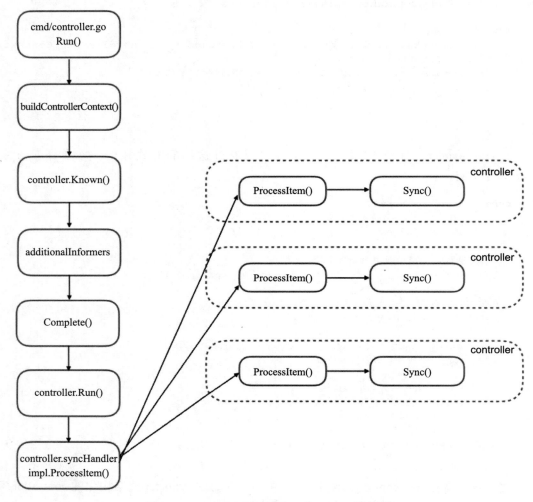

图 16-2　cert-manager 组件 controller 工作流程

我们先来看在 cmd 包中的 controller/start.go，cert-manager 自身实例的启动函数在其启动运行时会在 RunCertManagerController 方法中调用 controller/app/controller.go 中的 Run 函数开始 controller 的启动流程。这里首先会调用 buildControllerContext 进行 controller 的上下文构建，包括在目标集群中的 Client、Informer 实例以及各 controller 的启动参数配置项的设置等工作。在完成了 context 的构建后，启动流程会初始化整个 cert-manager 实例的执行闭包 run，闭包中首先会遍历之前注册到 map 实例 known 中的所有 controller 实例，遍历过程中会首先根据启动参数配置和 scope 工作域过滤掉一些无须启动的 controller，之后将需要执行的 additionalInformers 加入一个公共队列中，最后再定义一个协程用于启动

controller，在这里会默认为每个 controller 分配 5 个并发的 worker 协程用于其工作队列的处理。闭包启动部分相关的精简代码如下所示。

```go
var additionalRunFuncs []controller.RunFunc
  run := func(_ context.Context) {
    for n, fn := range controller.Known() {
      log := log.WithValues("controller", n)

      // 过滤需要启动的 controllers
      if !util.Contains(opts.EnabledControllers, n) {
        log.Info("not starting controller as it's disabled")
        continue
      }
...
      wg.Add(1)
      // 这里将执行注册到 Known 队列中的注册函数 Complete 等
      iface, err := fn(ctx)
      if err != nil {
        log.Error(err, "error starting controller")
        os.Exit(1)
      }
      // 添加 addtionalInformers
      additionalRunFuncs = append(additionalRunFuncs, iface.AdditionalInformers()...)
      go func(n string, fn controller.Interface) {
        defer wg.Done()
        log.Info("starting controller")
        // 这里执行 controllers 的启动函数，默认 workers 实例数为 5
        workers := 5
        err := fn.Run(workers, stopCh)
...
      }(n, iface)
    }
...
    // 首先执行 additional controllers
    for _, r := range additionalRunFuncs {
      go r(stopCh)
    }
    wg.Wait()
    log.Info("control loops exited")
    os.Exit(0)
  }
```

在完成了执行闭包的初始化后，函数会判断是否以多实例 leader 选举的方式执行上面定义的这段 controller 启动函数，从而开始真正启动执行逻辑。在闭包的执行过程中，上述代码会首先执行各 controller 实例在 init 函数中注册到公共的 map 实例 known 中的初始化方案，在这个过程中各 controller 首先会调用 NewBuilder 方法初始化一个构建器，构建器中会包含 controller 中必要的 context 和 queuingController 接口，其中 context 包括与集群资源模型交互所需的 Client 和 List/Watch 所需的 informers SharedInformerFactory 等基本元素，queuingController 中封装了一个处理队列事件的接口方法 ProcessItem 和 controller 的注册接口，如下所示。

```
type queueingController interface {
    Register(*Context) (workqueue.RateLimitingInterface, []cache.InformerSynced,
[]RunFunc, error)
    ProcessItem(ctx context.Context, key string) error
}
```

随后在 For 函数中根据不同 controller 的结构体初始化上述 builder 中的 queuingController，对于需要在 controllers 运行过程中执行一些定时任务的 controller 实例，这里可以通过构建器中的 With 方法定义相关的 scheduler 任务，构建器 builder 中的构造方法代码如下所示。

```
func (b *Builder) For(ctrl queueingController) *Builder {
    b.impl = ctrl
    return b
}

// 用于注册伴随 controller 运行定时执行的额外任务
func (b *Builder) With(function func(context.Context), duration time.Duration)
*Builder {
    b.runDurationFuncs = append(b.runDurationFuncs, runDurationFunc{
        fn:       function,
        duration: duration,
    })
    return b
}
```

在构建的最后会调用 Complete 方法，在 Complete 中首先会调用各 controller 中的 Register 方法，完成包括工作队列和 informers 在内的一些相关初始化工作，同时还会在指定的 informer 中添加对监控模型相匹配的 EventHandler。在 pkg/controller/util.go 中也封装了一些 cert-manager 组件 controller 中使用的 EventHandler 模型。在完成 controller 的 Register 注册流程后，Register 方法会构造最终的 controller 结构体，在 syncHandler 字段中注册 controller 时间队列的处理函数 ProcessItem。Complete 函数的完整代码如下。

```
func (b *Builder) Complete() (Interface, error) {
    if b.context == nil {
        return nil, fmt.Errorf("controller context must be non-nil")
    }
    if b.impl == nil {
        return nil, fmt.Errorf("controller implementation must be non-nil")
    }
    // 调用各 controller 的注册方法
    queue, mustSync, additionalInformers, err := b.impl.Register(b.context)
    if err != nil {
```

```
    return nil, fmt.Errorf("error registering controller: %v", err)
  }
  return &controller{
    ctx:                 b.ctx,
    syncHandler:         b.impl.ProcessItem,    // 注册 controller 队列的处理函数
    mustSync:            mustSync,
    additionalInformers: additionalInformers,
    runDurationFuncs:    b.runDurationFuncs,
    queue:               queue,
  }, nil
}
```

在 Complete 函数执行后，这里已经完成了对应 controller 实例的初始化工作，接着
cert-manager 的启动流程会给每个 controller 实例单独启动一个协程用于执行 controller 注册
的启动 Run 函数。在函数中首先会等待所有注册在 mustSync 队列中的 informers 完成同步，
之后启动 5 个 worker 实例，最后如果 controller 实例在初始化阶段通过构造器的 Wait 方法
注册了定时任务，这里还会开始任务的执行。controller 的启动函数代码如下。

```
func (c *controller) Run(workers int, stopCh <-chan struct{}) error {
  ctx, cancel := context.WithCancel(c.ctx)
  defer cancel()
  log := logf.FromContext(ctx)

  log.Info("starting control loop")
  // 等待所有 mustSync 队列中的 informers 完成同步
  if !cache.WaitForCacheSync(stopCh, c.mustSync...) {
    return fmt.Errorf("error waiting for informer caches to sync")
  }

  var wg sync.WaitGroup
  for i := 0; i < workers; i++ {
    wg.Add(1)
    go wait.Until(func() {
      defer wg.Done()
      // worker 启动执行，在 loop 中进行工作队列的调谐处理
      c.worker(ctx)
    }, time.Second, stopCh)
  }
  // 执行构建器 With 方法中注册的定时任务
  for _, f := range c.runDurationFuncs {
    go wait.Until(func() { f.fn(ctx) }, f.duration, stopCh)
  }

  <-stopCh
  log.Info("shutting down queue as workqueue signaled shutdown")
  c.queue.ShutDown()
  log.V(logf.DebugLevel).Info("waiting for workers to exit...")
  wg.Wait()
  log.V(logf.DebugLevel).Info("workers exited")
```

```
    return nil
  }
```

下面再来看看 worker 的具体启动执行方法。整个 worker 的工作流程比较简单直接。在一个 loop 循环中，worker 会从 controller 对应的工作队列中不断取出事件对应的 index 标签，然后调用之前 controller 注册过的 syncHandler 方法进行相应的事件处理。如果处理失败，worker 会重新将 index 对象压入工作队列再次进行处理；如果处理成功，就将其从队列中删除，代码如下所示。

```
func (b *controller) worker(ctx context.Context) {
  log := logf.FromContext(b.ctx)

  log.V(logf.DebugLevel).Info("starting worker")
  for {
    obj, shutdown := b.queue.Get()
    if shutdown {
      break
    }

    var key string
    func() {
      defer b.queue.Done(obj)
      var ok bool
      if key, ok = obj.(string); !ok {
        return
      }
      log := log.WithValues("key", key)
      log.Info("syncing item")
      if err := b.syncHandler(ctx, key); err != nil {
        log.Error(err, "re-queuing item  due to error processing")
        b.queue.AddRateLimited(obj)
        return
      }
      log.Info("finished processing work item")
      b.queue.Forget(obj)
    }()
  }
  log.V(logf.DebugLevel).Info("exiting worker loop")
}
```

注意这里的 syncHandler 方法，在上面介绍的 Complete 函数返回的 controller 对象中我们可以找到它被赋值为 b.impl.ProcessItem，也就是说，真正进行事件处理的是每个 controller 实例中实现的 ProcessItem 方法，这里我们以 certificaterequests controller 中的 ProcessItem 方法为例进行说明。

```
func (c *Controller) ProcessItem(ctx context.Context, key string) error {
  log := logf.FromContext(ctx)
  namespace, name, err := cache.SplitMetaNamespaceKey(key)
```

```
    if err != nil {
      log.Error(err, "invalid resource key")
      return nil
    }

    cr, err := c.certificateRequestLister.CertificateRequests(namespace).Get(name)
    if err != nil {
      if k8sErrors.IsNotFound(err) {
        log.Error(err, "certificate request in work queue no longer exists")
        return nil
      }

      return err
    }

    ctx = logf.NewContext(ctx, logf.WithResource(log, cr))
    return c.Sync(ctx, cr)
}
```

首先通过 index 标签获取对应的资源模型实例，然后调用 controller 中定义的 Sync 函数进行最后的业务调谐流程。基于获取到的模型信息，各 controller 实例在自身的 Sync 函数中根据自身功能做出相应的处理动作，比如签发证书、修改证书相关 CRD 模型实例的状态信息等，在此就不一一赘述了。

16.3　基于 controller-runtime 的 cainjector 架构解析

cainjector 主要负责给 cert-manager webhook 组件中的 ValidatingWebhookConfiguration 和 MutatingWebhookConfiguration 添加注入对应的 ca，以完成 webhook 和 apiServer 或 cert-manager 组件间的 TLS 受信。

这里可以通过给 ValidatingWebhookConfiguration 或 MutatingWebhookConfiguration webhook 配置不同的 annotation 标签来指定不同的 CA 来源，比如通过设置标签 cert-manager.io/inject-apiServer-ca 声明从指定的 kubeconfig 中读取 CA 并写入 apiservice 的受信链，也可以通过设置 cert-manager.io/inject-ca-from-secret 标签声明从指定 secret 中读取 CA 并写入对应 webhookConfiguration 中的 cabundle 字段。这里对于 cainjector 具体的业务功能不作过多的描述，下面重点关注 cainjector 是如何基于 controller-runtime 构建其自身业务对应的 Operator 框架。

16.3.1　cainjector 的启动流程

本节我们一起了解 cainjector 中对应的 controller 是如何启动的，包括如何构建 controller-runtime 中的 Manager 对象，如何配置模型监听以及使用 controller-runtime 中的 builder 构建业务应用的 controller 等关键步骤。图 16-3 为 cainjector 的一个启动流程图。

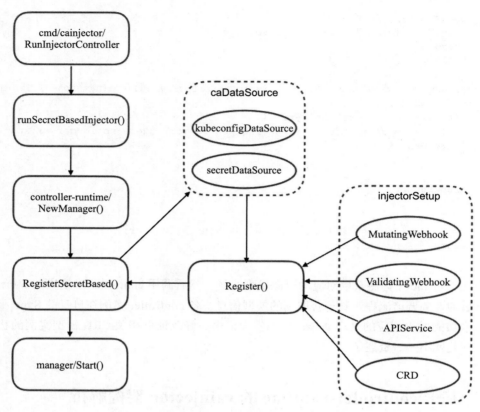

图 16-3　cainjector 启动流程

　　首先 cainjector 组件的启动入口同样在 cmd 包中，我们可以在 cainjector 目录下的 start.
go 中找到运行 InjectorController 的启动函数，如下所示。

```
func (o InjectorControllerOptions) RunInjectorController(stopCh <-chan
struct{}) {
    eitherStopCh := make(chan struct{})
    go func() {
        defer close(eitherStopCh)
        o.runCertificateBasedInjector(stopCh)
    }()
    go func() {
        defer close(eitherStopCh)
        o.runSecretBasedInjector(stopCh)
    }()

    <-eitherStopCh
}
```

　　这里首先会运行两大类 Injector，它们会分别从 cert-manager 对应的 certificate CRD 和

指定 secret 或 kubeconfig 中寻找需要被注入的 CA 内容。这里以 SecretBasedInjector 为例，
看一下它的执行代码。

```
func (o InjectorControllerOptions) runSecretBasedInjector(stopCh <-chan
struct{}) {
    mgr, err := ctrl.NewManager(ctrl.GetConfigOrDie(), ctrl.Options{
        Scheme:                   api.Scheme,
        Namespace:                o.Namespace,
        LeaderElection:           o.LeaderElect,
        LeaderElectionNamespace:  o.LeaderElectionNamespace,
        LeaderElectionID:         "cert-manager-cainjector-leader-election-core",
        MetricsBindAddress:       "0",
    })

    if err != nil {
        klog.Fatalf("error creating core-only manager: %v", err)
    }

    if err := cainjector.RegisterSecretBased(mgr); err != nil {
        klog.Fatalf("error registering core-only controllers: %v", err)
    }

    if err := mgr.Start(stopCh); err != nil {
        klog.Fatalf("error running core-only manager: %v", err)
    }
}
```

在 SecretBasedInjector 的启动函数中，首先使用 controller-runtime 中 manager.New 方法
的别名 NewManager 创建了之前我们已经熟悉的 Manager 实例，之后在 RegisterSecretBased
方法中初始化证书的两种来源——指定的 secret 和 kubeconfig 对应的 caDataSource 对象，
并在 caDataSource 对象中封装一组接口，用于面向不同的证书插入对象指定从具有哪些
annotation 标签的资源模型 Object 上获取 CA、获取 CA 的具体方法以及在对应的 controller
builder 中增加对指定资源模型的监听。最后遍历所有已经安装的证书注入对象（包括
MutatingWebhook、ValidatingWebhook、APIService 和 cert-manager CRD），并调用安装注
入对象的注册方法 Register 构建对应的 controller，相关代码如下所示。

```
func RegisterSecretBased(mgr ctrl.Manager) error {
    sources := []caDataSource{
        &secretDataSource{client: mgr.GetClient()},
        &kubeconfigDataSource{},
    }
    for _, setup := range injectorSetups {
        if err := Register(mgr, setup, sources...); err != nil {
            return err
        }
    }
```

```
    return nil
}
```

这里可以在 controller/cainjector/step.go 中找到所有需要注册安装的证书注入对象，如下所示。

```
var (
  MutatingWebhookSetup = injectorSetup{
    resourceName: "mutatingwebhookconfiguration",
    injector:     mutatingWebhookInjector{},
    listType:     &admissionreg.MutatingWebhookConfigurationList{},
  }

  ValidatingWebhookSetup = injectorSetup{
    resourceName: "validatingwebhookconfiguration",
    injector:     validatingWebhookInjector{},
    listType:     &admissionreg.ValidatingWebhookConfigurationList{},
  }

  APIServiceSetup = injectorSetup{
    resourceName: "apiservice",
    injector:     apiServiceInjector{},
    listType:     &apireg.APIServiceList{},
  }

  CRDSetup = injectorSetup{
    resourceName: "customresourcedefinition",
    injector:     crdConversionInjector{},
    listType:     &apiext.CustomResourceDefinitionList{},
  }

  injectorSetups   = []injectorSetup{MutatingWebhookSetup, ValidatingWebhookSetup,
APIServiceSetup, CRDSetup}
)
```

而每个安装注入对象中的 injector 字段会定义一个对应的 Injector 实例，该实例包含了一个创建对应注入模型目标的 NewTarget 方法，在每个 Target 目标对象中又实现了不同的 AsObject 和 SetCA 方法，用于最后在 Reconcile 函数中进行在目标资源上的 CA 注入。validatingWebhook 相关的注入对象代码如下所示。

```
type validatingWebhookInjector struct{}

func (i validatingWebhookInjector) NewTarget() InjectTarget {
  return &validatingWebhookTarget{}
}

type validatingWebhookTarget struct {
  obj admissionreg.ValidatingWebhookConfiguration
}
```

```
func (t *validatingWebhookTarget) AsObject() runtime.Object {
  return &t.obj
}
func (t *validatingWebhookTarget) SetCA(data []byte) {
  for ind := range t.obj.Webhooks {
    t.obj.Webhooks[ind].ClientConfig.CABundle = data
  }
}
```

下面再来看看在上面的 Register 注册方法中是如何注册一个注入对象对应的 controller 实例的。

首先 Register 注册过程中的 NewControllerManagedBy 方法是 controller-runtime/builder 中 ControllerManagedBy 方法的别名，该方法会根据之前初始化的 Manager 对象构建一个 builder 构建器，之后会遍历之前已经完成初始化的 caDataSource 对象，调用其 ApplyTo 方法建立 controller 对指定 CA 源模型的监听。这里先来关注一下 ApplyTo 中添加资源模型监听的细节。

下面这段代码是 certificateDataSource 对应的 ApplyTo 函数代码，它会首先通过 Manager 中 FieldIndexer 接口中的 IndexField 方法，将 injectableCAFromSecretIndexer 函数中返回的指定 CA 源 secret 模型的 index 值写入到被注入对象的一个指定的 field 中，这里会插入到指定 webhook 中的 .metadata.annotations.inject-ca-from-secret 下面。之后通过 builder.Watch 方法添加到指定目标 Secret 模型的监听，并注册监听到的目标事件和对应的事件处理 handler 之间的映射关系 Mapper，这里代码通过 controller-runtime/handler 中的 EnqueueRequestsFromMapFunc 结构体封装了对应的 Mapper 对象，而在 EnqueueRequestsFromMapFunc 中实现了增、删、改等事件对应的 EventHandler 处理函数。之后在 buildSecretToInjectableFunc 方法中定义了如何将一个监听到的 Secret 目标对象转换为 controller-runtime 中对应的事件请求 Request 的对应逻辑。另外需要注意的是，在同一个 builder 实例中可以多次调用 Watch 方法，从而实现在一级 CRD 模型监控的基础上对其他相关二级资源的监控注册。

```
func (c *certificateDataSource) ApplyTo(mgr ctrl.Manager, setup injectorSetup,
builder *ctrl.Builder) error {
    typ := setup.injector.NewTarget().AsObject()
    if err := mgr.GetFieldIndexer().IndexField(typ, injectFromPath,
injectableCAFromIndexer); err != nil {
        return err
    }

    builder.Watches(&source.Kind{Type: &cmapi.Certificate{}},
      &handler.EnqueueRequestsFromMapFunc{ToRequests: &certMapper{
        Client:        mgr.GetClient(),
        log:           ctrl.Log.WithName("cert-mapper"),
        toInjectable: buildCertToInjectableFunc(setup.listType, setup.resourceName),
      }},
    ).
```

```
    Watches(&source.Kind{Type: &corev1.Secret{}},
        &handler.EnqueueRequestsFromMapFunc{ToRequests: &secretForCertificateMapper{
            Client:                mgr.GetClient(),
            log:                   ctrl.Log.WithName("secret-for-certificate-mapper"),
            certificateToInjectable: buildCertToInjectableFunc(setup.listType, setup.
resourceName),
        }},
    )
    return nil
}
```

在通过 ApplyTo 方法完成了模型的监听和对应的 EventHandler 的注册后，最后利用 builder 包中的 Complete 方法构建对应的 controller。注意这里传入 Complete 方法中的 genericInjectReconciler 对象就是最终调谐过程对应的 Reconciler。整个注入对象 controller 的注册方法代码如下所示。

```
func Register(mgr ctrl.Manager, setup injectorSetup, sources ...caDataSource)
error {
    typ := setup.injector.NewTarget().AsObject()
    builder := ctrl.NewControllerManagedBy(mgr).For(typ)
    for _, s := range sources {
        if err := s.ApplyTo(mgr, setup, builder); err != nil {
            return err
        }
    }

    return builder.Complete(&genericInjectReconciler{
        Client:       mgr.GetClient(),
        sources:      sources,
        log:          ctrl.Log.WithName("inject-controller"),
        resourceName: setup.resourceName,
        injector:     setup.injector,
    })
}
```

在完成了 controller 的注册后，上述对应的 RegisterSecretBased 函数的执行流程也结束了。最后函数会执行 14.1.5 节介绍的 Manager 对象中的 Start 方法启动注册后的 controller。至此，整个 cainjector 组件的启动流程宣告结束。

16.3.2　cainjector 的 Reconcile 函数

最后来看一下 cainjector 的 Reconcile 函数。在 cert-manager 组件中，Reconcile 函数对应的调谐过程被统一放置在了各 controller syncHandler 中对应的 Sync 方法中，而在基于 controller-runtime 实现的 cainjector 框架中，我们可以在 controller/cainjector/controller.go 中找到熟悉的 Reconcile 函数。

```
func (r *genericInjectReconciler) Reconcile(req ctrl.Request) (ctrl.Result,
```

```
error) {
    ctx := context.Background()
    log := r.log.WithValues(r.resourceName, req.NamespacedName)

    target := r.injector.NewTarget()
    if err := r.Client.Get(ctx, req.NamespacedName, target.AsObject()); err != nil {
        if dropNotFound(err) == nil {
            return ctrl.Result{}, nil
        }
        log.Error(err, "unable to fetch target object to inject into")
        return ctrl.Result{}, err
    }

    metaObj, err := meta.Accessor(target.AsObject())
    if err != nil {
        log.Error(err, "unable to get metadata for object")
        return ctrl.Result{}, err
    }
    log = logf.WithResource(r.log, metaObj)

    dataSource, err := r.caDataSourceFor(log, metaObj)
    if err != nil {
        log.V(4).Info("failed to determine ca data source for injectable")
        return ctrl.Result{}, nil
    }

    caData, err := dataSource.ReadCA(ctx, log, metaObj)
    if err != nil {
        log.Error(err, "failed to read CA from data source")
        return ctrl.Result{}, err
    }
    if caData == nil {
        log.Info("could not find any ca data in data source for target")
        return ctrl.Result{}, nil
    }

    // CA 注入的实际位置
    target.SetCA(caData)

    // 根据注入的 CA 内容更新模型
    if err := r.Client.Update(ctx, target.AsObject()); err != nil {
        log.Error(err, "unable to update target object with new CA data")
        return ctrl.Result{}, err
    }
    log.V(1).Info("updated object")

    return ctrl.Result{}, nil
}
```

在函数中首先会获取之前注册的 Reconciler 中注入的 certInjector 对象，通过之前介绍的 NewTarget 方法找到事件对应的资源模型，然后利用 Client 获取对应资源模型信息。

这里如果 Client 没有在指定的命名空间下获取对应的资源模型实例，会返回一个空的 Result 对象，同时不再将其压入工作队列。接着在使用 meta.Accessor 方法获取到 Obj 实例对应的 meta 信息后，我们会通过写入到 Reconciler 实例中的 caDataSource 队列匹配到事件对应的指定 source，然后调用接口中的 ReadCA 方法获取到 caData。

在成功获取到 CA 内容后，我们就可以通过注入目标 Target 中实现的 setCA 方法将 CA 注入到对应的目标中。注意，最后又通过 Client 的 Update 方法将其写入目标对应的 Object 实例中，此时才算完成了整个 CA 注入的一次调谐流程。

虽然 cainjector 组件需要根据不同的注入对象监控不同类型的事件来源，甚至是包含了二级模型资源的变更事件。但是在 controller-runtime 框架的支撑下，我们仍然可以通过同一套注册机制为不同的注入对象建立 controller 实例并注册其对应的监控模型和相匹配的 eventHandler。同时在最终的调谐阶段，我们也可以通过一段简洁的 Reconcile 代码完成统一的业务运维逻辑。而这也正是 controller-runtime 框架为我们在 Operator 的实现过程中所带来的便利之处。

16.4　本章小结

本章我们首先介绍了 cert-manager 的基本功能和使用场景，然后结合代码重点分析了 cert-manager 组件和基于 controller-runtime 框架的 cainjector 组件的基本框架和工作流程。希望通过对本章代码的逐步分析，能够加深读者对于 Operator 工作机制的理解。同时希望读者能够融会贯通，将自身对 Operator 的理解真正应用到相应的代码编写中。